移动界面（Web/App）Photoshop UI设计十全大补

曾军梅／编著

清华大学出版社
北京

内容简介

智能手机 App UI 设计是目前比较热门的专业，也是一块新兴的平面设计领域。本书使用 Photoshop CC 软件通过大量精彩的示例和扎实的理论知识，介绍了 App UI 界面设计原理、界面元素以及整体设计。本书对示例从简单的平面图标和立体图标开始，到复杂的质感表现及按钮、列表框、登录界面、导航栏等进行了讲解，最后介绍了全套 App UI 设计示例。本书示例丰富，风格多样，从清新的扁平化风格到重金属风格一应俱全，适合从事界面设计及平面设计的人员阅读。

图书在版编目（CIP）数据

移动界面（Web/App）Photoshop UI 设计十全大补 / 曾军梅 编著. —北京：清华大学出版社，2017（2019.3重印）

ISBN 978-7-302-45594-3

Ⅰ.①移…　Ⅱ.①曾…　Ⅲ.①人机界面-程序设计　Ⅳ.①TP311.1

中国版本图书馆CIP数据核字（2017）第004617号

责任编辑： 张　敏　陈绿春
封面设计： 刘新新
责任校对： 徐俊伟
责任印制： 杨　艳

出版发行： 清华大学出版社
网　　址： http://www.tup.com.cn，　http://www.wqbook.com
地　　址： 北京清华大学学研大厦A座　　**邮　　编：** 100084
社 总 机： 010-62770175　　**邮　　购：** 010-62786544
投稿与读者服务： 010-62776969, c-service@tup.tsinghua.edu.cn
质量反馈： 010-62772015, zhiliang@tup.tsinghua.edu.cn
印 装 者： 北京亿浓世纪彩色印刷有限公司
经　　销： 全国新华书店
开　　本： 185mm×260mm　　**印　　张：** 17.5　　**字　　数：** 437千字
版　　次： 2017年4月第1版　　**印　　次：** 2019年3月第2次印刷
定　　价： 89.00元

产品编号：070528-01

Preface 前言

随着移动互联网等新兴产业进入了高速发展的阶段，各行规模不断扩大，增速飞快，用户体验至上的时代已经来临。技术领域的逐步拓展，产品生产的人性化意识日趋增强，用户界面设计师（即 UI 设计师）也成为了人才市场上十分紧俏的职业。

UI 设计师简称 UID（User Interface Designer），指从事对软件的人机交互、操作逻辑、界面美观的整体设计工作的人。UI 设计师的涉及范围包括商用平面设计、高级网页设计、移动应用界面设计及部分包装设计，是目前中国信息产业中最为抢手的人才之一。

App 是 Application 的缩写，随着智能手机在中国的快速发展，App 这类软件被越来越多的人青睐。本书主要包含了 Android 和 iOS 软件的用户界面（UI）的设计思路和制作过程。

全书分为两部分，共 10 章。第 1 部分介绍了图标设计的领域和概念，包括图标设计中材质绘制的色彩理论和图标的设计技巧；第 2 部分介绍用 Photoshop 制作各种 UI 常用元素，包括常用图形、控件、启动图标以及图片特殊处理、实战练习，同时分析了各平台 UI 的设计思路。

第 1 章智能手机 App UI 设计，系统介绍了设计智能手机 UI 的基本概念。

第 2 章 App 界面设计的配色意向以及高水平的色彩设计原理，要求设计师有对色彩绝对的把控能力。

第 3 章利用 Photoshop 制作 App UI 常用的操作，介绍了 Photoshop CC 中制作图标常用的和必备的一些工具知识，然后透过 UI 设计高手的设计思路来学习图标设计的过程，最后介绍了文件格式对于 UI 设计的影响。

第 4 章手机 UI 设计平面图标的制作，介绍了使用 Photoshop 的矢量图形工具，通过将基本元素进行合并、剪切等操作，一个个生动的图形呈现在眼前。

第 5 章 UI 的质感表现，介绍了使用 Photoshop CC 表现不同的质感，包括金属、玻璃、木质、纸质、皮革、陶瓷、塑料光滑表面等。灵活掌握这些制作方法，会对今后的 UI 表现技法提供极大的方便。

第 6 章 手机 UI 设计的字效表现，介绍了字效设计的案例。在智能手机的 UI 设计中字体特效的表现非常重要，美观的字体和字效设计能够让图标如虎添翼，让界面更加吸引人。

第 7 章 手机 UI 设计立体图标制作，介绍了立体效果的图标案例。立体图标就是根据平面矢量图形进行二次加工，将导角、阴影、光泽、渐变填充等特效添加到形状上，从而得到光影和质感。

第 8 章 手机 UI 界面元素设计，介绍了不同的控件制作案例。

第 9 章 手机 UI 按钮设计，介绍了多种效果的按钮案例。

第 10 章 智能手机 UI 整体界面制作，通过综合上面章节的案例知识，系统讲解了几种 Android 和 iOS 系统的综合案例。

本书赠送资源

目前图书市场上，计算机图书中夹带随书光盘销售而导致光盘损坏的情况屡屡出现，鉴于此，本书特将随书赠送资源制作成网盘文件。

下载网盘文件的方法如下：

（1）下载并安装百度云管家客户端（如果是手机，请下载安卓版或苹果版；如果是电脑，请下载 Windows 版）；

（2）新用户请注册一个账号，然后登录到百度云网盘客户端中；

（3）利用手机扫描右侧的网盘二维码，可进入光盘文件外链地址中，将光盘文件转存或者下载到自己的百度云网盘中；

（4）也可以直接输入本书配套资源文件在百度云网盘下载地址：

http://pan.baidu.com/s/1qX9VjGw

作者信息

本书由西安工程大学专业老师曾军梅编著，参加编写的还包括白帆、蔡海燕、蔡晋、蔡妍丽、曹蕾、常超杰、常亮、陈慧蓉、陈英杰、范景泽、冯浩、葛银川、荆宝洁、李慧、刘晖、刘建邦、刘静、刘姝、刘正旭。

本书读者对象

本书适合 Photoshop CC 软件的使用者，也适合广大平面设计爱好者，有一定设计经验需要进一步提高图像处理、平面设计水平的相关行业从业人员使用；还可作为各类电脑培训学校、大中专院校的教学辅导用书。

感谢您选择了本书，希望我们的努力对您的工作和学习有所帮助，也希望您把对本书的意见和建议告诉我们。

作者邮箱：172769660@qq.com

编辑邮箱：495599950@qq.com

Contents 目录

Chapter 01 智能手机 App UI 设计

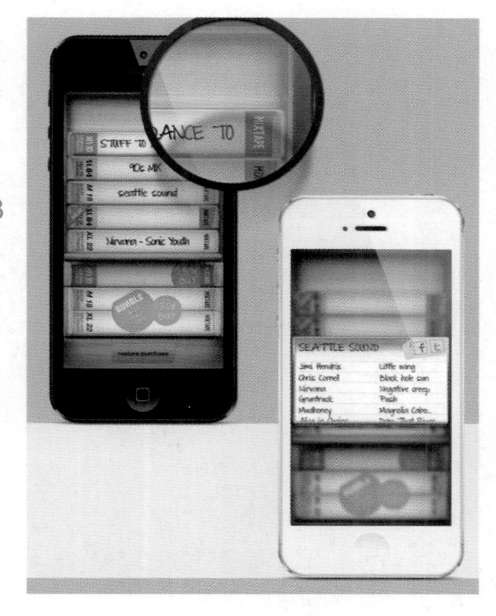

Chapter 02 App 界面设计的配色意向

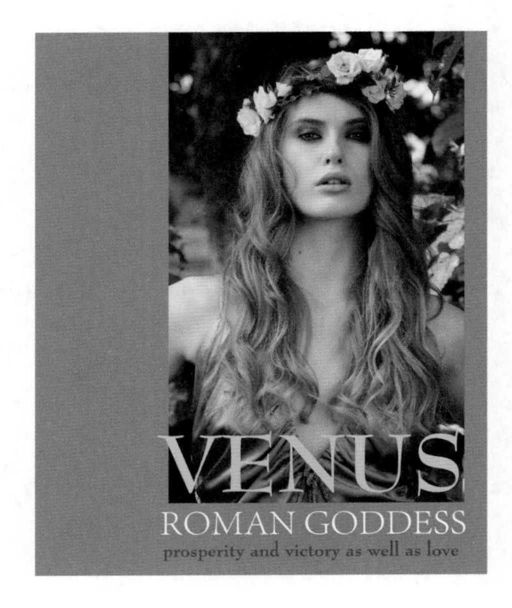

Chapter 03 Photoshop 制作 App UI 常用的操作

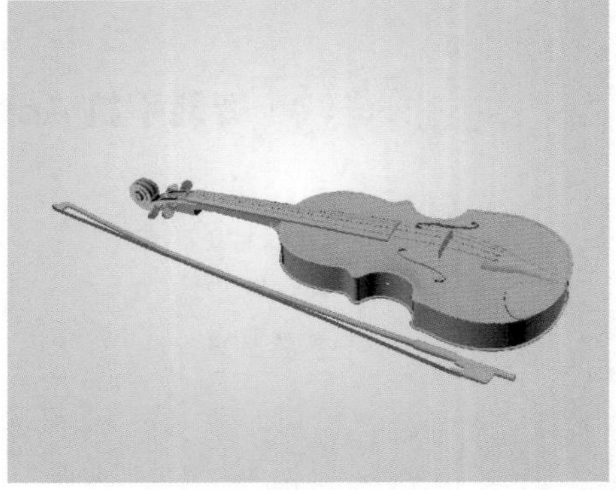

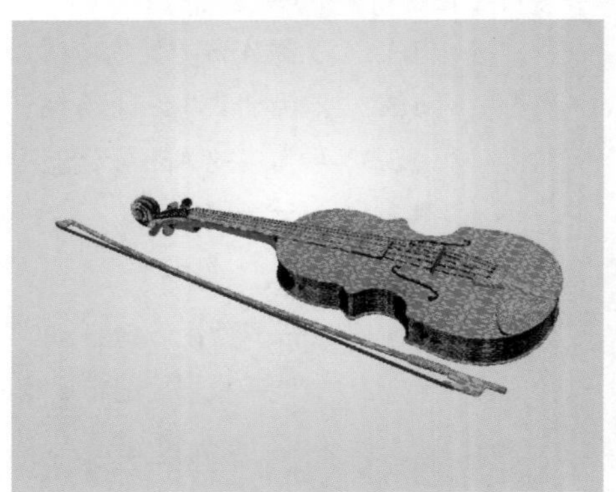

Chapter 04 手机 UI 设计平面图标制作

Chapter 05 UI 的质感表现

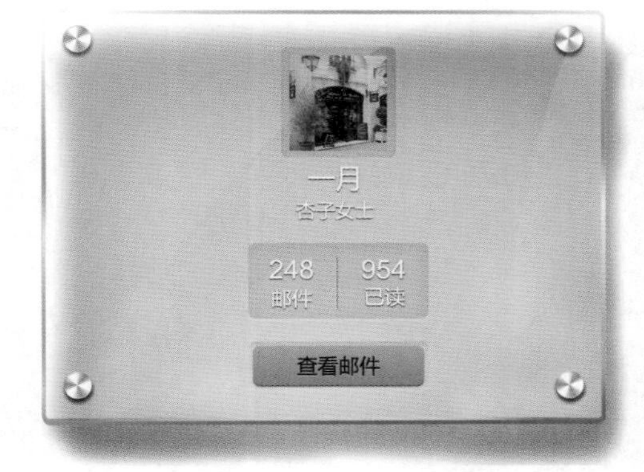

Chapter 06 手机 UI 设计的字效表现

Chapter 07 手机 UI 设计立体图标制作

Chapter 08 手机 UI 界面元素设计

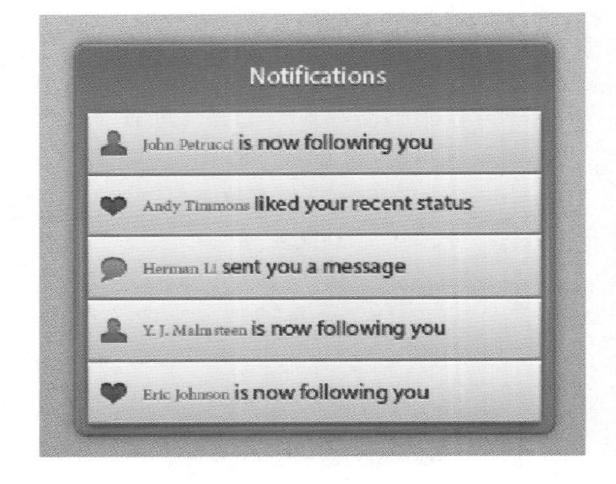

Chapter 09 手机 UI 按钮设计

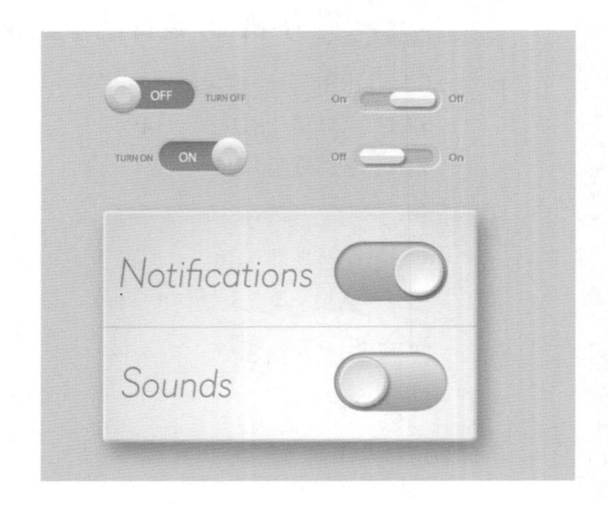

Chapter 10 智能手机 UI 整体界面制作

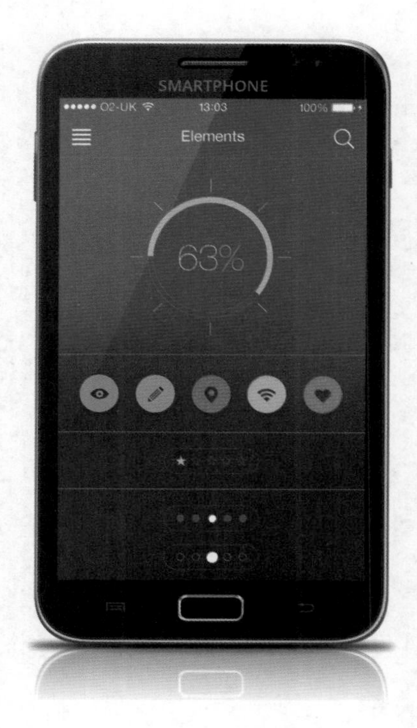

Chapter 01

智能手机 App UI 设计

智能手机的 UI 设计是指对手机软件的人机交互、操作逻辑、界面美观的整体设计。好的UI设计不仅是让软件变得有个性有品位，还要让软件的操作变得舒适、简单、自由，充分体现软件的定位和特点。

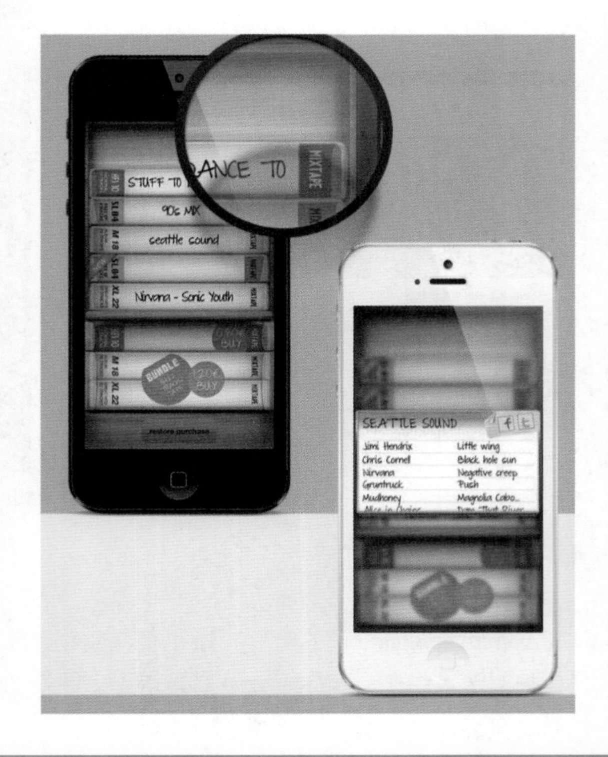

App UI 设计概述

Version：CS4 CS5 CS6 CC

我们要想真正进入 App 界面的领域中，就必须弄清楚智能手机与 App 客户端、智能手机的操作系统、智能手机 App 的布局说明和 App 界面的分类等问题。接下来，我们将带着这些问题来学习本章节的内容。

1.1.1 UI设计的概念

UI 可以直译为用户界面，UI 设计不仅仅是指界面美化设计，从文字层面还能看出 UI 还与“用户和界面”有直接的交互关系。所以，UI 设计不仅仅是为了美化界面，还需要研究用户，让界面变得更简洁、易用、舒适。

用户界面无处不在，它可以是软件界面，也可以是登录界面，不论是在手机还是在 PC 上都有它的存在。

▲ iOS7 主界面

▲ 聊天

▲ 购物

▲ 门户

▲ 游戏

▲ 音乐

1.1.2 App客户端

App 即 application 的简写，指手机应用程序客户端，因此被称为应用。客户端是 App 的另一种叫法，连在一起称为 App 客户端，上图是 Android 系统的客户端图标展示。每一个图标代表一个 App，这些 App 在智能手机上都具有一定的用途，如清理手机的 360 卫士、浏览页面的手机 QQ 浏览器、播放音乐的 QQ 音乐播放器、中文输入的搜狗输入法等。App 通常分为个人用户 App 与企业级 App。个人用户 App 是面向消费者个人的，而企业级 App 则是面向企业用户开发的。

1.1.3 主要工具软件

Photoshop 简称 PS，是一款功能强大的图形图像处理软件，下图为 Adobe Photoshop 主界面。在使用 UI 设计来美化界面的时候，Photoshop 的使用频率非常高，当然这也是根据设计者的喜好而决定的。但是对于初学者来说，掌握 Photoshop 会比其他图形图像处理软件容易些，因此，我们使用 Photoshop 软件来编写这本手机 UI 书。

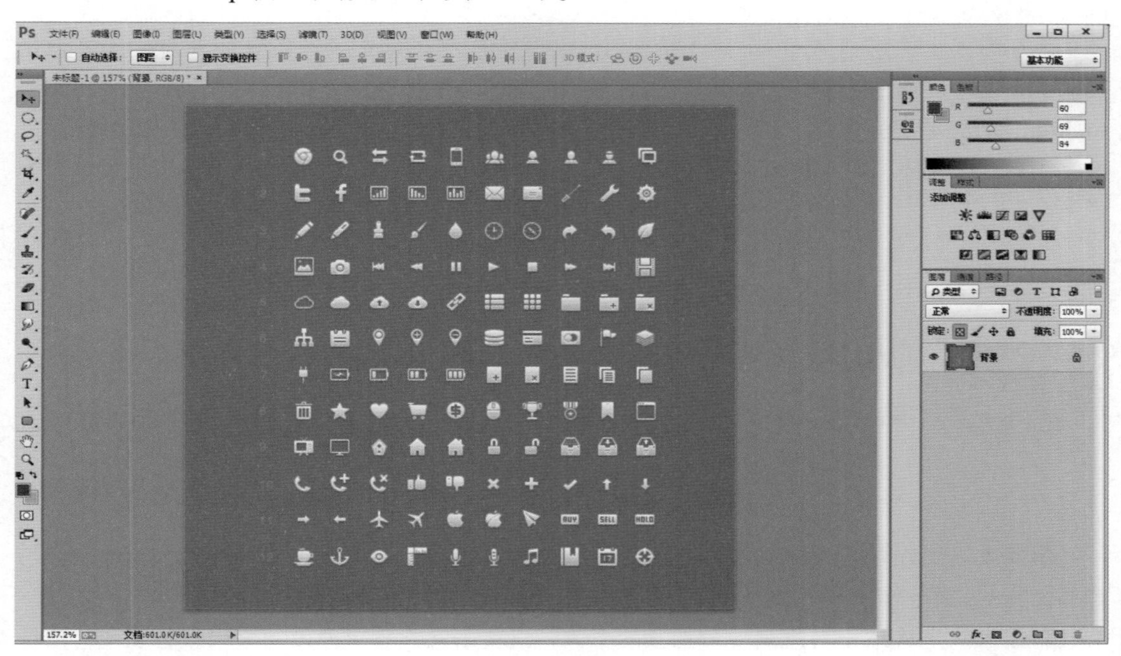

▲ Photoshop 主界面

智能手机平面设计师要掌握的技术

Ps Version：CS4 CS5 CS6 CC

目前 App UI 设计师的职业非常热门，一般有软件 UI 设计师 / 工程师、iOS App 设计师、App UI 设计师、移动 UI 设计师、Web App UI 设计制作等职位。这些职位的要求都是大同小异，基本的要求如下。

（1）移动手机客户端软件及 WAP 与 Web 网站的美术创意、UI 界面设计，把握软件的整体及视觉效果。

（2）准确理解产品需求和交互原型，配合工程师进行手机软件及 WAP、Web 界面优化，设计出优质用户体验的界面效果图。

（3）熟练掌握手机客户端软件 UI 制作技术，能熟练使用各种设计软件如 Photoshop、Illustrator、Dreamweaver、Flash 等。还要有优秀的用户界面设计能力，对视觉设计、色彩有敏锐的观察力及分析能力。

（4）为产品推广和形象设计服务，关注所负责的产品设计动向，为产品提供专业的美术意见及建议。

（5）负责公司网站的设计、改版、更新，对公司的宣传产品进行美工设计。

（6）其他与美术设计、多媒体设计相关的工作，与设计团队充分沟通，推动提高团队的设计能力。

现在看到上面这些 App UI 设计要求时，让我们想到了网页美工的任职要求，大体上是相同的，唯一的区别就在于 App UI 设计针对的是移动手机客户端的界面设计，包括 iOS、Android、Win7 等界面设计。互联网设计趋势就在于产品的用户体验设计，谁的产品体验做得好，谁就能有一席之地；而用户体验设计的重点在于界面的设计，因而移动客户端的界面设计显得更为重要。

优秀 App 界面

Version：CS4 CS5 CS6 CC

想要设计出优秀的 App 界面，首先应该从设计团队入手。本章将为大家展示 App 设计与产品团队的关系。

有些人认为 App 设计就是一个独立的个体，只要由设计者单独设计出来就可以了，但是我们不能忽视一个问题——App 界面同时也属于产品团队，如果没有产品团队的配合，最终也无法发挥界面的优势。因此，想要设计出优秀的 App 界面，要从了解团队开始。

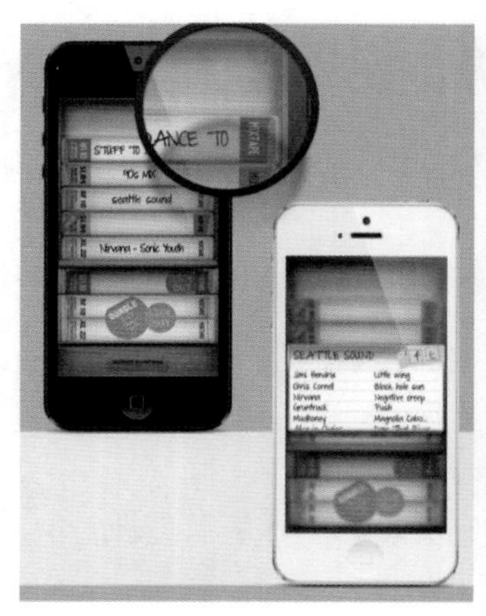

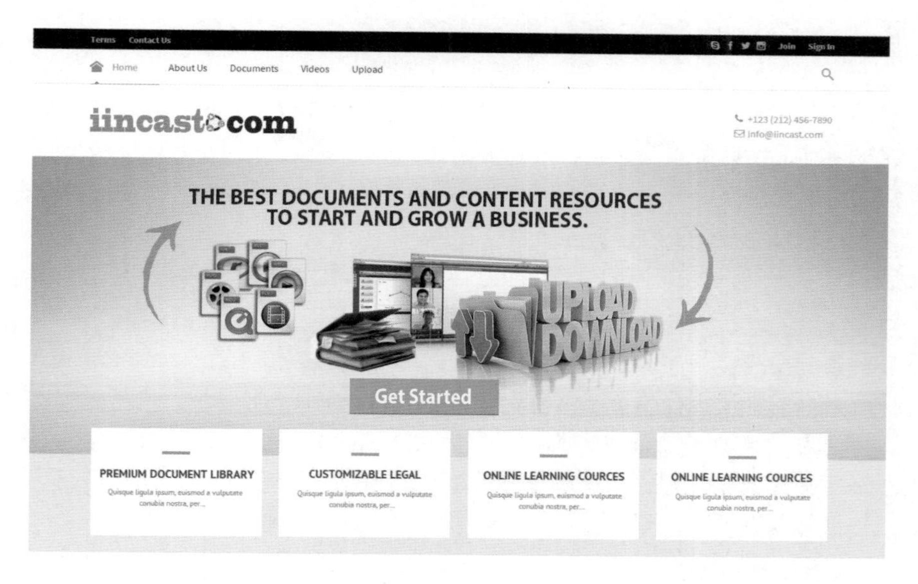

1.3.1 优秀App界面的特点

智能手机的软件五花八门，界面的美观程度和友好程度也是良莠不齐，质量差的界面设计常常让用户在使用过程中摸不着北，下面让我们看看优秀的界面都应该具有哪些特点。

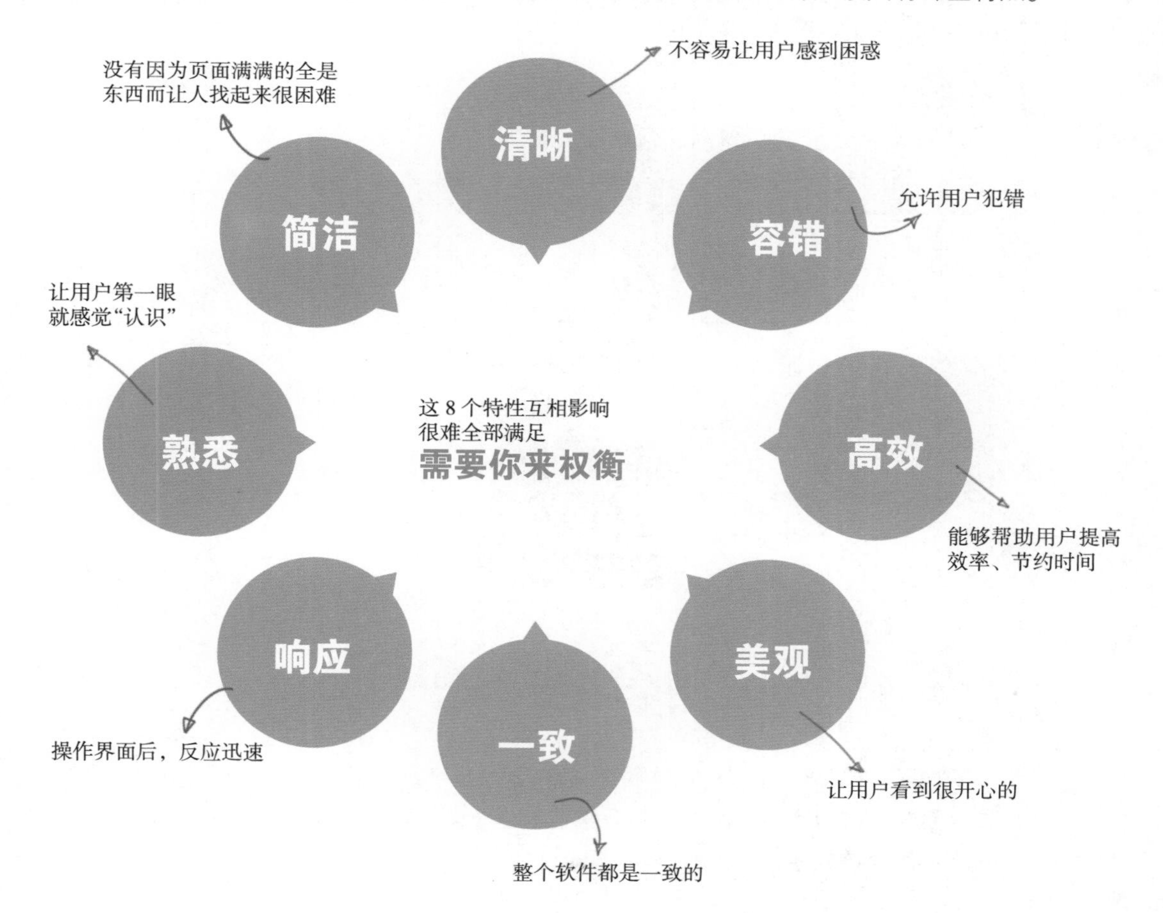

1.3.2 产品团队与设计师

关于产品团队人员的划分，我们将引用 UI 设计网上比较被认可的一种划分方式。

产品经理：产品团队的领头人物，对用户的需求进行细致的研究，针对广大用户的需求进行规划，然后将规划提交给公司高层，公司高层将会为本次项目提供人力、物力、财力等资源。产品经理常用的软件主要是 PPT、Project 和 Visio 等。

产品设计师：产品设计师主要在于功能设计方面，考虑技术是否具有可行性，常用软件有 Word 和 Axure。

用户体验师：用户体验师需要了解商业层面内的东西，应该从商业价值的角度出发，对产品与用户交互方面的环节进行改善。常用软件有 Dreamweaver 等。

UI 设计师主要是对用户界面进行美化，常用软件 Photoshop、Illustrator 等。

以上所进行的人员划分方式，是指在公司内部职责划分明确的前提下，并不是所有的公司都能做到职责划分明确。

1.3.3 项目中的App设计流程

在一个手机 App 产品团队中，通常 App 界面的设计者在前期就应该加入到团队中，参与产品定位、设计风格、颜色、控件等多方面的问题的讨论。这样做可以是设计者充分了解产品的设计风格，从而设计出成熟可用的 App 界面。

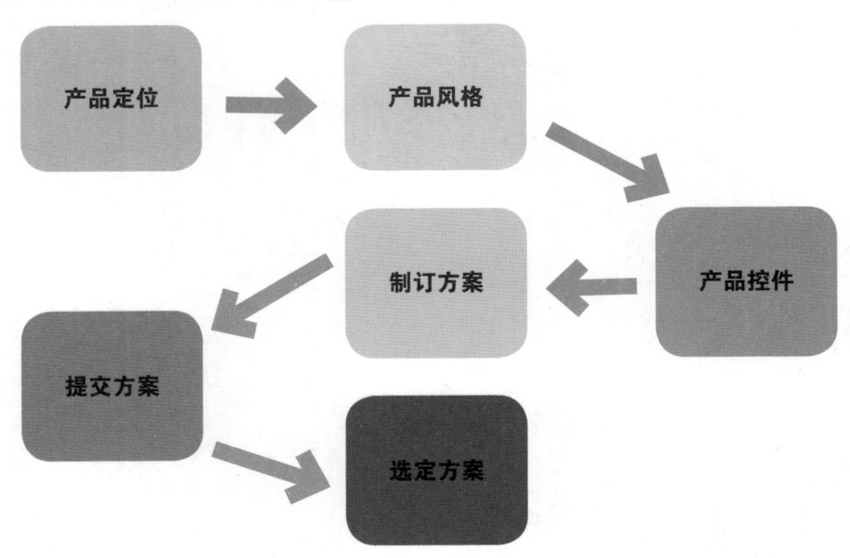

1. 产品定位

产品的功能是什么？依据什么而做这样的产品？要达到什么影响？

2. 产品风格

产品定位直接影响产品风格。根据产品的功能、商业价值等内容，可以产生许多不同的风格。若产品是以面向人群为定位，那产品的风格应该是清新、绚丽的；若产品是以商业价值为定位，那产品的风格应该是稳重和大气的。

3. 产品控件

用下拉菜单还是下拉滑屏，用多选框还是滚动条，控件的数量应该限制在多少个比较好等。

4. 制订方案

当产品的定位、风格和控件确定后，就需要开始制订方案，一般情况下，我们需要做出两套以上的方法，以便于对比选择。

5. 提交方案

将方案提交后，邀请各方人士来进行评定，从而选出最佳方案。

6. 选定方案

将方案选定以后，就可以根据效果图开始进行美化设计了。

1.3.4 设计灵感

在原型完成后，就可以进行视觉设计。通过视觉的直观感觉为原型设计进行加工，比如，可以在某些元素上进行加工，如文本、按钮的背景、高光等。

在没有想法的时候，可以多看看其他优秀的 App 设计，来为自己的设计找些灵感。

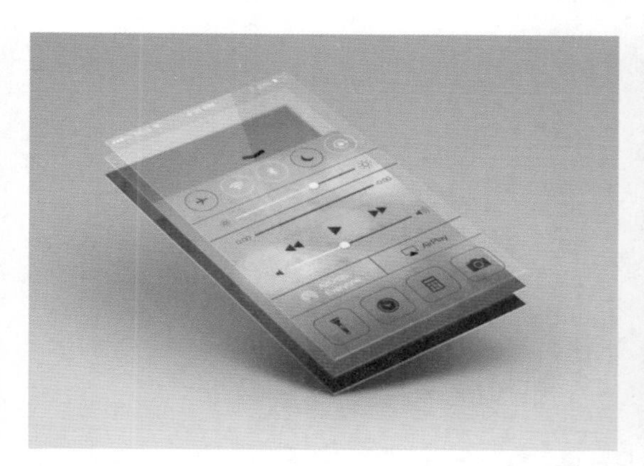

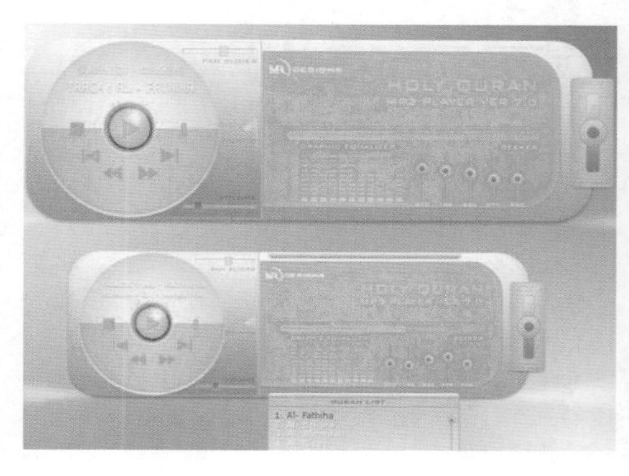

1.4 设计构图与界面布局

Version：CS4 CS5 CS6 CC

1.4.1 App界面设计构图

下面将对 iOS、Android 的 App 界面构图（布局）进行剖析对比，从而了解不同的系统在 App 设计时的异同。

iOS 系统的界面布局元素一般分为 3 个部分：状态栏、导航栏（标题）、标签栏 / 工具栏。

▲ iOS 系统的界面布局

❶ **状态栏：**显示应用运行状态。

❷ **导航栏：**文本居中显示当前 App 的标题名称。左侧为返回按钮，右侧为当前 App 内容操作按钮。

❸ **标签栏 / 工具栏：**标签栏和工具栏共用一个位置，在 iPhone 界面的最下方，这是根据 App 的需要来选择一个。工具栏按钮不超过 5 个。

Android 系统的界面布局元素一般分为 4 个部分：状态栏、标题栏、标签栏、工具栏。

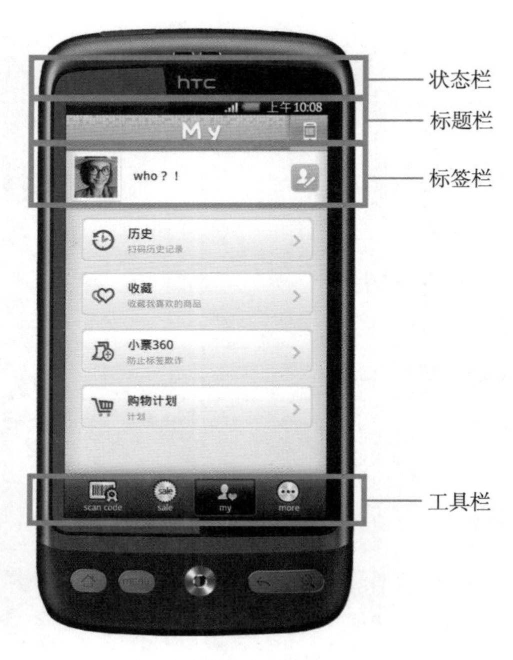

▲ Android 系统的界面布局

❶ **状态栏：**位于界面的最上方。当有短信、通知、应用更新、连接状态变更时，会在左侧显示，而右侧则是电量、闹钟、信号、时间等常规手机信息。按住状态栏往下拉，可以查看信息、通知、应用更新等详细情况。

❷ **标题栏：**文本在左方显示当前的 App 名称。

❸ **标签栏：**在标签栏中放置的是 App 的导航菜单，标签栏可以在 App 界面的上方也可以在下方，标签的项目不宜超过 5 个。

❹ **工具栏：**针对当前的 App 页面，是否有相应的操作，若有的话，会放置在工具栏中。

1.4.2 智能手机界面的布局构成

下面将 App 界面的布局构成进行了总结，一般来说可将其分为 6 种方式。

（1）平铺成条：以长条的形式横向平铺。

横向界面分类给人一种简洁的印象，让操作更简单，分类更明晰。虽然这种横向平铺的构图从艺术角度来讲有点呆板，但在 App UI 里却是最常用的，也是让用户更易操作的常用界面分类方式。

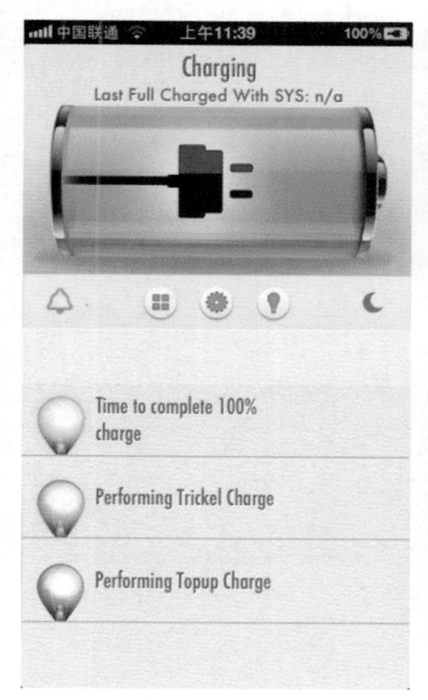

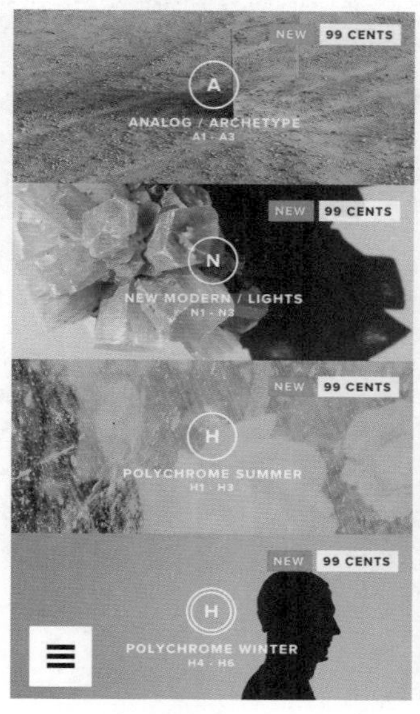

（2）九宫格：以九宫格的方式进行网格式横向和纵向排列。

九宫格界面分类是最为常见、最基本的构图方法，如果把画面当作一个有边框的面积，把左、右、上、下四个边都分成三等份，然后用直线把这些对应的点连起来，画面中就构成一个“井”字，画面分成相等的九个方格，“井”字的四个交叉点就是趣味中心。

（3）大图滑动：以一张大图的方式布满全屏。

整屏滑动界面分类方式受益于系统速度和网速的提高，手机读取速度提高了，这种大图滑动才得以普及。大图滑动方式很有气势，画面也更加整洁，常用于软件的多屏浏览。

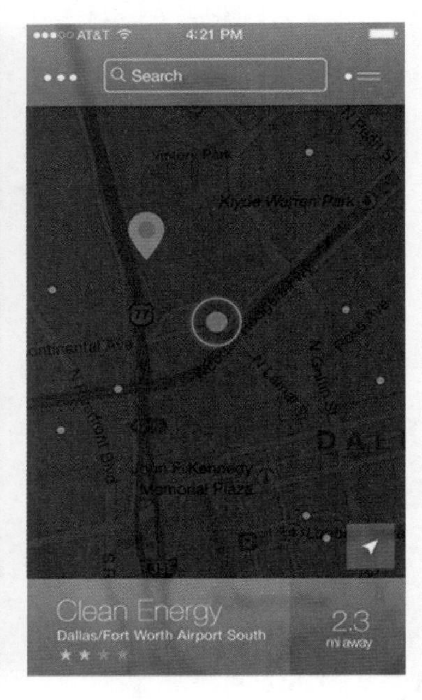

（4）图片平铺：所有图片不规则地平铺于界面之中。

这种图片平铺的界面分类方式一开始来自于 Facebook 和 Windows 系统的界面，优势是多个元素同时展示在用户面前，面积可以平均分配也可以穿插画中画效果，这种平铺界面分类的优点是比较灵活。

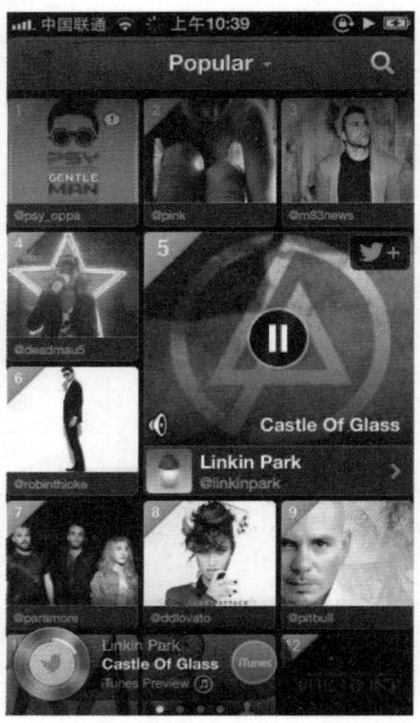

（5）分类标签：以标签的形式进行分类，导航条的下方水平铺开，可以左右滑动。

标签界面分类方式是以图标的形式将类别可视化，通常体现在 App 软件、功能等分类首页上。这种标签界面分类的优点在于视觉导向明晰，利于操控。

（6）下拉选项框：以下拉列表或下拉选项的方式呈现，主要对信息进行筛选。

下拉选项框的优点是可以将大量信息分门别类隐藏在框中，适用于列表式的选项。常见的有歌曲菜单、地址列表等，查询方式可以采用英文字母排序等多种搜索方法。

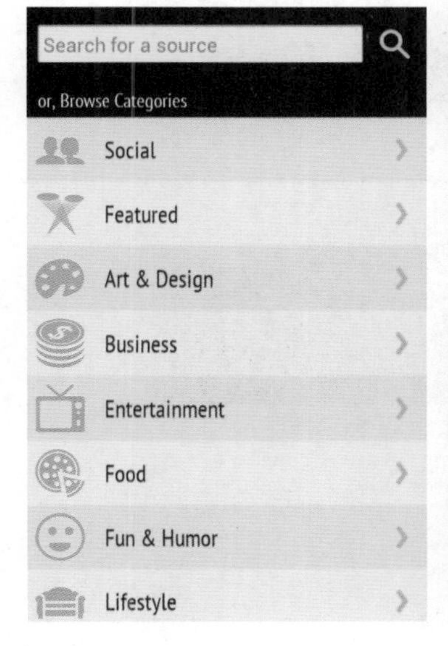

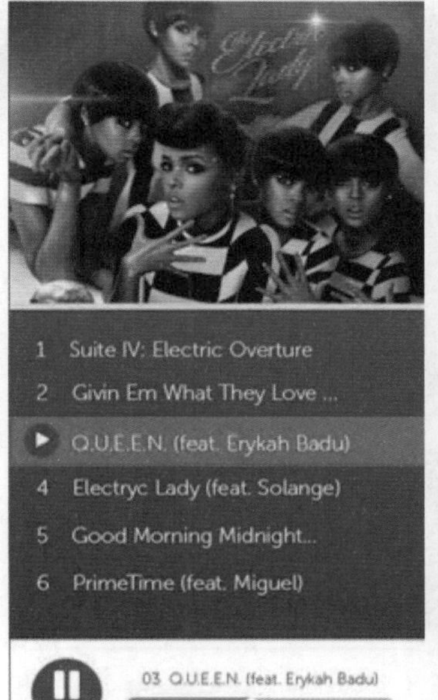

1.5 优秀 App 界面的要求

Version：CS4 CS5 CS6 CC

精湛的技巧和理解用户与程序的关系是设计出一个有魅力的 UI 的前提。一个有效的用户界面应该时刻关注着用户目标的实现，这就要求包括视觉元素与功能操作在内的所有东西都必须完整一致。

1. 高度统一

当用户来到你的站点，他的脑子里会保持着自己的思维习惯，为了避免把用户的思维方式打乱，我们的 UI 就需要和用户保持一致。你不仅可以将按钮放到不同页面相似的位置，使用相契合的配色；还可以使用一致的语法和书写习惯，让页面拥有一致的结构。例如，你的某个品目下的产品可以拖放到购物车，那么站点中所有产品都应该可以这样操作。

▲ 微淘界面设计风格高度一致

2. 容易操作

在设计 UI 之前，应当考虑自己的站点是否容易导航。一个优秀的 UI，其用户不仅能自由掌控自己的浏览行为，还要确保他们能从某个位置跳出或毫无障碍地退出。而这些在用户离开前弹出窗口的行为，正是用来判断 UI 易用性的标准。

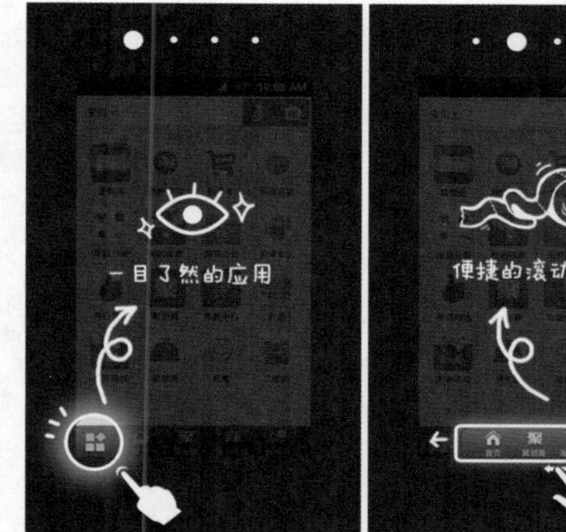

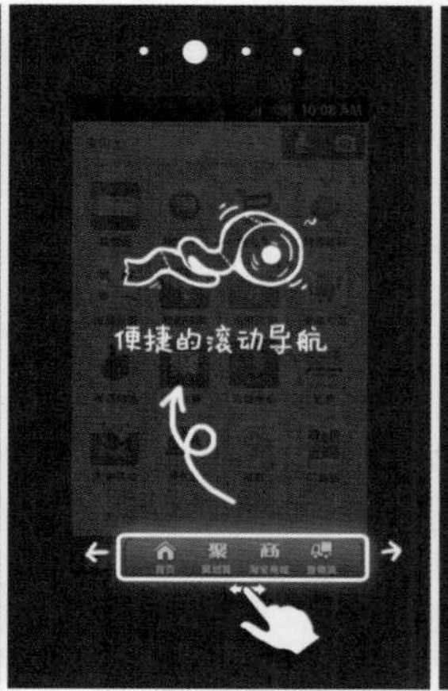

▲ 友好的用户界面

3. 用户群

只有对你的用户群有所了解，才能设计有效的 UI。因为不同的用户阶层对不同的设计元素有着不同的理解，比如 16~20 岁年龄段的人和 35~55 岁年龄段的人的喜好和习惯肯定有着很大的不同，所以 UI 设计必须要有针对性。

▲ 适合儿童的界面设计（简单、活泼）

▲ 适合年轻人的界面设计（亮丽）

▲ 适合老年人的界面设计（规整）

4. Bug控制能力

我们应该尽可能地检查程序中的错误和 Bug，而 Beta 测试是消减错误的最好方法。为了达到更好的用户体验效果，最好减少那些弹出一个窗口告诉用户发生了什么的设计。

5. 内容重点

为了使用户更好地理解你的内容，应该将重点放在重要的内容上面，在重要的位置为用户展示最重要的内容。

6. 简单明了的设计

UI 的功能可以很强大，但是设计一定要简约，因为拥挤的界面，不管功能是多么强大，都会吓跑用户，而简约的设计不仅能增强 UI 的易用性，还能让用户不必关心那些无关的信息，所以很多优秀的站点的设计都显得十分简约。

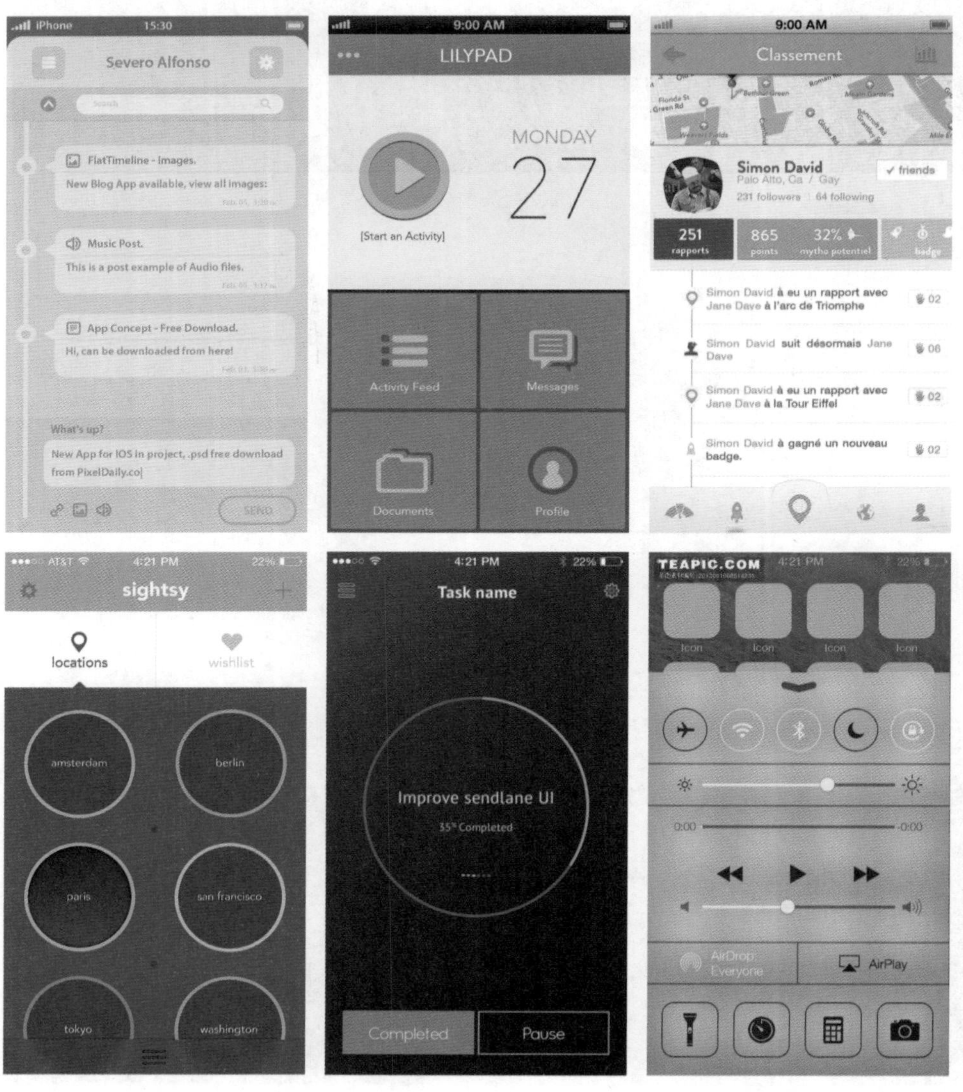

▲ 一些简约设计的界面

7. 导视系统

当使用了像 Ajax 和 Flash 一类的技术，在加载内容的时候，应提供视觉提示，让用户知道他目前在做什么。

8. 操作提示

你的用户是靠自己的研究还是看 FAQ 文档学习来操作 UI。一个优秀的 UI，应当在 UI 现场提供类似于在 JQuery 的各个 UI 元素上显示的简单的操作提示。

9. 图文清晰

文本图片的清晰和准确是确保内容的两个重要因素。

10. 色彩设计

UI 的重要元素是色彩，不同的颜色代表着不同的心情。在使用色彩的时候，一定要和站点及主题相吻合；其次还应当考虑到色盲用户的感受，如果你选定了某种配色，就应该在整个站点及主题统一使用这种配色，以保持色彩的统一性。

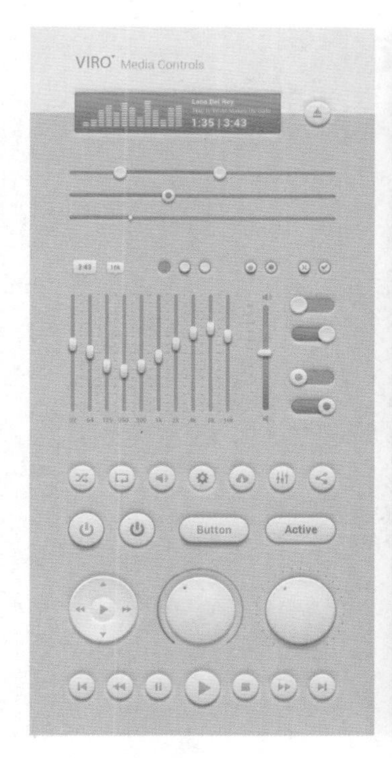

▲ 清爽的色彩搭配

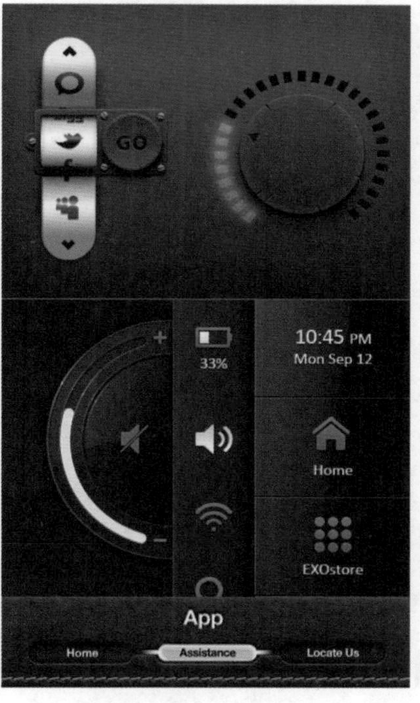

▲ 厚重的色彩搭配

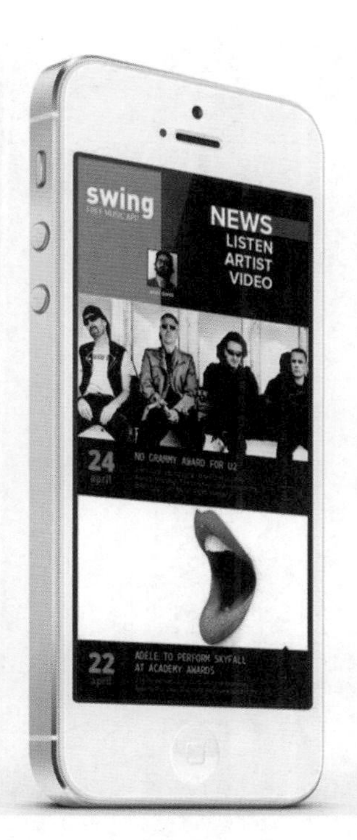

▲ 张扬时尚的色彩搭配

11. 烦琐的设计

最好的设计是用来体验的，而不是用来看的。所以 UI 上不要放一些花哨的东西给用户看，而是应该让用户去体验。因为越是简单的 UI 设计，用户体验越好。

12. 清晰易懂

在你的 UI 中，总体结构应当清晰明了，各个元素应当放在适当的位置，彼此之间相互关联，那些不相关的东西，可以把它们单独放置。

Chapter

02

App界面设计的配色意向

智能手机的 UI 设计是一种高智慧、高境界的色彩设计，要求设计师对色彩有绝对的把控能力。色彩能够让人产生某种情绪，对产品产生依赖性。下面通过本章的学习来了解一下不同的色彩搭配对于UI设计的重要性。

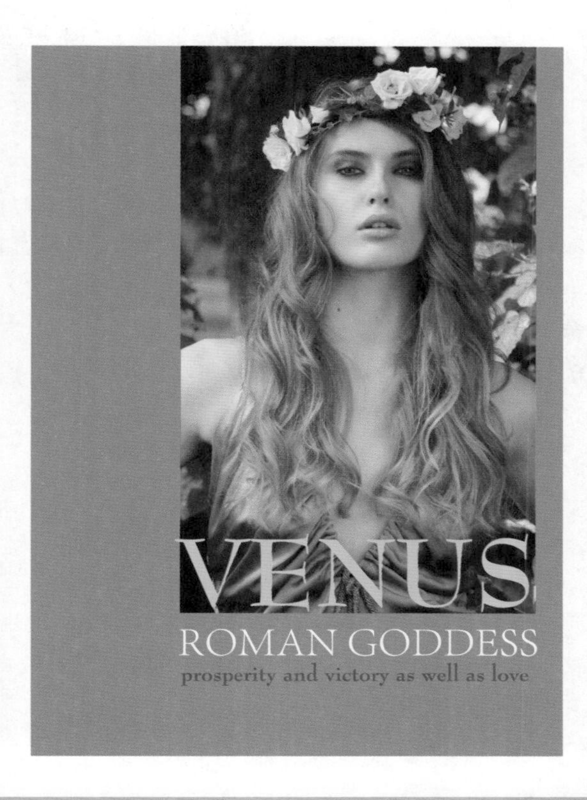

App UI 的色彩设计意象

Version：CS4 CS5 CS6 CC

我们在生活当中看到色彩时，不仅会感觉到其物理方面的影响，还会在心里产生一种用言语难以形容的感觉，我们把这种感觉称为印象，即色彩意象。

1. 红的色彩意象

因为红色容易引起人们的注意，因此红色在各种媒体中被广泛地利用。红色不仅具有较佳的明视效果，还可以被用来传达有活力、积极进取、热诚温暖等内涵的企业形象与精神。还有在为警告、危险、禁止和防火等标志选择用色的时候，人们首先考虑的也是红色。这样，人们在一些场合和物品上，只要看到红色标示，不必仔细看内容，就能知道这是警告危险的意思。另外，在工业安全用色中，红色就作为警告、危险、禁止和防火等标志的指定色。

红色的种类：大红、桃红、玫瑰红。

2. 橙的色彩意象

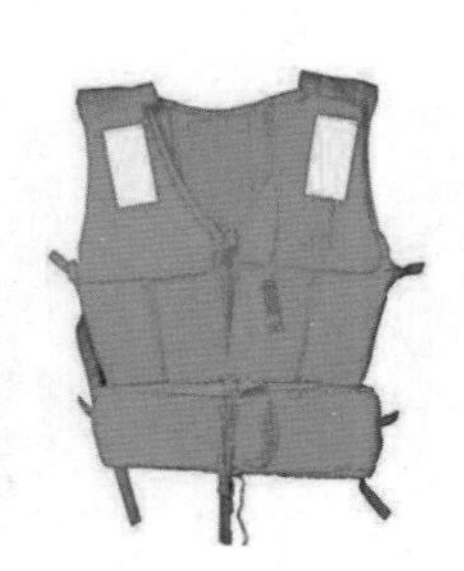

因为橙色明视度高，所以在工业安全用色中，橙色被赋予了警戒色的含义，用作火车头、登山服装、背包和救生衣等的专用色。可是正因为橙色过于明亮刺眼，就会使人有低俗的意象，尤其在服饰的运用上，显得更加明显。所以在运用橙色的时候，要想把橙色明亮活泼，具有口感的特性发挥出来，必须选择合适的搭配色彩和恰当的表现方式。

橙色的种类：鲜橙、橘橙、朱橙。

3. 黄的色彩意象

因为黄色明视度高，所以在工业安全用色中，黄色就是警告危险色，被用来警告危险和提醒注意。黄色使用非常普遍，比如，交通提示灯上的黄灯，工程用的大型机器，学生用雨衣、雨鞋等，都采用黄色。

黄色的种类：大黄、柠檬黄、柳丁黄、米黄。

4. 绿的色彩意象

因为绿色代表着生命和健康。所以在商业设计中，绿色符合服务业、卫生保健业的诉求，因为它所传达的清爽、理想、希望和生长的意象，和这些行业不谋而合。工厂里许多机械采用的也是绿色，就是为了避免操作时眼睛疲劳，还有一般的医疗机构场所，也采用绿色来做空间色彩和标示医疗用品。

绿色的种类：大绿、翠绿、橄榄绿、墨绿。

5. 蓝的色彩意象

因为蓝色比较沉稳，具有理智、准确的意象，所以在商业设计中，许多强调科技、效率的商品和企业形象，都选用蓝色作为标准色和企业色。像电脑、汽车、影印机、摄影器材等都选用蓝色。受西方文化的影响，蓝色也代表忧郁。蓝色的这个意象经常运用在感性诉求的商业设计和文学作品中。

蓝色的种类：大蓝、天蓝、水蓝、深蓝。

6. 紫的色彩意象

因为紫色具有强烈的女性化性格，所以在商业设计用色中，紫色只能作为和女性有关的商品以及企业形象的主色，其他类的设计一般情况下，都不考虑紫色。

紫色的种类：大紫、贵族紫、葡萄酒紫、深紫。

7. 褐的色彩意象

由于褐色的独特意象，所以在商业设计中，用来强调格调古典优雅的企业或商品形象。它不仅被用来表现像麻、木材、竹片、软木等原始材料的质感，还被用来传达像咖啡、茶、麦类等这些饮品原料的色泽。

褐色的种类：茶色、可可色、麦芽色、原木色。

8. 黑的色彩意象

因为黑色具有高贵、稳重和科技的意象，所以在商业设计中，大多数科技产品的用色采用的都是黑色，像电视、跑车、摄影机、音响和仪器的色彩都是黑色。另外，黑色也有庄严的意象，经常用在一些像特殊场合的空间设计、生活用品和服饰设计等方面，这些都是利用黑色来塑造高贵的形象。值得一提的是，黑色适合和许多色彩作搭配，作为一种永远流行的主要颜色。

黑色的种类：大理石色、夜色、深灰色。

9. 白的色彩意象

因为白色具有高级、科技的意象，所以在商业设计中，经常需要和其他色彩搭配使用。由于纯白色会带给别人寒冷、严峻的感觉，所以在使用白色时，通常都会掺一些像米白、象牙白、乳白和苹果白等色彩。由于白色可以和任何颜色作搭配，所以在生活用品和服饰用色上，白色是永远流行的主要颜色之一。

白色的种类：乳白色、浅灰色、银色。

10. 灰的色彩意象

因为灰色具有柔和、高雅的意象，所以在商业设计中，大多数高科技产品，特别是和金属材料有关的，几乎都采用灰色来传达高级、科技的形象。另外，灰色属于中间性格，男女都能接受，因此灰色也是永远流行的主要颜色之一。需要注意的是，我们在使用灰色时，为了避免过于沉闷而有呆板僵硬的感觉，应该利用不同的层次变化组合和搭配其他色彩。

灰色的种类：大灰、蓝灰、深灰。

2.2 色彩的表现力和感染力

Version：CS4 CS5 CS6 CC

在设计中，表现力和感染力是色彩最重要的两个因素，它通过人们的视觉感受产生生理、心理的反应，从而形成丰富的联想、深刻的寓意和象征。在室内环境中，为了使人们感到舒适，色彩应满足其功能和精神要求，我们在室内设计中应该充分发挥和利用色彩本身具有的一些特性，可赋予设计独特的美感。

2.2.1 色彩的效应

色彩对人引起的视觉效果反应主要表现在冷暖、远近、轻重、大小等物理性质方面，即温度感、距离感、重量感和尺度感等 4 个方面。

1. 温度感

在色彩学中，我们按照色相的不同把色彩分为热色、冷色和温色三个色系。热色是从红紫、红、橙、黄到黄绿色，其中红紫色最热。冷色是从青紫、青至青绿色，其中青绿色最冷。温色是紫色和绿色，紫色是红与蓝色混合而成的，绿色是黄与蓝色混合而成的。这些色系的划分和人类长期的感觉经验是一致的，比如人们看到红色和黄色，就好像看到太阳、火和炼钢炉一样，感觉到热；看到青色和绿色，就好像看到江河湖海、绿色的田野和森林，感觉特别凉爽。

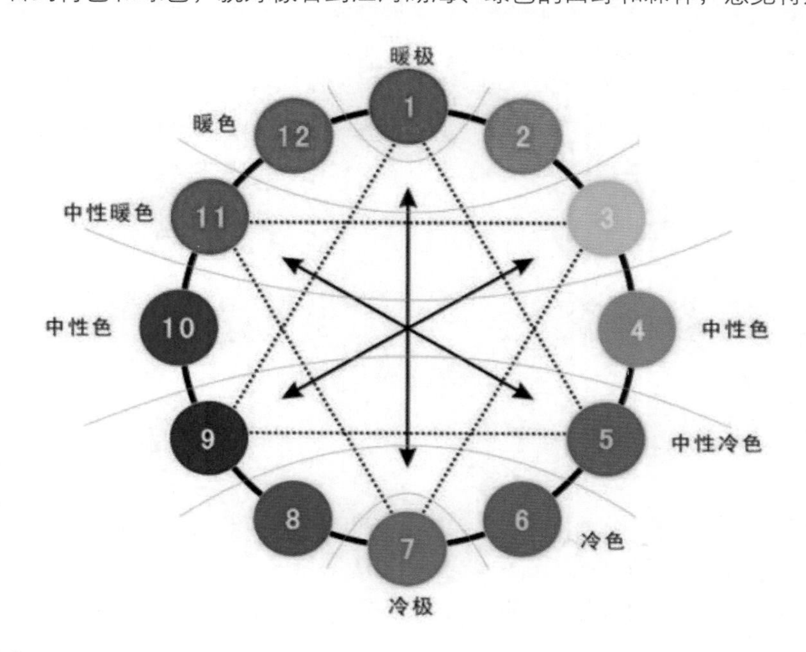

2. 距离感

色彩不仅可以使人感觉到冷暖，还可以使人感到进退、凹凸和远近，一般来说，暖色系和明度高的色彩让人感到有前进、凸出和接近的感觉，冷色系和明度较低的色彩则让人们感到有后退、凹进和远离的感觉。所以在室内设计中，人们经常利用色彩的这些特点去改变空间的大小和高低。比如，墙面过大时，采用收缩色；柱子过细时，用浅色，淡化纤细感；柱子过粗时，用深色，减弱笨粗之感；居室空间过高时，可用近感色，减弱空旷感，提高亲切感。

3. 重量感

色彩的明度和纯度决定着色彩的重量感。像桃红和浅黄色这些明度和纯度高的色彩就显得轻盈，像黑色和蓝色这些明度和纯度低的色彩就显得厚重。在室内设计的构图中，我们经常用不同的色彩来表现轻盈、厚重等性格，并依此达到平衡和稳定的需要。

4. 尺度感

色相和明度两个因素决定着色彩对物体大小视觉的影响。要想使物体显得高大，就用暖色和明度高的色彩，因为这些色彩具有扩散作用。反言之，要想使物体显得矮小，就用冷色和暗色，因为这些色彩具有内聚作用。有时候，通过对比也能把不同的明度和冷暖表现出来。由于室内家具的不同、大小物体的差异以及整个室内空间的色彩处理有非常密切的关系，所以我们可以利用色彩来改变物体的尺寸、体积和空间感，使室内各部分之间的关系更加协调和统一。

2.2.2 色彩的反应

色彩不仅有许多物理性质，还有丰富的含义和象征。人们往往依自己的生活经验以及由色彩引起的联想对不同的色彩表现出不同的好恶。这种对颜色的好恶之感也和人的年龄、性格、素养、民族、习惯分不开。比如，人们一看到红色，就能联想到太阳，联想到万物生命之源，感到崇敬和伟大，也能联想到血，感到不安和野蛮。要是看到黄色，好像阳光普照大地一样，就感到明朗、活跃和兴奋。要是看到黄绿色，就能联想到植物发芽生长，感觉到春天的来临，于是就赋予黄绿色青春、活力、希望、发展、和平等意义。色彩在心理上也有冷热、远近、轻重、大小等物理效应，用色彩不仅可以表现如兴奋、消沉、开朗、抑郁、动乱、镇静等情绪；也可以表现出如庄严、轻快、刚、柔、富丽、简朴等感觉，不同的颜色就好像被人们施了魔法一样。可以随心所欲地创造心理空间，表现内心情绪和反映思想感情。

色彩研究

Ps Version：CS4 CS5 CS6 CC

色彩的应用很早就已经有了，但是色彩的科学，直到牛顿发现太阳光通过三棱镜发生分解而有了光谱之后才迈入新纪元，在 16 ~ 17 世纪出现很多光线与色彩的研究，直到 20 世纪美国画家 Munsell 的出现，才使得色彩可以用数字形式来精准描述。

1. 色彩类别

在千变万化的色彩世界中，人们视觉感受到的色彩非常丰富，现代色彩学按照全面、系统的观点，将色彩分为有彩色和无彩色两大类。

▲ 有彩色

▲ 无彩色

有彩色是指红、橙、黄、绿、蓝、紫这 6 个基本色相以及由它们混合所得到的所有色彩。

无彩色是指黑色、白色和各种纯度的灰色。从物理学的角度看，无彩色不包括在可见光谱之中，故不能称之为色彩。但是从视觉生理学和心理学来说，无彩色具有完整的色彩性，应该包括在色彩体系之中。

2. 色相

色彩的色相是色彩的最大特征，是指能够比较确切地表示某种颜色色别的名称，如红色、黄色、蓝色等，色彩的成分越多，色彩的色相越不鲜明。光谱中的红、橙、黄、绿、蓝、紫为基本色相，色彩学家将它们以环形排列，再加上光谱中没有的红紫色，形成一个封闭的圆环，就构成了色相环。由色彩间的不同混合，可分别做出 10、12、16、18、24 色的色相环。

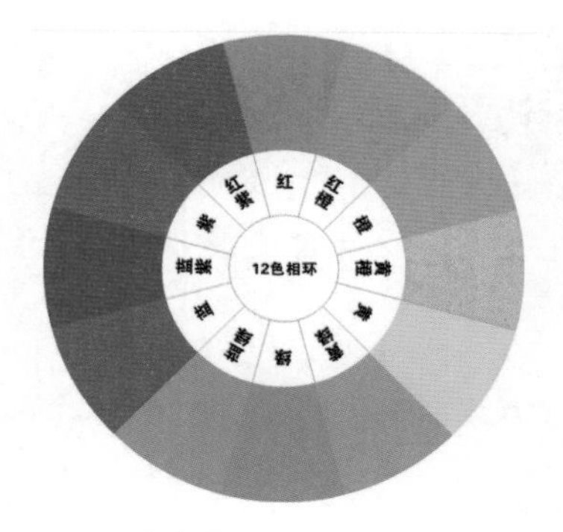

▲ 12 色相环

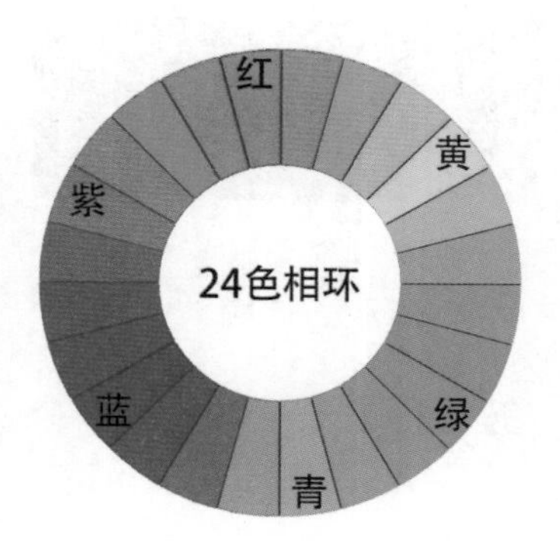

▲ 24 色相环

3. 明度

明度是指色彩的亮度或明度，颜色有深浅、明暗的变化。比如，深黄、中黄、淡黄、柠檬黄等黄颜色在明度上就不一样，这些颜色在明暗、深浅上的不同变化，也就是色彩的明度变化。

▲ 色彩的明度变化

无彩色中明度最高的是白色，明度最低的是黑色。

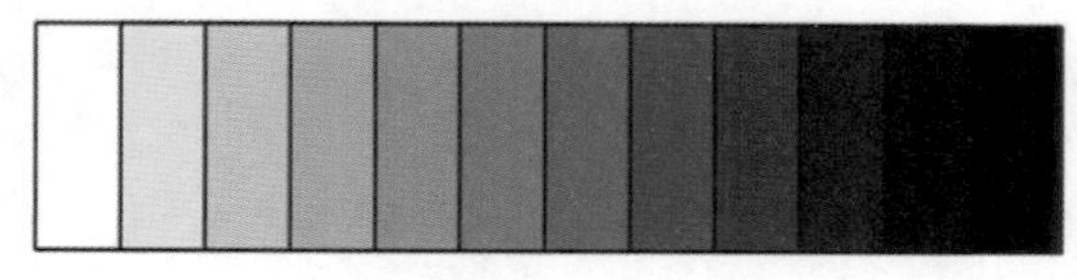

▲ 无彩色明度色阶

有彩色加入白色时会提高明度，加入黑色则降低明度，如下图所示，上方色阶为不断加入白色、明度变亮的过程，下方为不断加入黑色，明度变暗的过程。

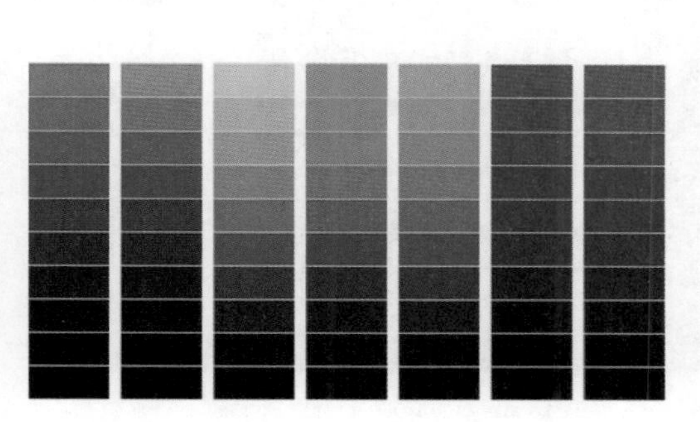

▲ 有彩色明度色阶

4. 饱和度

饱和度是指色彩的鲜艳程度，也称色彩的纯度。我们眼睛能够辨认有色相的色彩都具有一定的鲜艳度。饱和度取决于该色彩中含色成分和消色成分 (灰色) 的比例。含色成分越大，饱和度越大；消色成分越大，饱和度越小。例如绿色，当它混入白色时，鲜艳度就会降低，但明度增强，变为淡绿色；当它混入黑色时，鲜艳度降低，明度也会降低，变为暗绿色。

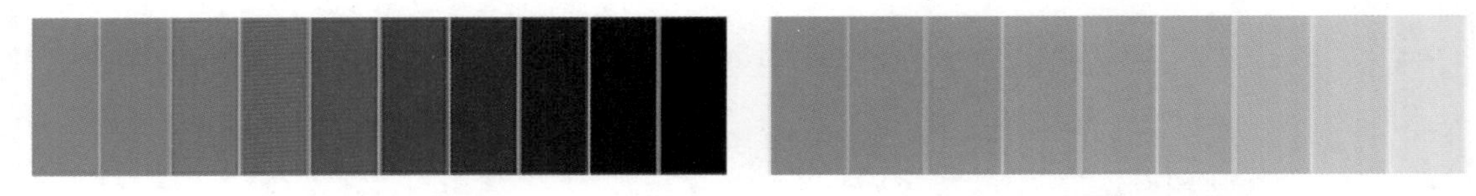

饱和度降低，明度降低　　　　饱和度降低，明度增强

▲ 饱和度变化

5. 色调

以明度和饱和度共同表现色彩的程度称为色调。色调一般分为 11 种：鲜明、高亮、清澈、明亮、灰亮、苍白、隐约、浅灰、阴暗、深暗、黑暗。其中鲜明和高亮的彩度很高，给人华丽而又强烈的感觉；清澈和隐约的亮度和彩度比较高，给人一种柔和的感觉；灰亮、浅灰和阴暗的亮度和彩度比较低，给人一种冷静朴素的感觉；深暗和黑暗的亮度很低，给人一种压抑、凝重的感觉。

配色

Version：CS4 CS5 CS6 CC

色相彩度明度作用会使搭配在一起的不同色彩产生变化，两种和多种深颜色搭配在一起是不会产生对比效果的，同样，多种浅颜色混合在一起产生的效果也不理想。可是当一种深颜色和一种浅颜色混合在一起时，效果就会非常明显，浅色的更浅，深色的更深，色相彩度明度也是如此。

▲ 多种深色搭配

▲ 多种浅色搭配

▲ 深色和浅色搭配

2.4.1 色相配色

以色相为基础的配色就是以色相环为基础的配色。我们运用色相环上比较相似的颜色进行配色，就让人有种稳定和统一的感觉。若是想达到强烈的对比效果，就用差别比较大的颜色进行配色。

要想达到共同的配色印象，就要使用类似色相的配色。这种配色在色相上是比较容易取得配色平衡的。就像黄色、橙黄色和橙色的组合以及群青色、青紫色和紫罗兰色的组合等都是类似的色相配色。但是使用类似色相的配色，让人容易产生单调的感觉，所以有的时候，我们也可以使用一些对比色调的配色手法。这种中差配色的对比效果，既不呆板也不冲突，深受人们的喜爱。

在色相环中，对比色相配色指的是位于色相环圆心直径两端的色彩以及较远位置的色彩组合。它主要有中差色相配色、对照色相配色和补色色相配色 3 种色相配色。由于对比色相的色彩性质比较青，因此它就被用来调配色彩的平衡，经常用在色调上和面积上。

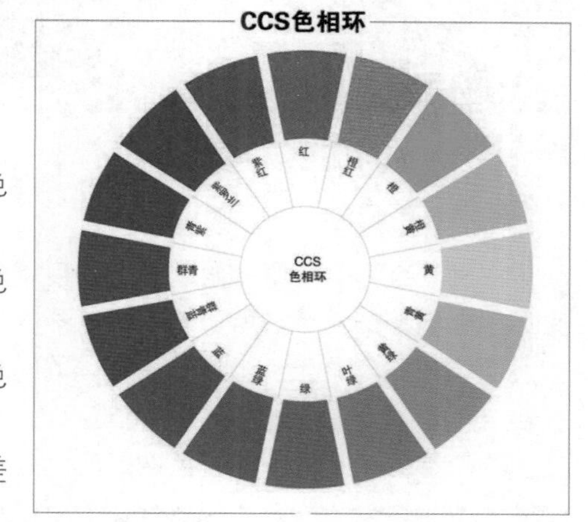

同一色相配色指的是色相配色在 16 色相环中，角度是 0° 和接近的配色。

邻近色相配色指的是角度在 22.5° 的两色间，色相差是 1 的配色。

类似色相配色指的是角度在 45° 的两色间，色相差是 2 的配色。

对照色相配色指的是角度在 67.5° ~112.5° ，色相差是 6~7 的配色。

补色色相配色指的是角度在 180° 左右，色相差是 8 的配色。

2.4.2 色调配色

1. 同一色调配色

同一色调配色就是把相同色调的不同颜色搭配在一起形成的一种配色关系。同一色调除色调明度有些变化外，其颜色、色彩的纯度都是一样的。同一色调会产生相同的色彩印象，而不同的色调会产生不同的色彩印象。要想表现出活泼感只需把纯色调全部放在一起即可，比如婴儿服饰或玩具大多都是以淡色调为主。在中差色相和对比色相的配色中，采用同一色调的配色方法，色彩就显得很协调。

▲ 同一色调配色

2. 类似色调配色

将色调图中相邻或接近的两个或两个以上的色调搭配在一起的配色就是刚才提到的类似色调配色。与同一色调相比，类似色调配色在色调与色调之间有细微的差异，不会产生呆滞感。要想表现出昏暗的感觉，就把深色调和暗色调搭配在一起；要想表现出鲜艳活泼的色彩印象，就使用明亮色调、鲜艳色调和强烈色调。

▲ 类似色调配色

3. 对照色配色

将相隔较远的两个和两个以上的色调搭配在一起的配色就是对照色调配色。因为对比色调存在色彩的特征差异，所以能造成强烈的视觉对比，产生一种“相映”或“相拒”的力量。比如浅色调和深色调配色，就是深和浅的明暗对比；鲜艳色调和灰浊色调搭配，在纯度上就会存在差异配色。 也就是说，在配色选择时，对比色调配色会因横向或纵向对比而存在明度和纯度上的差异。若是采用同一色调的配色方法，更容易进行色彩调和。

▲ 补色对照色调配色

▲ 深浅明暗对照色调配色

2.4.3 明度配色

配色的一个重要因素就是明度。明度的变化能表现出事物的远近感和立体感。比如，希腊的雕刻艺术就是通过光影的作用呈现黑、白、灰的相互关系，形成立体感。再比如，中国的国画也经常使用无彩色的明度搭配，用来表现空间的关系。不仅如此，彩色的物体也能通过光影的影响产生出明暗效果。比如，黄色和紫色就存在明显的明度差。

明度可以分为高明度、中明度和低明度三类，我们在给明度配色的时候，有高明度配高明度、高明度配中明度、高明度配低明度、中明度配中明度、中明度配低明度、低明度配低明度等 6 种搭配方式。其中，高明度配高明度、中明度配中明度、低明度配低明度这 3 种属于相同明度配色；高明度配中明度、中明度配低明度这两种属于略微不同的明度配色；高明度配低明度属于对照明度配色。我们经常使用的就是明度相同，而色相和纯度有变化的配色方式。

▲ 雕塑素描的黑白灰立体关系

▲ 黄色和紫色的色调配色

▲ 水墨画的浓淡色调配色

▲ 明度相同，色相有变化的配色

2.5 使用 Photoshop 进行配色

Version：CS4 CS5 CS6 CC

我们在用 Photoshop 设计网页以及平面设计配色的时候，不仅有自己的常用配色板，还可以安装一些配色插件或软件。如 Photoshop 自带的扩展功能程序 Kuler，就是一种比较高级的配色方法。因为 Kuler 不仅可以实时配色，添加到色板，使用前景色，还能下载最新的配色方案。接下来，我们就一起来学习一下 PS 扩展程序 Kuler 是如何进行配色的。需要注意的是，必须安装完整版的 Photoshop，若安装的不是完整版的，就可能没有 Kuler 功能。

方法/步骤

01 ▶ 执行“窗口”→“扩展功能”→Kuler 命令，如图01所示。

02 ▶ 如果扩展功能没有启用，可以在“首选项”→“增效工具”中勾选“载入扩展面板”，同时勾选“允许扩展连接到 Internet”，如果不联网，Kuler 无法使用网上的色彩方案，如图02所示。

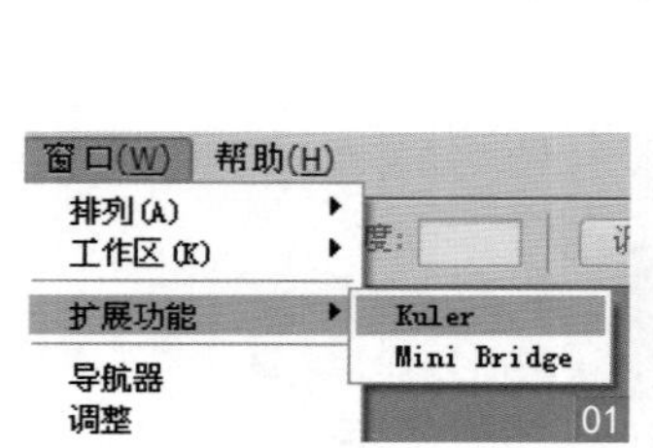

01

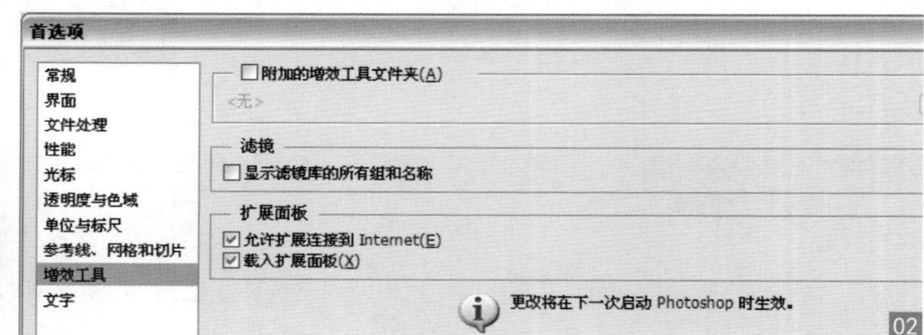

02

03 ▶ Kuler 面板被打开后，配色之前先确定一个主色，然后通过各种配色方案生成配色板。这里先调整出主色，右侧的垂直滑杆是调整色彩亮度的，下面的“基色”向下箭头所指的是当前主色，色块处于选中状态。圆形色域中左侧的最大点就是基色，圆形的最边缘是选择色相的，圆形往里是降低色彩的饱和度，如图03所示。

04 ▶ 在 Kuler 扩展面板中调整色彩的三个维度。色彩控制点绕圆形转动是改变色相，色彩控制点往圆心靠近是降低饱和度，右侧明度滑杆添加和减少色彩中的黑色是控制色彩的明度，如图04所示。

05 ▶ 确定主色后，可以选择 Kuler 预设的色彩方案，一共有 6 种色彩方案：类似色、单色、三色组合、互补色、复合色、暗色，要是都不符合要求可以自定义配色方案，如图05所示。

06 ▶ 选择一种配色方案，自动生成配色板，有 5 个颜色块。如果想使用某个色板为前景色，可以双击色块，前景色就会同步为当前色块颜色，如图06所示。

07 ▶ 如果要把配色方案添加到色板中，可以单击 Kuler 下面的“将此主题添加到色板”按钮，如图07所示。

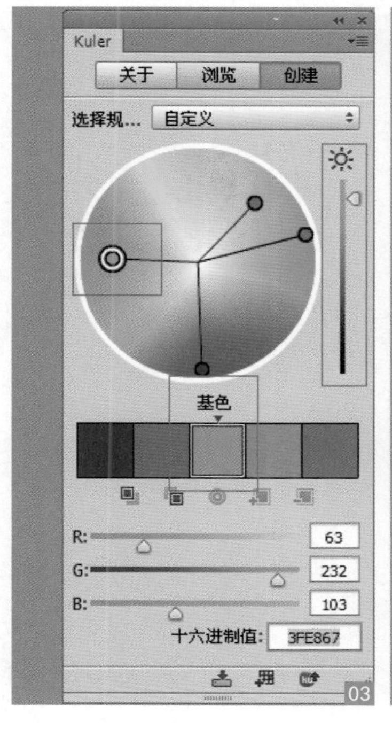

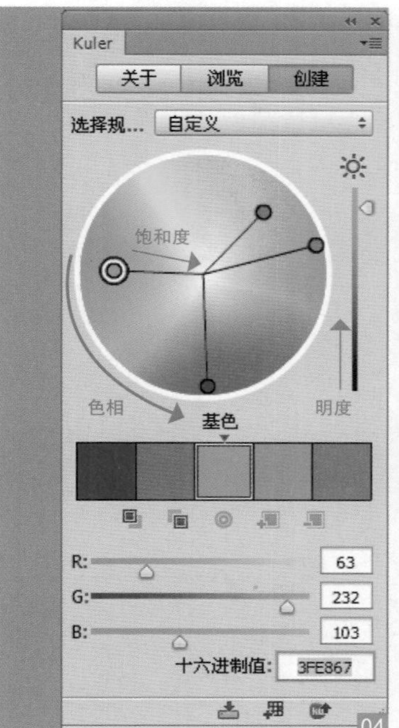

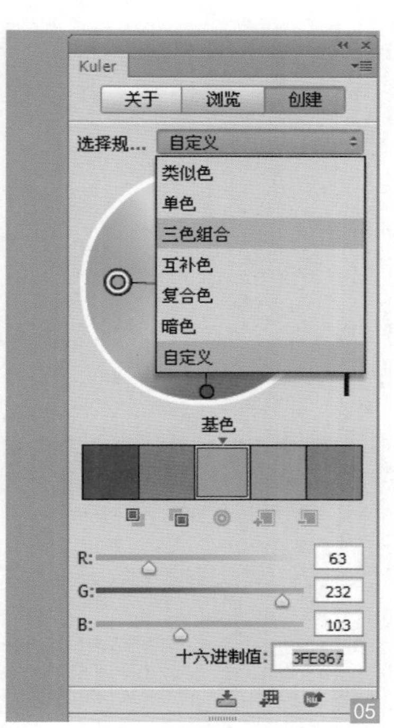

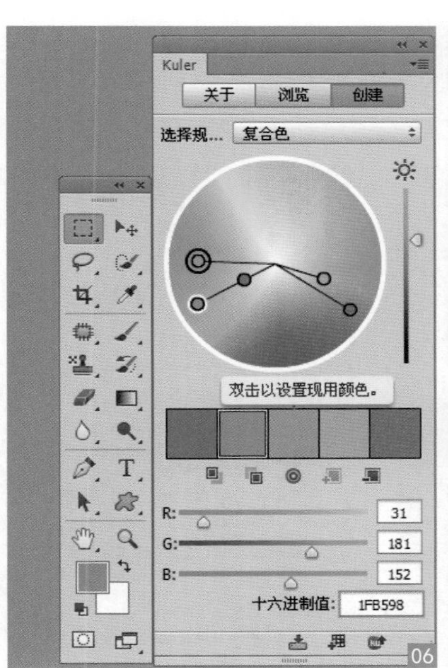

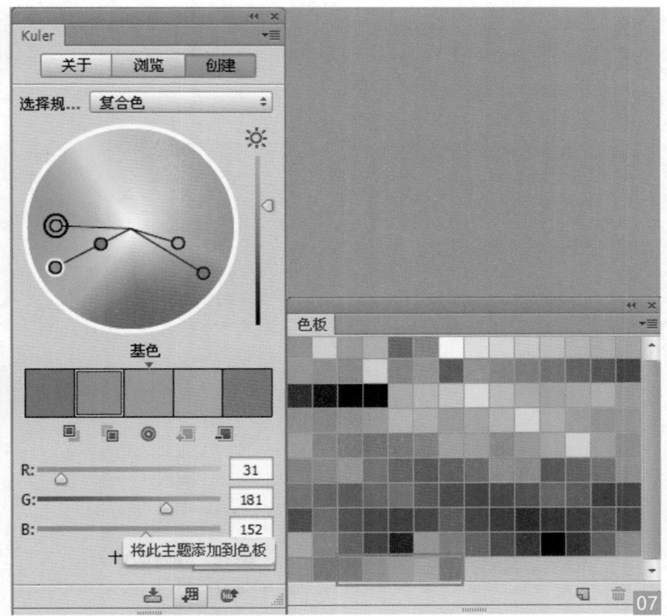

08 ▸ 保存这个主题。单击“命名并保存此主题”，将保存主题到 Kuler 中，如图08所示。

09 ▸ 命名主题“名称”为“green”，单击“保存”，注意名称命名不支持中文，如图09所示。

10 ▸ 单击“浏览”，选择“已保存”，刚才存储的配色方案就显示出来了，即可将其添加到色板中，如图10所示。

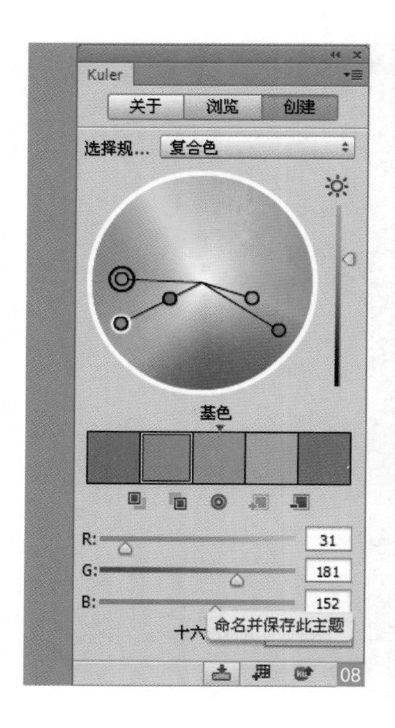

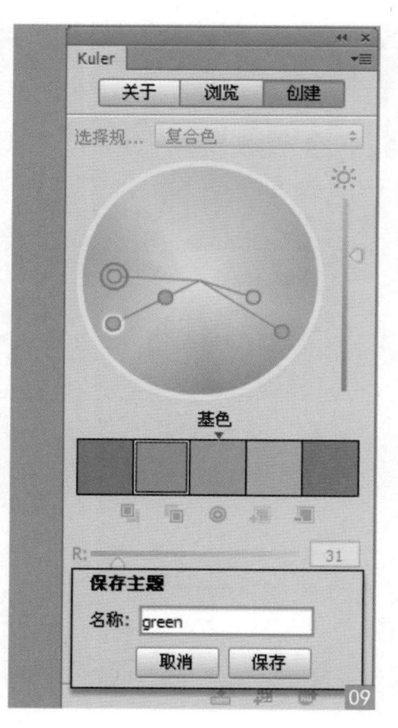

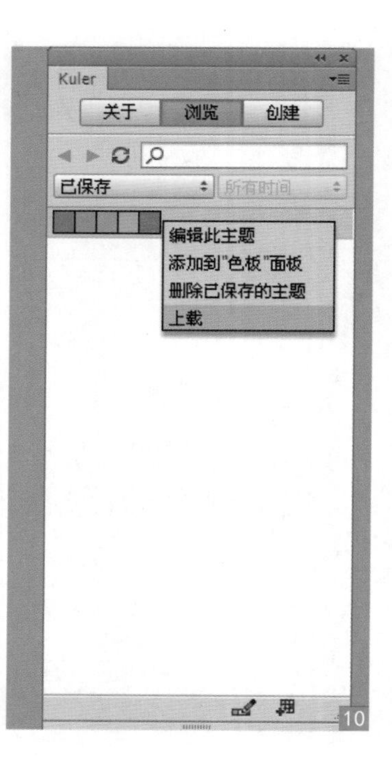

11 ▶ 也可以在创建面板中单击“将主题上载到 kuler”，把配色方案保存到网上，如图11所示。

12 ▶ 单击“浏览”，选择“最新”，可以查看网上的配色方案，可以下载到本地或者添加到色板中，如图12、13所示。

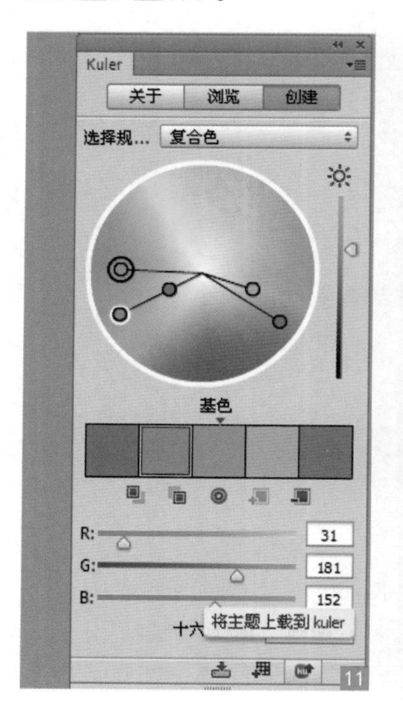

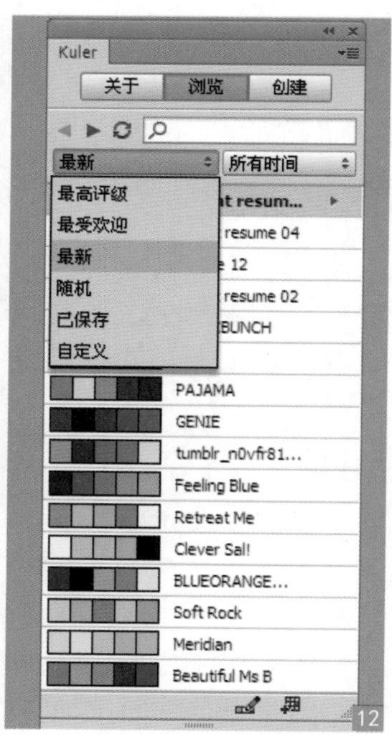

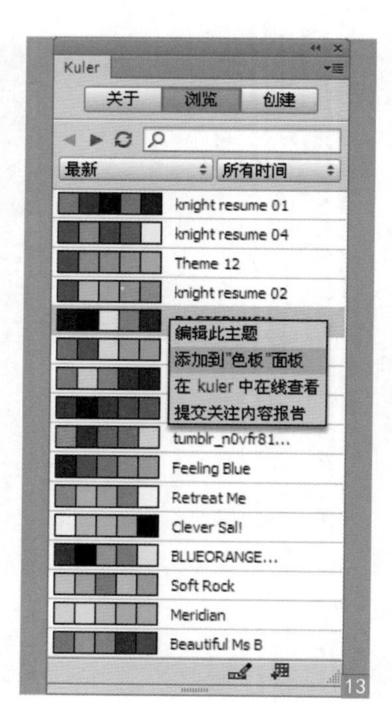

2.6 配色案例

Version：CS4 CS5 CS6 CC

没有一种单一的设计元素会比颜色效果更能吸引人。颜色能吸引人的注意，表达一种情绪，能传达一种潜在的信息。那么什么样的调色搭配才是最合适的呢？关键是颜色之间的关系。色彩总是和周围其他颜色一起出现。因此，可以在页面中通过基色设计一个色板文件。下面我们将介绍这种色板文件的建立方法。

这里要制作一个具有浪漫色彩的电影海报，画面中模特的面部表情比较放松，面色比较白净。我们的目的是使设计效果看起来令人耳目一新，充满活力，个性十足，同时又要传达一种商业气息。客户还要求整个设计效果显得潮流时尚，这些要求全部和颜色有关。

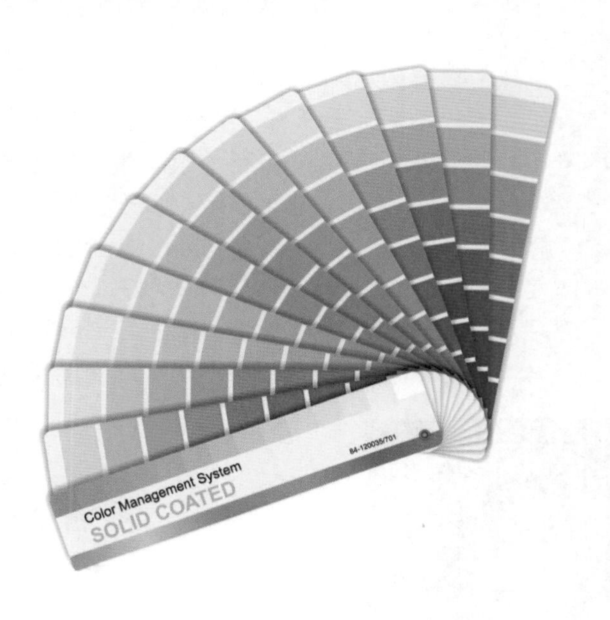

1. 将照片中的颜色精简出来

首先要找出这个自然的色板，并把它组织为调色板文件。尽量地放大照片，你会发现照片有很多颜色。在正常的视图中我们只会看到很少的一些颜色，皮肤的色调、栗色的头发、蓝色的衣服、粉红的花朵。但是把它们放大来看时，会发现这里面有着数以百万计的颜色。所以首先要精简这些颜色，让它成为一个易处理的颜色版本。在 Photoshop 中，首先复制一个图层（这样就不会丢失原始图片了），然后选择“滤镜”→“像素化”→“马赛克”后，一个颜色被精简过的图片就会出现了。假如不满意它的默认值，需要更多一点的颜色，可以减少“马赛克”命令中的单元格大小值。

▲ 精简前图片

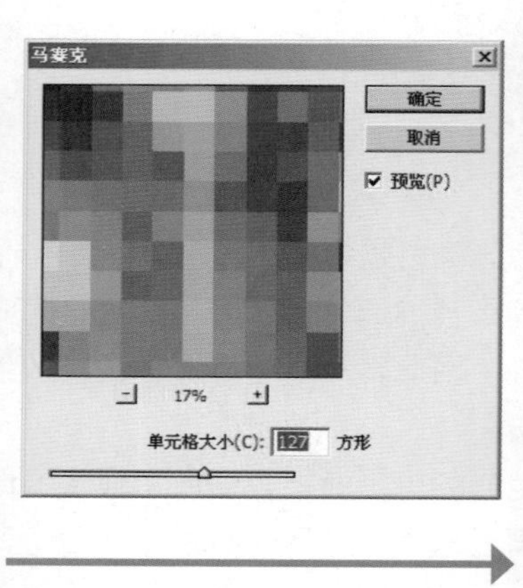

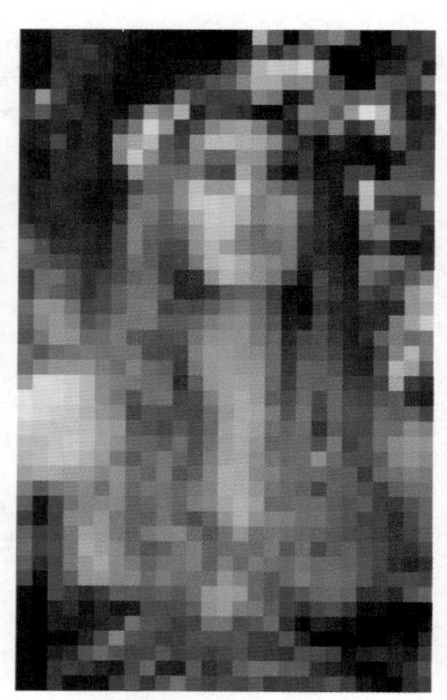

▲ 精简后图片

2. 提取颜色成为色板

现在使用吸管工具将颜色提取出来放到色板中。从最明显的颜色开始（你看到的最多的颜色），到最少的颜色。为了对比效果，可选择一些暗调、中调及浅调的颜色。从最多的颜色开始，如一眼就可以看到的皮肤、头发、上衣的颜色。然后处理较少的颜色，如眼睛、嘴唇、头发较亮部分及一些阴影，这就是非常细小的颜色，所以需要非常专心，从而归类好每一部分的颜色。对颜色进行仔细观察，然后对选取的颜色重新排序。丢弃那些相似的颜色，接下来你就会兴奋于自己的发现了。

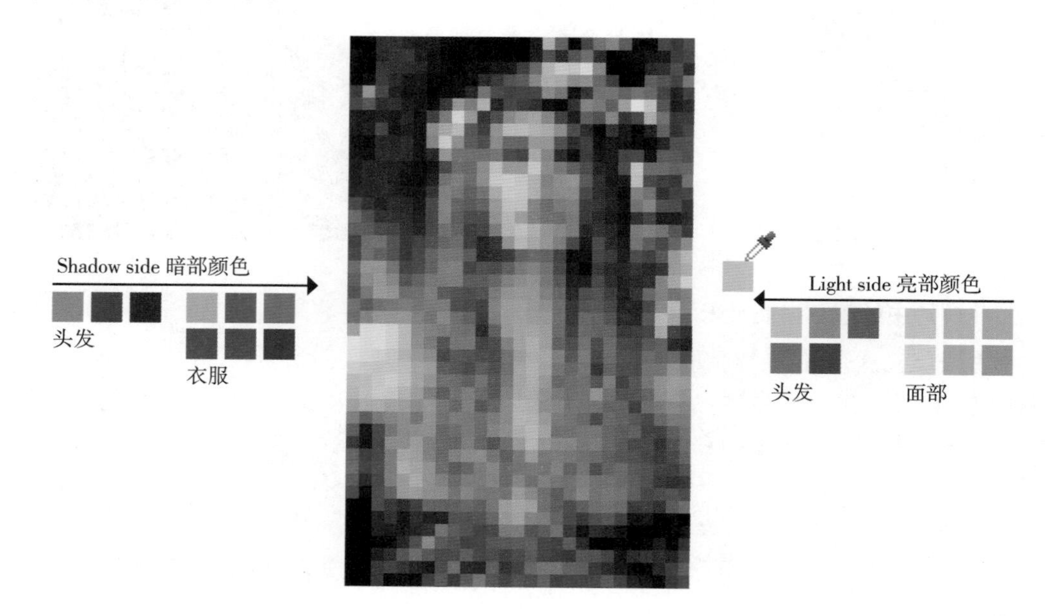

3. 逐个对颜色进行尝试

将照片放到那些颜色样板上面，结果都是很漂亮的，不是吗？这是一件非常有趣的事，无论你怎么做，都是不错的搭配，奥妙就在于我们使用的颜色其实是照片中已经存在的某一种颜色。

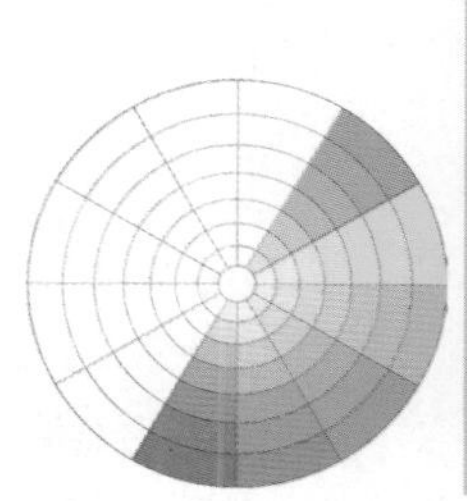

▲ **暖色调：**粉红、棕色、红褐色、橙红色，这些是暖色调的，这些颜色来自模特的头发和面部。暖色调时这个女孩更温和、更娇柔，所以暖色调用来传达温馨的画面较为合适。

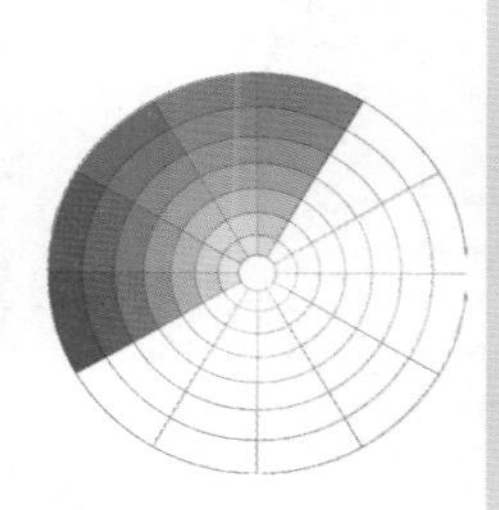

▲ **冷色调：**冷色调主要是蓝色调，产生一种商业气氛，有比较直接的效果。当我们使用越暗的颜色，照片中女孩的面孔就越有一种突出页面向你靠近的感觉。

4. 利用色相环

色相环是用来反映一种颜色和其他颜色相互关系的工具，选择任何一种颜色之后，在色相环上找到它相应的位置。

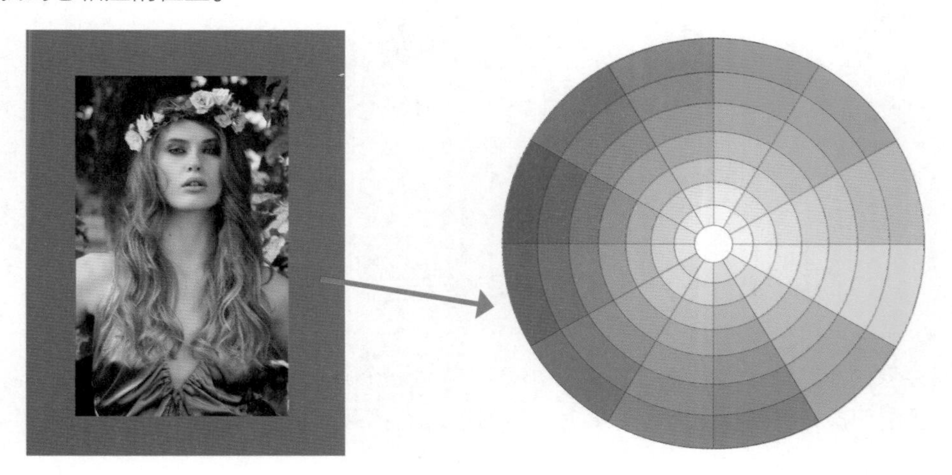

任何一种颜色，比如我们选择了图中的蓝色，然后在色相环上查找它相邻的颜色。我们把这种颜色称为基色。前面已经知道这些基色与照片中的颜色是互补协调的。现在要做的就是要寻找与这个基色相配的其他颜色。要记住：如果设计时需要用到其他文字和图形，那么和它们的颜色也是相关的，需要选择暗色调及浅色调来形成对比。

由于色相环中的颜色是基于基色的（并不包含所有颜色值），因而在你配色时，并不能做到百分之百的精确，这只是一个方法指南。

5. 创建调色板

现在可以创建一个令人激动的协调色的调色板了，例如，中间蓝色可以和深蓝色以及深色的紫罗兰相协调。

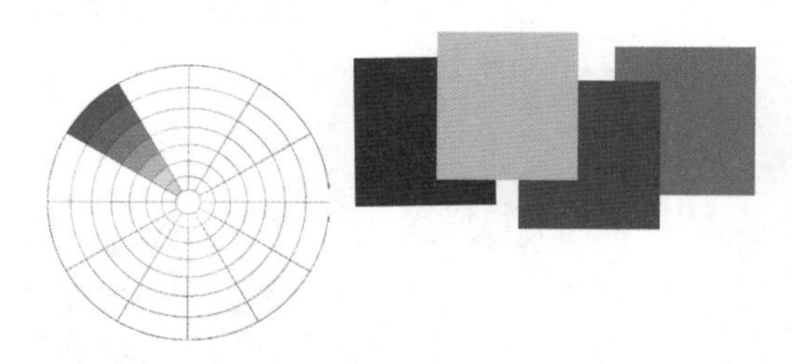

▲ **单色**：首先是一种基色的深色、中间色和浅色。这是一种单色调板。这里没有色相的变化，但通过明暗对比可以产生非常好的设计。

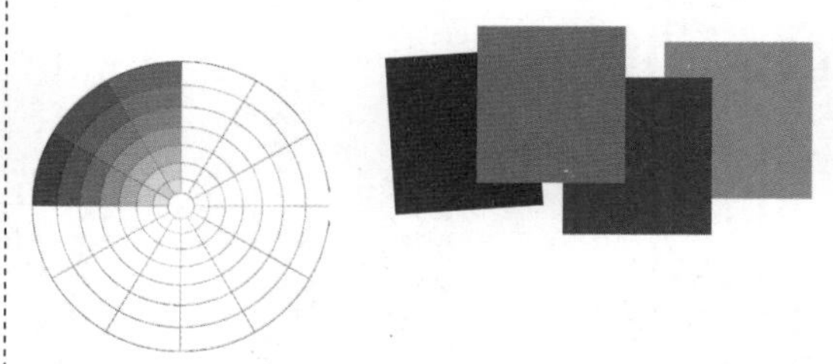

▲ **近似色**：一种色环上的颜色的任意两边的颜色都是近似色。近似色共享同一种色相（这里是湖蓝色、蓝色和紫罗兰色），可以产生一种漂亮的，低于对比度的和谐效果。

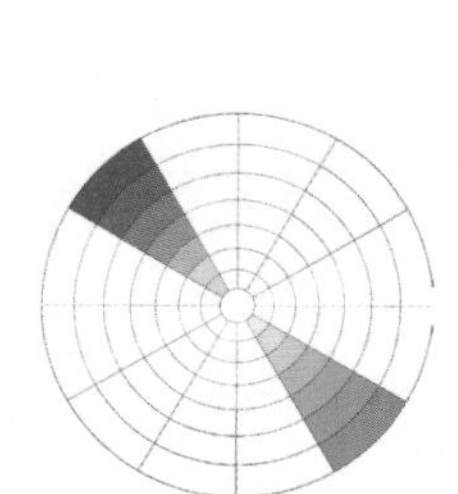

▲ **对比色（补色）**：在色相环上与一种颜色在完全的对立面，称为对比色（本例中为橙色）。对比色有很强的对比效果，两种互为补色的颜色应用在一起，可以传达一种活力生机的效果。一般来说，补色要产生好看的效果一般是一个大一个小，如一个橙色的圆点用在一个蓝色的区域中时，效果非常好。

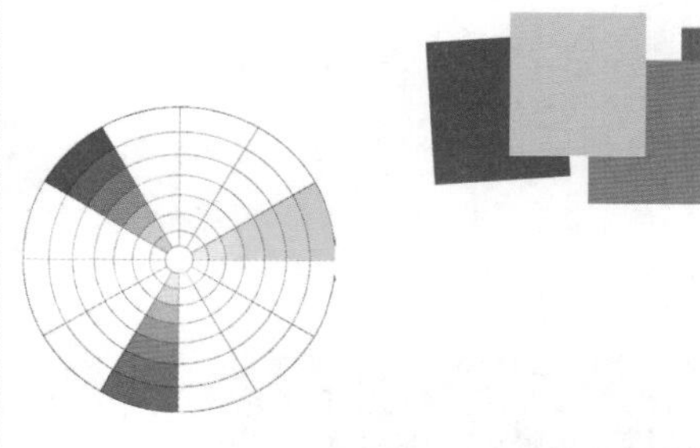

▲ **分裂补色**：一种颜色与另一种颜色既不是补色又不是相邻色，则这些颜色称为分裂补色。在相邻色的低对比度搭配中加入这些颜色，会使这个效果变得生动。要注意的是，加入的这些分裂补色的面积不宜过大，本例中的蓝色看起来更像是一个重音符。

但要注意的是，对比色比例要一大一小，主色为一个面，而它的对比色是一个点。还有配色上明度的变换，如果同在一个明度上，颜色是会“打架”的。

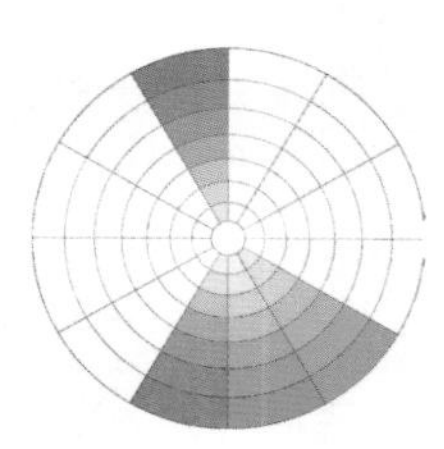

▲ **对比色 / 近似色**：这个混合调色板看起来很像分裂补色调色板，但它含有更多的颜色。在暖色调部分有着柔和色调，可以产生丰富的色彩色调。但在对比色方面又可以产生强烈的对比，这种调色板会让人产生强烈的兴奋感。

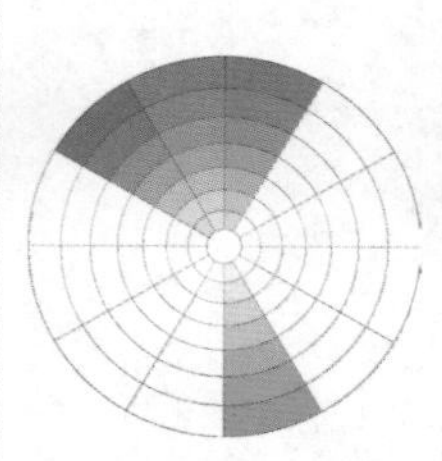

▲ **近似色 / 对比色**：用冷色调创建相似色再加上一点暖色的对比色。请记住不同的明度值会产生不同的对比效果，如果明度值相同，那么在视觉上就会相互“打架”，争夺读者的视觉，但如果明度值不同的话就不会有这种感觉了。所以要用吸管工具去提取颜色的不同明度值来搭配使用。

▲ 相反的颜色，相同的亮度

▲ 相反的颜色，不同的亮度

6. 校对及应用

现在来使用颜色搭配。该怎样选择颜色来搭配？关键是要看你想传达什么样的信息。回忆一下刚开始提出的设计要求是什么，然后再来选择配色。

商业气息：蓝色是人人都喜欢的颜色。有趣的是这里的蓝色和橙色是从照片中来的，这就产生了一种自然的对比效果。蓝色的背景色与照片中女人的蓝色衣服融为一体，使女人的目光更容易吸引人的注意，既漂亮又有商业气息。

如果忘了我们的设计要求，就回到 2.6 节刚开始看一下：我们的目的是要使设计效果看起来令人耳目一新，充满活力，个性十足，同时又要传达一种商业气息。

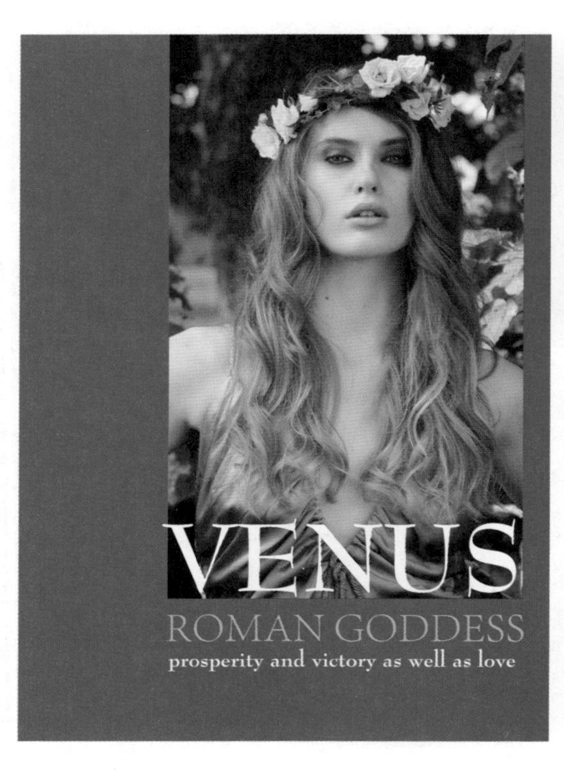

权威气息：这个调色板中的深红色来自她的头发，从色环中我们知道，这个颜色与橙色是一种近似色。蓝色的眼睛和衣服显得不再重要，而是成为了一种点缀性的对比。

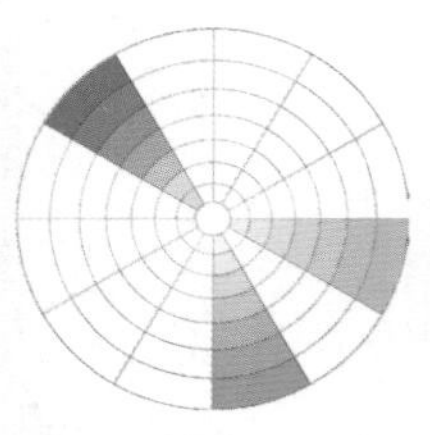

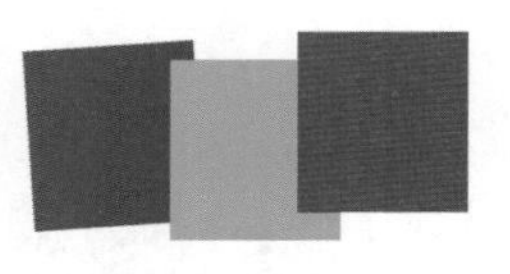

注意：原照片中头发的红色只是轻微的高光，在整个画面中填充红色后，就有了非常重的分量。整个设计给人一种认真、热情、权威的感觉。

热情气息：人物头发的亮色在页面中变得更加突出，而蓝色衣服使画面产生了对比和层次感。另一个焦点是黄色的标题，给人的感觉像是从照片中剪出来一样。整个空间显得比较平淡，这种颜色搭配产生一种热情迷人的效果(如果是在设计比赛中，这个设计可能会胜出，因为它比较特立独行），但只有那些大胆的客户才会选择这个设计。

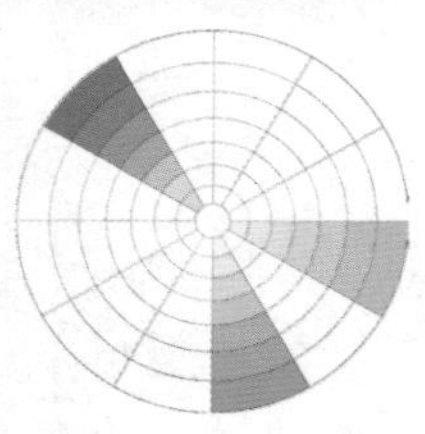

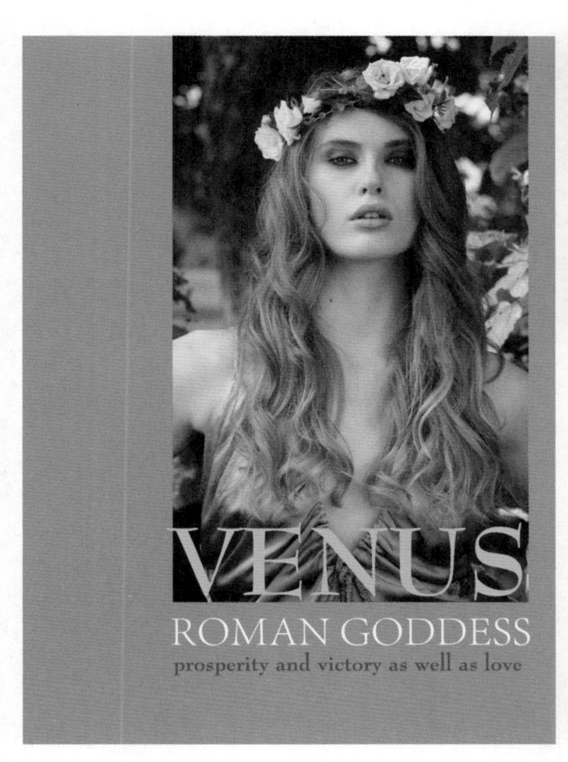

休闲气息：采用了蓝色的相邻色——青色，这种青色在该照片中并不存在，使得整个设计融入了一种轻松、活泼的气氛。整个效果看起来带着时尚、更平易近人的气息。而英文字母仍采用了橙色，是一种较温和的对比。

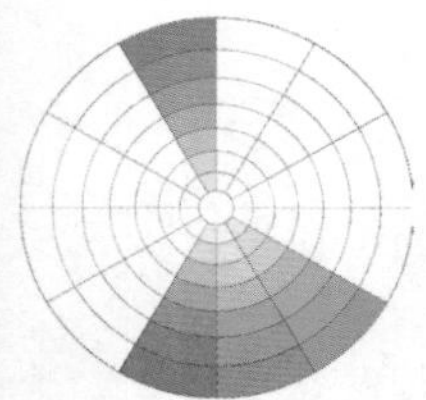

注意：不同的亮度组合，任何颜色都可以使用它的不同明度。这里的青色是中间色和浅色的，而蓝色是暗色的。

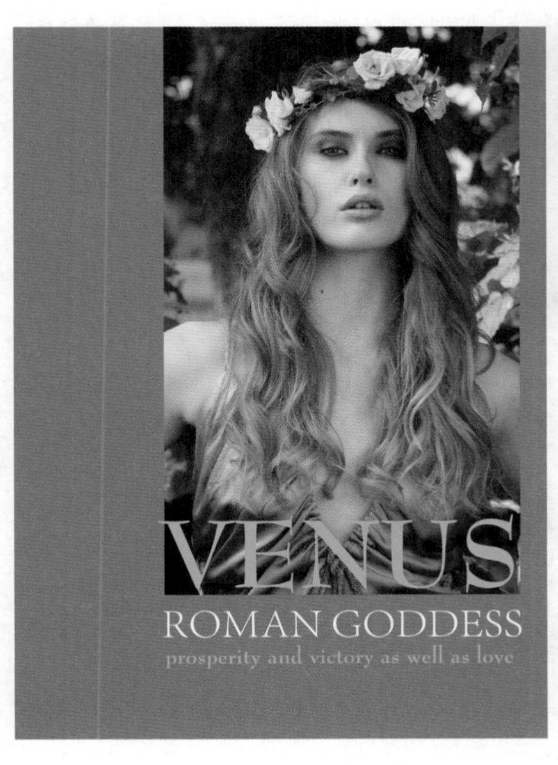

浪漫气息：同样是蓝色的另一种近似色，紫罗兰色在照片中也是不存在的。从色相环中知道，紫色与红色靠得较近，而整个效果看起来有点夸张，因为照片中的女人的面孔、头发与背景的颜色显得比较接近。紫罗兰色是一种冷色，通常与温柔、女性联系在一起（也包含着清新和精神饱满的感觉）。

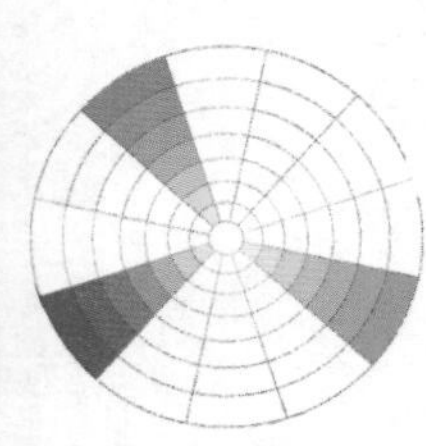

2.7 色彩的对比组合

Ps Version：CS4 CS5 CS6 CC

暖色的物体在暖的环境中，看起来平淡无奇，如图01所示。

暖色的物体在冷色的环境中，看起来很突显，如图02所示。

中性的灰色在暖的氛围中看起来偏冷，如图03所示。

中性的灰色在冷的氛围中看起来偏暖，如图04所示。

在设计图标的问题上，色彩也是不容忽视的一点，如果你设计的图标颜色看起来平淡普通，那它就容易被忽视。为了使图标脱颖而出，需要使用很棒的色彩搭配和有趣的形状。除此之外还应使用更多的光泽和适当的阴影来使它更加真实立体。

好的图标需要两个良好的基础：第一，形状；第二，颜色的使用。必须在画出一个完美图形的基础上添加色彩，为图标增加质感。图标具有一个基本的形状，使用了多种颜色搭配，从而使该图标能够脱颖而出。

▲ 别样的色彩组合

Chapter

03

Photoshop 制作 App UI 常用的操作

本章我们首先了解一下 Photoshop CC 中制作图标常用的和必备的一些工具知识，然后通过 UI 设计高手的设计思路来学习图标设计的过程，最后了解文件格式对 UI 设计的影响。

Photoshop CC 的工作界面

Version：CS4 CS5 CS6 CC

运行 Photoshop CC 以后，就可以看到用于图像操作的各种界面、工具以及由面板构成的工作界面。

3.1.1 了解Photoshop CC的工作界面

Photoshop CC 的界面主要由工具箱、菜单栏、面板等组成。熟练掌握了各组成部分的基本名称和功能，有助于轻松自如地对图形图像进行操作。

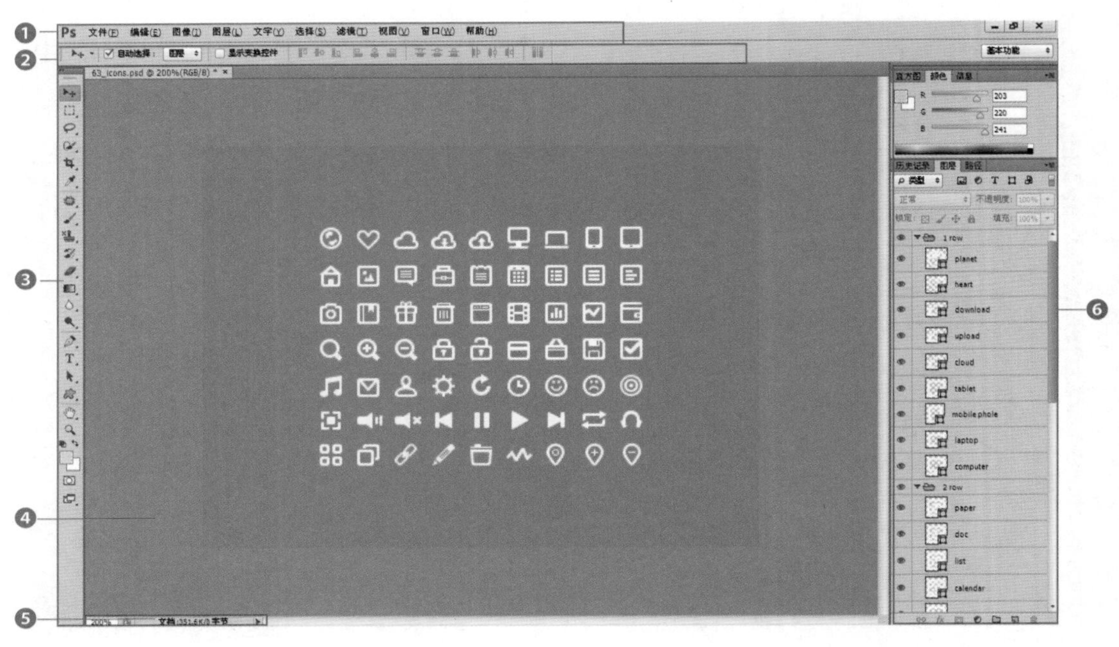

▲ Photoshop CC 的工作界面

❶ 菜单栏：所有 Photoshop 命令。

❷ 选项栏：可设置所选工具的选项。所选工具不同，提供的选项也有所区别。

❸ 工具箱：工具箱中包含了用于创建和编辑图像、图稿、页面元素的工具，默认情况下，工具箱停放在窗口左侧。

❹ 图像窗口：这是显示图像的窗口。在标题栏中显示文件名称、文件格式、缩放比率以及颜色模式等。

❺ 状态栏：位于图像窗口下端，显示当前图像文件的大小以及各种信息说明。单击右边三角按钮，在弹出的列表中可以自定义文档的显示信息。

❻ 面板：为了更方便地使用软件的各项功能，Photoshop 将大量功能以面板形式提供给用户。

不同颜色的外观，在 Photoshop CC 中，我们可以利用新增的功能来设置不同的界面颜色，使界面的外观表现出不同的风格，如图所示。

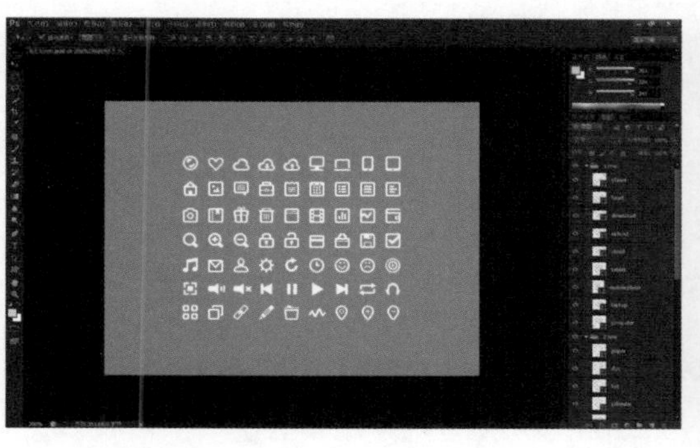
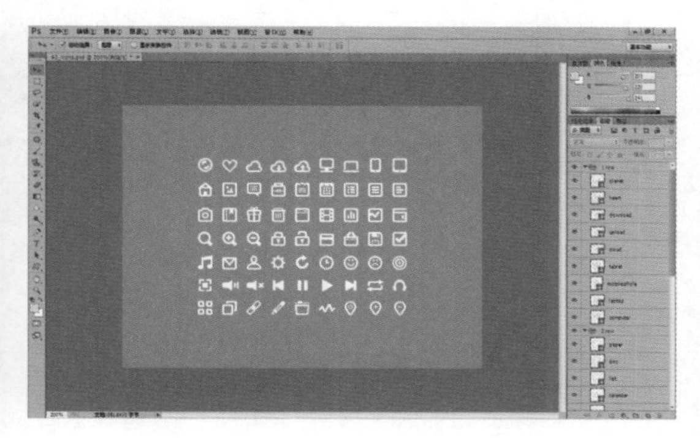

▲ 不同颜色界面的外观

3.1.2 工具箱

Photoshop CC 的工具箱可以以两种形式显示，一种是单排式，另一种是双排式。当工具箱呈双排式时，单击工具箱上方灰色部分中的◀◀符号，即可转换为单排式。Photoshop 中的工具以图标形式聚集在一起，从图标的形态就可以了解该工具的功能。在键盘中按相应的快捷键，即可选择相应的工具。右击右下角中有三角形符号的图标，或按住工具按钮不放，则会显示其他有相似功能的隐藏工具。

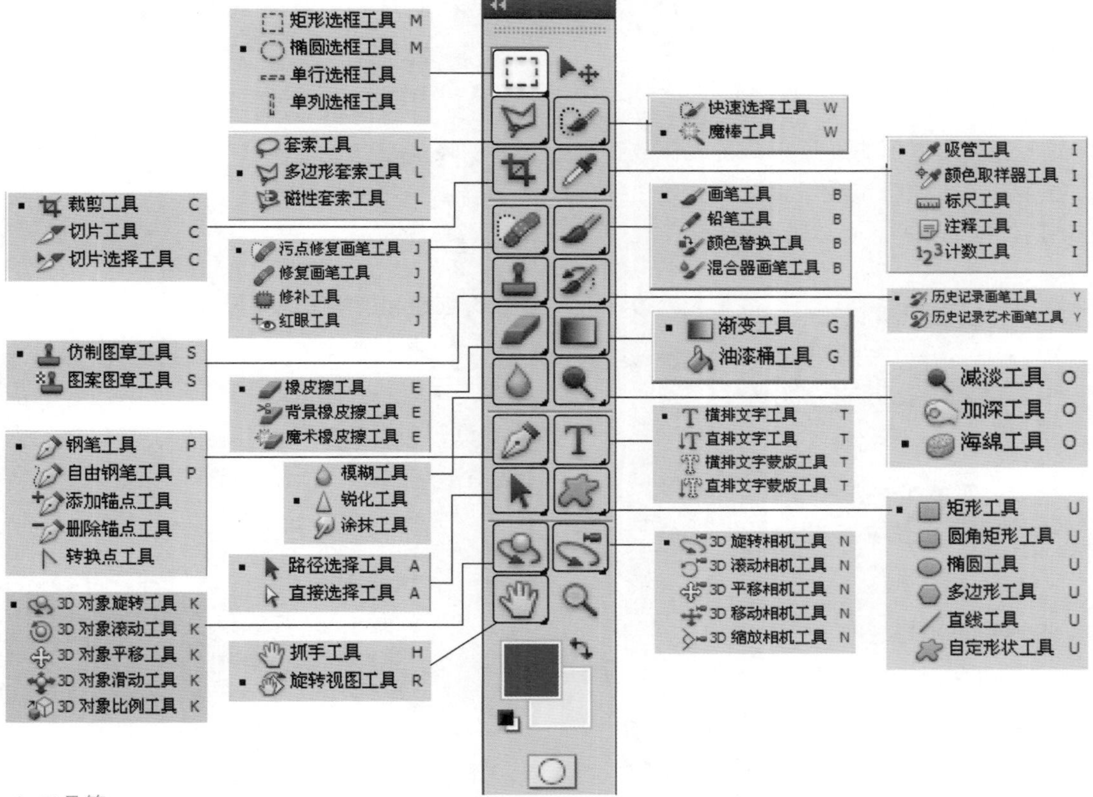

▲ 工具箱

3.1.3 选项栏

选项栏用来设置工具的选项，它会随着所选工具的不同而变换选项内容。如下图所示为选择画笔工具时显示的选项，选项栏中的一些设置对于许多工具都是通用的，但有些设置（如铅笔工具的“自动抹除”选项）却专用于某个工具。

▲ 画笔工具选项栏

1. 下拉按钮

单击该按钮，可以打开一个下拉列表。

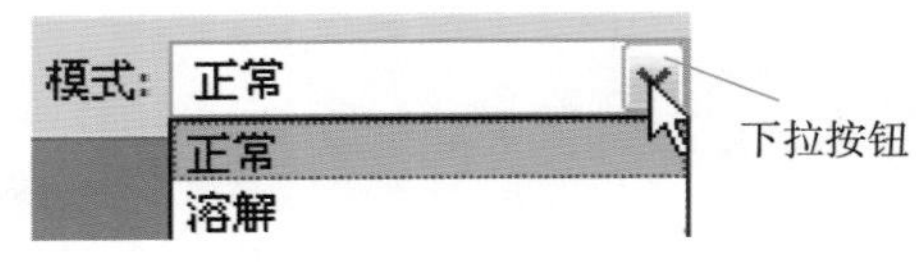

▲ 下拉按钮

2. 文本框

在文本框中单击，输入新数值并按下 Enter 键即可调整数值。如果文本框旁边有按钮，则单击该按钮，会弹出一个滑块，拖动滑块也可以调整数值。

3. 滑块

在包含文本框的选项中，将光标放在选项名上，光标的状态会发生改变，单击并向左右两侧拖动鼠标，可以调整数值。

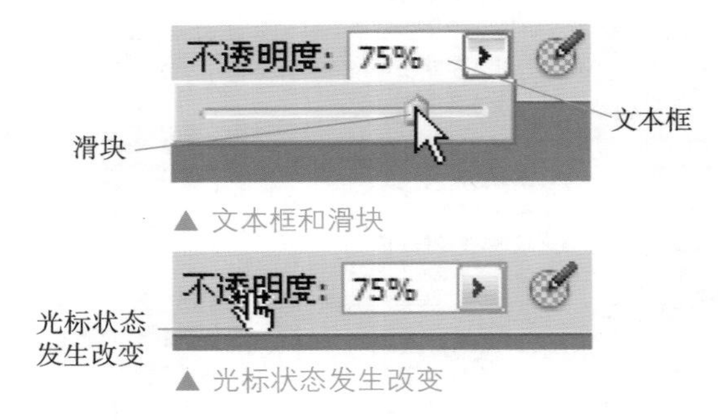

▲ 文本框和滑块

▲ 光标状态发生改变

4. 移动选项栏

单击并拖动选项栏最左侧的图标，可以将它从停放中拖出，成为浮动的工具箱。将其拖回菜单栏下面，当出现蓝色条时放开鼠标，即可重新停放到原处。

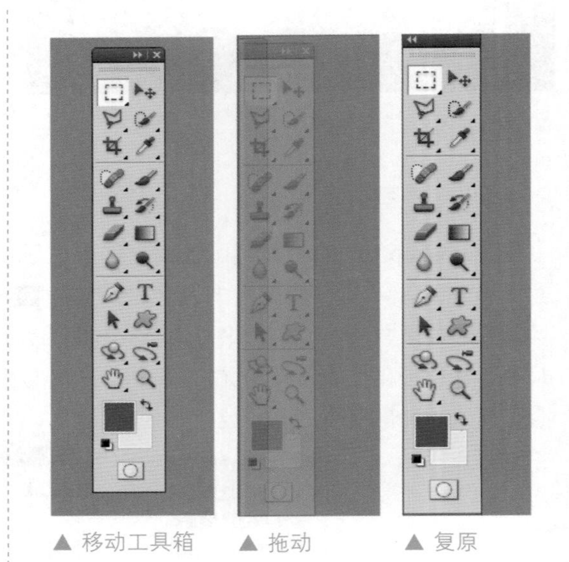

▲ 移动工具箱　▲ 拖动　▲ 复原

5. 隐藏/显示选项栏

执行“窗口”→“选项”命令，可以隐藏或显示选项栏。

6. 创建和使用工具预设

在工具选项栏中，单击工具图标右侧的按钮，可以打开下拉面板，面板中包含了各种工具预设。例如，使用裁剪工具时，选择如图所示的工具预设，可以将图像裁剪为 5 英寸 ×3 英寸，300 ppi 的大小。

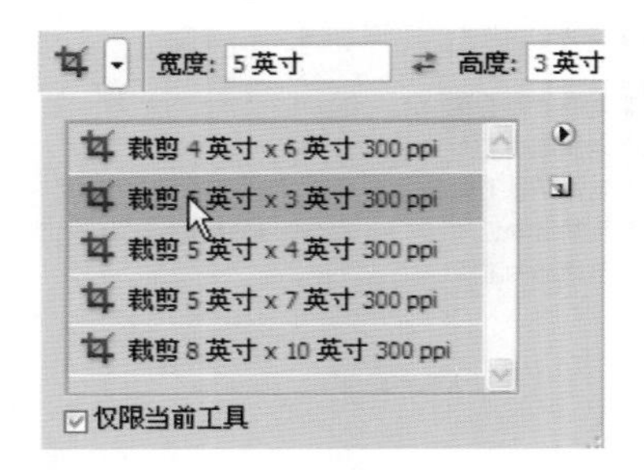

7. 新建工具预设

在工具箱中选择一个工具，然后在选项栏中设置该工具的选项，单击工具预设下拉面板中的按钮，可以基于当前设置的工具选项创建一个工具预设。

8. 仅限当前工具

勾选该复选框时，只显示工具箱中所选工具的各种预设；取消勾选时，会显示所有工具的预设。

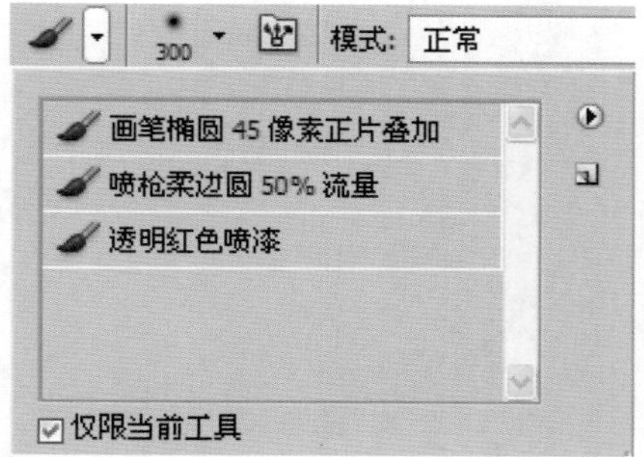

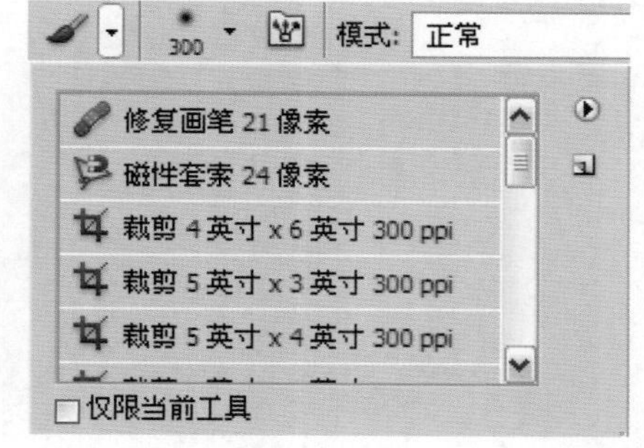

9. 使用“工具预设”面板

工具预设面板用来存储工具的各项设置，载入、编辑和创建工具预设库。它与选项栏中的工具预设下拉面板用途基本相同。

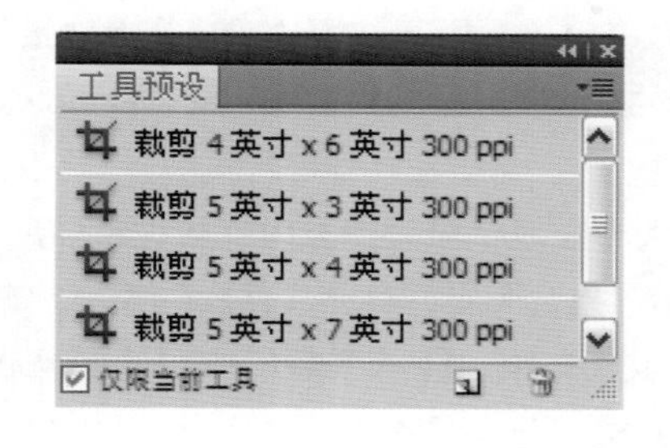

Tips:

单击“工具预设”面板中的一个预设工具即可选择并使用该预设。单击面板中的创建新的工具预设按钮，可以将当前工具的设置状态保存为一个预设。选择一个预设后，单击删除工具预设按钮可将其删除。

10. 重命名和删除工具预设

在一个工具预设上右击，可以在打开的快捷菜单中选择“重命名画笔”或者“删除画笔”，重命名或删除该工具预设。

11. 复位工具预设

选择一个工具预设后，以后每次选择该工具时，都会应用这一预设。如果要清除预设，可单击面板右上角的按钮，执行菜单中的“复位工具”命令。

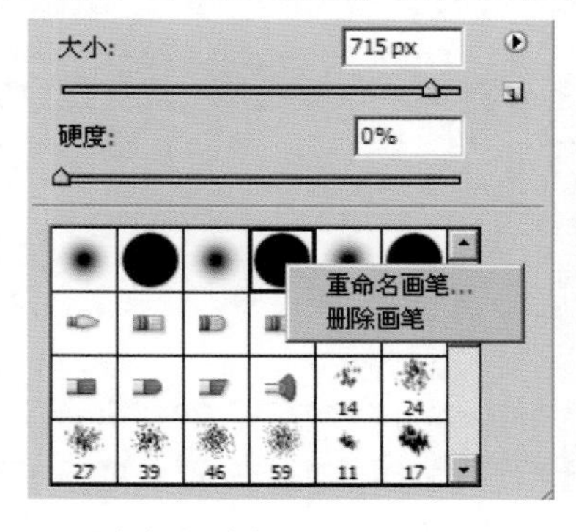

▲ 重命名和删除工具预设

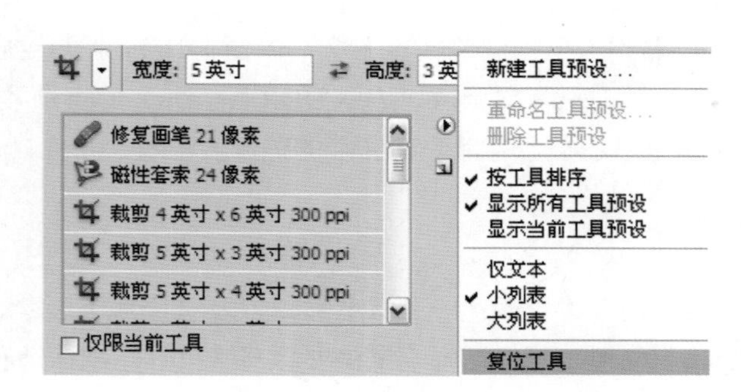

▲ 复位工具预设

3.1.4 状态栏

状态栏位于文档窗口底部，它可以显示文档窗口的缩放比例、文档大小、当前使用的工具等信息。单击状态栏中的▶按钮，可在打开的菜单中选择状态栏的显示内容；如果单击状态栏并按住鼠标左键不放，则可以显示图像的宽度、高度、通道等信息。

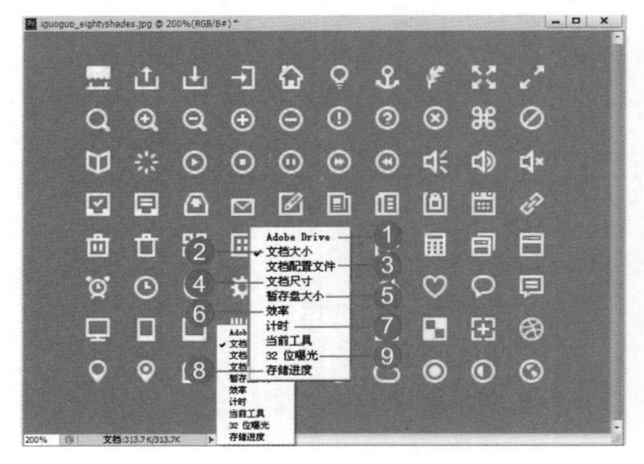

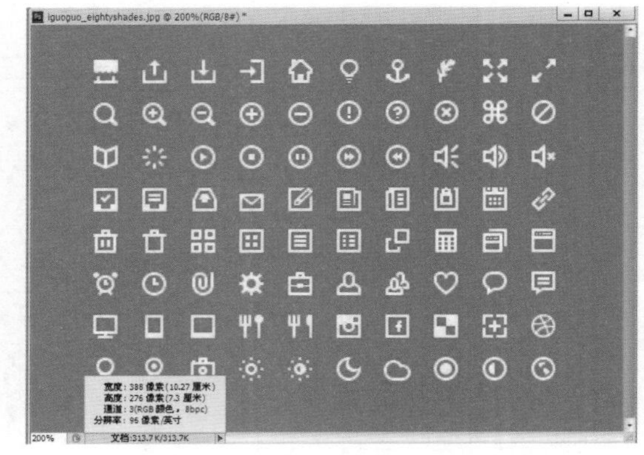

▲ 状态栏

❶ Adobe Drive：显示文档的 Version Cue 工作组状态。Adobe Drive 使我们能连接到 Version Cue CS5 服务器，连接后，可以在 Windows 资源管理器或 Mac OS Finder 中查看服务器的项目文件。

❷ 文档大小：显示有关图像中的数据量信息。选择该选项后，状态栏中会出现两组数字。左边的数字显示了拼合图层并存储文件后的大小，右边的数字显示了包含图层和通道的近似大小。

❸ 文档配置文件：显示图像所使用的颜色配置文件的名称。

❹ 文档尺寸：显示图像的尺寸，如：文档:1.91M/1.91M。

❺ 暂存盘大小：显示正在处理图像的内存和 Photoshop 暂存盘的信息。选择该选项后，状态栏中会出现两组数字。左边的数字表示程序显示所有打开的图像时所用的内存量，右边的数字表示可用于处理图像的总内存量。如果左边的数字大于右边的数字，Photoshop 将会启用暂存盘作为虚拟内存。暂存盘图示：暂存盘: 56.3M/1000.5M ▶。

❻ 效率：显示执行操作实际花费时间的百分比。当效率为 100% 时，表示当前处理的图像在内存中生成；如果该值低于 100%，则表示 Photoshop 正在使用暂存盘，操作速度也会变慢。

❼ 计时：显示完成上一次操作所用的时间。

❽ 当前工具：显示当前所使用的工具的名称。

❾32 位曝光：用于调整预览图像，以便在计算机显示器上查看 32 位 / 通道高动态范围 (HDR) 图像的选项。只有文档窗口显示 HDR 图像时，该选项才可用。

❿ 存储进度：显示存储当前文档的进度。

3.1.5 面板

面板用来设置颜色、工具参数，以及执行编辑命令。Photoshop CC中包含20多个面板，在“窗口”菜单中可以选择需要的面板将其打开。默认情况下，面板以选项卡的形式成组出现，并停靠在窗口右侧，我们可根据需要打开、关闭或是自由组合面板。

1. 选择面板

单击相应面板的名称标签即可将该面板设置为当前面板，同时显示面板中的选项。

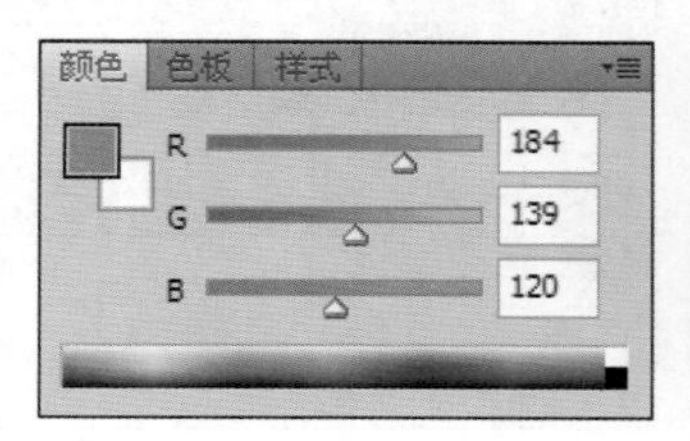

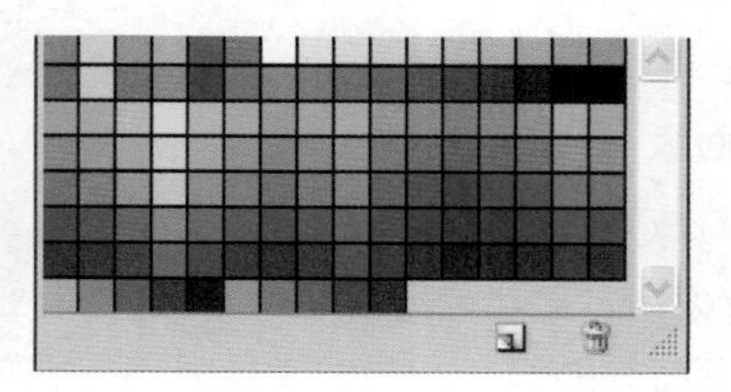

2. 折叠/展开面板

单击面板组右上角的按钮，可以将面板折叠为图标状。单击组内的任意图标即可显示相应的面板，单击面板右上角的按钮，可重新将其展开为面板组，拖动面板边界可以调整面板组的宽度。

3. 组合面板

将一个面板的标签拖动到另一个面板的标题栏上，当出现蓝色框时放开鼠标，可以将它与目标面板组合。

4. 连接面板

将光标放在面板的标签上，单击并将其拖至另一个面板下，当两个面板的连接处显示为蓝色时放开鼠标，可以将两个面板连接在一起，连接的面板可以同时移动或折叠为图标状。

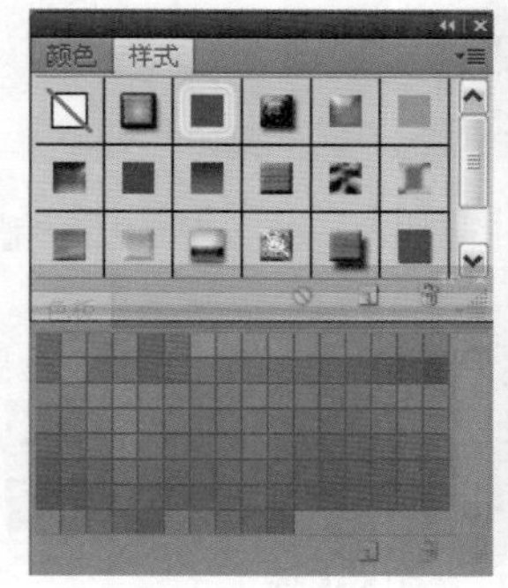

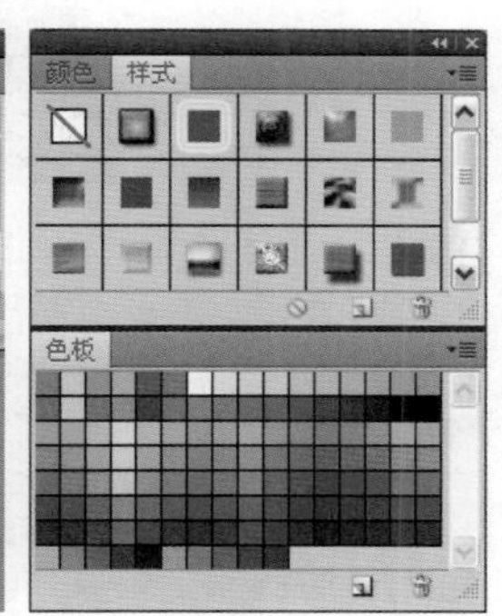

5. 移动面板

将光标放在面板的名称上，单击并向外拖动该面板到窗口的空白处，即可将其从面板组或连接的面板组中分离出来，成为浮动面板。拖动浮动面板，可以将它放在窗口中任意位置。

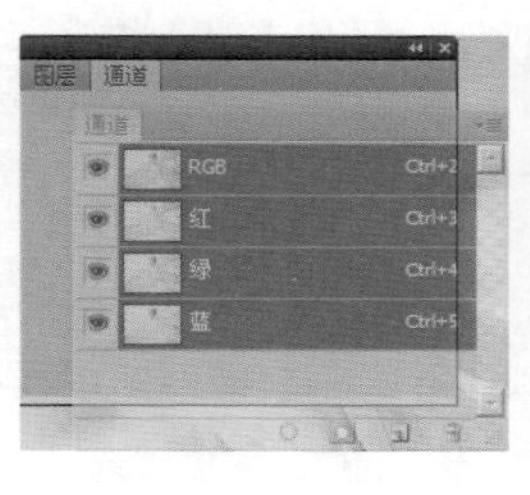

6. 调整面板大小

如果一个面板的右下角有图标，则拖动该图标可以调整面板大小。

7. 关闭面板

在一个面板中右击，选择“关闭”按钮，就可将面板关闭，对于浮动面板，单击右上角按钮，可将其关闭。

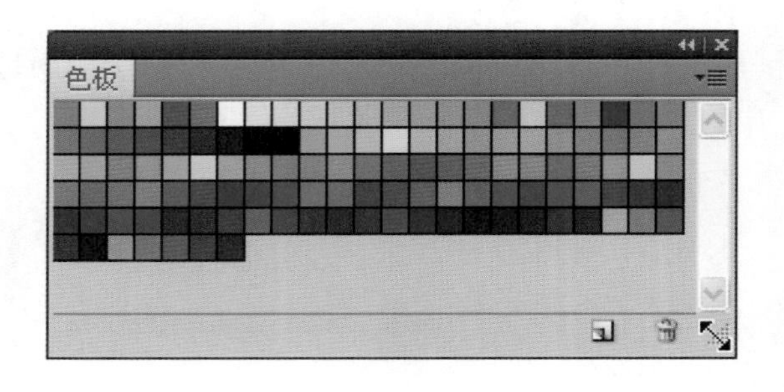

3.1.6 调整面板

我们在编辑图像时，还可以随意移动面板、调整面板大小，将面板移动到不妨碍操作的位置，或者隐藏面板，下面继续讲解调整面板的基本方法。

01 ▶ 面板的移动过程。用鼠标拖动面板上方的灰色条，直到拖曳到合适位置释放鼠标，如图01、02所示。

01

02

02 ▶ 如果要隐藏不必要的面板，只需选择面板控制菜单中的“关闭”选项即可，如图03、04所示。

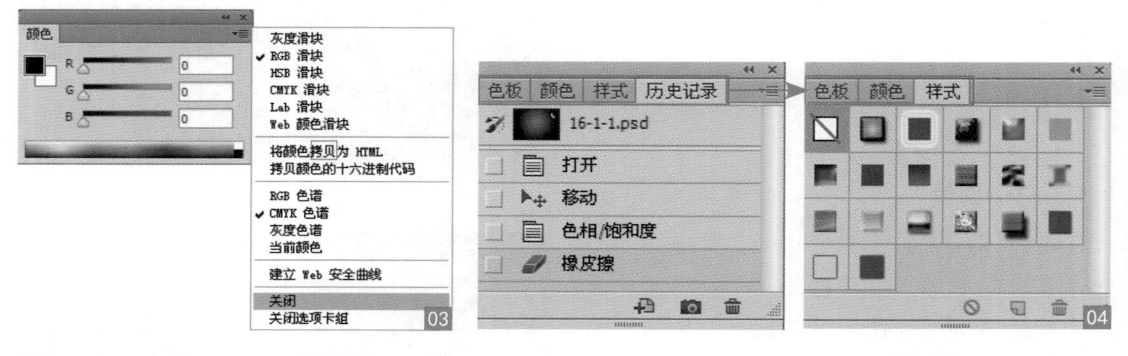

03 04

03 ▶ 如果隐藏了不必要的面板，画面上只显示部分面板，可扩大操作区域以提高工作效率。若想再次打开面板，则在“窗口”菜单中选择相应的面板名称。在本例中，我们将打开段落面板，执行“窗口”→“段落”命令即可，如图05、06所示。

04 ▶ 调整图层面板的大小。单击“图层”面板的标签，并将其移动到画面的其他位置。将光标移动到面板的边缘，待鼠标指针变为 ↕ 形状，单击鼠标并拖动即可调整图层面板的大小，如图07、08所示。

3.2 选择工具

Ps Version：CS4 CS5 CS6 CC

我们在 Photoshop 中编辑部分图像时，首先要选择指定编辑的图像，即创建选区，然后才能对其进行各种编辑。在选取图像时，可根据图像的具体形状应用不同的选择工具，也可将多种选区工具结合应用，例如，矩形选框工具可以设定矩形选区和正方形选区，椭圆选框工具可设定椭圆选区和圆选区，而套索工具可以绘制任意选区。选区主要有以下两大用途。

（1）选区可以将编辑限定在一定的区域内，这样我们就可以处理局部图像而不会影响其他内容了，如果没有创建选区，则会修改整张图片。

▲ 原图

▲ 设定选区

▲ 调整选区内的图像

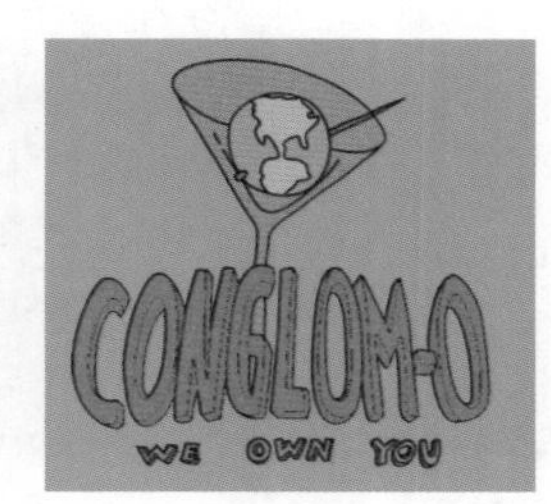

▲ 未选择选区，调整整个图像

（2）选区可以分离图像。例如，如果要为海鸥换一个背景，就必须将其设定为选区之后，再将其从背景中分离出来，置入新的背景中。

▲ 原图

▲ 设定选区

▲ 新的背景图像

▲ 为海鸥更换背景

3.2.1 设定选区的工具组

如果要对图片进行操作，首先必须选择图片，只有选择了合适的操作范围，并对选择的选区进行编辑，才能达到我们想要的结果。接下来简单学习 Photoshop CC 提供的选择工具。

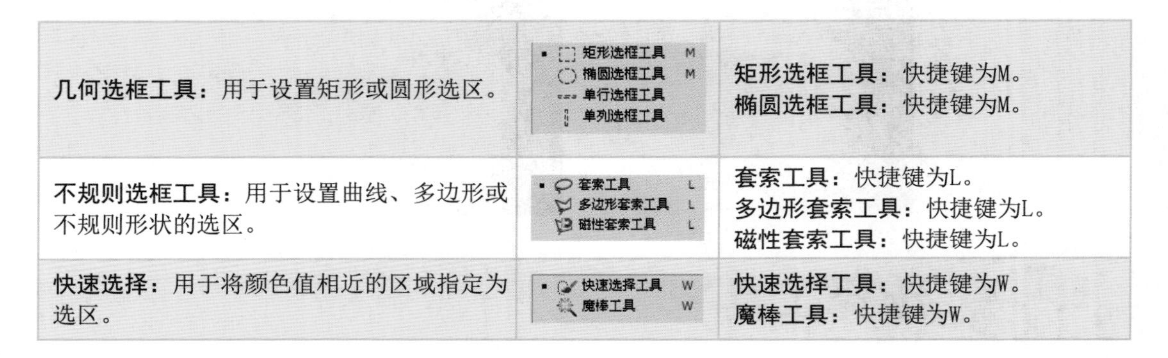

几何选框工具：用于设置矩形或圆形选区。	矩形选框工具 M 椭圆选框工具 M 单行选框工具 单列选框工具	**矩形选框工具**：快捷键为M。 **椭圆选框工具**：快捷键为M。
不规则选框工具：用于设置曲线、多边形或不规则形状的选区。	套索工具 L 多边形套索工具 L 磁性套索工具 L	**套索工具**：快捷键为L。 **多边形套索工具**：快捷键为L。 **磁性套索工具**：快捷键为L。
快速选择：用于将颜色值相近的区域指定为选区。	快速选择工具 W 魔棒工具 W	**快速选择工具**：快捷键为W。 **魔棒工具**：快捷键为W。

3.2.2 矩形选框工具的选项栏

在工具箱中选择矩形选择工具，界面上端将显示如下图所示的选项栏。在矩形选框工具的选项栏中，可以设置羽化值、样式和形态（椭圆选框工具的选项栏和矩形选框工具的选项栏相同）。

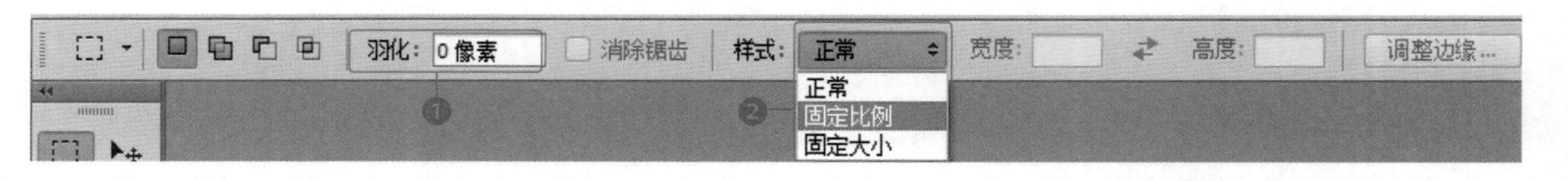

❶ **羽化**：该选项用来设置羽化值，以柔和圆润地表现选区的边框，羽化值越大选区边角越圆。

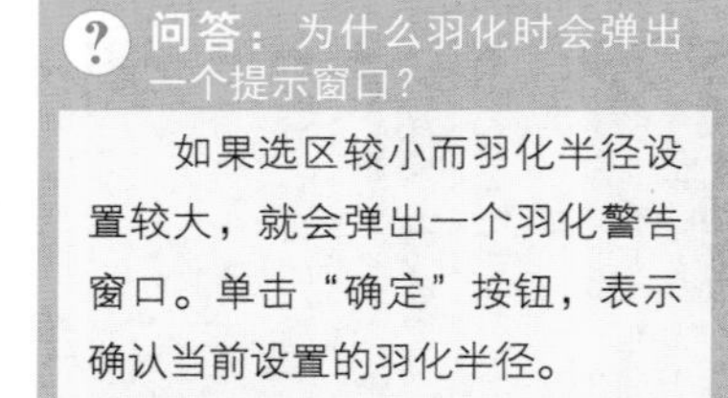

问答：为什么羽化时会弹出一个提示窗口？

如果选区较小而羽化半径设置较大，就会弹出一个羽化警告窗口。单击“确定”按钮，表示确认当前设置的羽化半径。

▲ 羽化：0 像素

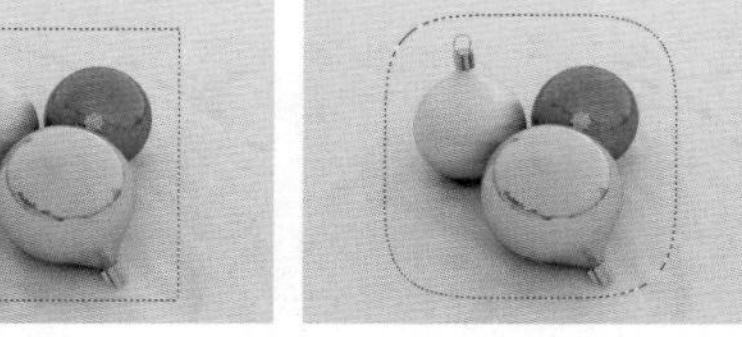

▲ 羽化：50 像素

▲ 羽化：100 像素

❷ **样式：**在该下拉列表中包含 3 个选项，分别为“正常”“固定比例”和“固定大小”。

➢ 正常：随鼠标的拖动轨迹指定矩形选区。

➢ 固定比例：指定宽高比例一定的矩形选区。例如，将宽度值和高度值分别设置为 1 和 1，然后拖动鼠标即可制作出宽高比为 1∶1 的正方形选区。

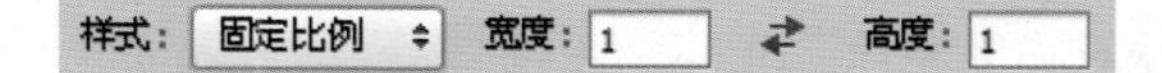

➢ 固定大小：输入宽度值和高度值后，拖动鼠标可以绘制指定大小的选区。例如，将宽度值设置为 40 像素，高度值设置为 64 像素，就可以绘制出一个矩形。

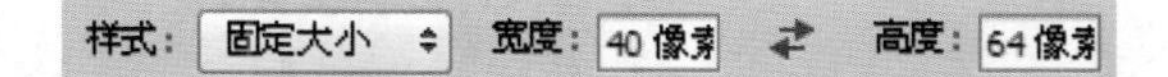

3.2.3 选区的基本运算

将选择的区域指定为选区时，可以添加选区、删除选区或与选区保留共同的区域。在工具箱中选择矩形选框工具时，界面上端显示该工具的选项栏，其中提供可计算选区的功能。

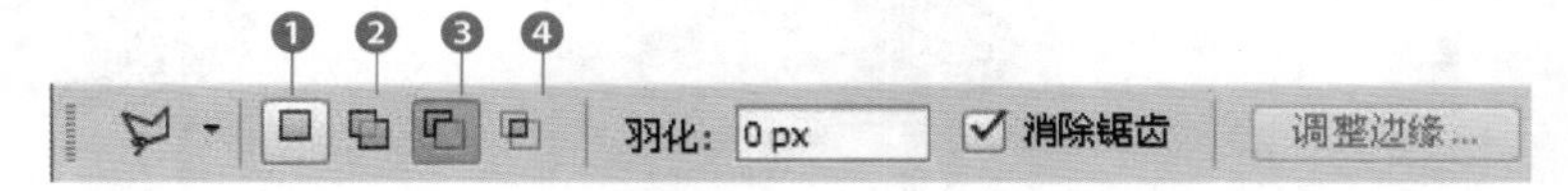

❶ **新选区：**选择选框工具，建立选区。

❷ **添加到选区：**在基本选区上添加选区时使用，按住 Shift 键利用选框工具进行操作也可添加选区。

01 ▶ 执行“文件”→“打开”命令，导入下载的对应文件。

▲ 建立选区

02 ▶ 单击“添加到选区”按钮，使用椭圆选框工具建立选区。

▲ 添加矩形选区

03 ▶ 利用“矩形选框工具”添加选区后，得到添加选区后的效果。

▲ 添加选区后

❸ **从选区中减去：**在原选区内删除指定区域，按住 Alt 键并利用选框工具也可删除选区。

01 ▶ 单击“从选区中减去”按钮，然后使用矩形选框工具建立选区。

▲ 建立选区

02 ▶ 利用“矩形选框工具”，指定想要删除的矩形选区。

▲ 删除矩形选区

03 ▶ 利用“矩形选框工具”删除选区后，得到删除选区后的效果。

▲ 删除选区后

❹ **与选区交叉：**在原选区和新指定的选区内选择相交的部分作为选区，按住 Alt+Shift 键，利用“与选区交叉”按钮，可以选择两个选区的共同区域。

01 ▶ 单击“与选区交叉”按钮，然后使用矩形选框工具建立选区。

▲ 建立选区

02 ▶ 利用“矩形选框工具”，指定想要交叉的选区。

▲ 交叉选区

03 ▶ 利用“矩形选框工具”交叉选择后，得到交叉选区效果。

▲ 最终选区

3.3 填充工具

Version：CS4 CS5 CS6 CC

如果需要修饰选区内的图像，或者简单地合成图像和背景图像，都可以使用颜色填充工具，对照进行简单的合成操作。我们只需要设置填充的颜色或图案，然后单击鼠标，就可以制作出美丽的图片。下面学习填充颜色和粘贴图案的方法。

只要掌握了“填充工具组”中工具的使用技巧，就可以对图像的颜色进行丰富的变化。下面来学习 3 种填充工具在填充颜色时的使用方法。

油漆桶工具：能够将需要的颜色和图像作为图案，将简单的颜色填充为具有过渡的渐变色效果，快捷键为G。

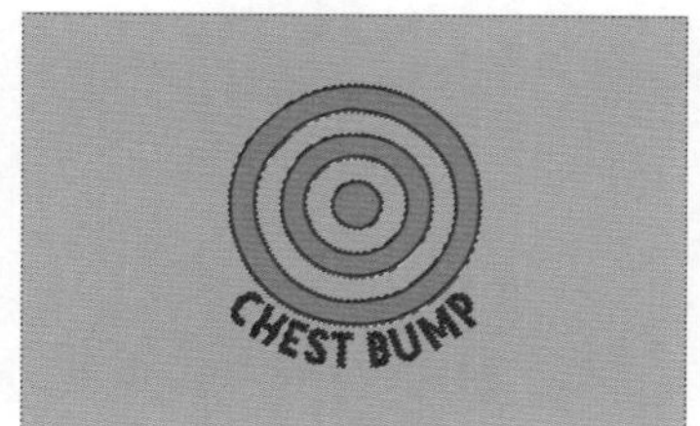

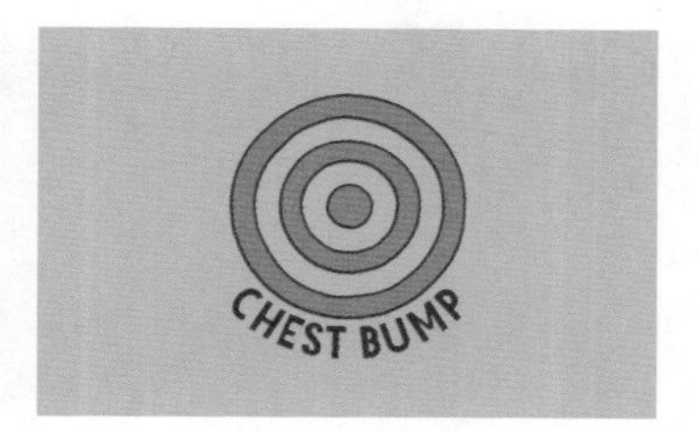

渐变工具：可以填充特定的颜色和图案，丰富色带颜色，从而达到合成效果，应用于渐变填充，快捷键为G。

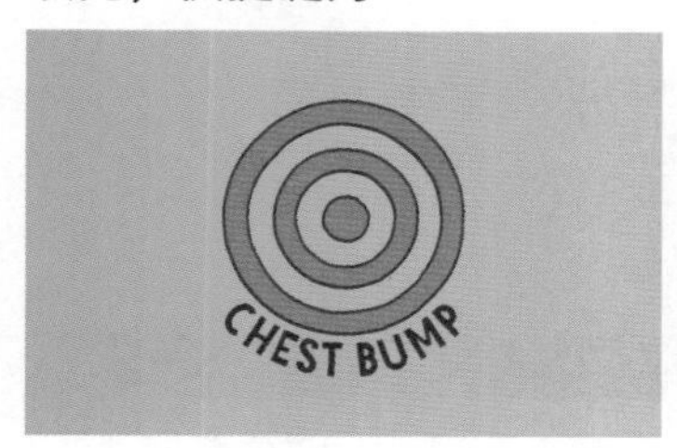

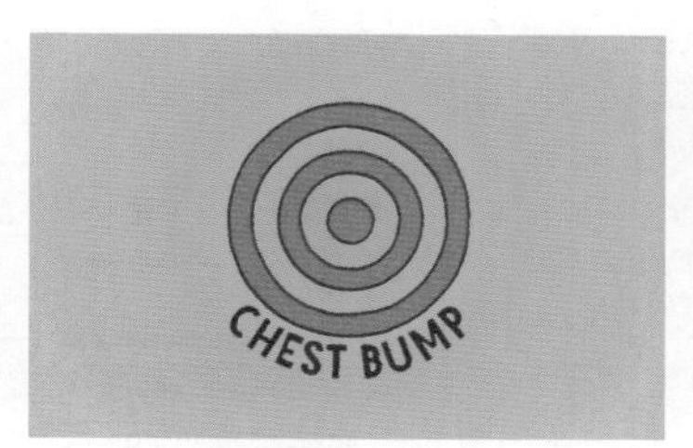

3D材质拖放工具：为3D图层添加材质。

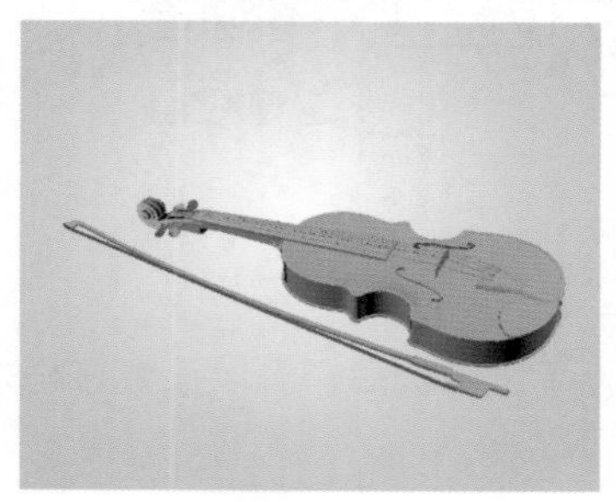

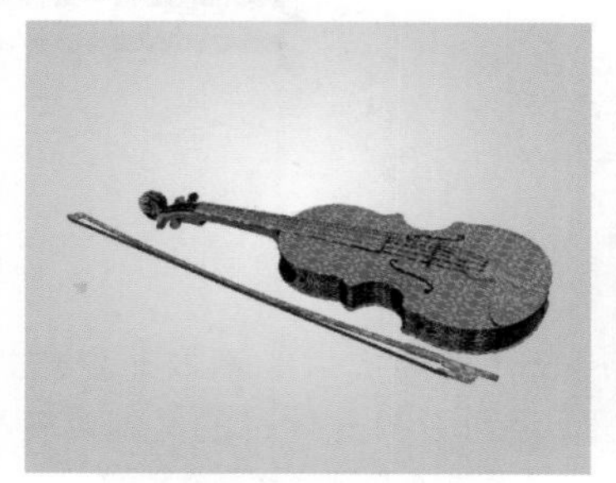

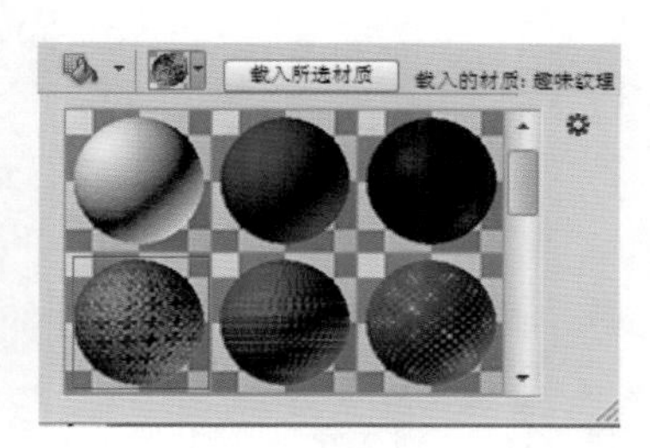

3.3.1 渐变工具的选项栏

在工具箱中选择渐变工具，界面上端将显示如下图所示的渐变工具选项栏。渐变工具可以填充色带，经常作为背景图像使用。

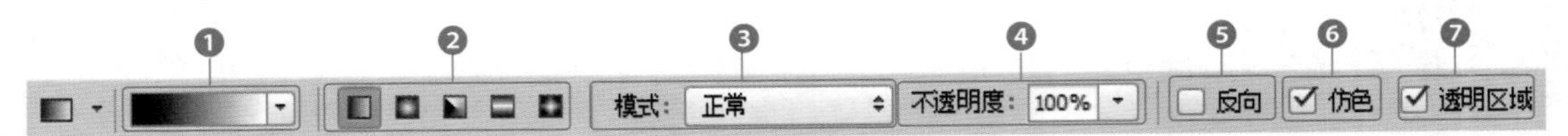

❶ **渐变条：**在以前景色和背景色为基准显示或保存渐变颜色的渐变样式中，显示选定的渐变颜色。单击渐变条后，会显示“渐变编辑器”对话框，单击“扩展”按钮，就会显示出渐变样式列表，这里包含了 Photoshop CC 提供的基本渐变样式。

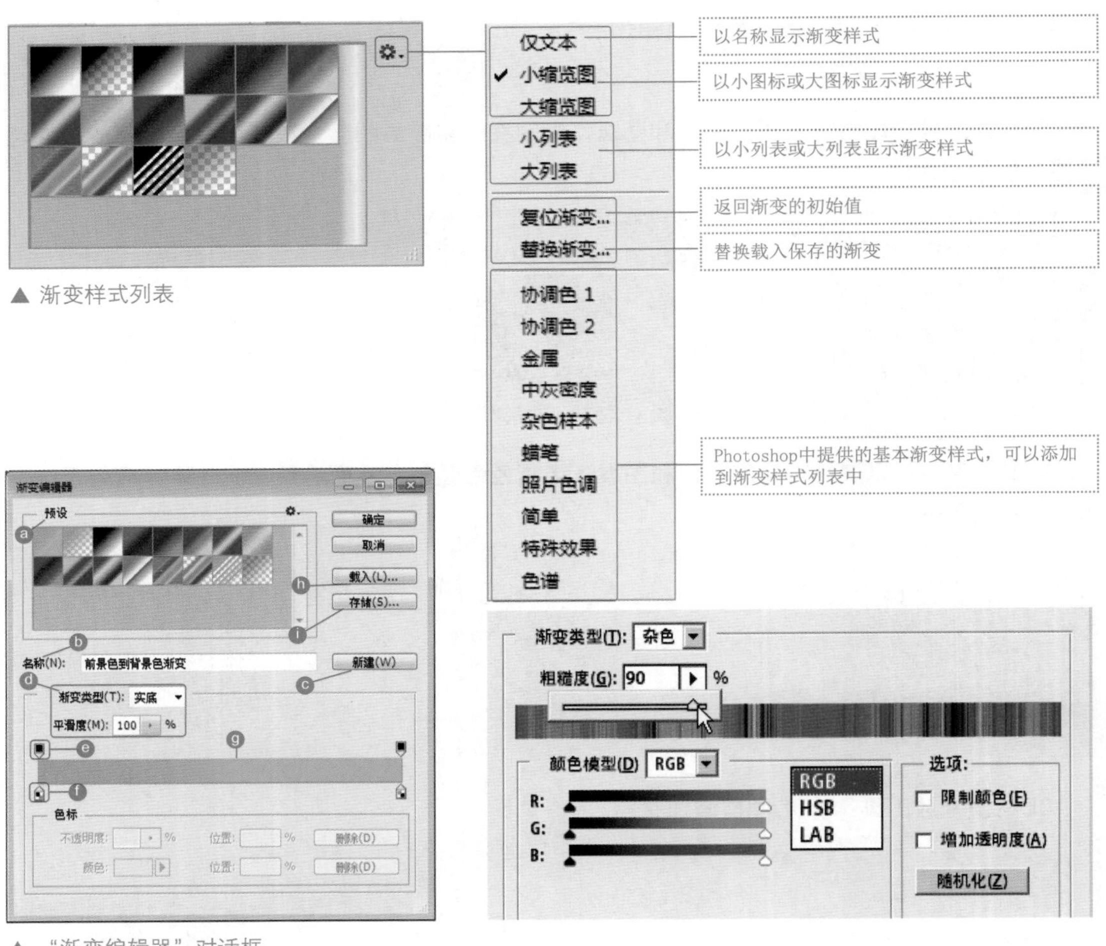

▲ 渐变样式列表

▲ “渐变编辑器”对话框

ⓐ 预设：以图标形式显示 Photoshop CC 中提供的基本渐变样式，单击图标后，可以设置该样式的渐变。单击“扩展”按钮，还可以打开保存的其他渐变样式。

ⓑ 名称：显示选定的渐变的名称，或者输入新建渐变的名称。

ⓒ 新建：创建新渐变。

ⓓ 渐变类型：有显示为单色形态的“实底”和显示为多种色带形态的“杂色”两种渐变类型。

➢ 平滑度：调整渐变颜色阶段的柔和程度，数值越大，效果越柔和。

➢ 粗糙度：该选项可以设置渐变颜色的粗糙程度，数值越大，颜色阶段越鲜明。

➢ 颜色模型：该选项可以确定构成渐变的颜色基准，可选择 RGB、HSB 或 LAB 颜色模式。

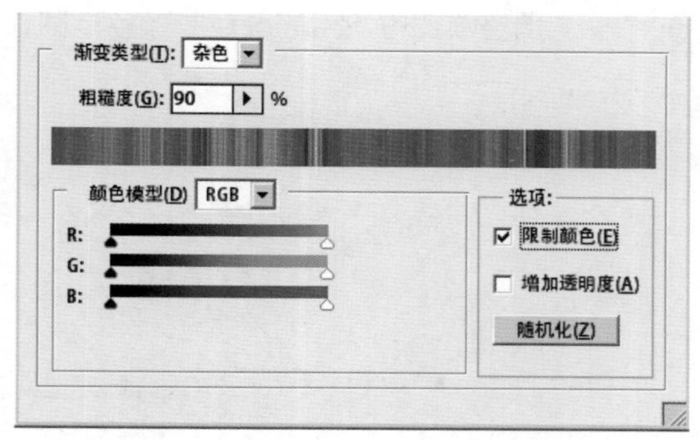

▲ 限制颜色：用来显示渐变的颜色数，勾选以后，可以简化表现出来的颜色阶段

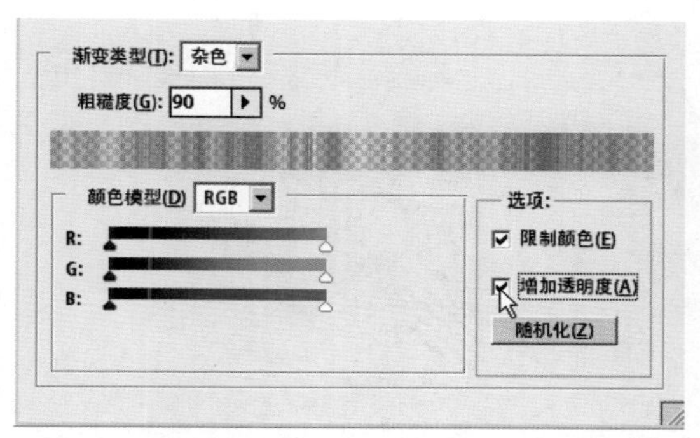

▲ **增加透明度**：勾选后，可以在“杂色”渐变上增加透明度

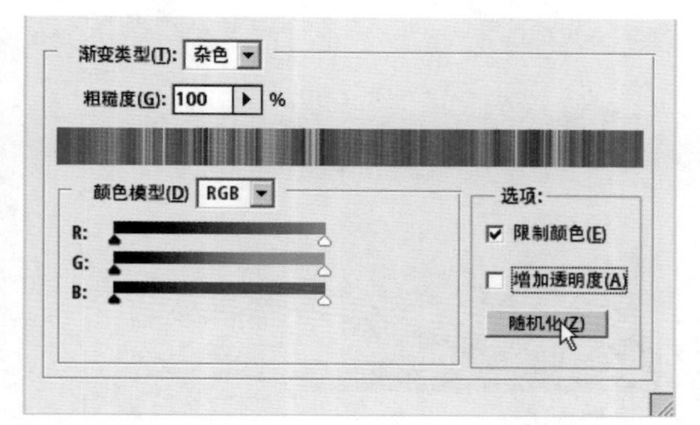

▲ **随机化**：每单击一次，可以任意改变渐变的颜色组合

ⓔ 不透明度色标：调整应用在渐变上的颜色的不透明度值。默认值是 100，数值越小，渐变的颜色越透明。

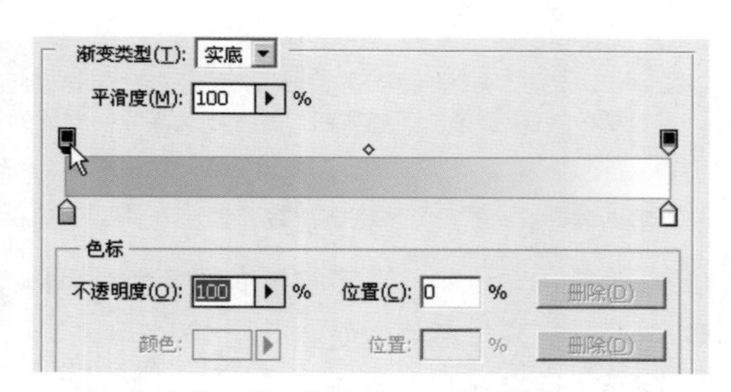

▲ 单击渐变条上端左侧的滑块，可以激活“色标”选区的“不透明度”和“位置”选项

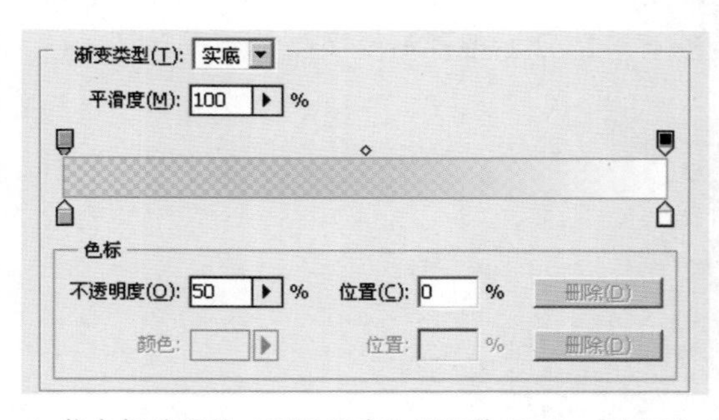

▲ 将色标选项的“不透明度”设置为 50%，则透明部分会显示为格子形状

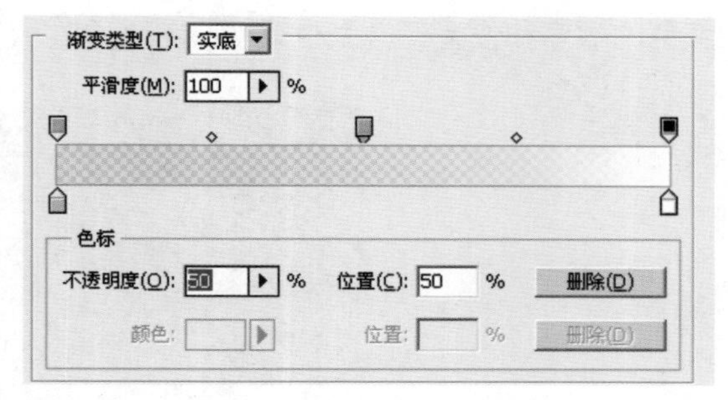

▲ 单击渐变条上端左侧的滑块，然后拖动鼠标移动滑块，可以显示位置值

ⓕ 色标：调整渐变中应用的颜色或颜色范围，可以通过拖动调整滑块的方式更改渐变。

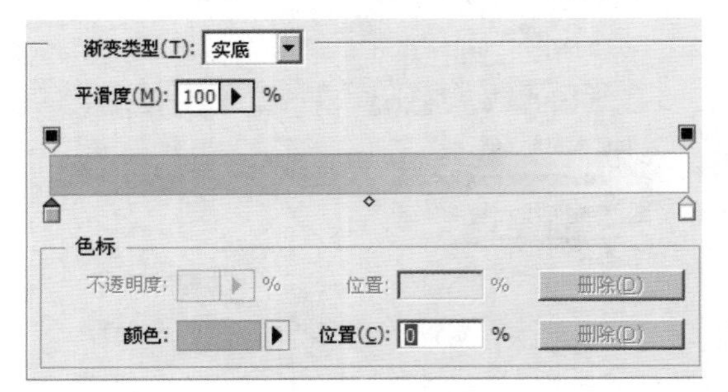

▲ 单击渐变条下端左侧的调整滑块，激活色标选区的颜色和位置，显示出当前单击点的颜色值和位置值

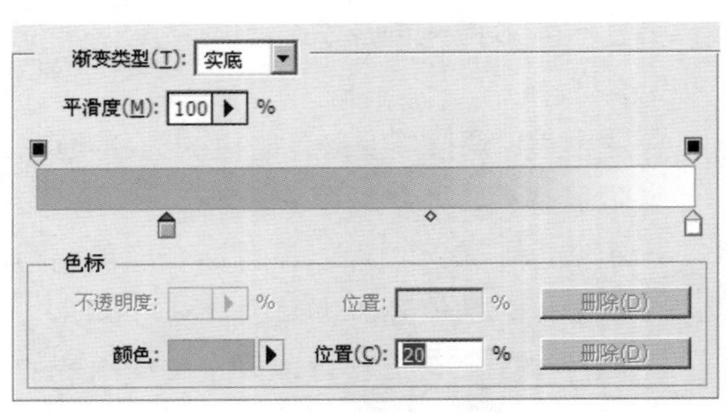

▲ 单击渐变条下端的调整滑块，并向右拖动，可以在"位置"中显示出数值

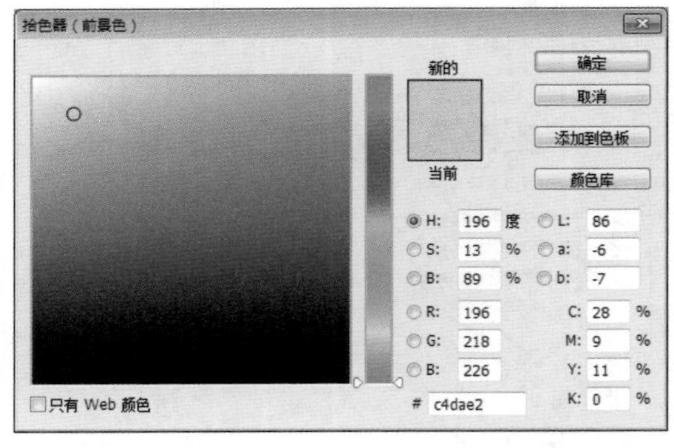

▲ 双击调整滑块，显示出颜色对话框，在这里可以选择需要的渐变颜色

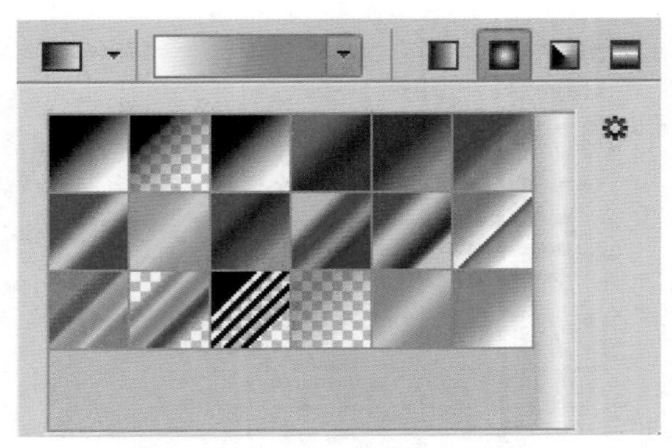

▲ 单击"新建"按钮后，单击"确定"按钮，就会在渐变工具的选项栏中显示所设置的渐变颜色

提示：重新设置渐变类型

我们只需要单击下拉按钮，就可以选择我们需要的渐变颜色及类型，在 Photoshop 画面的上端，单击渐变颜色条，在弹出的"渐变编辑器"对话框中，可以设置"渐变类型""渐变颜色"以及"平滑度"等。

ⓖ 渐变条：显示当前选定的渐变的颜色，可以改变渐变的颜色或者范围。

ⓗ 载入：打开保存的渐变。

ⓘ 存储：保存新制作的渐变。

❷ **渐变类型：**将线性、径向、对称、菱形形状的渐变工具制作为图标。随着拖动方向的不同，颜色的顺序和位置都会发生改变。下面是在人物的背景部分上各种渐变类型的不同效果。

▲ 线性渐变

▲ 径向渐变

▲ 对称渐变

▲ 菱形渐变

提示：渐变工具的使用方法

渐变工具可以创建多种颜色间的逐渐混合。我们可以从预设渐变填充中选择或创建自己的渐变。使用渐变工具的方法如下。

（1）如果要填充图像的一部分，请选择要填充的区域。否则，渐变填充将应用于整个现用图层。

（2）选择渐变工具，然后在选项栏中选取渐变样式。

（3）在选项栏中选择一种渐变类型，包括“线性渐变”“径向渐变”“角度渐变”“对称渐变”及“菱形渐变”。

（4）将指针定位在图像中要设置为渐变起点的位置，然后拖移以定义终点。

❸ **模式：**设置原图像的背景颜色和渐变颜色的混合模式。

❹ **不透明度：**除了在不透明度色标上设置不透明度外，还可以调整整个渐变的不透明度。

❺ **反向：**勾选该项后，可以翻转渐变的颜色阶段。

❻ **仿色：**勾选该项后，可以柔和地表现渐变的颜色阶段。

❼ **透明区域：**该选项可以设置渐变的透明度，如果不勾选，则不能应用透明度，会显示只有一种颜色的图。

3.3.2 油漆桶工具的选项栏

在绘制的选区内填充指定的颜色或图案图像时，油漆桶工具是一个非常好的选择。选择油漆桶工具后，界面上端会显示一个选项栏。

❶ **填充**：从设置为前景色的颜色和载入为图案的图像中选择填充对象。

❷ **图案**：当选项 ❶ 设置为“图案”时，则选项 ❷ 为可用状态，如图所示，并载入了图案图像，此时可以将图案图像填充到特定区域上。

❸ **模式**：该选项可以设置混合模式，填充颜色或图案图像的时候，设置与原图像的混合形态。

❹ **不透明度**：该选项可以设置颜色或图案的不透明度，数值越小，画面效果越透明。

▲ 原图像

▲ 不透明度：100%

▲ 不透明度：70%

▲ 不透明度：20%

❺ **容差**：该选项可以设置颜色的应用范围，数值越大，选择类似颜色的选区就越大。

▲ 原图像

▲ 容差：10

▲ 容差：50

▲ 容差：100

❻ **所有图层**：勾选该项后，对于由几个图层构成的图像，可以按照画面显示应用颜色或图案，而与图层无关。

理解图层的概念

Version：CS4 CS5 CS6 CC

使用图层可以同时操作几个不同的图像，对不同的图像进行合成，并从画面中隐藏或删除不需要的图像和图层。使用图层，可以获得画面统一的图像，获得我们需要的效果。如果不制作图层，在创作一个较复杂的图片时，假如有一小部分绘制错误，那么就必须重新绘制。其实只需要修改图像的一小部分即可，但却要连同图像其他部分一起重新绘制，这样做是非常麻烦的。但是，如果我们事先分别单独创建了构成整体的图像，那么只需要更改不满意的图层图像即可，这样就大大减少了不必要的麻烦，缩短了工作时间。例如，打开一个素材文件，可以看到图像由 4 个图层组成。

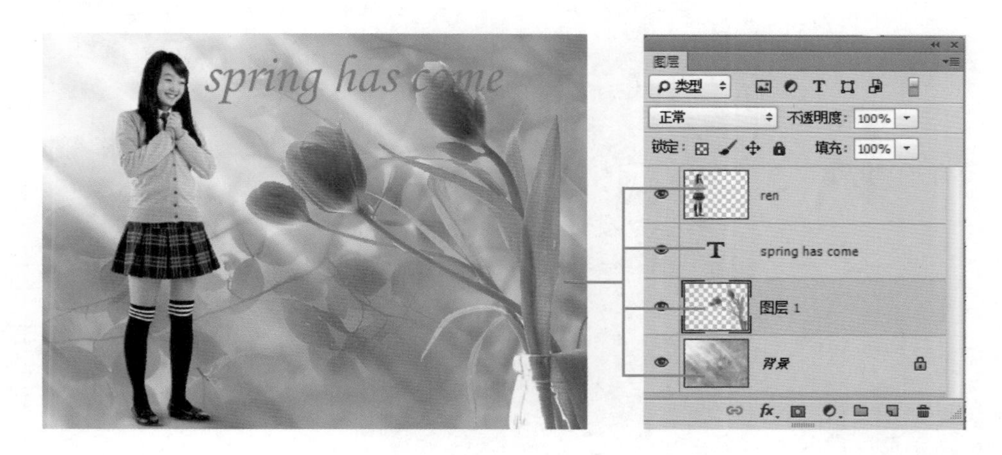

各个图层中的对象都可以单独处理，而不会影响其他图层中的内容，如图所示，图层可以移动，也可以调整堆叠顺序。

除“背景”图层外，其他图层都可以调整不透明度，使图像内容变得透明，不透明度和混合模式可以反复调节，而不会损伤图像。还可设置混合模式，使上下图层之间产生特殊的效果。

3.4.1 “图层编组”命令

“图层编组”命令用来创建图层组，如果当前选择了多个图层，则可以执行“图层”→“图层编组”命令（也可通过快捷键 Ctrl+G 来执行此命令），将选择的图层变为一个图层组。

如果要将组外的某个图层添加到该组中，只需将被添加的图层选中，拖曳到组中即可，具体操作方法如下。

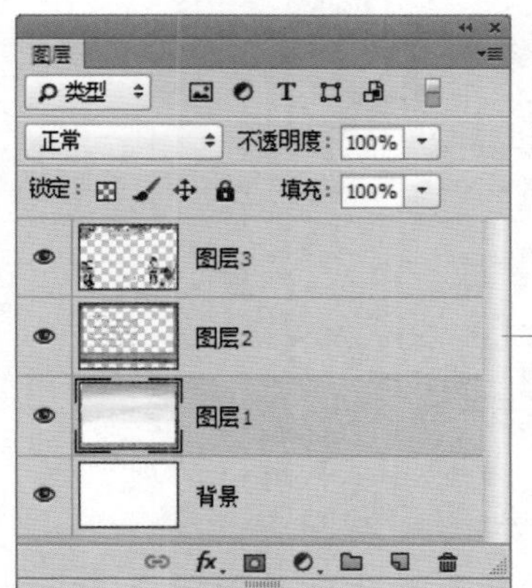

▲ 选择“图层 3”图层

▲ 执行“图层”→“图层编组”命令

▲ 选中“图层 2”并将其拖曳至“组 1”中

▲ 将“图层 2”添加到“组 1”中

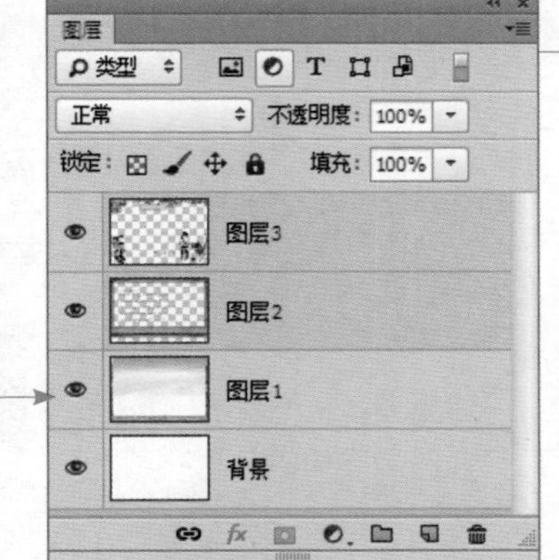

▲ 选择“图层 2”“图层 3”图层

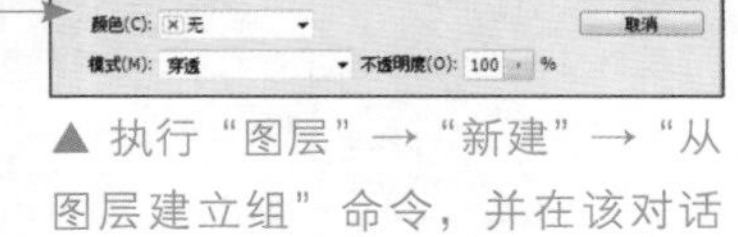

▲ 执行“图层”→“新建”→“从图层建立组”命令，并在该对话框中设置相应的参数

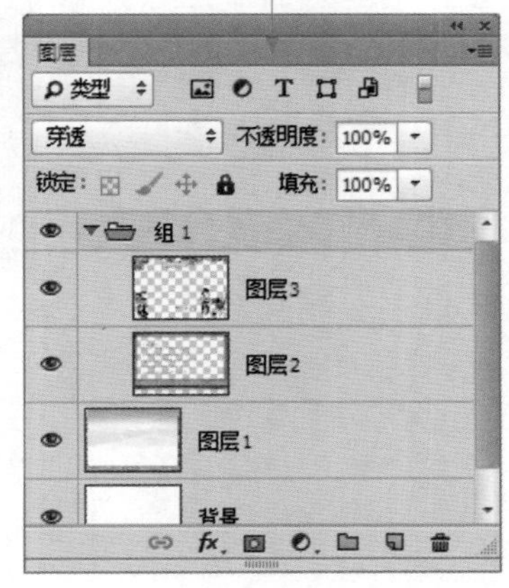

▲ 单击“确定”按钮后的图层编组状态

提示： 取消图层编组的方法

如果当前文件中创建了图层编组，执行“图层”→“取消图层编组”命令，可以取消选择的图层组的编组。

3.4.2 “排列”命令

“排列”命令是 Photoshop 软件中用于调整图层顺序的命令，如果要将某一图层向下移动一层，则可以执行“图层”→“顺序”→“后移一层”命令（也可通过快捷键 Ctrl+[来执行此命令），在调整的过程中，图层对应的图像也随之改变顺序。

▲ 选中“图层 2”图层

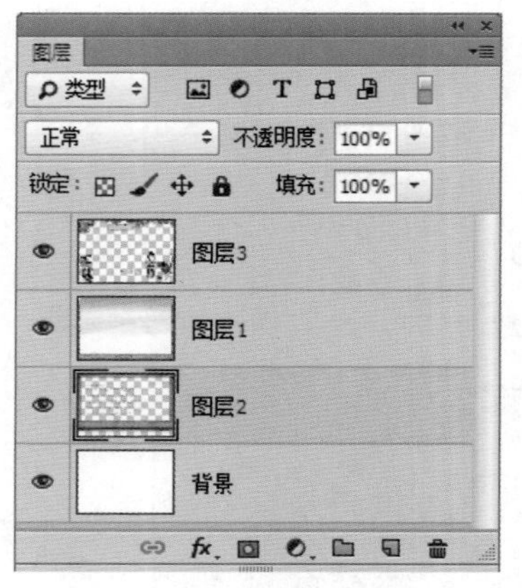

▲ 按下快捷键 Ctrl+[，将该图层向下移动一层

▲ 按下快捷键 Shift+Ctrl +[，将该图层移至最顶层

▲ 按下快捷键 Shift+Ctrl +]，将该图层移至最底层

Chapter

04

手机UI设计平面图标制作

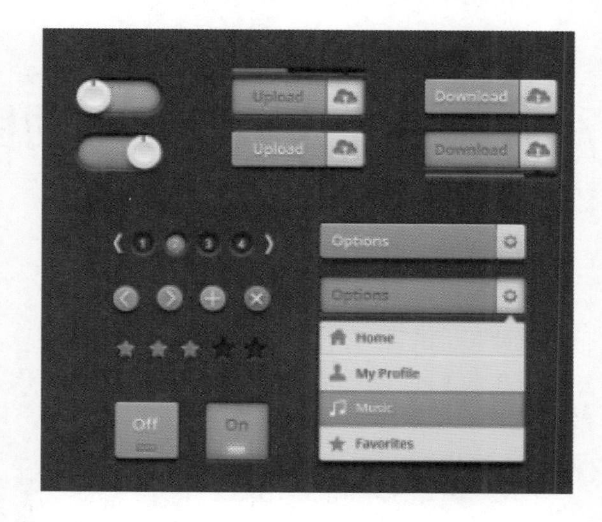

手机 UI 离不开矢量图形的制作，本章我们将使用 Photoshop 的矢量图形工具，讲解 icon 的制作基础，通过对基本元素进行合并、剪切等操作，将一个个生动的图形呈现在眼前。

4.1 设计吸引眼球的图标

Version：CS4 CS5 CS6 CC

设计图标的目的在于能够一下抓住人们的眼球，那么怎样设计才能让图标更具吸引力呢？主要有 3 点：同一组图标风格的一致性、合理的原创隐喻、图标里正确的透视和阴影，这里讲解前两点。

1. 同一组图标风格的一致性

几个图标之所以能成为一组，就是因为该组的图标具有一致性的风格。一致性可以通过下面这些方面体现出来：配色、透视、尺寸、绘制技巧或者几个这样属性的组合。如果一组中只有少量的几个图标，设计师可以很容易一直记住这些规则。如果一组里有很多图标，而且有几个设计师同时工作（例如一个操作系统的图标），那么就需要特别的设计规范。这些规范细致地描述了怎样绘制图标能够让其很好地融入整个图标组。

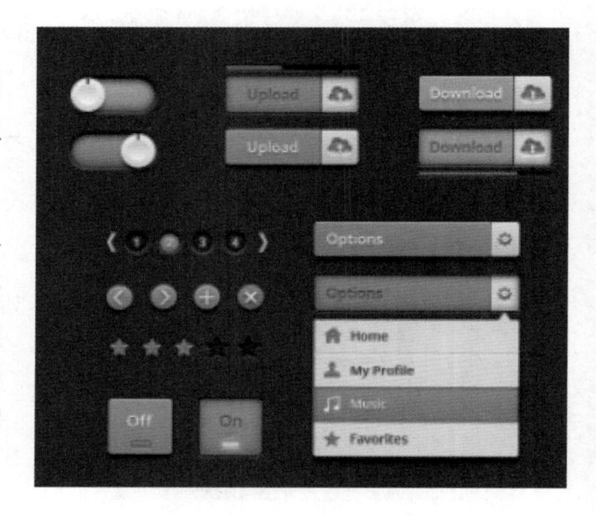

2. 合适的原创隐喻

绘制一个图标意味着描绘一个物体最具代表性的特点，这样它就可以说明这个物体的功能，或者阐述这个图标的概念。

大家都应该知道，一般来说，铅笔图标有 3 种绘图方式。

（1）多边形柱体，表面涂有一层反光漆，没有橡皮擦；

（2）多边形柱体，笔身上有一个白色的金属圈固定着一个橡皮头；

（3）多边形柱体，没有木纹效果和橡皮擦。

在这里我们选择第二种作为图标设计的原型，因为该原型具备所有必需的元素，这样的图标设计出来具有很高的可识别性，即具有合适的原创隐喻。

4.2 图标的设计方案

Version：CS4 CS5 CS6 CC

俗话说“人是活的，流程是死的”，这里介绍的是图标的通用设计流程，大家不必拘泥于这里讲的流程，应灵活掌握。

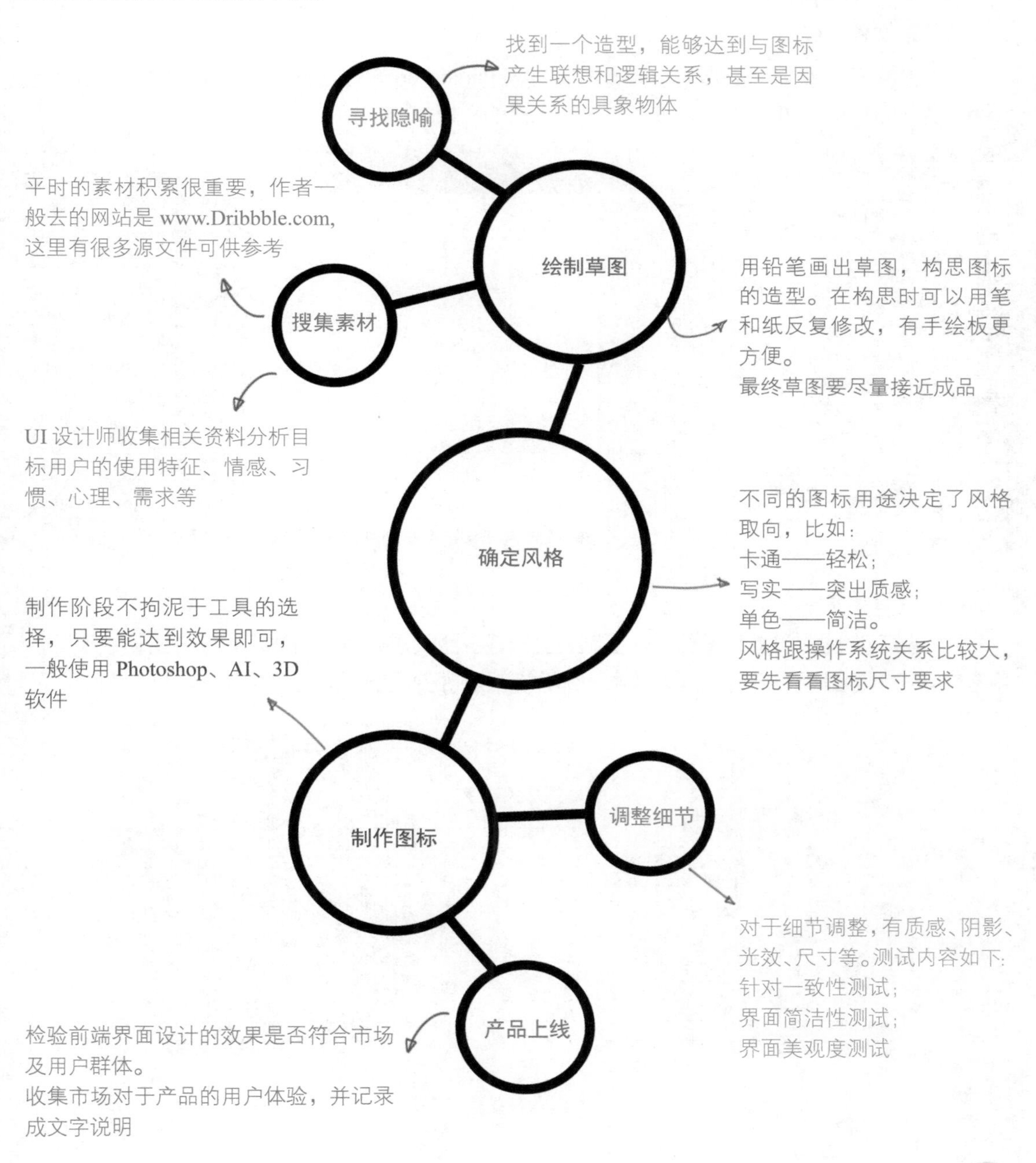

4.3 图标设计流程举例

Version：CS4 CS5 CS6 CC

通过前面章节的学习，我们掌握了 Photoshop 软件的基本操作以及图标制作的原则和技巧，下面我们设计一组图标。

1. 新建文件

在制作图标之前，需要做好准备工具，打开 Photoshop 软件，执行“新建”命令，新建一个大小为 50 厘米 ×50 厘米、分辨率为 300 像素的文档。

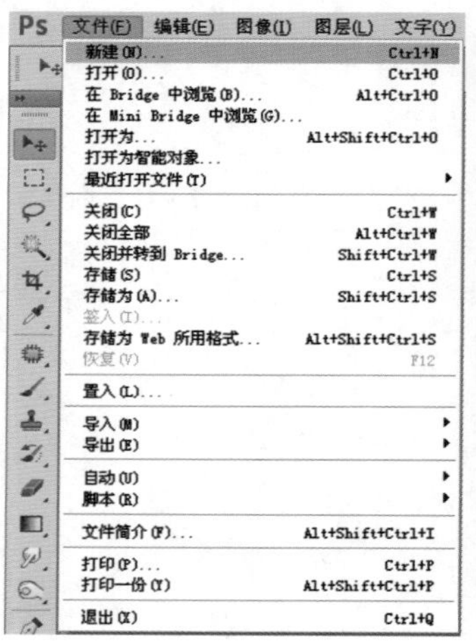

2. 思考与想象

现在抛开电脑，闭上眼睛思考，在脑子里形成一个构思，确定想法后，就开始动手绘画，用笔快速将创意呈现在纸上，先大致画一部分有代表性的示例，避免灵感丢失。

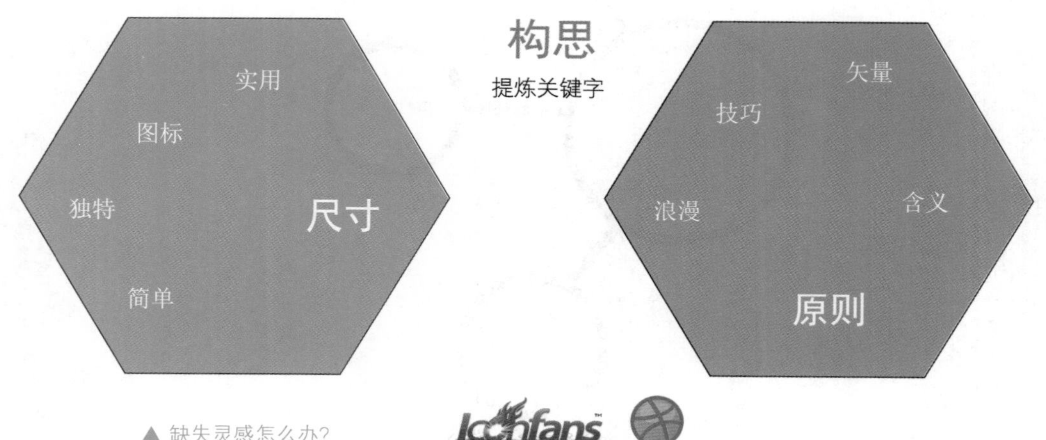

▲ 缺失灵感怎么办?

草图

画出代表性的示例

▲ 草图看起来很简陋，不过没关系，后期会进行改善

3. 参考格

绘制图标限制，统一视觉大小。使用矩形选框工具，绘制大小为 8 厘米 ×8 厘米的正方形选区，填充灰色，按住 Alt 键移动并进行复制，在水平方向复制 3 个副本，对于垂直方向，可将第一排 4 个正方形全部选中，按住 Alt 键进行移动复制，复制 3 次，最终得到垂直和水平方向的共 16 个正方形，得到辅助背景。

为了避免背景干扰，将其填充为较淡的颜色。

绘制完成后，新建组，将其拖入组 1 中，进行锁定。

4. 锯齿与像素

在辅助背景上绘制基本形，将其放大，可以观察到像素点。

灰色背景辅助的定界框，此处设定为常用的 16 像素 ×16 像素，用眼睛衡量，注意视觉均衡，比如在尺寸一致的情况下，矩形会显得偏大。

▲ 基本形

按下快捷键 Ctrl++，将画布放大到 1200%，注意调节不要太猛，这样就看到了像素点和网格粗线了。

消除锯齿通常是为了清晰，而不是锐利，不要为了消除而消除，需要保留一些杂边，图标才能平滑。

▲ 放大

5. 灵感来源

一切准备就绪，现在可以开始创作。许多人创作的时候，画完一个就缺少灵感了，应做到能举一反三。

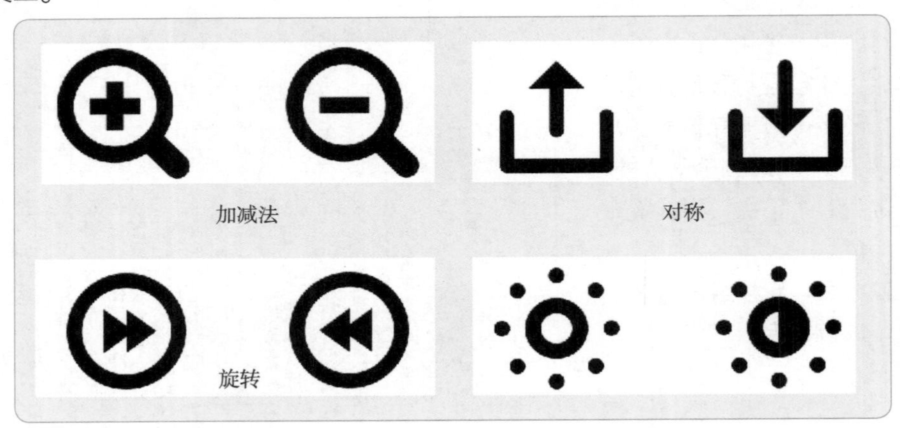

▲ 常用方法

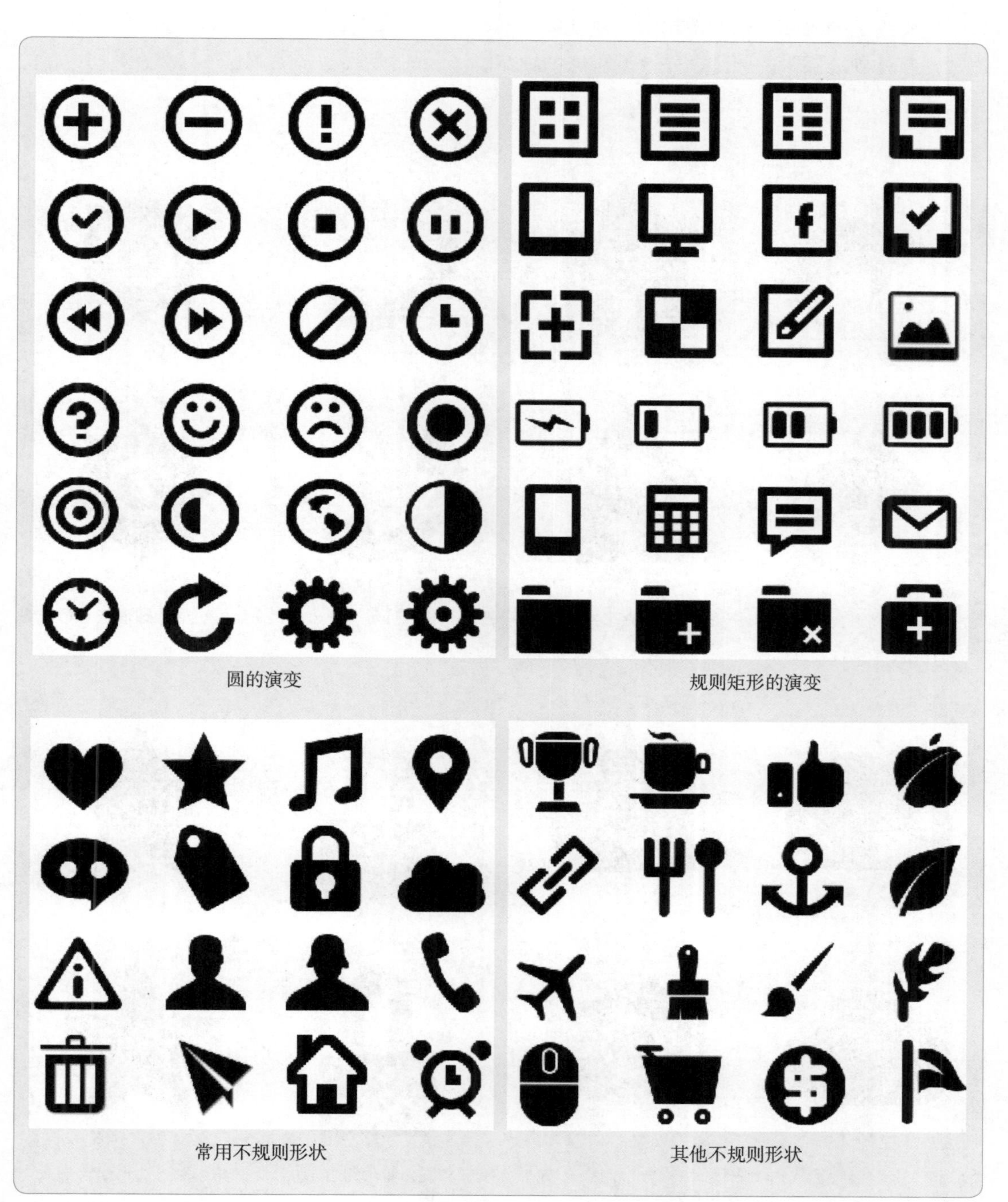

▲ 基本形的演变

6. 修饰细节

创作图标的时候，最常使用的方法就是变形，可以将其他基本形状进行组合，自由发挥，遵循“整体到局部”的原则，先造型再修饰细节。

椭圆和长方形组合形成箭头形状

三角形和长方形组合形成房屋形状

圆形和长方形组合形成电话形状

圆角矩形和圆形组合形成设置图标

圆形和长方形组合形成白云形状

圆形和长方形组合形成照相机形状

椭圆和圆角矩形组合形成锁子形状

三角形和五边形组合形成五角星形状

▲ 形状组合

7. 完成作品

为图标加上背景，完成设计。

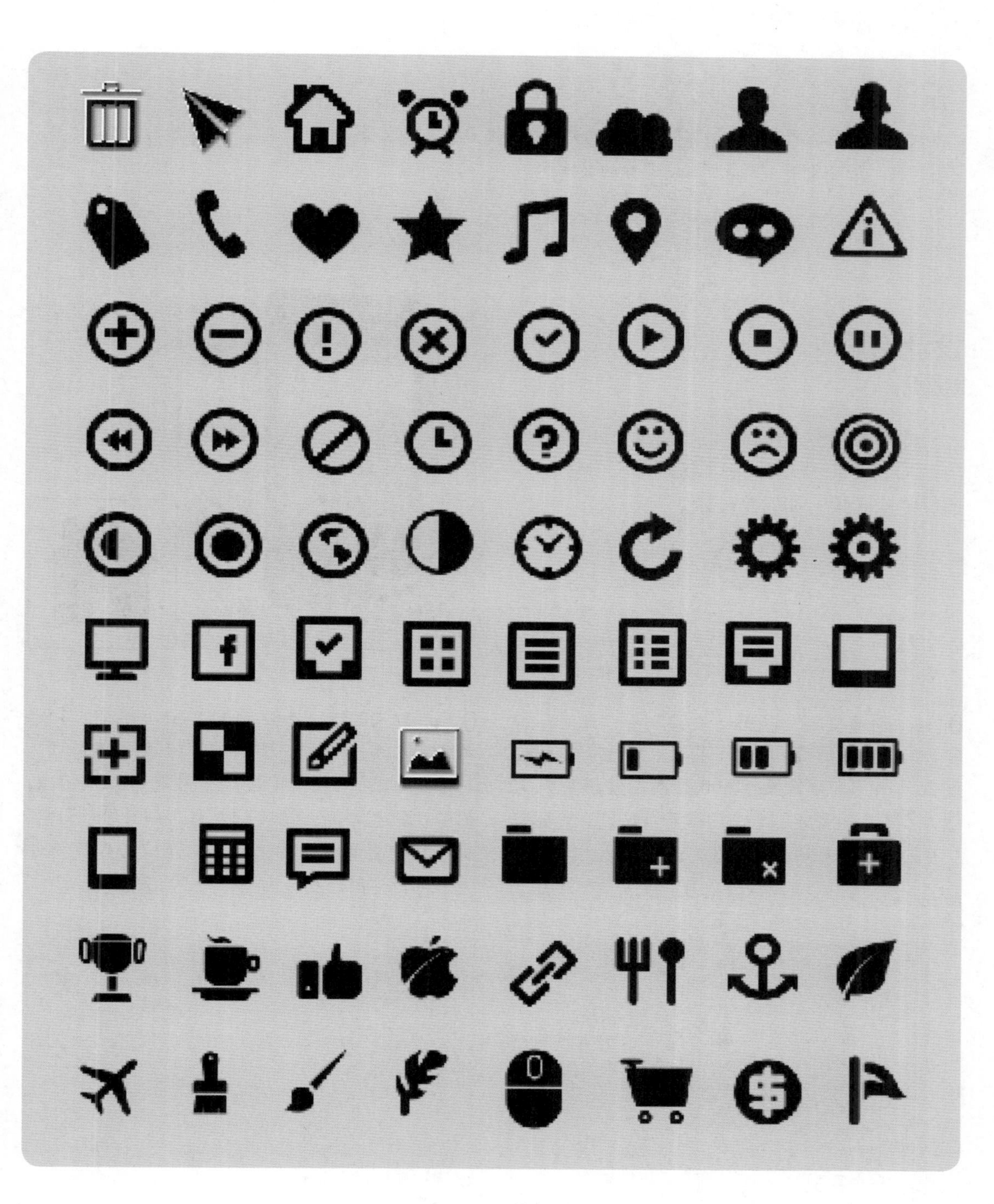

4.4 启动键制作

Version：CS4 CS5 CS6 CC

Keyword：圆角矩形工具、图层样式

本次实例是制作单色启动键图标，主要运用了 3 种工具，其中包括“钢笔工具”“圆角矩形工具”“矩形工具”混合使用，完成 Home 图标的制作。

设计构思

启动键图标为不规则形状，以三角形和圆角矩形合并形成基本形，以矩形工具的加减运算完成效果，如右图所示。

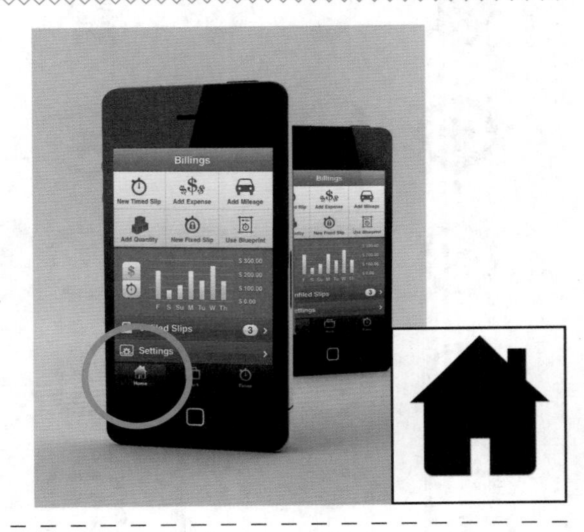

01 ▸ 新建文档 执行“文件”→“新建”命令，或按下快捷键 Ctrl+N，打开“新建”对话框，设置大小为 800 像素 ×600 像素，分辨率为 72 像素 / 英寸，完成后单击“确定”按钮，新建一个空白文档，如图 01 所示。

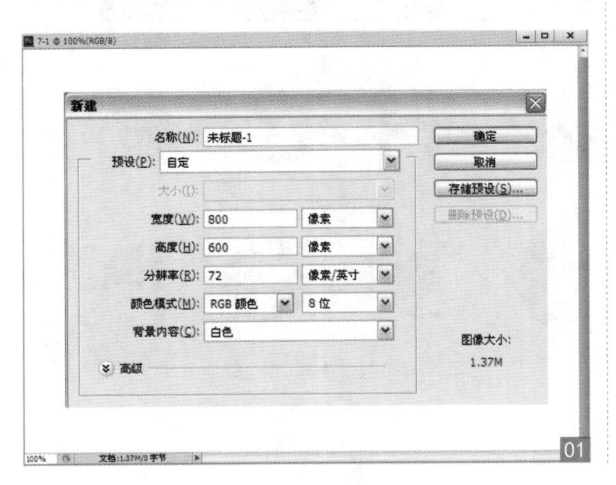

01

02 ▸ 显示网格 执行“编辑”→“首选项”→“参考线、网格和切片”命令，在打开的“首选项”对话框中，设置网格间距为 80 像素，子网格为 4，单击“确定”按钮。执行“视图”→“显示网格”命令，在制作图标的过程中，可以使用网格作为参考，使每个图标大小一致，如图 02 所示。

网格 颜色(C): 自定... 样式(S): 直线 网格线间隔(D): 80 像素 子网格(V): 4

02

03 ▸ 绘三角形 选择“钢笔工具”，在选项栏中选择“形状”，在网格上进行绘制，得到三角形，如图03所示。

Tips:

绘制三角形状，除了使用钢笔工具绘制外，还可以使用“多边形工具”，在选项栏中设置边为3，即可绘制出三角形，不过绘制出来后，还需要使用“直接选择工具”将节点选中，进行调整。

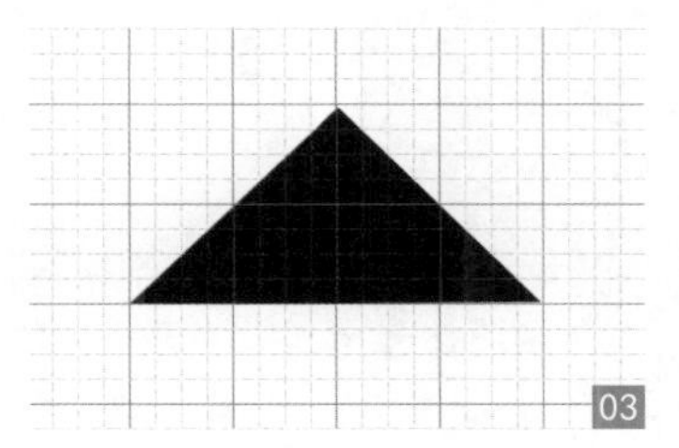
03

04 ▸ 绘制矩形 选择“矩形工具”，在选项栏中选择“合并形状”，在三角形的右边绘制矩形，如图04所示。

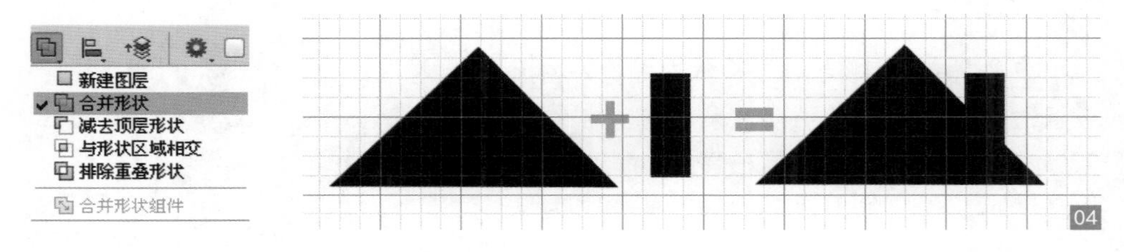

04

05 ▸ 绘制圆角矩形 选择“圆角工具”，在选项栏中设置半径为 20 像素，选择“合并形状”，在三角形的下方绘制圆角矩形，如图05、06所示。

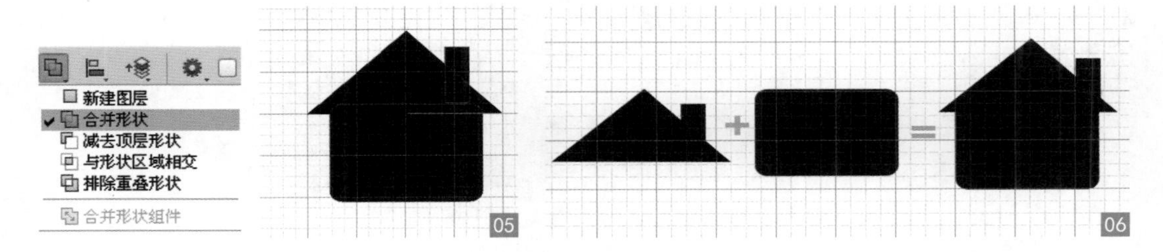

05 06

06 ▸ 绘制矩形 选择“矩形工具”，在选项栏中选择“减去顶层形状”，在圆角矩形的下方绘制矩形，将需要减去的部分从形状中减去，完成 Home 图标的制作，如图07、08所示。

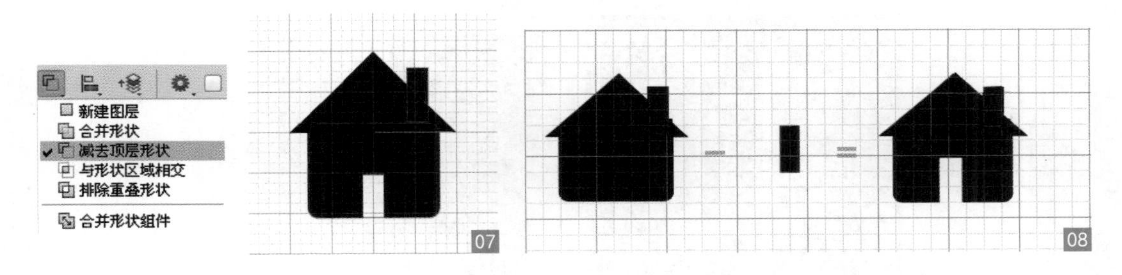

07 08

人像图标制作

Version：CS4 CS5 CS6 CC

Keyword：描边、投影、椭圆工具

人像图标是手机上必不可少的工具图案，联系人图标是手机等通信设备的供联系交流的人的标识，联系人作为手机的基本功能之一，每天都被我们频繁地使用着。

设计构思

在本例中我们将制作一个人像图标，图标设计过程中首先是使用浅蓝色和高光制作清新的背景，其次使用钢笔工具绘制同色系的人形图标，最后加上白色圆环，使整个图标表达出清新、简洁的含义，如右图所示。

---

01 ▸ 新建文件　执行“文件”→“新建”命令，或按下快捷键 Ctrl+N，打开“新建”对话框，创建大小为 222 像素 ×201 像素的文档，完成后单击“确定”按钮，如图01、02所示。

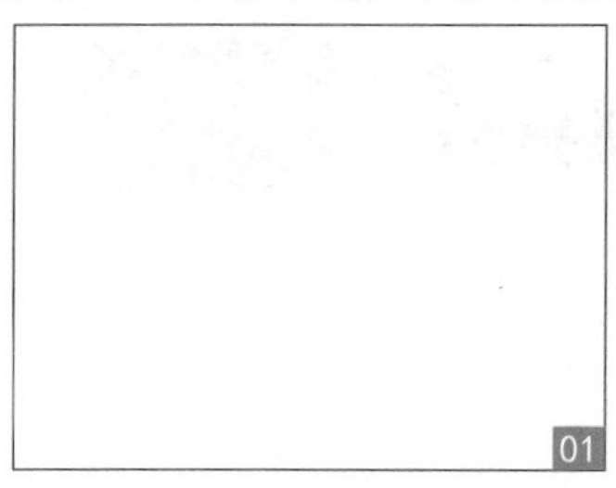

01

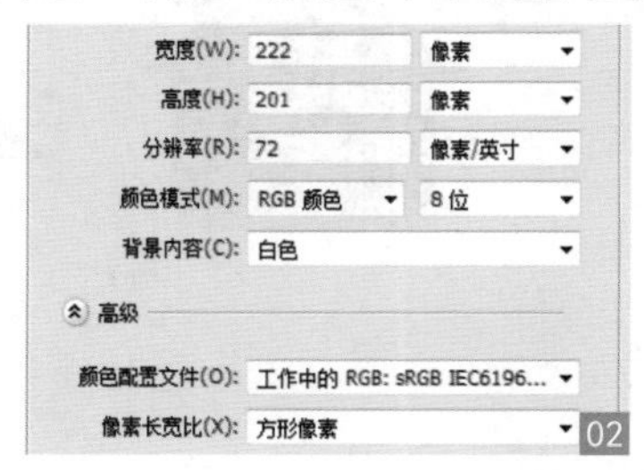

02

02 ▸ 绘制背景　双击“背景”图层，将其转换为普通图层，设置前景色为深蓝色（R:40；G:46；B:58），按下快捷键 Alt+Delete 填充颜色，如图03、04所示。

03

04

03 ▶ 绘制椭圆 单击工具箱中的“椭圆工具”，在选项栏中选择工具模式为“形状”，设置前景色为蓝色（R:117；G:214；B:224），按住 Shift 键在页面中绘制正圆，双击该图层，在弹出的“图层样式”对话框中选择“内阴影”选项，设置相应参数，为其添加效果，如图05～07所示。

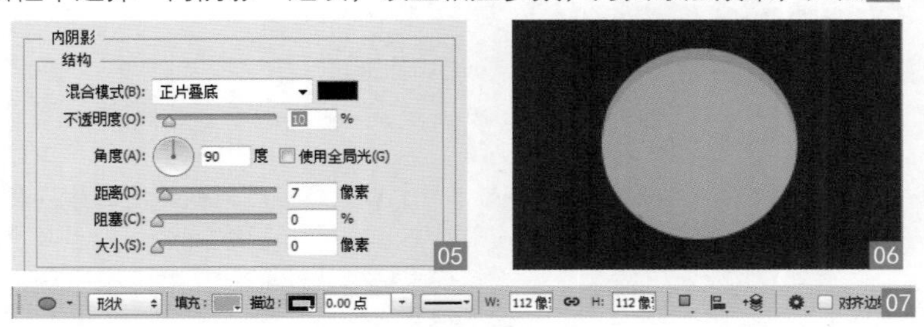

04 ▶ 绘制高光 继续单击工具箱中的“钢笔工具”，在选项栏中选择工具模式为“形状”，设前景色为白色，在页面中绘制形状，将该图层的“图层名称”修改为“高光”，在“图层”面板中设置该图层的不透明度为 15%，如图08、09所示。

05 ▶ 绘制人物形状 单击工具箱中的“钢笔工具”，在选项栏中选择工具模式为“形状”，设置前景色为蓝色（R:0；G:65；B:92），在页面中绘制人物形状，双击该图层，在弹出的“图层样式”对话框中选择“内阴影”选项，设置相应参数，为其添加效果，如图10、11所示。

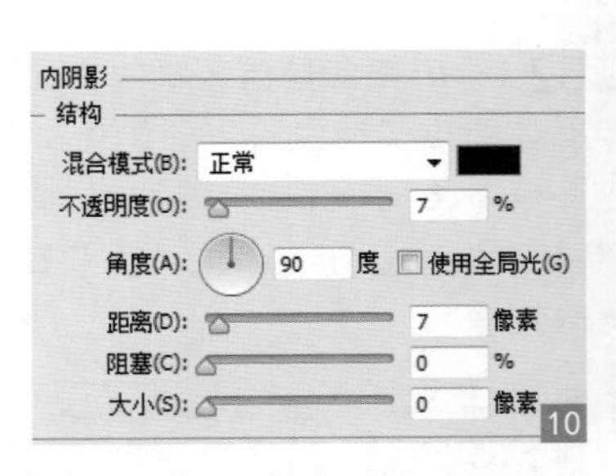

06 ▶ 添加外框 使用同样的方法，制作外框，最终效果如图12、13所示。

记事本图标制作

Version：CS4 CS5 CS6 CC

Keyword：圆角矩形工具、图层样式

记事本图标制作，主要是运用圆角矩形工具绘制基本形，以及路径之间的加减运算，最后使用矩形工具进行绘制，完成记事本图标的制作。

设计构思

记事本图标以圆角矩形为基本形，上方以圆角矩形的加减运算绘制而成，下方以矩形工具的减法运算进行绘制，如右图所示。

01 ▶ 新建文档 执行“文件”→“新建”命令，或按下快捷键Ctrl+N，打开“新建”对话框，设置大小为800像素×600像素，分辨率为72像素，完成后单击“确定”按钮，新建一个空白文档，如图01所示。

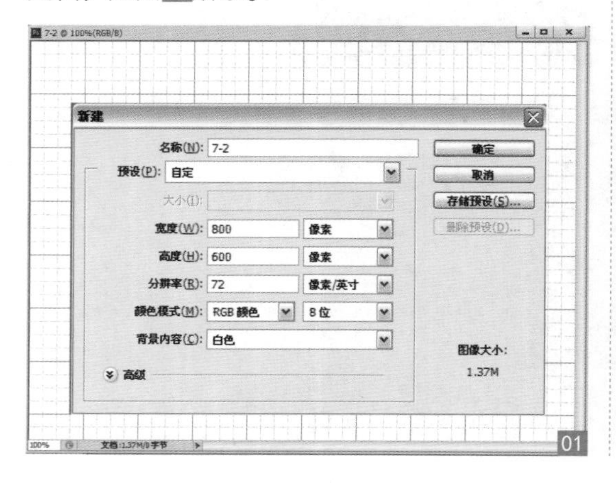

01

02 ▶ 填充背景色 单击工具箱底部前景色图标，弹出“拾色器（前景色）”对话框，设置颜色为R:68；G:108；B:161，单击“确定”按钮，按下快捷键Alt+Delete，为背景填充蓝色，如图02所示。

02

03▶ 绘制圆角矩形 设置前景色为R:238; G:238; B:238，单击“确定”按钮，选择“圆角矩形工具”，在选项栏中设置半径为10像素，在图像上绘制圆角矩形，如图03、04所示。

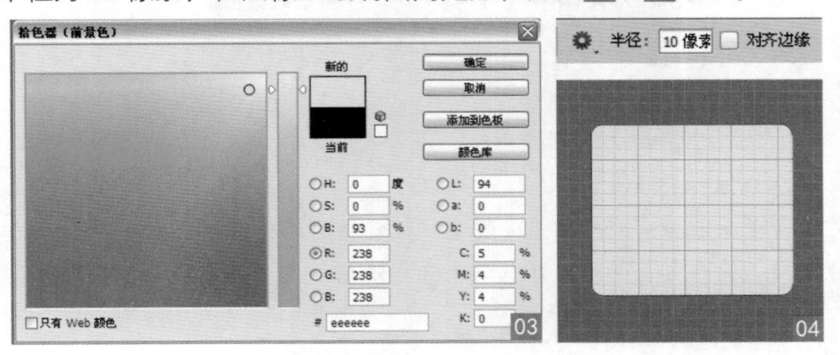

04▶ 从形状中减去 选择“圆角矩形工具”，在选项栏中设置半径为100像素，选择“减去顶层形状”，在图像上方绘制圆角矩形，如图05所示。

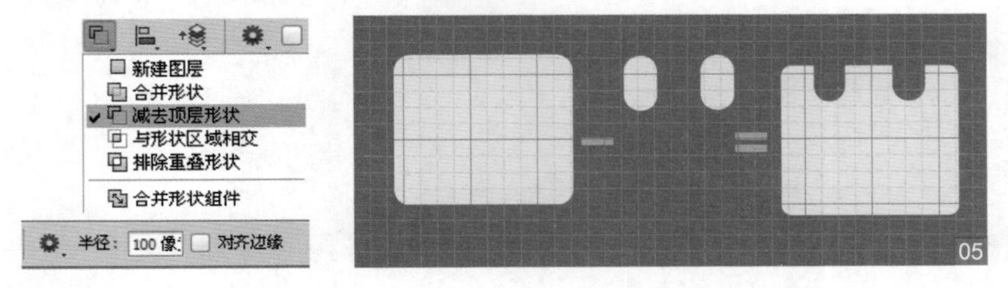

05▶ 合并形状 选择“圆角矩形工具”，在选项栏中选择“合并形状”，在图像上绘制圆角矩形，绘制后的形状将与原来的形状合并，如图06所示。

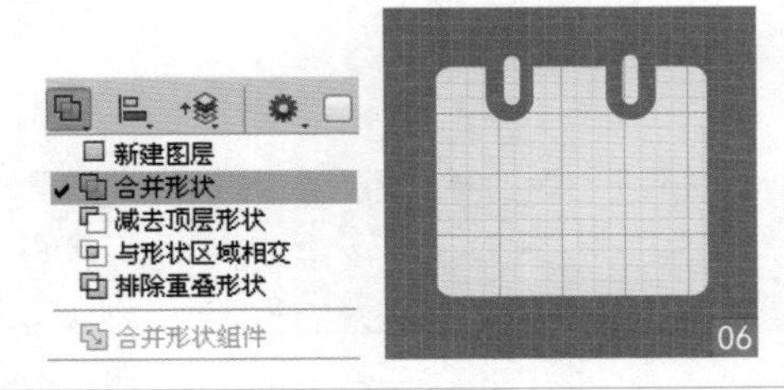

Tips:

这两步操作对新手来说，可能有些难度，因为这两步的操作都是需要一步到位，新手在刚开始绘制时很难掌握尺度，会导致绘制出来的两个圆角矩形或者矩形框不一样大。在这里有一个方法可供参考，在开始绘制之前，可以使用参考线进行标注，然后根据参考线进行绘制，实在不行的话，也可以将其绘制为单独的图层，大小调整到合适之后，进行复制，移动到合适的位置，最后将图层进行合并。

06▶ 减去形状 选择“矩形工具”，在选项栏中选择“减去顶层形状”，在图像上绘制矩形，绘制后的形状区域将从原来的区域中减去，如图07所示。

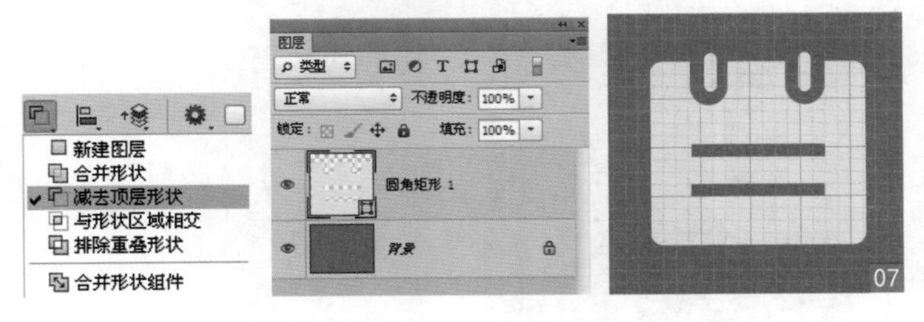

4.7 放大镜搜索图标制作

Version：CS4 CS5 CS6 CC

Keyword：描边、投影、椭圆工具

放大镜图标是手机、电脑上经常遇到的工具图案，设计的图标应该让用户看到图标就能感知、想象、理解其意思。放大镜搜索图标是最基本的、应用最广泛的、最广为人知的搜索图标之一。

设计构思

本例制作的是放大镜搜索图标，首先设计选用的是放大镜形状的图标，其次选用圆角矩形绘制较圆润的手柄，手柄的颜色选用的是颜色鲜艳的暖色调，最后绘制同样的颜色鲜艳的暖色调镜体，暖色调的设计使搜索图标看起来既可爱又抓人眼球，如右图所示。

01 ▶ 新建文件 执行“文件”→“新建”命令，或按下快捷键 Ctrl+N，打开“新建”对话框，创建大小为 232 像素 ×226 像素的文档，完成后单击“确定”按钮，如图01、02所示。

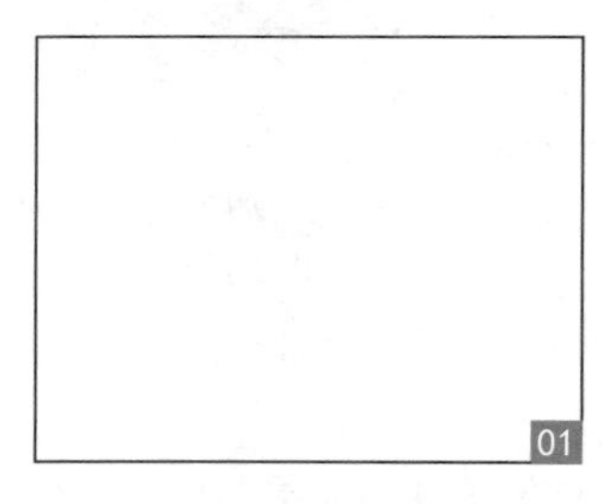

01

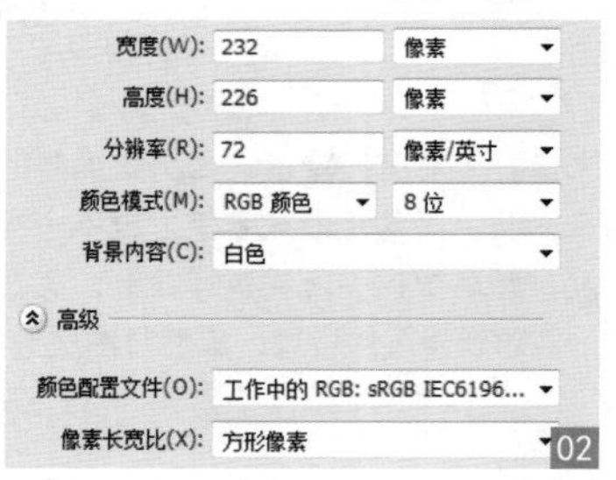

02

02 ▶ 绘制背景 双击“背景”图层，将其转换为普通图层，设置前景色为深蓝色（R:40；G:46；B:58），按下快捷键 Alt+Delete 填充颜色，如图03、04所示。

03

04

03 ▶ 绘制手柄 单击工具箱中的“钢笔工具”，在选项栏中选择工具模式为“形状”，设置前景色为灰色（R:227；G:241；B:252），在页面上绘制形状，将图层名称修改为“手柄”，如图05～07所示。

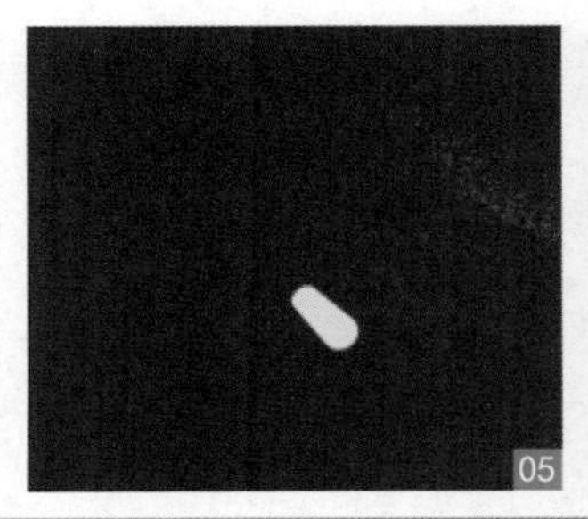

05

06

07

04 ▶ 绘制手把 使用同样的方法制作手把，如图08、09所示。

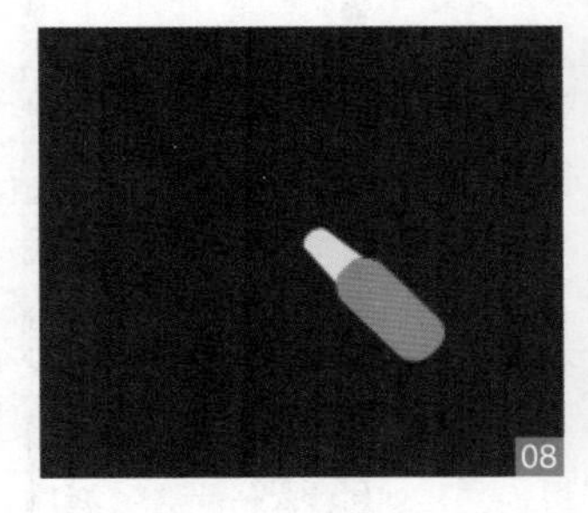

08

09

05 ▶ 绘制椭圆 单击工具箱中的“椭圆工具”，在选项栏中选择工具模式为“形状”，设置前景色为白色，按住 Shift 键在页面上绘制正圆，如图10、11所示。

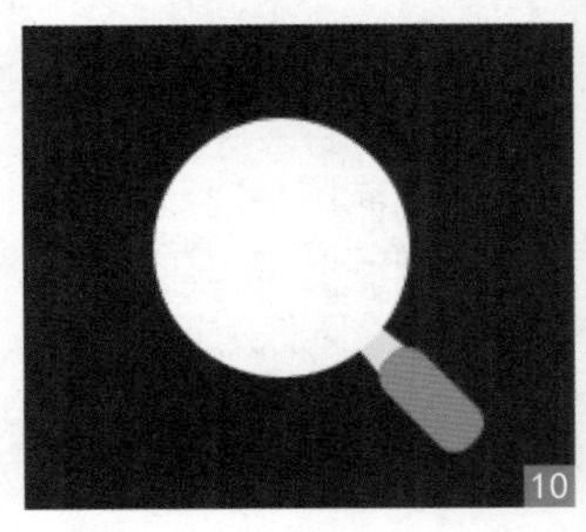

10

11

06 ▶ 绘制椭圆 继续使用“椭圆工具”，在选项栏中选择工具模式为“形状”，设置前景色为桃红色（R:247；G:90；B:146），按住 Shift 键在页面上绘制正圆，双击该图层，在弹出的“图层样式”对话框中选择“内阴影”，设置相应参数，为其添加效果，最终效果如图12、13所示。

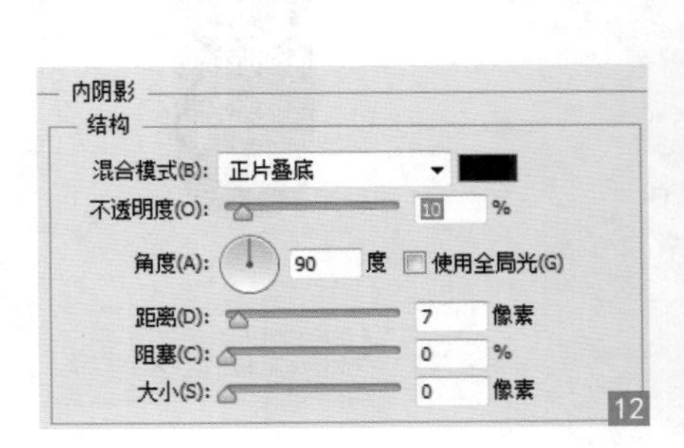

12

13

4.8 麦克风图标制作

Version：CS4 CS5 CS6 CC

Keyword：圆角矩形工具、图层样式

本例制作麦克风图标，主要是圆角矩形工具和矩形工具搭配使用完成形状制作。

设计构思

麦克风图标为不规则形状，上面以圆角矩形单独绘制而成，下面以圆角矩形和矩形工具混合制作而成，如右图所示。

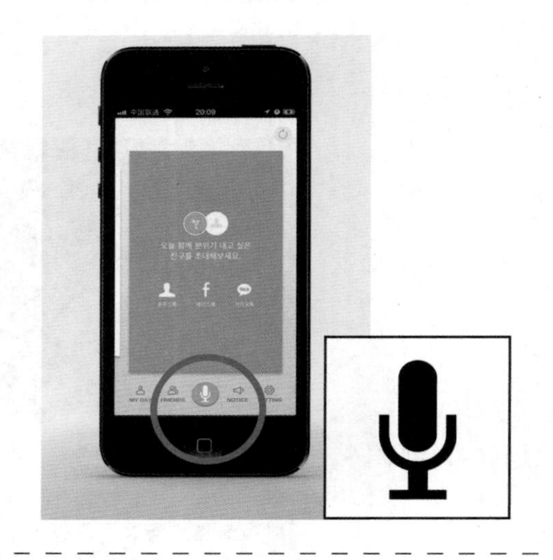

01 ▶ 新建文档 执行“文件”→“新建”命令，或按下快捷键 Ctrl+N，打开“新建”对话框，设置大小为 800 像素 ×600 像素，分辨率为 72 像素 / 英寸，完成后单击“确定”按钮，新建一个空白文档，如图01所示。

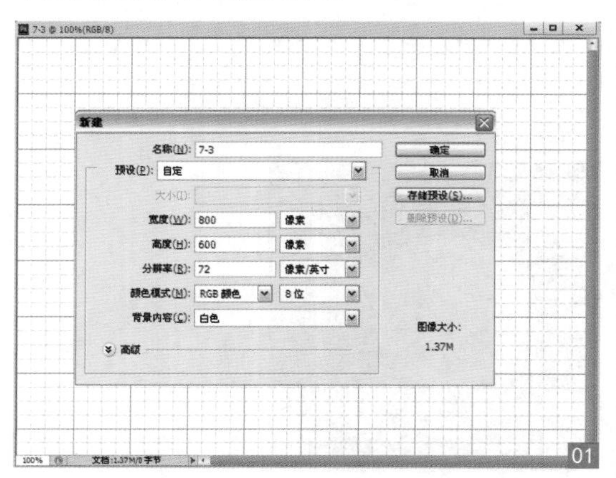

01

02 ▶ 绘制圆角矩形 选择“圆角矩形工具”，在选项栏中设置半径为 100 像素，设置前景色为黑色，在图像上绘制圆角矩形，如图02所示。

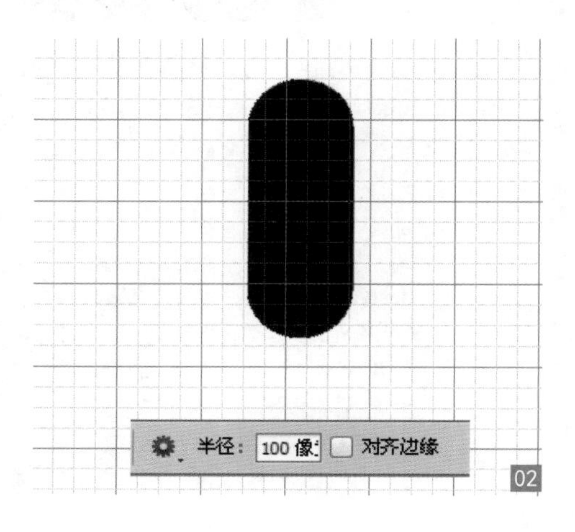

02

03 ▶ 绘制圆角矩形 为了方便操作，我们将使用参考线来进行衡量，按下快捷键Ctrl+R，打开“标尺工具”，从垂直和水平方向拉出参考线，然后再次选择“圆角矩形工具”，以红色的外围参考线为基准建立圆角矩形，如图03、04所示。

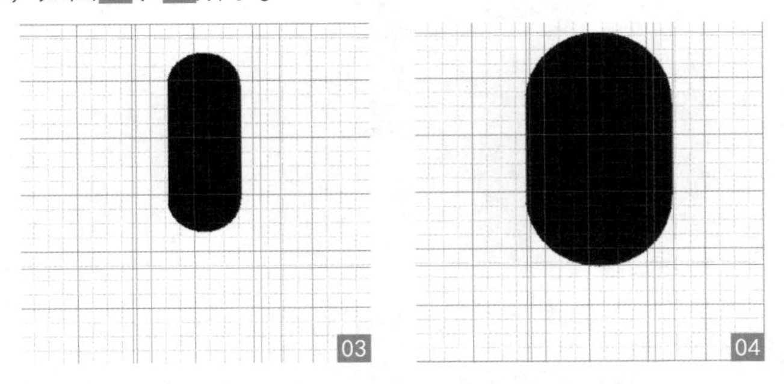

04 ▶ 从形状中减去 选择“圆角矩形工具”，在选项栏中选择“减去顶层形状”，以红色的内围参考线为基准建立圆角矩形，可将建立的选区从原始的形状上减去。选择“矩形工具”，建立选区，减去多余的形状，如图05、06所示。

05 ▶ 新建矩形 选择“矩形工具”，在选项栏中选择“新建图层”，在形状下方建立矩形框，完成效果，如图07、08所示。

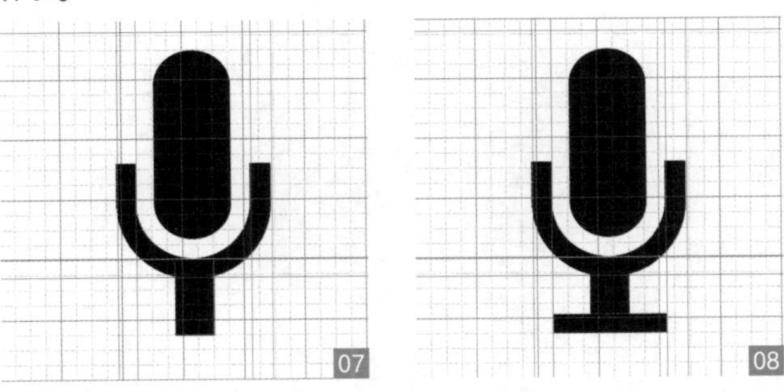

步骤拆解示意图如下。

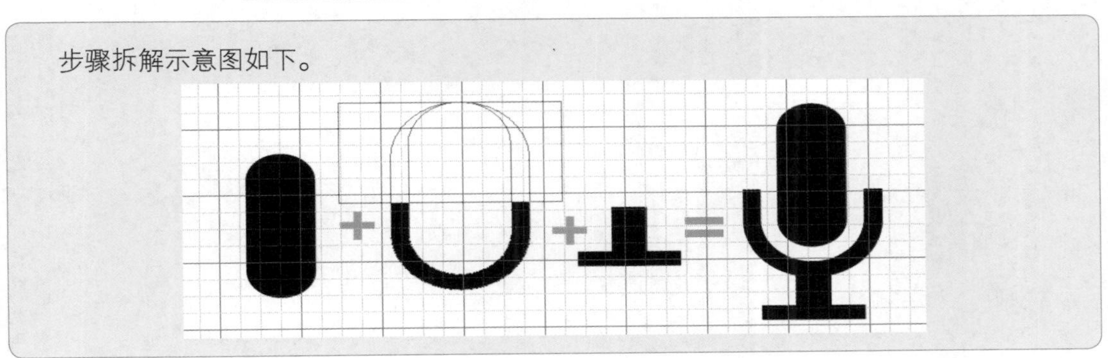

Chapter

05

UI的质感表现

本章我们将学习使用 Photoshop CC 表现不同的质感，包括金属、玻璃、木质、纸质、皮革、陶瓷、塑料光滑表面等。灵活掌握这些制作方法，会对今后的 UI 表现技法提供极大的方便。

质感图标设计的三个阶段

Version：CS4 CS5 CS6 CC

平时看到那些大师们的 icon，我们总是惊讶不已。作为初学者的我们，当被要求或自己想要做一个 icon 的时候，却不知道如何下手，从而导致时间在各种无意义的杂乱思考和“寻找素材”中被白白消耗掉了。

在这里，作者结合大师指导以及自己的经历，总结一套流程和大家一起分享：初学者怎样才能完成一个 icon 设计。

5.1.1 确定题材

在进行 icon 制作之前，首先要想一些必要的问题：为什么要设计这个 icon？这个设计的需求是什么？什么题材才能满足这些需求？这个题材能做到很好地表达吗？等等。这些问题有的可能暂时还没有答案，不要着急，我们可以带着问题去看一些优秀的作品，从别人的成果中得到启发，有时候灵感就是这样产生的。激发灵感还有一个方法就是随手画草图。

思考之后，在脑海中确定要画什么，还要考虑一些像做一套图标时间是不是允许，某个题材的细节是不是太复杂导致无法完成等客观条件。我们可以选择几个题材作为备选方案。若不是商业需求，则可以从感兴趣的题材入手，这样就能激发自己的创作欲望。

5.1.2 确定表现风格

物体的展现形式是什么？单个物体还是物体组合？色彩如何搭配才能突出主题？趣味性如何展现？以上这些问题我们在表现风格时都要一一考虑到，同时还需要考虑：根据现在 icon 设计的流行趋势来选择写实风格，根据所要表达的主题选择材质等问题。

▲ 不同设计师给 Dribbble 网站设计的 logo 形象

通过上述问题，我们可以发现，确定题材和确定风格的过程是互相影响、相互交织着进行的。只要把握这两点，然后大量地观看优秀的 icon 设计作品，并打草稿，从别人的设计中吸取其作品所传达的信息，可以让我们知道什么是好的作品，好的作品是怎么组成的。

或许有的人在某些情况下根本不需要问问题，直接上手就开始做 icon。即便是这样，想必他也是经过了前期的思考和权衡。因为这是完成一个优质 icon 设计的必经过程。

5.1.3 具体实现

经过了确定题材和表现风格之后，就开始进入实战操作了。现在需要考虑的问题是如何实现题材和风格，选择什么技巧工具和方法。

很多初学者在具体实现这个步骤的时候，不知道怎么实现某种材质，也不知道怎么制作某种高光。这里介绍几个方法。

1. 临摹

创造是从临摹开始的。我们在临摹的时候，要选择最好的作品来临摹。这虽然有些难度，但是临摹好作品要比临摹水平一般的作品出来的效果要好很多。

需要强调的是，在临摹之前要仔细地观察分析，观察光源的位置、颜色分布以及 icon 的层次等。这样要比直接上手的效果好得多。

2. 找到PSD学习

分析优秀的 PSD 文件，看它们是怎么用图层样式来实现金属质感和制作高光的堆叠细节。

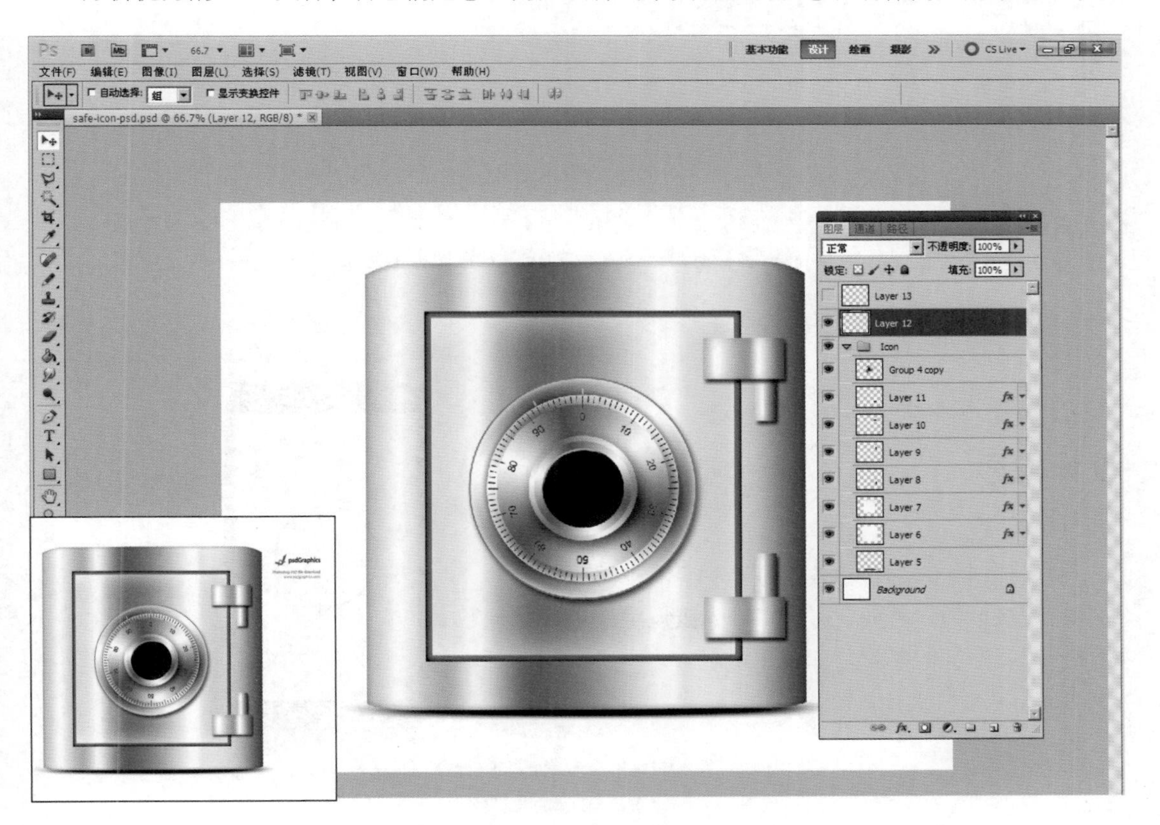

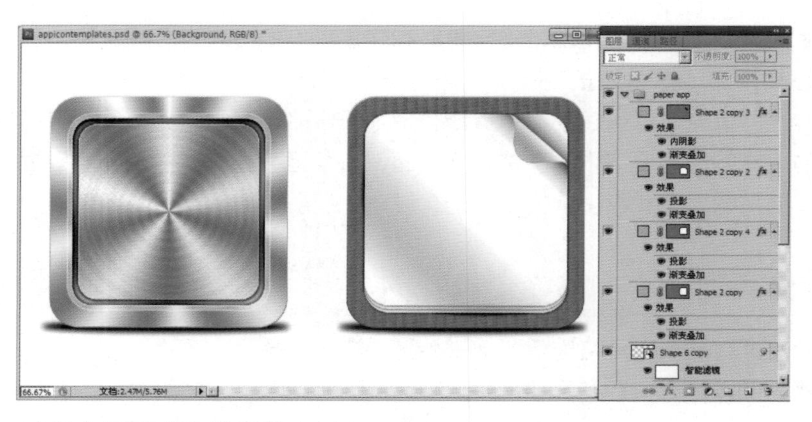

制作 icon 过程中需要注意的细节有以下 3 点。

- 越是精细的图标越要注意路径对像素的影响。
- 因为 icon 尺寸较小，所以就要求色彩饱满、对比度突出和有丰富的色阶层次。
- 缩放图标时，要注意相应调整。

5.2 金属质感

Version：CS4 CS5 CS6 CC

Keyword：圆角矩形工具、图层样式

在本例中，我们将学习使用椭圆选框工具绘制由中心向外的正圆，通过“图层样式”的“描边”效果为正圆添加金属光泽，通过椭圆工具和“路径”面板配合使用绘制金属效果的外围。

设计构思

金属材料给人的视觉效果是坚硬、冷，而白色、浅灰色为冷色调，可以带给人压迫感、距离感以及冰凉的感觉，如右图所示。

01 ▶新建文档 执行“文件”→“新建”命令，或按下快捷键 Ctrl+N，打开“新建”对话框，设置大小为 1280 像素 ×1024 像素，分辨率为 72 像素，完成后单击“确定”按钮，新建一个空白文档，如图01所示。

01

02 ▶填充背景色 单击前景色图标，在弹出的“拾色器（前景色）”对话框中设置参数，改变前景色，按下快捷键 Alt+Delete 为背景填充前景色，在“背景”图层上右击，在弹出的下拉列表中选择“转换为智能滤镜”，得到“图层 0”图层，如图02所示。

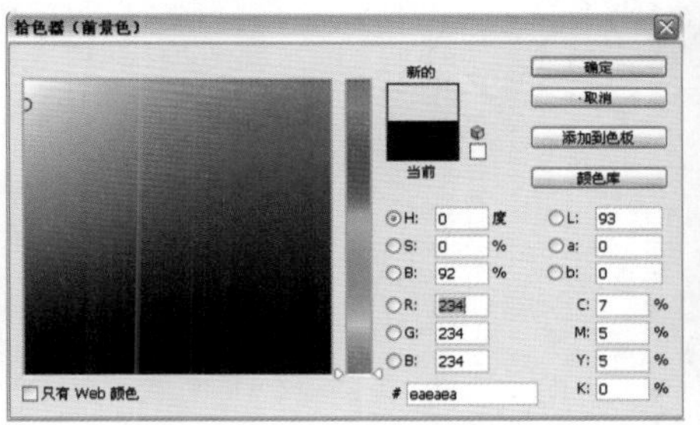

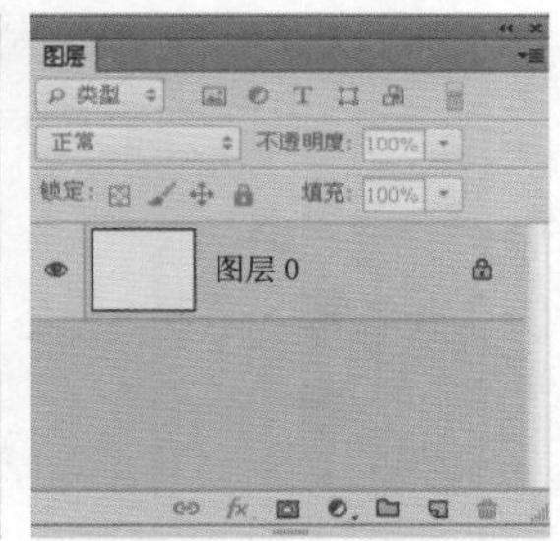

02

03 ▶绘制正圆并填充 按下快捷键 Ctrl+R，打开“标尺工具”，从垂直和水平方向分别拉出辅助线，使其位于画布的中央，选择“椭圆选框工具”，在辅助线交接的地方单击并按住 Alt+Shift 键拖曳鼠标绘制正圆，按下快捷键 D，设置前景色和背景色默认为黑白色，新建“图层 1”图层，为选区填充黑色，按下快捷键 Ctrl+D，取消选区。

用椭圆工具绘制正圆，如图03所示。

按下快捷键 Alt+Delete 填充前景色，如图04所示。

按下快捷键Ctrl+D，取消选区，如图05所示。

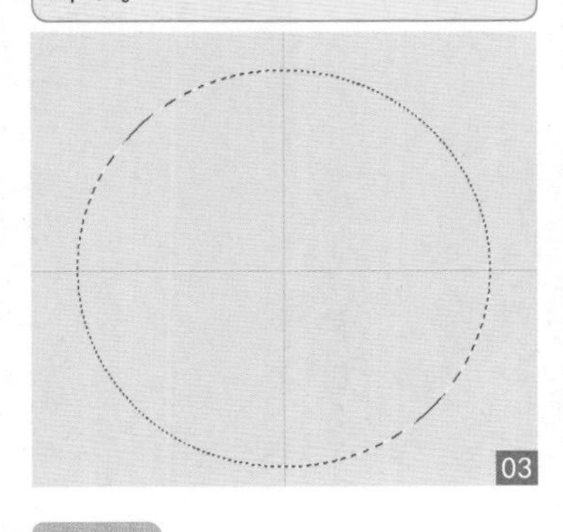

03

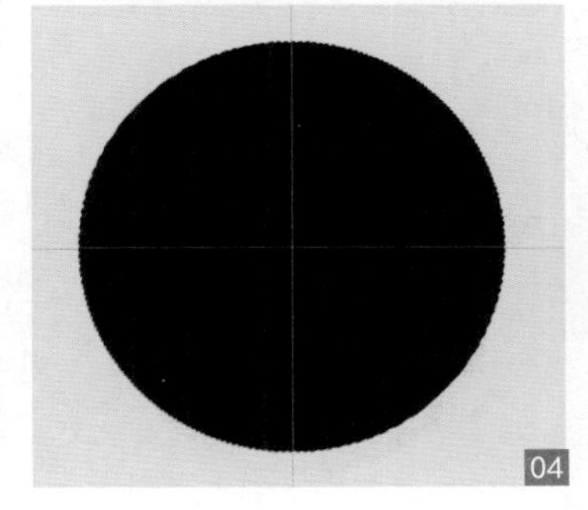

04

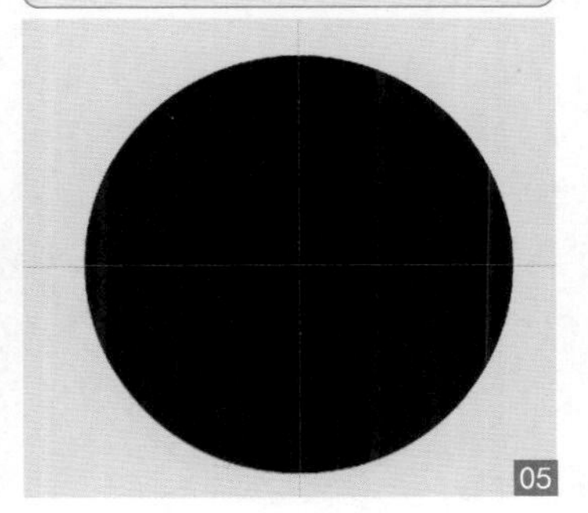

05

Tips:

在定位原点的过程中，按住Shift键可以使标尺原点与标尺刻度记号对齐。如果要隐藏标尺，可以执行“视图”→“标尺”命令或再次按下快捷键Ctrl+R。

04 ▶ 为正圆添加描边效果 双击“图层 1”图层，打开“图层样式”对话框，选择“描边”，设置大小 54 像素，位置为内部，填充类型为渐变，样式角度为 42°，单击“确定”按钮，为正圆添加金属描边效果，如图06所示。

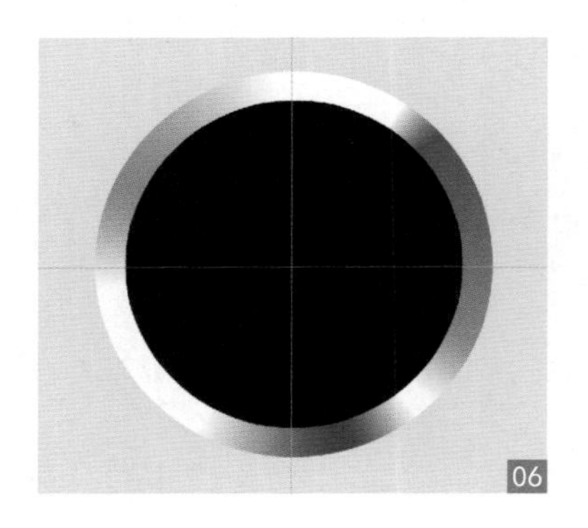

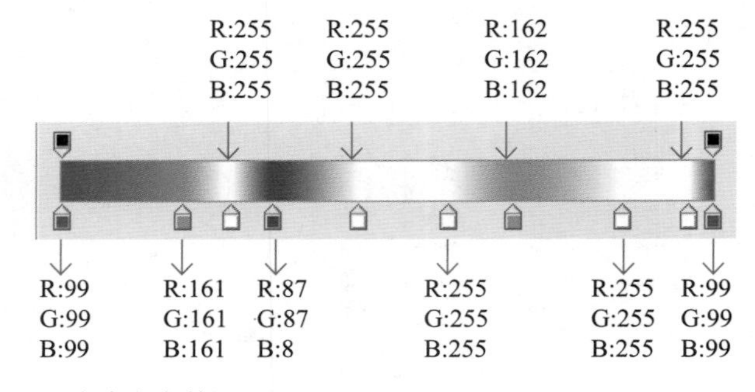

▲ 渐变条参数设置

05 ▶ 复制图层 按下快捷键 Ctrl+J，复制“图层 1”图层，得到“图层 1 副本”图层，选择该图层，右击，选择“清除图层样式”，使正圆还原到未被描边前的效果，如图07所示。

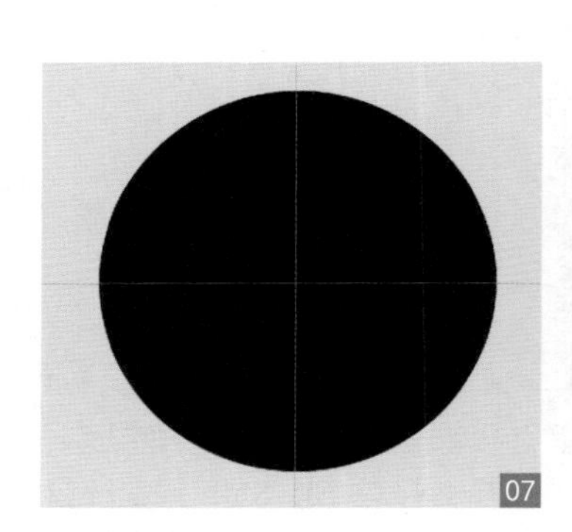

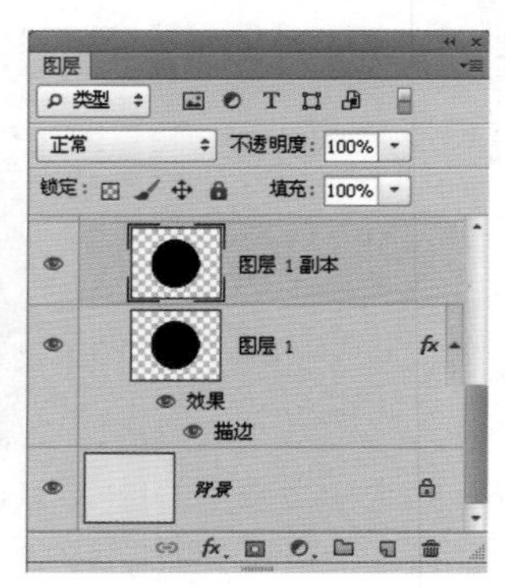

06 ▶ 等比例缩小正圆 按下快捷键 Ctrl+Shift，在正圆四周出现可调节的控制点，按住 Alt+Delete 键等比例缩小正圆，完成后，按下 Enter 键确认操作。

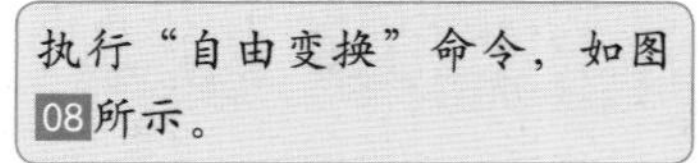

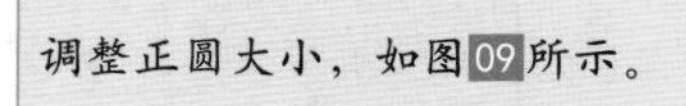

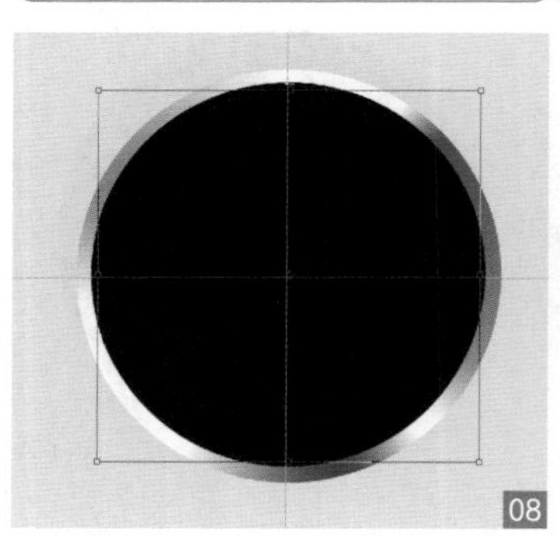

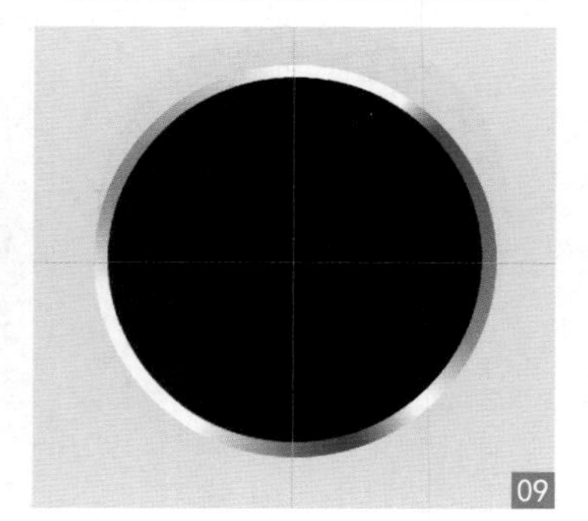

07 ▶ 再次复制正圆，进行缩小 再次将正圆进行复制，然后使用同样的方法进行等比例缩小，如图10所示。

10

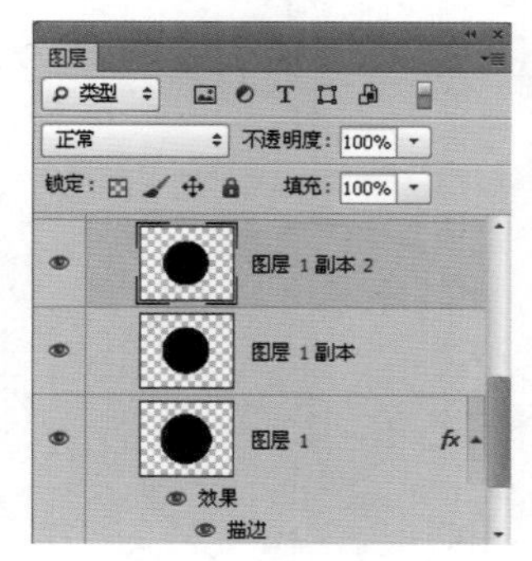

Tips:

在这一步中出现的选区，只是为了方便读者观看等比例缩小的范围，因为复制后的椭圆也是黑色，读者很难发现到底缩小了多少。

08 ▶ 打开金属质感素材 按下快捷键 Ctrl+O，在弹出的“打开”对话框中选择素材，将其打开，按住 Alt 键的同时双击“背景”素材将其解锁，如图11所示。

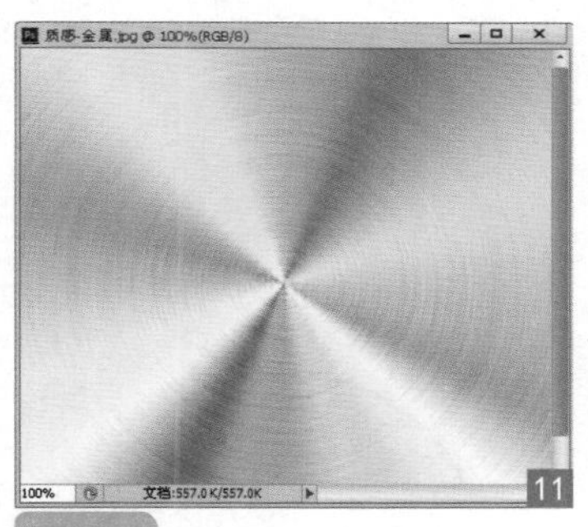
11

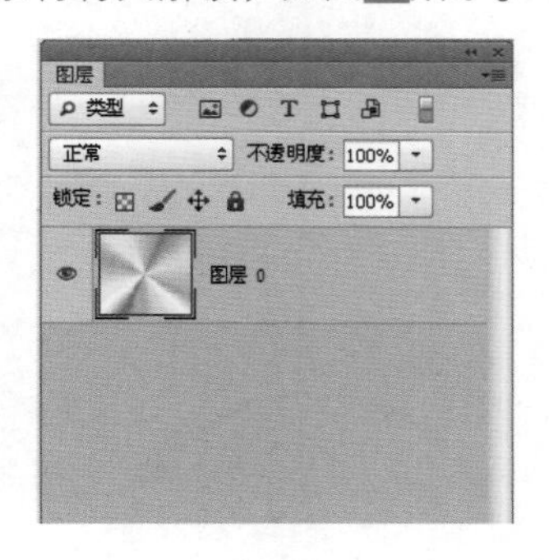

Tips:

“背景”图层永远在“图层”面板的最底层，不能调整顺序，并且不能设置不透明度、混合模式、添加效果等。要进行这些操作，需要将“背景”图层进行解锁。

09 ▶ 调整大小 使用“移动工具”，将素材拖曳到当前绘制的文档中，按下快捷键 Ctrl+T，改变素材的大小，调整大小至可将黑色正圆遮挡住即可，选择“图层 2”图层，右击，选择“创建剪贴蒙版”，使金属图像限制在刚才绘制的正圆中。

用椭圆工具绘制正圆，如图12所示。

调整素材的大小，如图13所示。

创建剪贴蒙版，如图14所示。

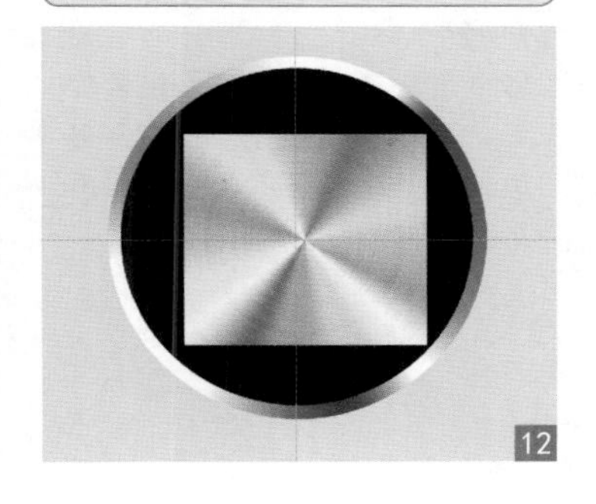
12

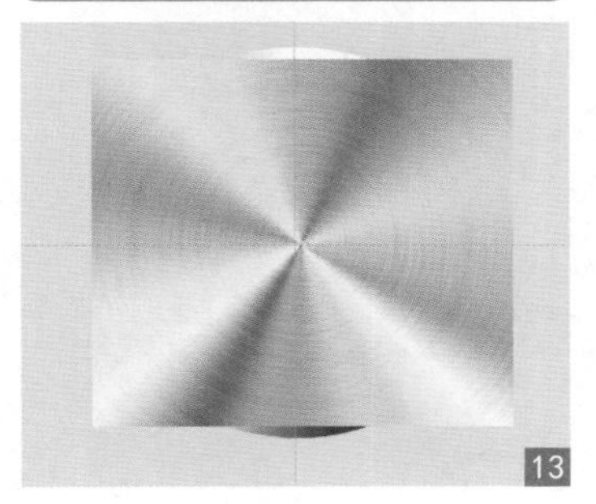
13

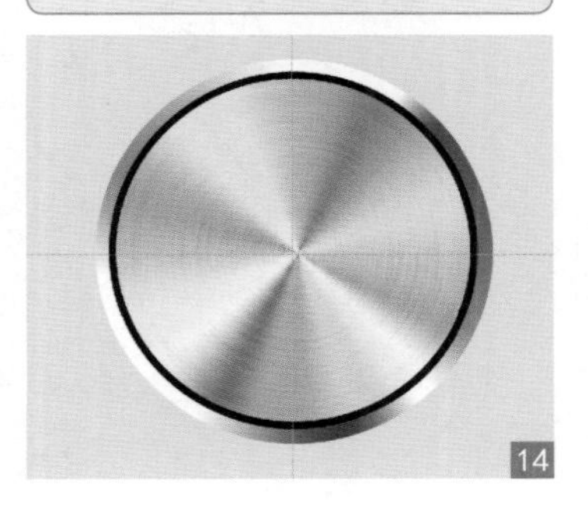
14

10 ▶ 绘制正圆，复制选区 选择“椭圆选框工具”，在中心点的位置单击，按住 Alt+Shift 键绘制正圆，此次正圆绘制的范围与金属素材大小相同，按下快捷键 Ctrl+J，复制选区，得到“图层 3”图层。

绘制选区，如图 15 所示。

复制选区，如图 16 所示。

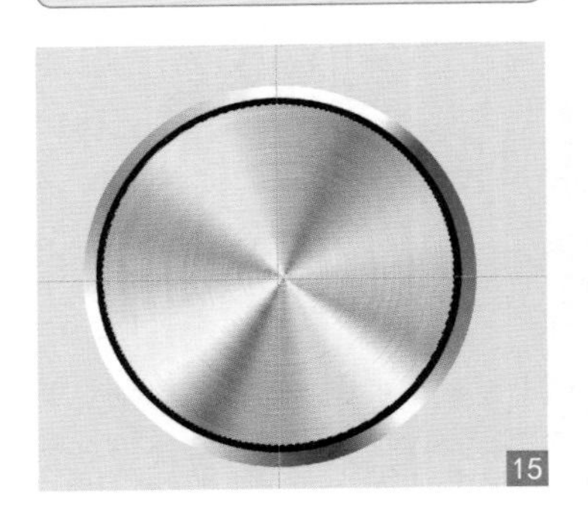

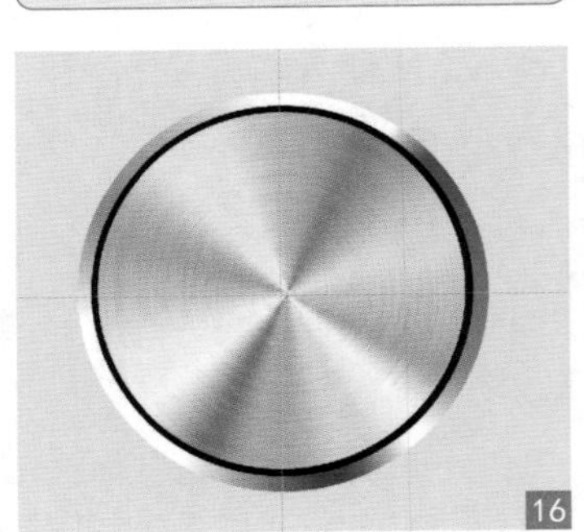

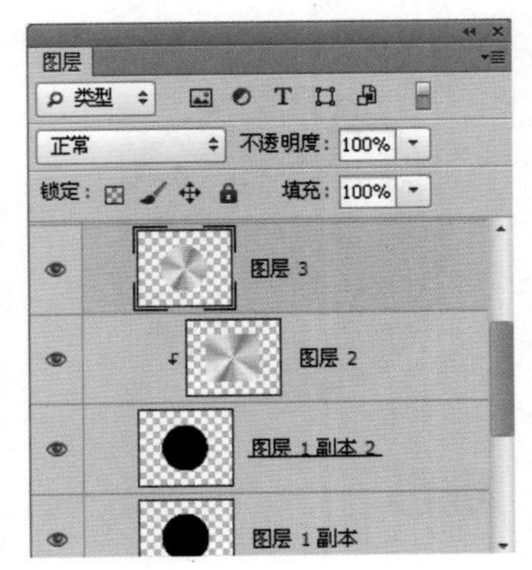

11 ▶ 添加效果 打开“图层 3”→“图层样式”对话框，选择“描边”“投影”选项设置参数，为金属添加效果，使用“椭圆选框工具”绘制正圆，填充淡蓝色。

选择“描边”选项，大小 16 像素，位置为内部，填充类型为渐变，渐变条的设置与第 04 步一样，样式角度为 42°，如图 17 所示。

选择“投影”选项，距离为 22 像素，大小为 27 像素，如图 18 所示。

设置前景色为 R:43；G:233；B:222，如图 19 所示。

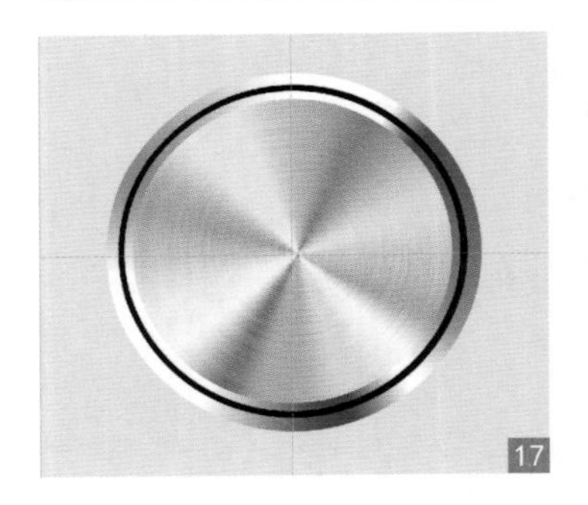

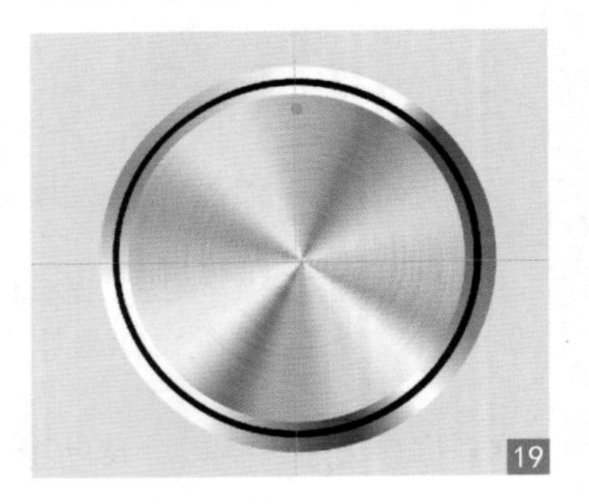

12 ▶ 绘制路径 选择工具箱中的“椭圆工具”，在选项栏中选择“路径”选项，绘制以中心点出发的正圆路径。设置前景色为黑色，选择“画笔工具”，按下 F5 键，打开“画笔”面板，设置相应参数，如图 20、21 所示。

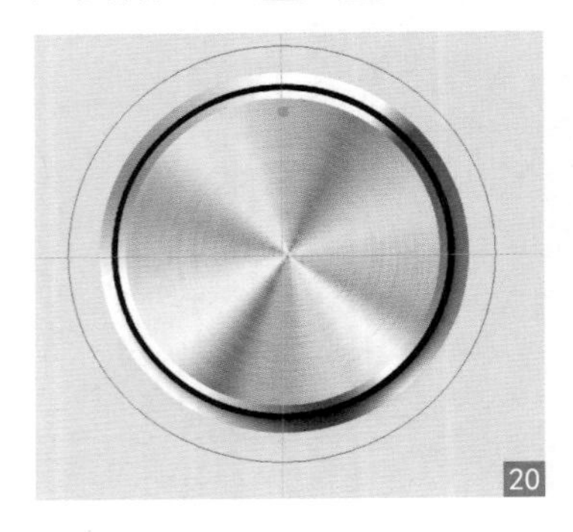

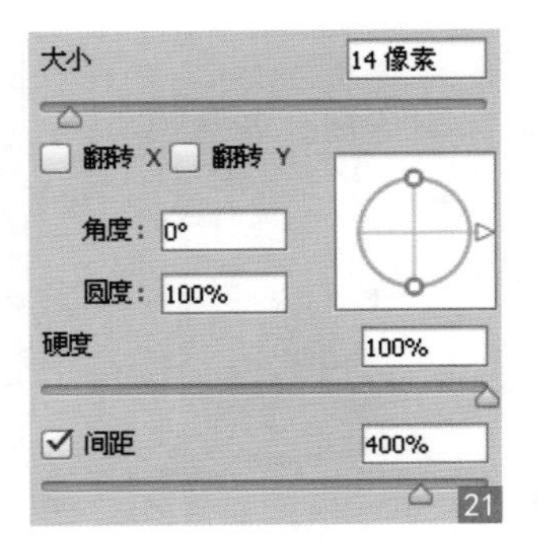

Tips:

路径是矢量对象，它不包含像素，因此，没有进行填充或者描边处理的路径是不能被打印出来的。

13 ▶ 描边路径 新建“图层 5”图层，执行“窗口”→“路径”命令，打开“路径”面板，在“工作路径”图层上右击，选择“描边路径”，打开“描边路径”对话框，选择工具为画笔，单击“确定”按钮，为路径进行描边，如图22～24所示。

22

23

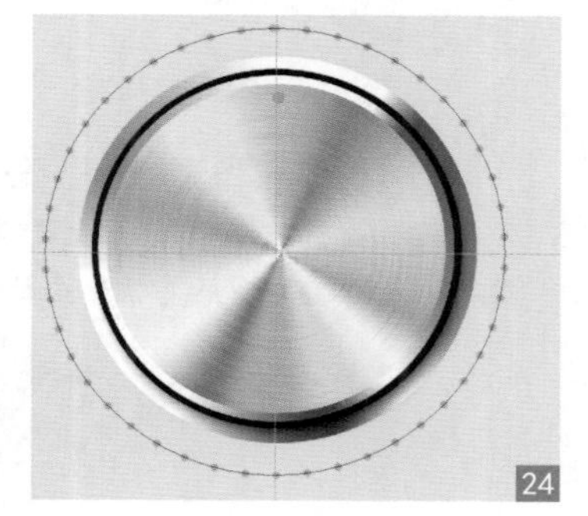
24

Tips:

做到这一步也许有些读者会疑惑，为何自己绘制出来的原点是黑色或其他颜色呢？这就与前景色的颜色有关了，那么我们在执行“描边路径”之前，就要先确定前景色的色调。

14 ▶ 删除路径 选择“橡皮擦工具”，在进行描边后的路径下方进行涂抹，将下方的原点擦掉，然后在“工作路径”图层上右击，选择“删除路径”，将路径删除。

擦掉多余原点，如图25所示。

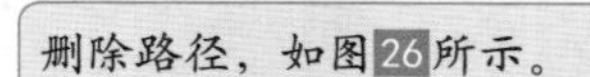

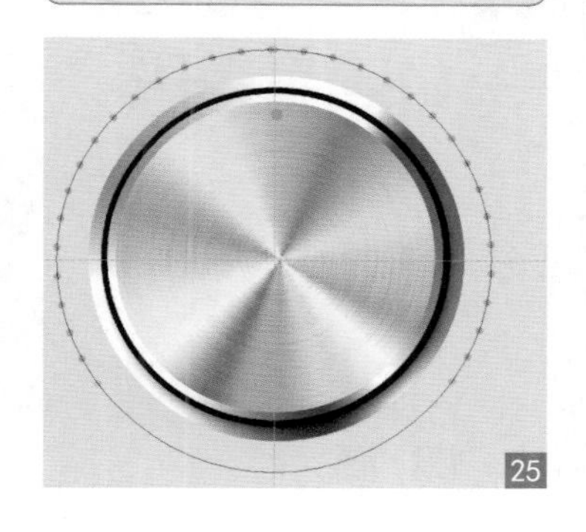
25

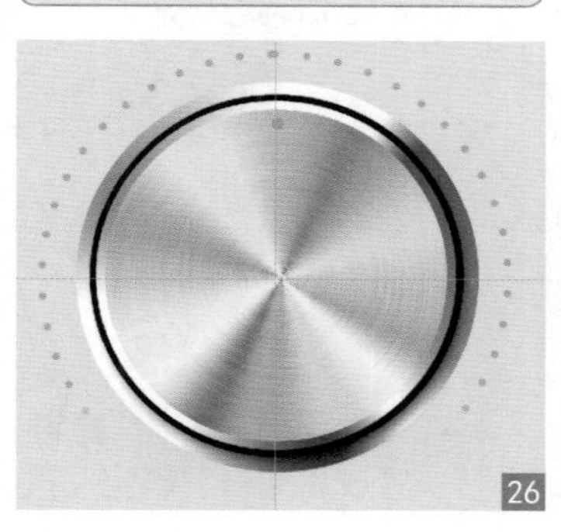
26

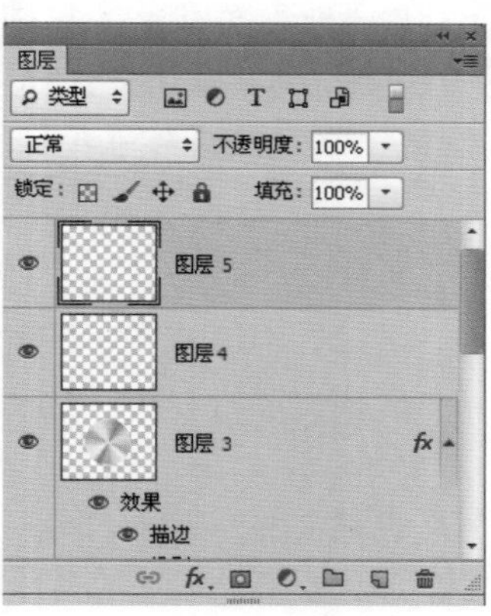

15 ▶ 添加外发光效果 选择“图层 4”图层，打开该图层“图层样式”对话框，选择“外发光”，设置混合模式为“正常”，不透明度设置为 19%，设置颜色为 R:33；G:255；B:231，大小为 29 像素，为蓝色圆点添加外发光效果，完成金属的制作，如图27所示。

Tips:

“外发光”效果可以沿着图层内容的边缘向外创建发光效果，其设置面板中“等高线”“消除锯齿”“范围”和“抖动”等选项与“投影”样式相应选项的作用相同。

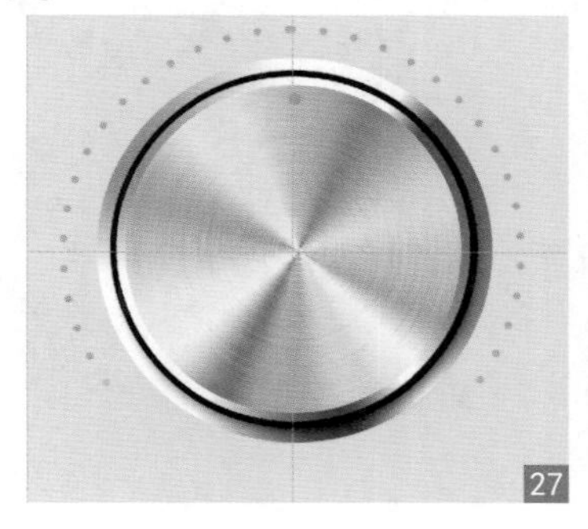
27

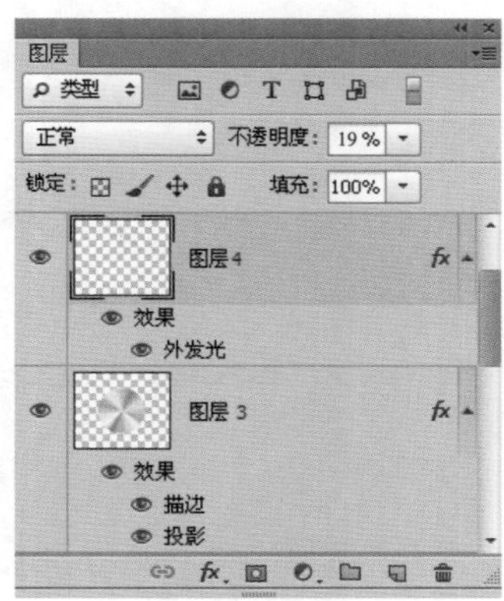

5.3 磨砂玻璃质感

Version：CS4 CS5 CS6 CC

Keyword：圆角矩形工具、路径转换选区、横版文字工具、图层样式

磨砂玻璃质感被广泛应用于设计中，可以说是设计领域的宠儿，这不仅是因为磨砂玻璃看上去非常朦胧，半透明的质感非常适合作背景，还因为玻璃的雾化效果会轻松地营造出清新、唯美的感觉。

设计构思

本例先使用木质底纹素材作背景，再搭配雾化磨砂的玻璃，给人传达出一种干净利落的氛围，恰到好处的高光和阴影搭配使得画面十分逼真、写实，如右图所示。

01 ▶ 新建文件 执行“文件”→“新建”命令，或按下快捷键 Ctrl+N，打开“新建”对话框，创建大小为 1467 像素 × 1250 像素的文档，完成后单击“确定”按钮，如图01、02所示。

01

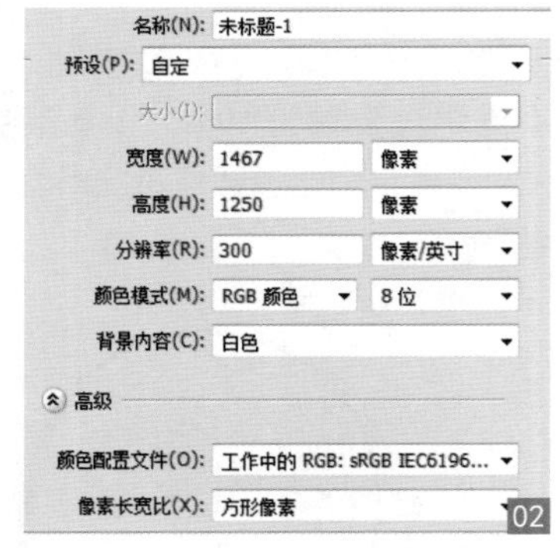

02

02 ▶ 导入素材 执行“文件”→“打开”命令，在弹出的“打开”对话框中选择下载的对应素材文件并将其打开，拖入到场景中，如图03、04所示 。

03

04

03 ▶ 绘制选区 单击工具箱中的“圆角矩形工具”按钮，在选项栏中设置工作模式为“路径”，像素为 40，在页面上绘制路径，按下快捷键 Ctrl+Enter 将其转换为选区并新建一个阴影图层，如图05、06所示。

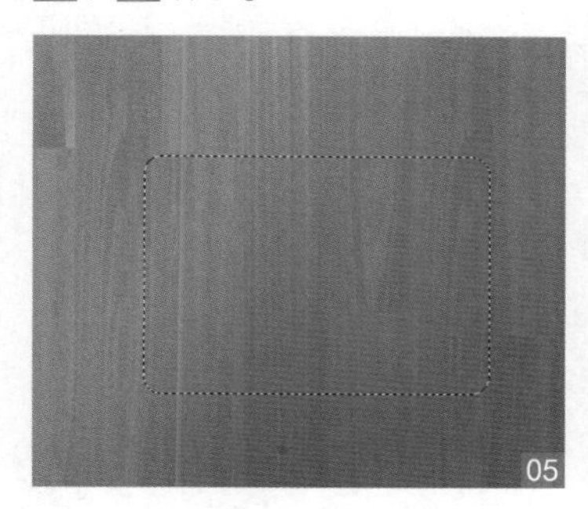
05

06

04 ▶ 绘制阴影 按下快捷键 Shift+F6，在弹出的“羽化选区”对话框中设置羽化半径为 15 像素，单击工具箱中的“渐变工具”按钮，在选项栏中选择“径向渐变”，单击“点按可编辑渐变”按钮，在弹出的对话框中设置渐变颜色，在选区内拖曳填充颜色，如图07~09所示。

07

08

09

05 ▶ 添加图层蒙版 单击“图层面板”下方的“添加图层蒙版”按钮，为其添加蒙版，单击工具箱中的“画笔”按钮，在选项栏中设置相应参数，在页面上进行涂抹将图像部分隐藏，如图10～12所示。

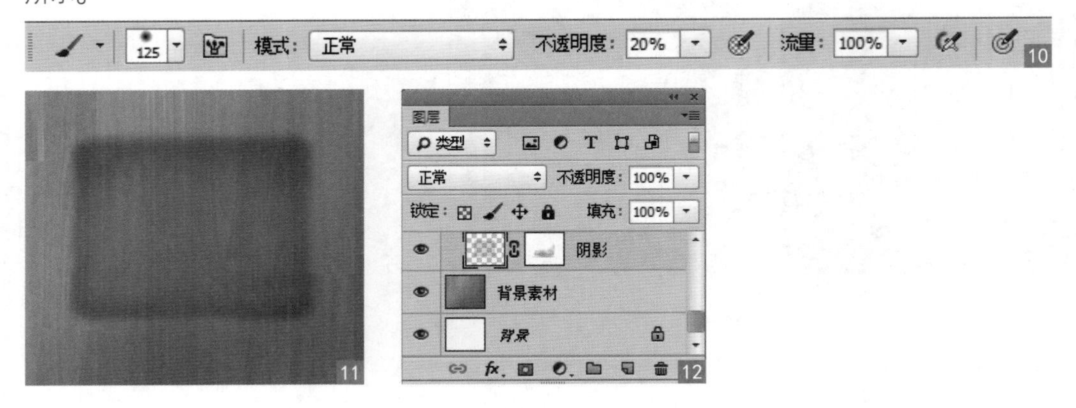

06 ▶ 绘制圆角矩形 单击工具箱中的“圆角矩形工具”按钮，设置工作模式为“形状”，在页面上绘制形状。在“图层面板”中设置填充为 0%，并双击该图层，在弹出的“图层样式”对话框中分别选择“描边”“颜色叠加”，设置相应的参数，为其添加效果，如图13～15所示。

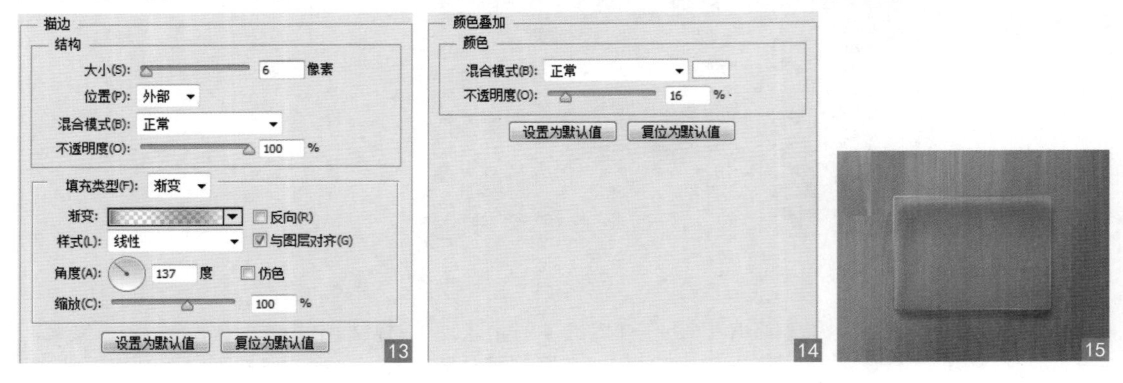

07 ▶ 复制形状 复制“形状 1”图层为“形状 1 拷贝”图层，清除该图层的图层样式，再双击图层，在弹出的“图层样式”对话框中分别选择“描边”“投影”，设置相应参数，为其添加效果，如图16～18所示。

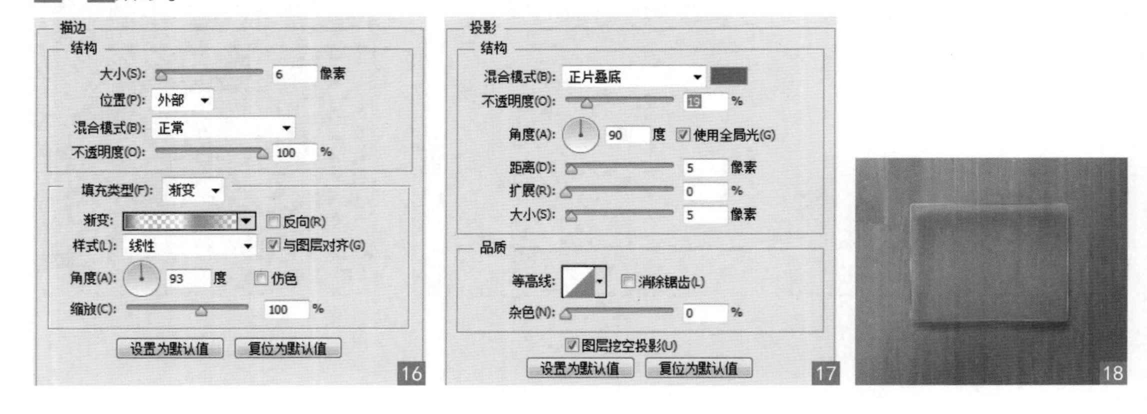

08 ▶ 绘制椭圆 单击工具箱中的“椭圆工具”按钮，在选项栏中选择工具模式为“形状”，按住Shift键在页面上绘制正圆，如图19、20所示。

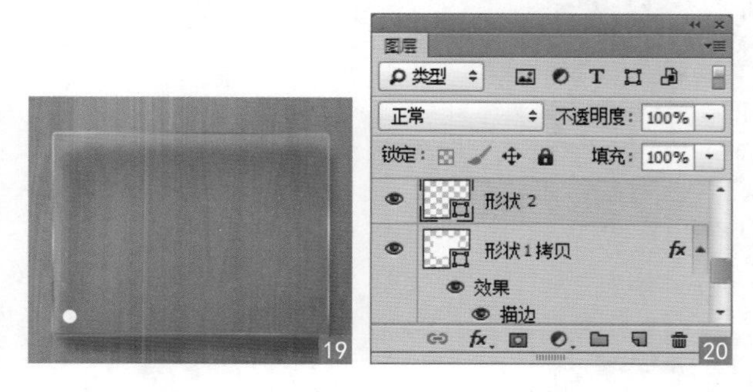

09 ▶ 添加渐变叠加 双击“形状 2”图层，在弹出的“图层样式”对话框中选择“渐变叠加”，设置相应参数，为其添加效果，如图21～23所示。

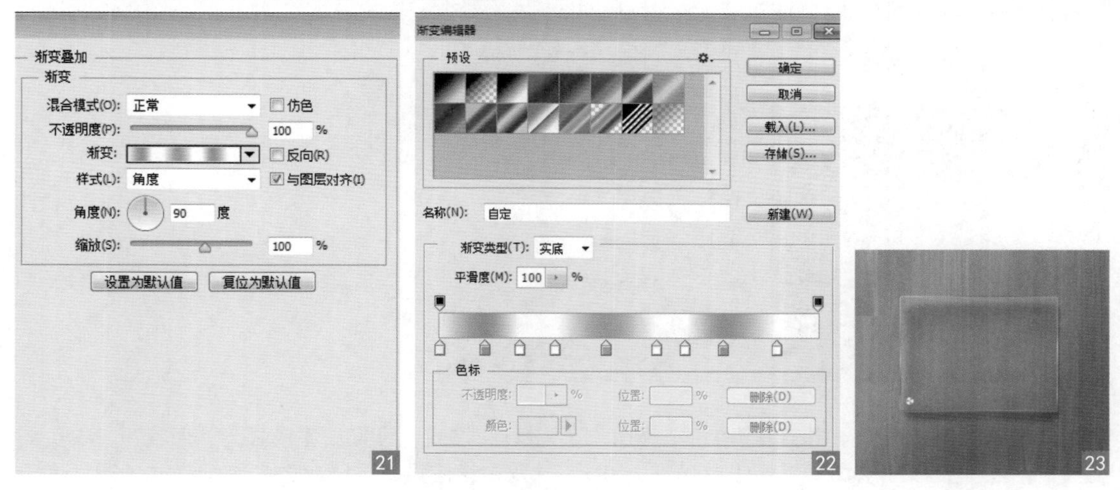

10 ▶ 添加斜面和浮雕 双击“形状 2”图层，在弹出的“图层样式”对话框中分别选择“斜面和浮雕”“阴影”“投影”，设置相应参数，为其添加效果，如图24～26所示。

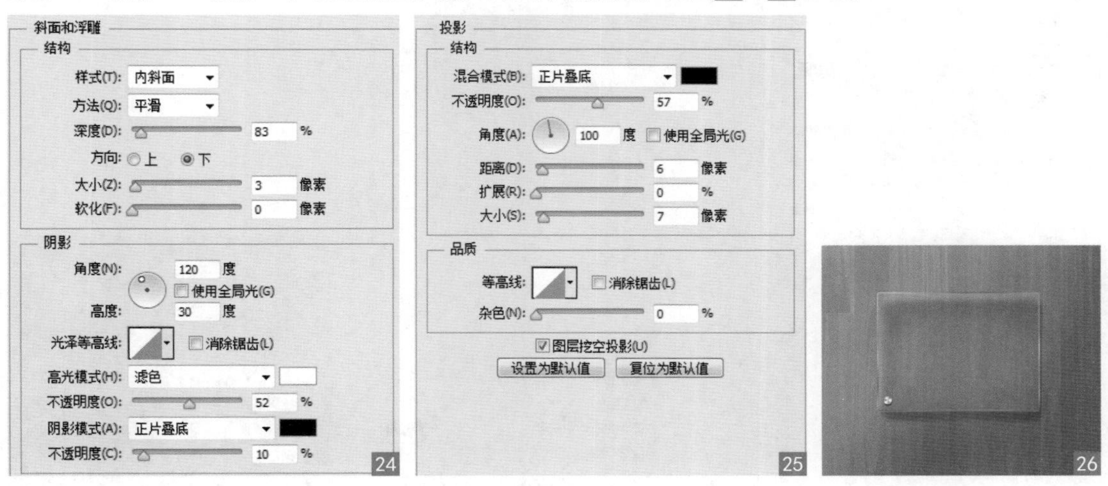

11 ▶ 复制形状 选择“形状 2”图层，连续 3 次按下快捷键 Ctrl+J，将图层复制 3 次，如图27、28所示。

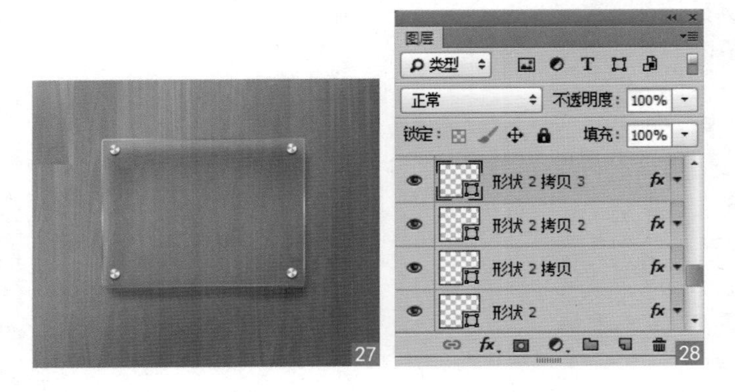

12 ▶ 导入素材 执行“文件”→“打开”命令，在打开的对话框中选择下载的对应素材文件并将其打开，拖入到场景中，如图29、30所示。

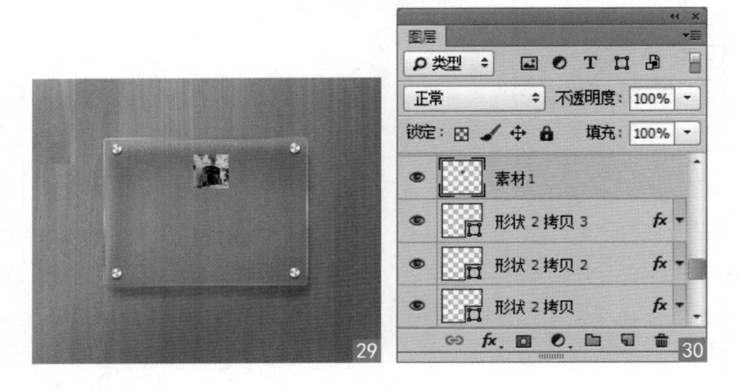

13 ▶ 绘制圆角矩形 单击工具箱中的“圆角矩形工具”按钮，设置工作模式为“形状”，在页面上绘制形状。在“图层面板”中设置填充为 0%，并双击该图层，在弹出的“图层样式”对话框中分别选择“内阴影”“颜色叠加”，设置相应参数，为其添加效果，如图31～33所示。

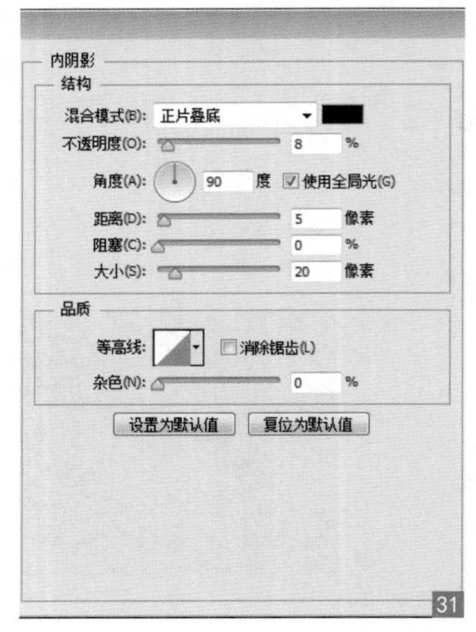

14 ▶ 添加外发光 双击“形状 3”图层，在弹出的“图层样式”对话框中分别选择“外发光”“投影”，设置相应参数，为其添加效果，如图34～36所示。

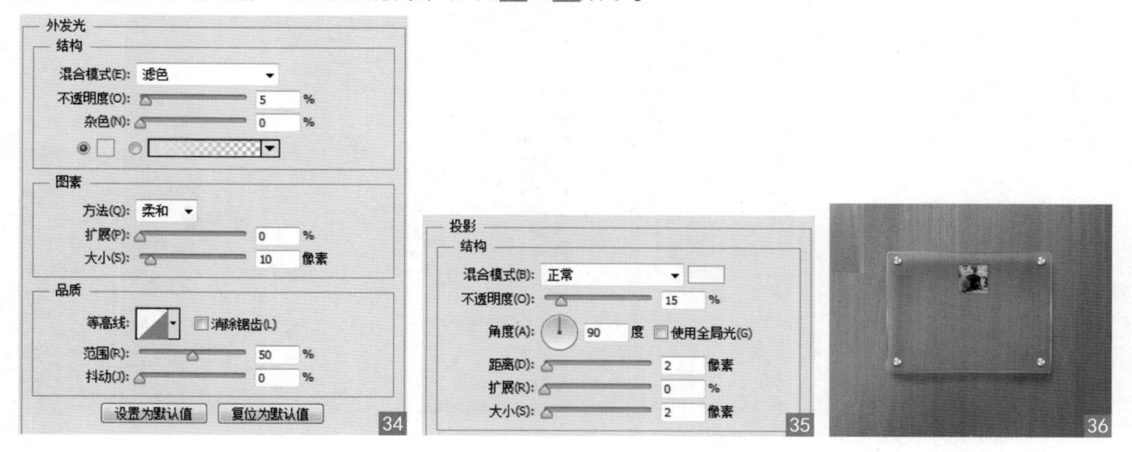

15 ▶ 绘制形状 单击工具箱中的“圆角矩形工具”按钮，设置工作模式为“形状”，在页面上绘制形状。在“图层面板”中设置填充为0%，并双击该图层，在弹出的“图层样式”对话框中分别选择“内阴影”“颜色叠加”，设置相应参数，为其添加效果，如图37～39所示。

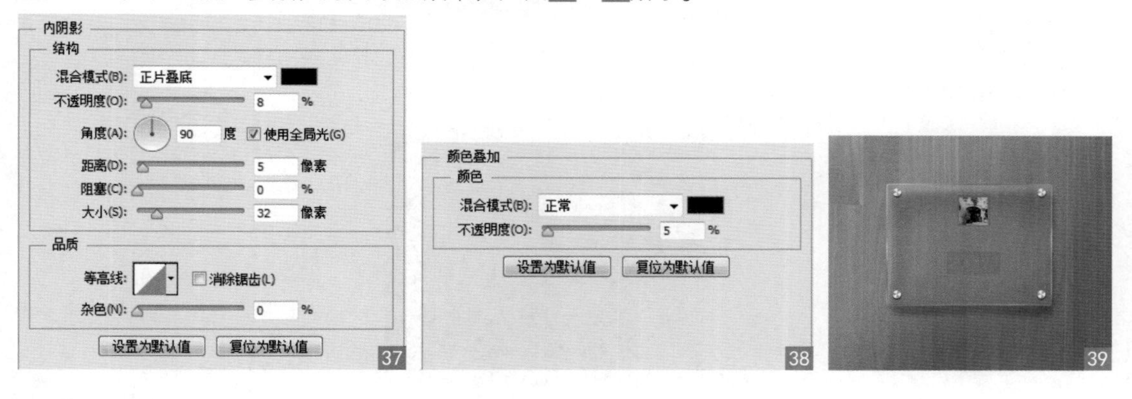

16 ▶ 添加图层样式 双击“形状 4”图层，在弹出的“图层样式”对话框中分别选择“外发光”“投影”，设置相应参数，为其添加效果，如图40～42所示。

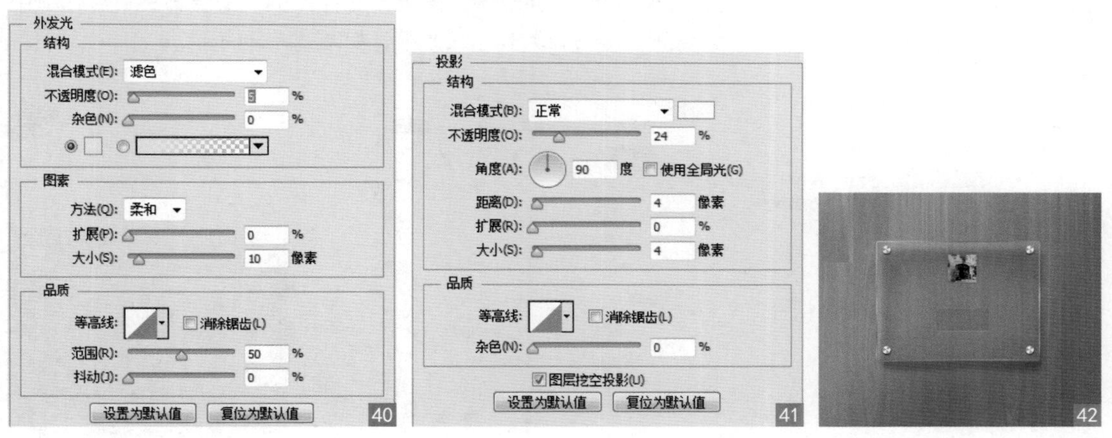

17 ▶ 绘制圆角矩形 单击工具箱中的“圆角矩形工具”按钮，设置工作模式为“形状”，在页面上绘制形状。在“图层面板”中设置填充为0%，并双击该图层，在弹出的“图层样式”对话框中分别选择“内阴影”“投影”，设置相应参数，为其添加效果，如图43～45所示。

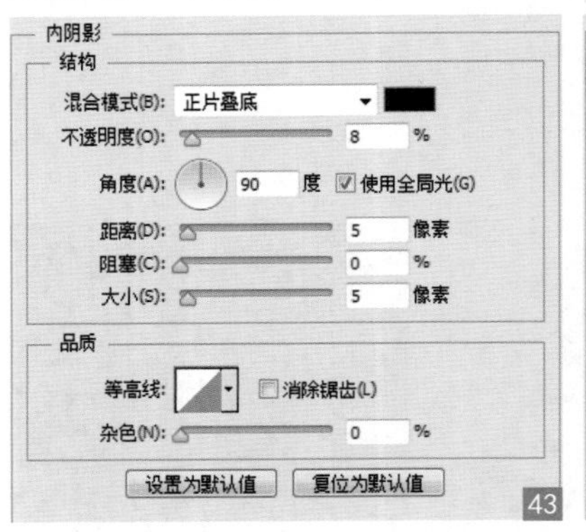

43

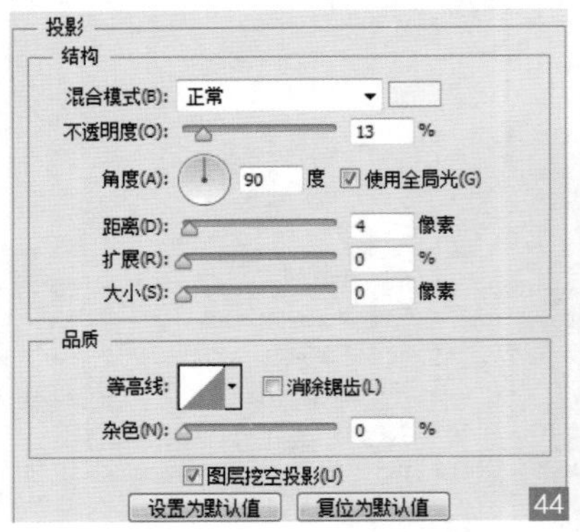

44

45

18 ▶ 添加外发光 双击“形状5”图层，在弹出的“图层样式”对话框中选择“外发光”，设置相应参数，为其添加效果，如图46、47所示。

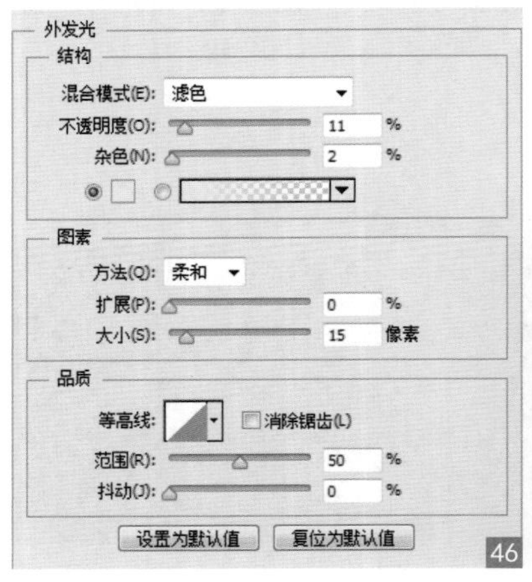

46

47

19 ▶ 绘制圆角矩形 单击工具箱中的“圆角矩形工具”按钮，设置工作模式为“形状”，在页面上绘制形状。在“图层面板”中设置填充为0%，并双击该图层，在弹出的“图层样式”对话框中分别选择“渐变叠加”“投影”，设置相应参数，为其添加效果，如图48～50所示。

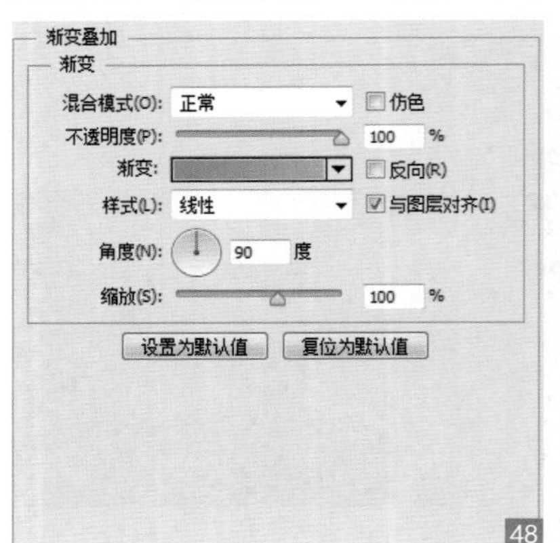

48

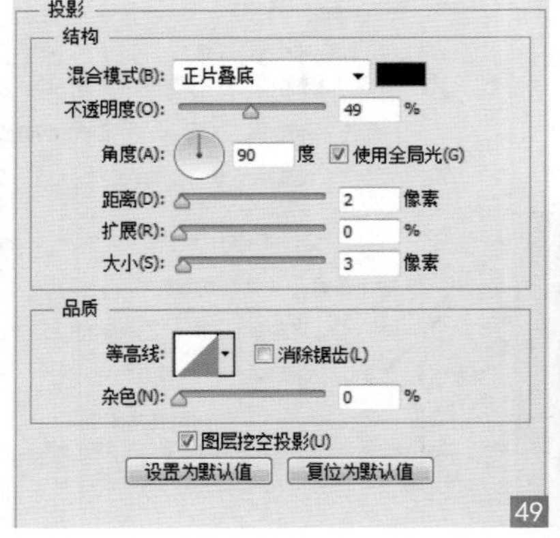

49

50

20 ▶ 绘制矩形 单击工具箱中的“矩形工具”按钮，设置工作模式为“形状”，在页面上绘制形状。在“图层面板”中设置填充为0%，并双击该图层，在弹出的“图层样式”对话框中分别选择“颜色叠加”“投影”，设置相应参数，为其添加效果，如图51～53所示。

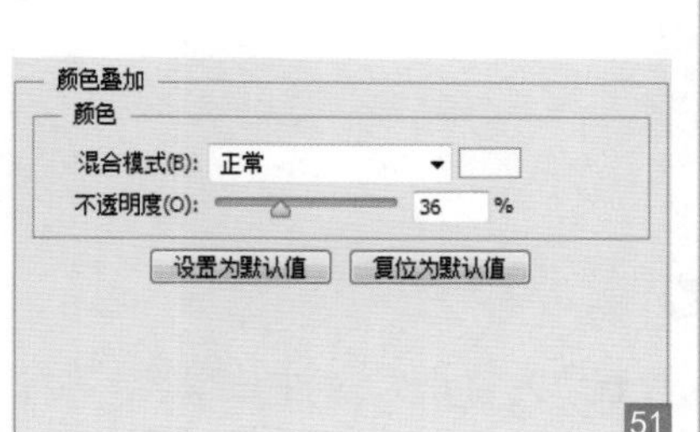

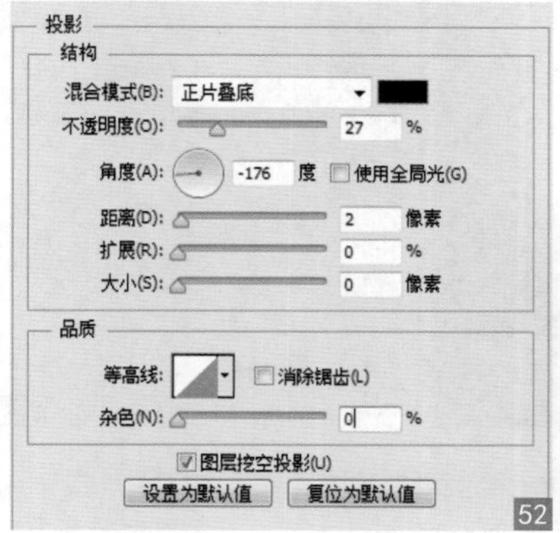

21 ▶ 添加文字 单击工具箱中的“文字工具”在“字符面板”中设置字体为“微软雅黑”，在页面中输入文字，如图54、55所示。

22 ▶ 添加投影 双击文字图层，在弹出的“图层样式”对话框中选择“颜色叠加”，设置“颜色叠加”参数，为文字添加效果，如图56、57所示。

23 ▸ 绘制高光　单击工具箱中的“钢笔工具”按钮，在页面中绘制封闭路径，按下快捷键Ctrl+Enter将其转换为选区，并新建一个图层为“高光 1”，为选区填充白色，如图58、59所示。

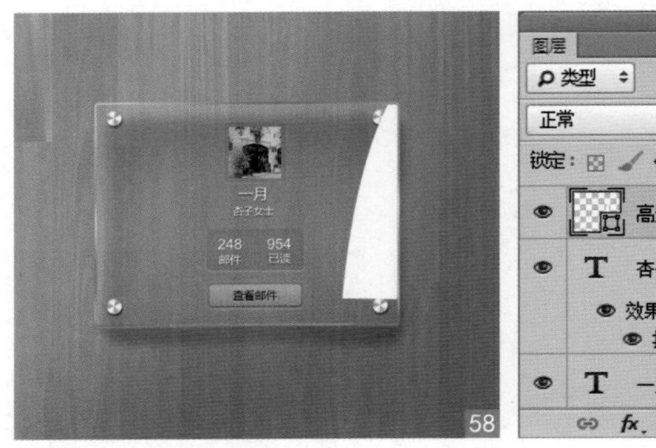

58

59

24 ▸ 添加渐变叠加　选择“高光 1”图层，在“图层面板”中设置填充为0%，双击该图层，在弹出的“图层样式”对话框中选择“渐变叠加”，设置相应参数，为其添加效果，如图60、61所示。

60

61

25 ▸ 绘制高光　单击工具箱中的“钢笔工具”按钮，在页面中绘制封闭路径，按下快捷键Ctrl+Enter将其转换为选区，并新建一个图层为“高光 2”，为选区填充白色，如图62、63所示。

62

63

26 ▸ 添加渐变叠加　选择“高光 2”图层，在“图层面板”中设置填充为0%，双击该图层，在弹出的“图层样式”对话框中选择“渐变叠加”，设置相应参数，为其添加效果，如图64、65所示。

64

65

5.4 光滑表面质感

Version：CS4 CS5 CS6 CC

Keyword：圆角矩形工具、图层样式

在本例中，我们将学习结合不同的工具来绘制手机的外形，大量运用图层的“图层样式”效果来为形状添加效果，使手机表现出完美的立体感和质感。

设计构思

黑色给人的感觉是神秘、沉默，而深蓝色给人的感觉是幽静、深远、冷郁，如右图所示。

01 ▶ 新建文档 执行“文件”→“新建”命令，或按下快捷键 Ctrl+N，打开“新建”对话框，设置大小为 960 像素 ×720 像素，分辨率为 72 像素，完成后单击“确定”按钮，新建一个空白文档，如图01所示。

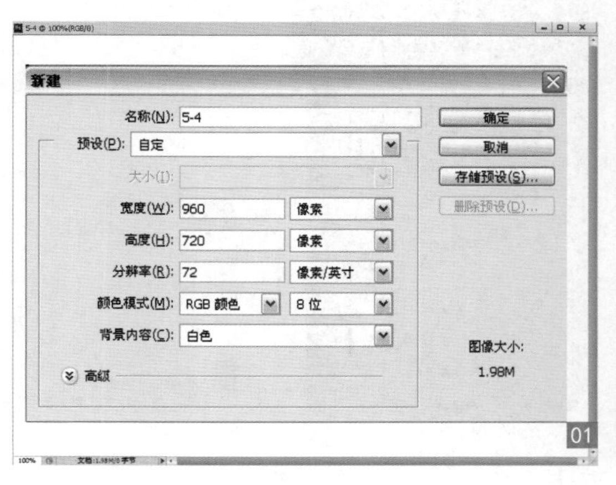

01

02 ▶ 绘制基本形 选择“圆角矩形工具”，在选项栏中设置填充为黑色，半径为 40 像素，在图像上拖曳并绘制基本形，如图02所示。

02

03 ▶ **复制图层** 将“圆角矩形 1”图层进行复制，得到“圆角矩形 1 副本”图层，按下快捷键 Ctrl+T，按住快捷键 Alt+Shift 从中心向内等比缩小形状，按下 Enter 键确认操作，如图03所示。

03

04 ▶ **绘制手机屏幕和添加内阴影效果** 设置前景色为 R:116；G:116；B:116，选择“矩形工具”，在图像上绘制矩形，为其添加“内阴影”图层样式效果。

绘制手机屏幕，如图04所示。

04

选择“内阴影”，设置不透明度为 57%，阻塞为 5%，大小为 24 像素，如图05所示。

05

05 ▶ **绘制开关键和复制图层** 设置前景色为 R:32；G:32；B:32；选择“椭圆工具”，按住 Shift 键绘制正圆。将该图层进行复制，将椭圆的颜色改为黑色，按住键盘上↓键，移动椭圆的位置。

绘制开关键，如图06所示。

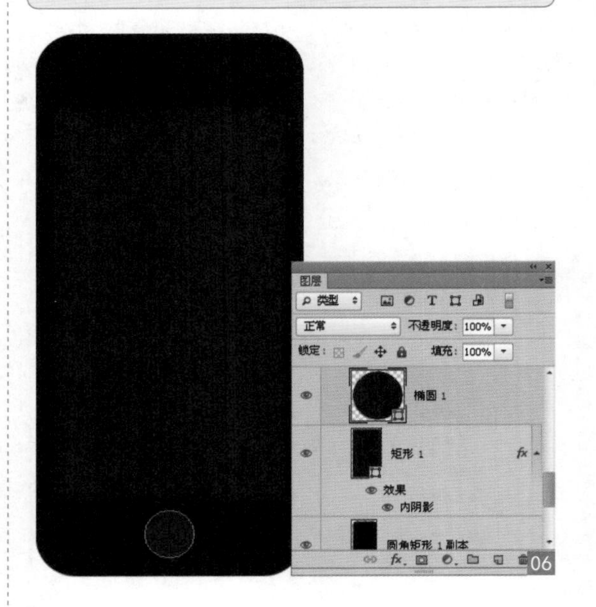

06

复制图层，移动位置，如图07所示。

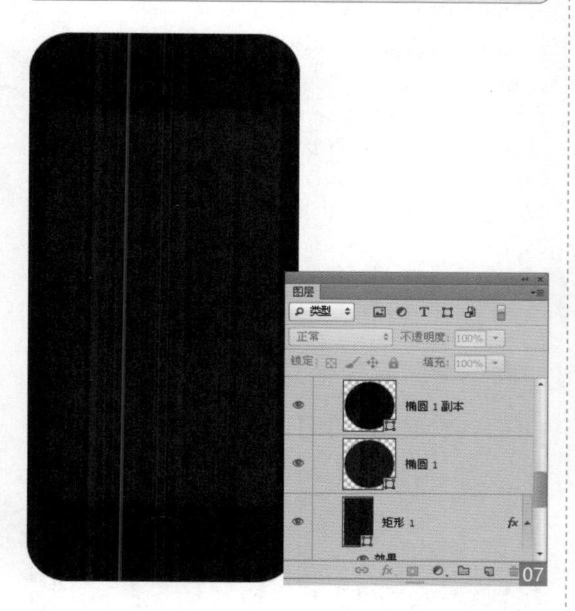

07

06 ▶ 绘制路径 选择“钢笔工具”，在选项栏中选择“路径”，在开关键上面绘制路径，如图08所示。

08

07 ▶ 为选区填充渐变 将路径转换为选区，新建“图层1”图层，填充黑色，打开“图层样式”对话框，选择“渐变叠加”，设置渐变条，从左到右依次为R:108; G:110; B:116，R:28; G:31; B:37，角度为143°，为其添加效果，如图09所示。

09

08 ▶ 描边形状 使用同样的方法绘制形状，打开“图层样式”对话框，选择“描边”，设置大小为2像素，位置为内部，填充颜色为渐变，设置渐变条，从左到右依次为R:155; G:155; B:160，R:79; G:84; B:89，角度为-34°，为其添加描边效果，如图10所示。

10

09 ▶ 绘制高光 选择“钢笔工具”绘制选区，新建图层，填充颜色，为其添加“渐变叠加”选项，设置渐变条，从左到右依次为R:218; G:218; B:218，R:26; G:26; B:26，角度为-82°，完成后减小该图层不透明度，如图11所示。

Tips:

将手机正面绘制完成后，可以单击“图层”面板下方的“创建组”按钮，新建一个组，重新命名组名称，然后将手机正面用到的图层拖动到组中，这样做便于管理图层。

10 ▶ 绘制手机一些小的东西 我们可以根据自己的需要选择工具，圆形就选择“椭圆选框工具”，方形就选择“矩形选框工具”，不规则的形状就选择“钢笔工具”进行绘制，最后新建图层，填充颜色，添加“图层样式”效果即可，如图12所示。

❶ 内部椭圆：选择“描边”，设置大小为1像素，位置为内部，颜色为R:31；G:31；B:31

选择“渐变叠加”，设置渐变条

R:43 G:43 B:43　　R:48 G:48 B:48

❷ 圆形：选择“渐变叠加”，设置渐变条

R:47 G:47 B:47　　R:21 G:21 B:21

❸ 外部椭圆：选择“渐变叠加”，设置渐变条，角度为127°

R:59 G:61 B:64　　R:17 G:17 B:17

11 ▶ 制作按钮 选择“矩形选框工具”绘制矩形，新建图层，填充颜色，在弹出的“图层样式”对话框中分别选择“渐变叠加”“内发光”，设置相应参数，为其添加效果。

矩形选框工具绘制矩形选区，如图13所示。
选择“渐变叠加”，设置渐变条，从左到右依次为R:0；G:0；B:0，R:145；G:145；B:145，R:0；G:0；B:0，如图14所示。

选择“内发光”，设置不透明度为60%，颜色为白色，源为边缘，大小为5像素，如图15所示。

12▶ **复制按钮** 选择该图层，将其移动到“图层”面板中的最下方，将该图层复制3次，移动位置，必要时可执行“自由变换”命令进行90°旋转，放置到合适的位置。

复制图层3次，移动位置，如图16所示。
执行“自由变换”命令，调整角度，如图17所示。

16 17

13▶ **制作反光** 选择“圆角矩形1”图层，再次新建图层，设置前景色为R:147; G:156; B:166，选择“画笔工具”，在手机的四个角的地方进行涂抹，添加反光，如图18所示。

18

14▶ **制作手机背面** 跟制作正面一样，选择“圆角矩形工具”，在图像上绘制手机外壳，然后复制正面的反光图层，移动到背面中，复制“圆角矩形2”图层，将其缩小，为其添加“外发光”图层样式效果。

绘制手机背面外壳，如图19所示。
复制反光图层，移动位置，如图20所示。

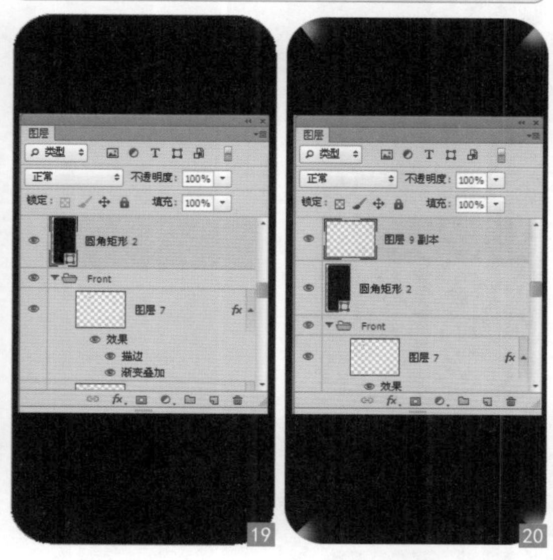

19 20

选择“外发光”，设置不透明度为42%，颜色为R:160; G:169; B:180，大小为5像素，如图21所示。

21

15 ▶ 绘制矩形 选择“矩形工具”，在图像上绘制矩形框，在“图层”面板中自动生成“矩形 2”图层，在弹出的“图层样式”对话框中选择“渐变叠加”，设置相应参数，为矩形添加效果。

绘制矩形，如图22所示。

选择“渐变叠加”，设置渐变条，从左到右依次为 R:72; G:85; B:95，R:33; G:40; B:47，角度为 -90°，如图23所示。

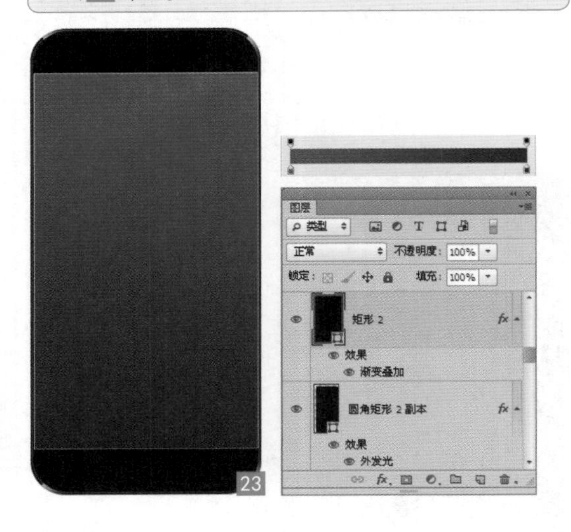

Tips:

在“图层”面板中，效果名称前面的眼睛图标用来控制效果的可见性，如果要隐藏一个效果，可以单击该效果名称前的眼睛图标；如果要隐藏一个图层中的所有效果，可单击该图层“效果”前的眼睛图标。隐藏效果后，在原眼睛图标处单击，可以重新显示效果。

16 ▶ 绘制摄像头 这一步是绘制手机摄像头图标，使用“椭圆工具”绘制一个正圆，然后为其添加“图层样式”效果，增强摄像头立体质感。

绘制前景色为 R:170；G:175；B:180 的正圆，选择“描边”，设置大小为 3 像素，位置为内部，填充类型为渐变，设置渐变条，从左到右依次为 R:139；G:159；B:181，R:25；G:33；B:38，R:103；G:118; B:135，R:23; G:32; B:41，R:23; G:32; B:41，R:139；G:159；B:181，角度为 121°，选择“渐变叠加”，设置渐变条，从左到右依次为 R:39；G:42；B:44，R:10；G:8；B:5，角度为 141°，如图24所示。

绘制前景色为 R:92; G:101; B:113 的正圆。选择“渐变叠加”，设置渐变条，从左到右依次为 R:64；G:71；B:80，R:38；G:42；B:46。选择“投影”，距离为 1 像素，大小为 1 像素，如图25所示。

24 25

绘制前景色为R:20; G:25; B:31的正圆。选择“描边”，设置大小为1像素，填充类型为渐变，设置渐变条，从左到右依次为R:87; G:92; B:95, R:1; G:1; B:1，角度为135°。选择“渐变叠加”，设置渐变条，从左到右依次为R:16; G:48; B:89, R:22; G:38; B:65，角度为122°，如图26所示。设置前景色为R:11; G:137; B:201，新建图层，使用虚边的“画笔工具”涂抹，如图27所示。

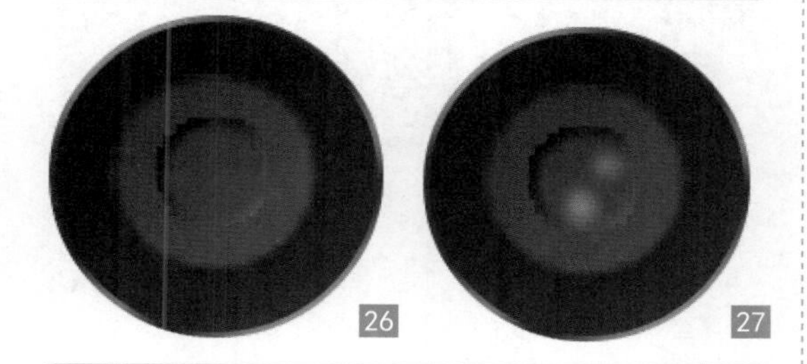

26 27

设置前景色为R:31; G:31; B:31，使用“圆角矩形工具”，设置半径为10像素进行绘制，如图28所示。

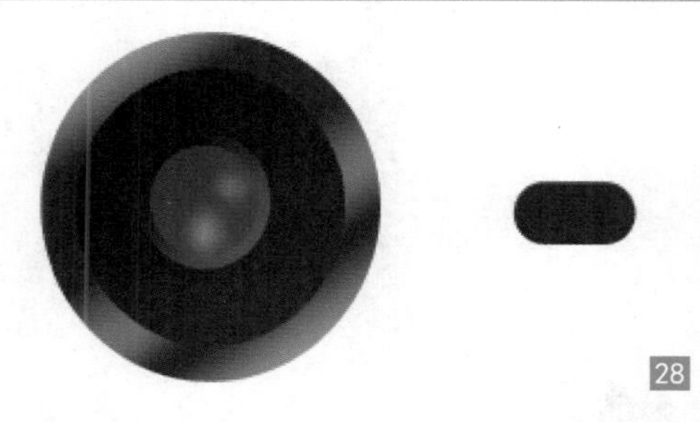

28

17 ▶ **制作苹果手机标志**　这一步主要是制作苹果手机标志，使用“钢笔工具”和“渐变工具”进行绘制。

设置前景色为R:20; G:25; B:31，使用“钢笔工具”绘制苹果标志，如图29所示。
用“钢笔工具”绘制苹果标志的右边，填充为渐变，设置渐变条，从左到右依次为R:193; G:196; B:201，R:138; G:147; B:155，如图30所示。

29 30

Tips:

选择“渐变工具”后，在图像上方会出现“渐变工具”的选项栏，单击点按可编辑渐变按钮，会弹出“渐变编辑器”对话框，从中设置渐变条，完成后单击“确定”按钮，选择线性渐变图标，在图像上拉出渐变条，可为图像填充渐变。

18 ▶ **添加反光和文字**　设置前景色为R:147; G:152; B:156，使用“钢笔工具”绘制反光形状，选择“横排文字工具”，输入文字，在这里对文字的字体要求不大，选择自己认为合适的字体即可。

“钢笔工具”绘制反光，如图31所示。
“文字工具”添加文字，如图32所示。

31 32

19 ▶ 复制手机正面中的小按钮 将手机正面图层中的小按钮进行复制，移动到手机背面制作的过程中，使手机正面和背面对称，如图33所示。

33

20 ▶ 绘制话筒 这一步的制作非常简单，但也是很重要的，在制作手机的过程中，要考虑到各个组件，这一步主要是使用“椭圆工具”和“画笔工具”进行绘制。

设置前景色为R:132；G:132；B:127，使用椭圆工具绘制正圆，如图34所示。
设置前景色为R:184；G:186；B:162，使用椭圆工具绘制正圆，如图35所示。

34

35

设置前景色为R:115；G:115；B:115，使用画笔工具进行涂抹，如图36所示。
设置前景色为R:225；G:225；B:225，使用画笔工具进行绘制，如图37所示。

36

37

21 ▶ 完成效果 按下快捷键Ctrl+O，完成效果如图38、39所示。

38

39

5.5 皮革质感

Version：CS4 CS5 CS6 CC

Keyword：圆角矩形工具、图层样式

本例主要是运用“图层样式”效果制作逼真的皮革效果，然后使用工具箱中的工具来制作图案，分别将不同的图案效果进行分组。

设计构思

皮革给人以高贵、野性的感觉，选用黄色给人光辉、高贵的感觉，选用灰色给人阴暗、野性的感觉，如下图所示。

01 ▶ 新建文档 执行“文件”→“新建”命令，或按下快捷键 Ctrl+N，打开“新建”对话框，设置大小为 680 像素 ×400 像素，分辨率为 72 像素，完成后单击“确定”按钮，新建一个空白文档，如图01所示。

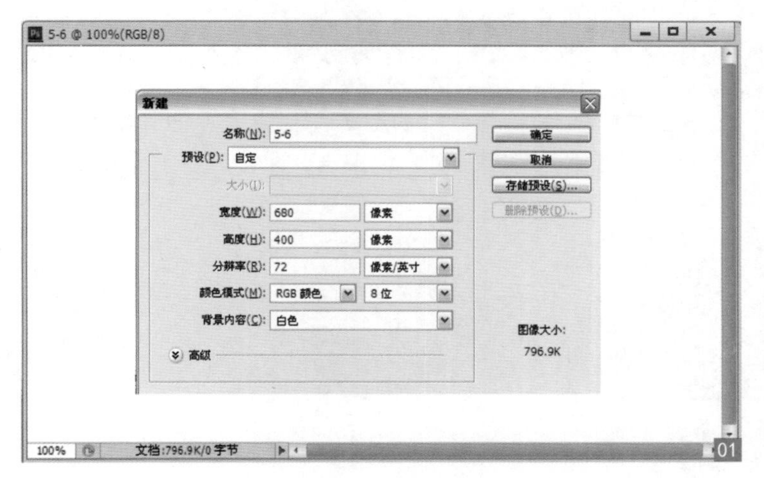

01

02 ▶ 填充背景色 设置前景色为“浅灰色”，按下快捷键 Alt+Delete 为背景填充前景色，如图02所示。

02

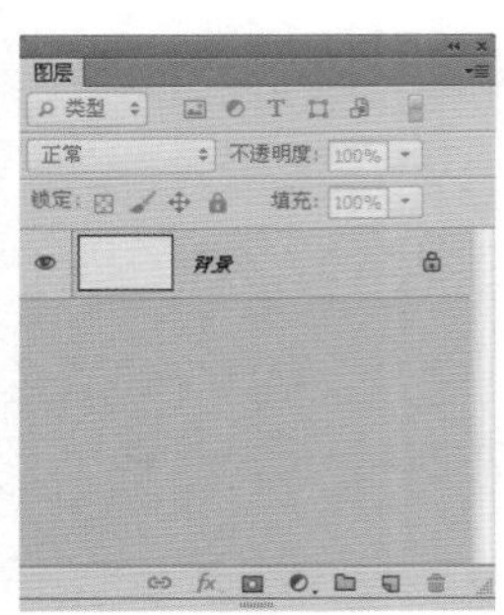

Tips:

在创建新文档之前，我们就可以将需要填充的背景色设置好，然后在“新建”对话框中的“背景内容”下选择“背景色”，即可将工具箱中的背景色设置为文档的“背景”图层颜色。

03 ▶ 绘制皮革背景 选择“椭圆工具”，按住 Shift 键在图像上绘制正圆，打开该图层的“图层样式”对话框，选择“渐变叠加”“描边”“内阴影”“内发光”“投影”，设置相应参数，为正圆添加皮革效果。

使用“椭圆工具”绘制正圆，如图03所示。
选择“渐变叠加”，设置渐变条，从左到右依次为 R:210；G:181；B:130，R:230；G:208；B:170，如图04所示。
选择“描边”，设置大小为 1 像素，位置为内部，填充类型为渐变，设置渐变条从左到右依次为 R:208；G:176；B:131，R:187；G:147；B:89，R:227；G:204；B:168，如图05所示。

03

04

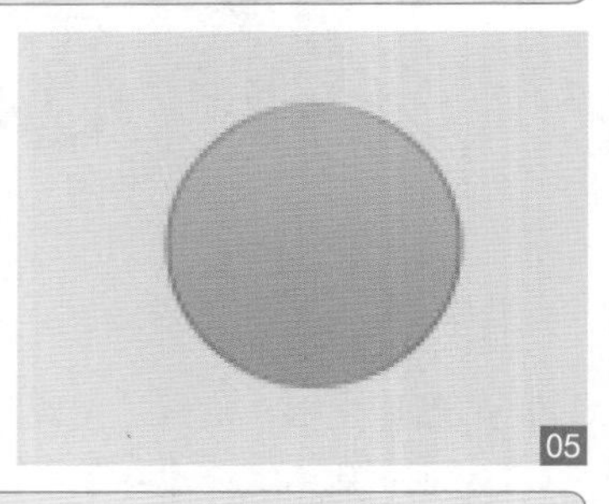
05

选择“内阴影”，设置混合模式为“叠加”，不透明度为 57%，角度为 90°，不勾选“使用全局光”，距离为 3 像素，阻塞为 34%，大小为 27 像素，如图06所示。
选择“内发光”，设置混合模式为“叠加”，不透明度为 74%，颜色为“白色”，源为“边缘”，阻塞为 30%，大小为 4 像素，如图07所示。
选择“投影”，设置混合模式为“正常”，不透明度为 50%，角度为 90°，不勾选“使用全局光”，距离为 1 像素，大小为 2 像素，如图08所示。

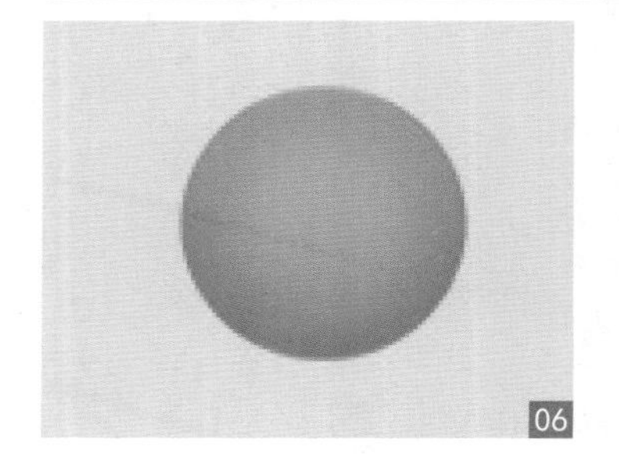
06

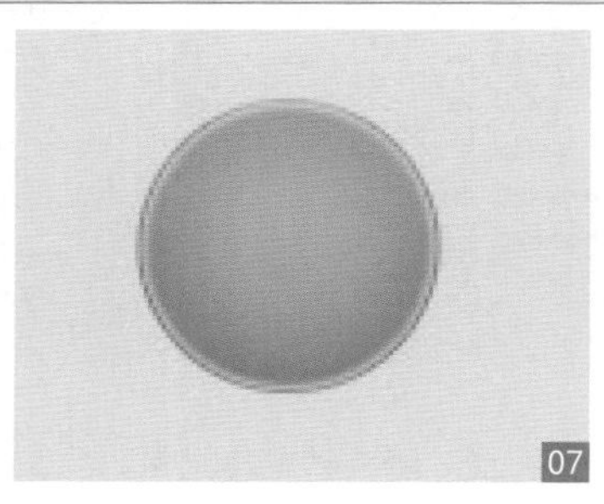
07

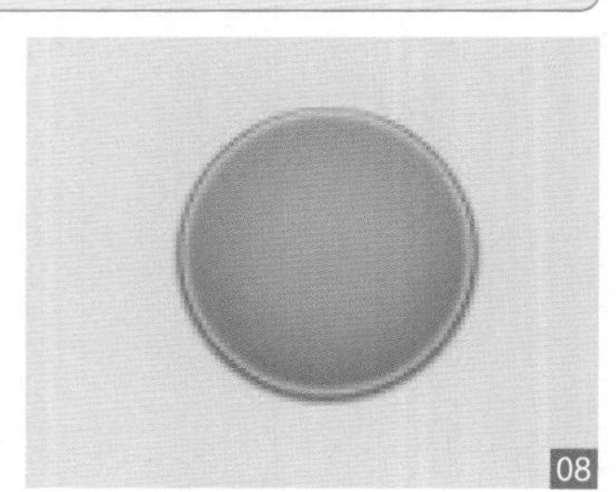
08

04 ▶ 复制图层 将“椭圆 1”图层进行复制得到“椭圆 1 副本”图层，将副本图层的填充降低为 0%，打开“图层样式”对话框，选择“图案叠加”，设置混合模式为“叠加”，图案黑色光亮纸（128 像素 ×128 像素），缩放为 50%，为皮革添加图案效果，如图09所示。

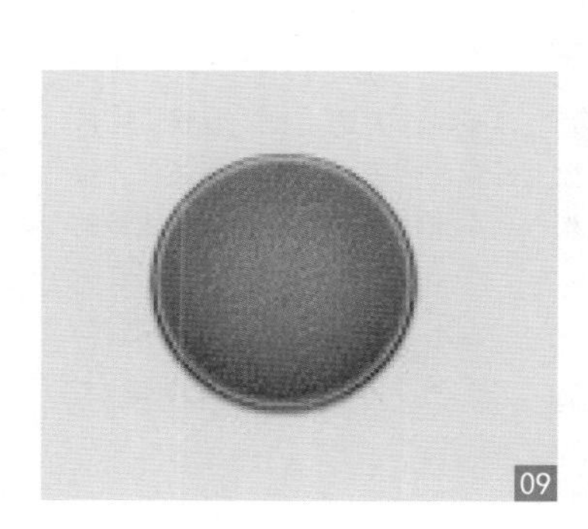
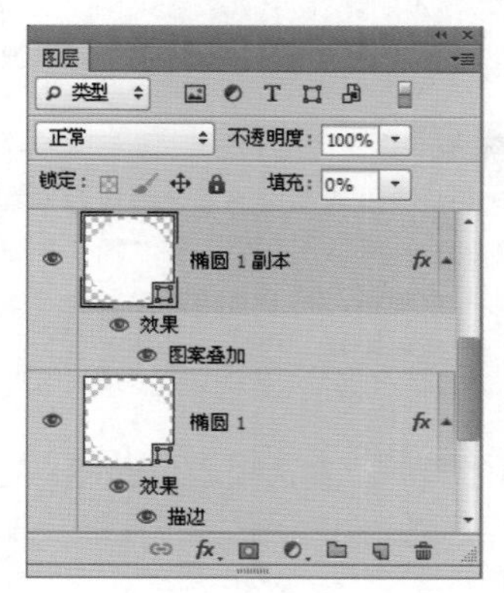

09

Tips:

复制图层有3种方法。

- 按住Alt键的同时拖动需要复制的图像到其他位置，可进行复制。
- 在“图层”面板中将需要复制的图层拖曳到“图层”面板下方的“创建新图层”按钮上，即可进行复制。
- 选择一个图层，执行“图层”→“复制图层”命令，在弹出的“复制图层”对话框中，单击“确定”按钮，可将该图层进行复制。

05 ▶ 绘制描边线段 选择“椭圆工具”，在选项栏中设置相应参数，然后在图像上绘制圆形线段，如图10所示。

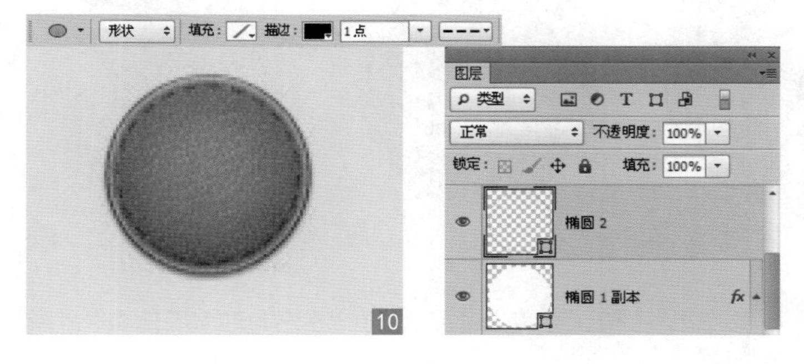

10

06 ▶ 改变混合模式 选择“椭圆 2”图层，将该图层的混合模式设置为“柔光”，如图11所示。

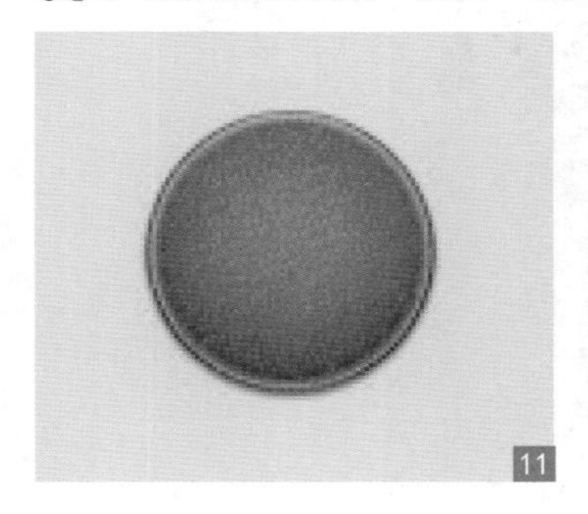
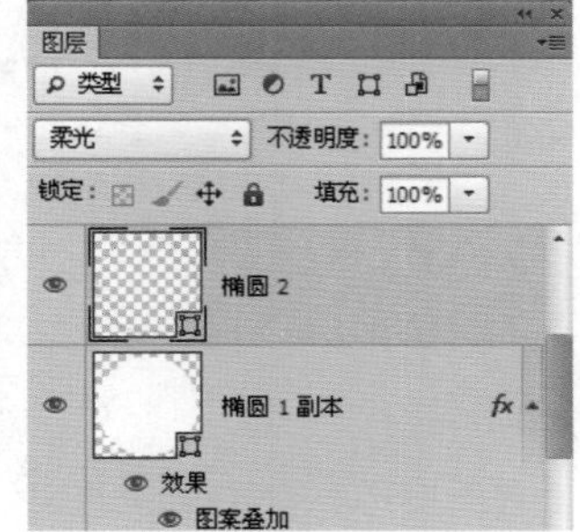

11

07 ▶ 添加效果 打开该图层的“图层样式”对话框，选择“投影”，设置颜色为“白色”，不透明度为 100%，角度为 90°，不勾选“使用全局光”，距离为 1 像素，为其添加投影效果，如图12所示。

12

Tips:

这一步中设置图层的混合模式为“柔光”，有两个方法，其一就是文中提到的，选择该图层后，在“图层”面板上设置混合模式。其二就是在“投影”选项中，将混合模式设置为“柔光”。不论使用那种方法，对图像的设置效果都是一样的。

08 ▶ 绘制星星 选择“自定义形状工具”，在选项栏中选择“星星”形状，在图像上绘制星星，改变混合模式和不透明度参数，为星星添加“内阴影”“投影”效果。

使用“自定义形状”绘制星星，如图13所示。
选择“星星”图层，设置混合模式为“柔光”，降低不透明度为 80%，如图14所示。
选择“内阴影”，设置混合模式为“正常”，不透明度为 81%，角度为 90°，不勾选“使用全局光”，距离为 2 像素，大小为 3 像素，如图15所示。
选择“投影”，设置颜色为“白色”，不透明度为 100%，角度为 90°，不勾选“使用全局光”，距离为 1 像素，如图16所示。

13

14

15

16

09 ▶ 新建组 单击“图层”面板中的“创建组”按钮，新建“组 1”，将刚才绘制的图层拖动到“组 1”中。复制“组 1”，移动其位置，如图17所示。

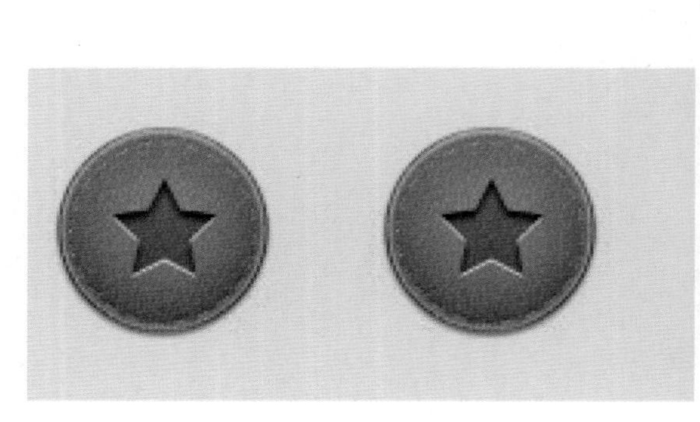

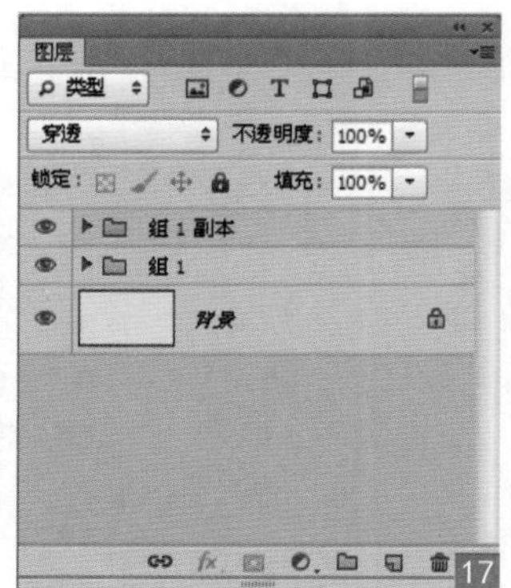

17

10 ▶ 删除多余图层 将星星所在的图层选中，按住 Delete 键将其删除，如图18所示。

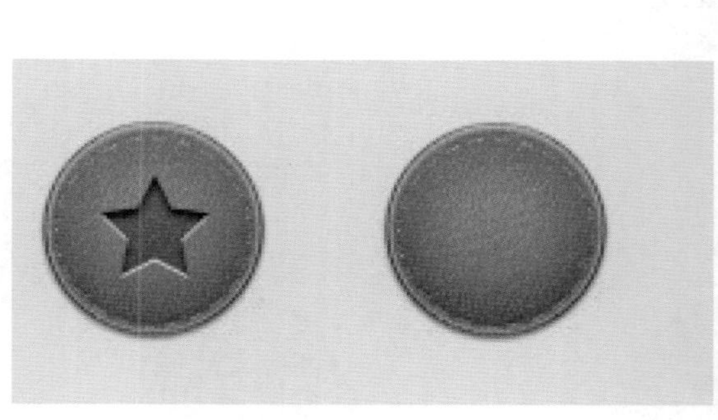

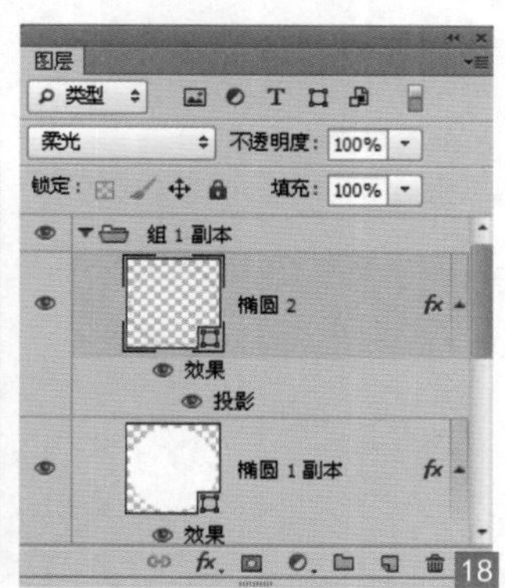

18

11 ▶ 绘制心形选择 “自定义形状工具”，在选项栏中选择心形形状，在图像上绘制形状，改变混合模式和不透明度，选择星星所在的图层，右击选择“拷贝图层样式”，选择心形形状图层，再右击选择“粘贴图层样式”。

用“自定义形状工具”绘制心形，如图19所示。

改变混合模式为“柔光”，不透明度为 80%，如图20所示。

粘贴图层样式效果，如图21所示。

19

20

21

12 ▶ 完成其他皮革形状 使用同样的方法完成其他形状的皮革效果，如图22所示。

22

Tips:

这一步的做法其实是大同小异，只需将基本形的绘制工具改变为“矩形工具”和“钢笔工具”即可，然后将做好的圆形皮革的图层样式效果粘贴过来。相信聪明的你，一定会很快做出来的。

13 ▶ 绘制灰色皮革 将“组 1”进行复制，选择“椭圆 1”图层，右击选择“清除图层样式”，打开“图层样式”对话框，分别选择“渐变叠加”“斜面和浮雕”“描边”“内阴影”“内发光”“投影”选项进行参数的调节，改变效果为灰色皮革。

选择“渐变叠加”，设置渐变条，从左到右颜色依次为R:155；G:155；B:155，R:171；G:171；B:171，R:173；G:173；B:173，R:171；G:171；B:171，如图23所示。

选择“斜面和浮雕”，深度为1%，方向为下，大小为4像素，不透明度为100%，如图24所示。

选择“描边”，设置大小为1像素，位置为内部，填充类型为渐变，设置渐变条，从左到右颜色依次为R:101；G:94；B:91，R:1；G:1；B:1，R:118；G:116；B:115，R:179；G:169；B:165，如图25所示。

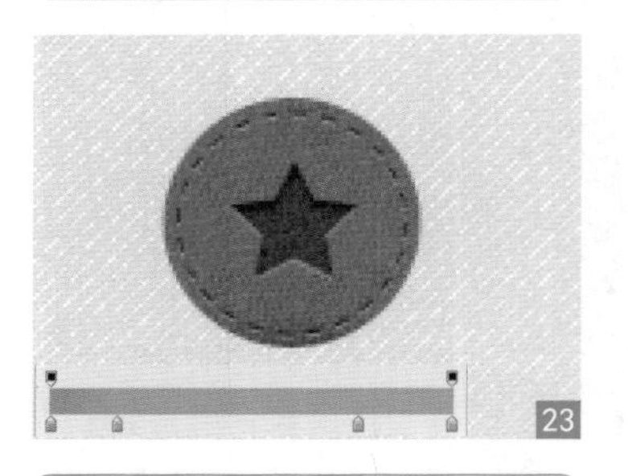

选择“内阴影”，设置混合模式为“叠加”，不透明度为100%，角度为90°，不勾选“使用全局光”，阻塞为3%，大小为27像素，如图26所示。

选择“内发光”，设置混合模式为“柔光”，不透明度为33%，颜色为“白色”，源为“边缘”，大小为54像素，如图27所示。

选择“投影”，设置混合模式为“正常”，不透明度为50%，角度为90°，不勾选“使用全局光”，距离为1像素，大小为2像素，如图28所示。

14 ▶ 绘制其他灰色皮革 做到这一步的时候，相信你已经成功地做出第一个灰色皮革，那么下面的其他灰色皮革对你来说就是小菜一碟了，请赶快完成它。

Chapter

06

手机UI设计的字效表现

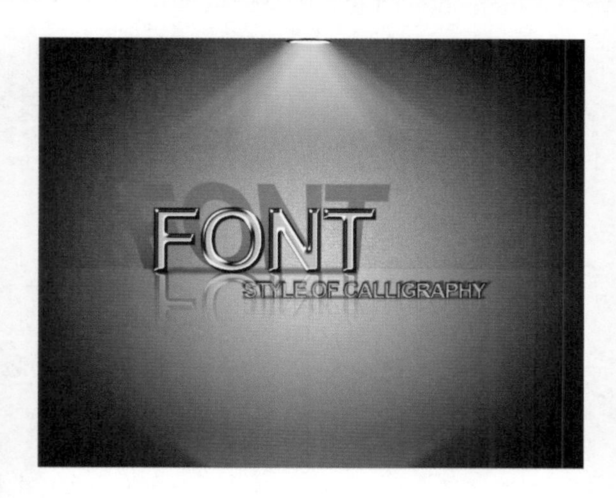

在智能手机的UI设计中字体特效的表现非常重要，美观的字体和字效设计能够让图标如虎添翼，能够让界面更加吸引人。作为设计师，能够制作高质量的字体特效不失为一项引以为傲的技能。

6.1 App UI 的字号控制

Version：CS4 CS5 CS6 CC

在手机客户端设计中，有时是一个设计师配备好几个开发人员，有时是一个开发人员面对一个设计师和一个切图人员。由于每个开发人员的开发习惯不一样，所以有的人需要点九图，而有的人需要你把字体都放在图标中一起切出来。安卓开发人员竭尽全力进行屏幕适配的时候，也要不断寻求设计师的协助。而设计师的交互以及视觉工作是和程序员的开发工作同步进行的，还有切图资源的命名，一不留神就会发生冲突。还有一些既现实又避免不了的问题，比如，资源库中堆积的大量没用的切图，如果不花好几天时间清理，就会导致安装文件无形变大。此外如果开发人员忽视了一些公共资源，在后期就要反复找切图人员要资源进行处理。再比如，开发出来的 Demo 与实际效果图不符，就需要不断地检查，反复地修改，以达到预期效果。

在设计的过程中，我们也应该虚心学习，随时将自己的困惑讲出来，记下来。及时沟通，及时请教，这样才能越做越好。

6.1.1 字体尺寸的规则

字体、字体大小和字体颜色在手机客户端的每一个界面都是不可避免要出现的，所以在手机屏幕这个特殊媒介中，字体大小非常重要。考虑到手机显示效果的易看性，也为了不违背设计意图，我们必须了解一下在电脑作图时采用的字号以及开发过程中采用的字号。

首先通过例子看一下字体大小对设计究竟有多大的影响。如下图所示，在电脑作图与手机适配的过程中，左图是电脑设计效果，这个页面的设计表达的是一个旅游选项，我们可以看到有几个洲际旅游分类以及每个洲对应的分页面国家。这里选择了“亚洲”，所以在设计中应该

▲ 在 Photoshop 中设计的文字

▲ 在手机中适配的效果

▲ 调整后的效果

突出体现“亚洲”界面的视觉效果。我们在手机上适配 GUI 的时候，要达到易看性，国家列表的主标题（亚洲）和副标题（国家名称）字号必须要有区别。左图的洲和国家的字号完全一样，问题就出现了，内容页的国家的分量与分类标题一样就会导致用户不能一眼理解出内容是在各个洲之下的，达不到设计意图，体验效果不佳。所以，要想解决这个问题，必须通过加大洲的字号、加深底色的颜色来增加其分量，让国家的名称包含在洲中。

6.1.2 字体规范

我们知道，用 Photoshop 作效果图时，字体大小一般直接用“点”做单位，然而在开发中，一般采用“sp”做单位，如何保证作图时的字号选择和手机适配效果一致呢？下面以几个常用字体效果来说明在 Photoshop 中和开发中字号的选择。

1. 列表的主标题

腾讯新闻首页、QQ 通讯录的列表的主标题的字号在 PS 中应采用 24~26 号，一行大概容纳 16 个汉字，开发程序中对应的字号是 18sp。

▲ 腾讯新闻

▲ QQ 通讯录

需要强调的是不同的字体，相同的字号，显示的大小也会不一样。比如，同样是 16 号字的楷体和黑体，楷体就显得比黑体小得多。

2. 列表的副标题

一般情况下，列表的副标题的字号并没有太多的要求，只要字号小于主标题即可。

3. 正文

正文对字号的要求是每行必须要少于 22 个汉字。因为字数太多，字号就小，阅读起来就比较吃力。在电脑设计中正文字体要大于 16 号，在开发程序中，字体设置要大于 12 号。

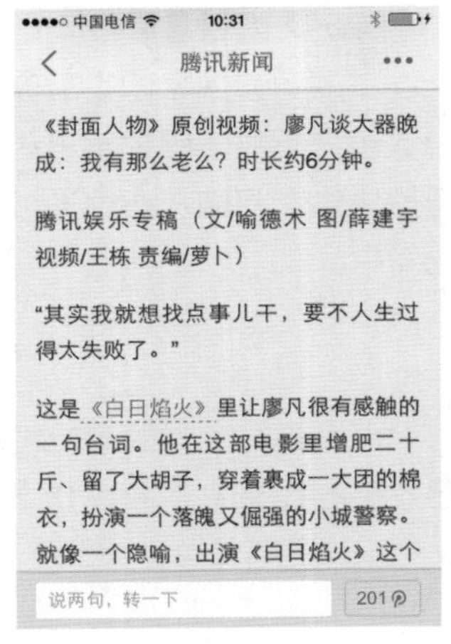

▲ 腾讯新闻 App 正文

▲ 大众点评 App 正文

▲ “去哪儿旅行” App 正文

6.2 字体配色

Version：CS4 CS5 CS6 CC

6.2.1 配色规则

手机 UI 配色不要超过 3 种。常见的色相有红橙黄绿青蓝紫等，色相差异比较明显，主要色彩的选取就容易多了，我们可以选择一些对比色、邻近色、冷暖色调互补等方式，也可以直接从成功作品中借鉴主辅色调配，像朱红点缀深蓝和明黄点缀深绿等色相。话虽如此，但是我们需要面对的设计需求在色彩分配上会出现很多复杂的问题。

如图所示，根据网页信息的多寡，会有更多色彩区域的层级划分和文字信息层级区分的需求，那么在守住“网页色彩（相）不超过 3 种”的原则下，只能寻找更多同色系的色彩来完善设计，也就是在“饱和度”和“明度”上做文章。

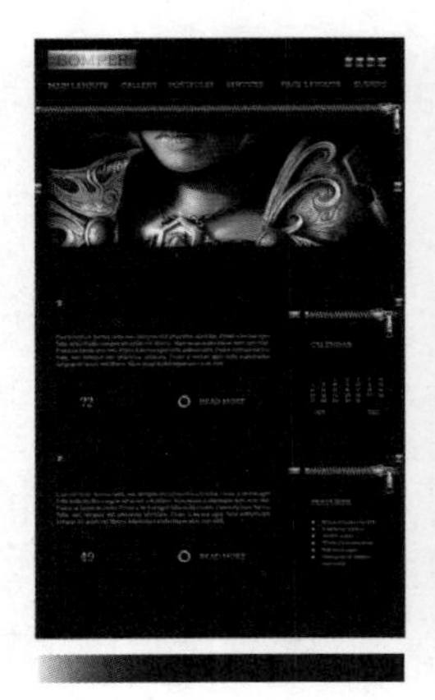

6.2.2 叠加、柔光和透明度

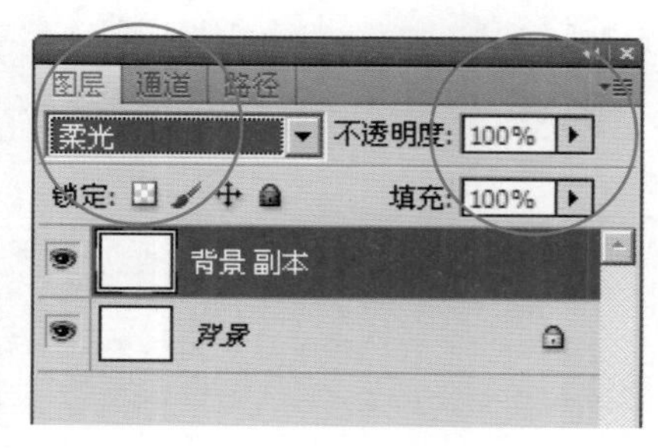

在设计中，只要抓住叠加、柔光和透明度这 3 个关键词就可以了。但需要注意的是，透明度和填充不一样，透明度是作用于整个图层，而填充则不会影响“混合选项”的效果。

在讲叠加和柔光之前，我们先了解一下配色技巧的原理：用纯白色和纯黑色通过“叠加”和“柔光”的混合模式，再选择一个色彩得到最匹配的颜色。就像调整饱和度和明度，再通过调整透明度选取最适合的辅色一样。

如下图所示，只要调整叠加 / 柔光模式的黑白色块的 10%~100% 的透明度就可以得到差异较明显的 40 种配色，通过这种技巧，每一种颜色都能轻易获得失误是 0 且无穷尽的“天然配色”。因为“叠加”和“柔光”模式对图像内的最高亮部分和最阴影部分无调整，所以这种配色方法对纯黑色和纯白色不起任何作用。

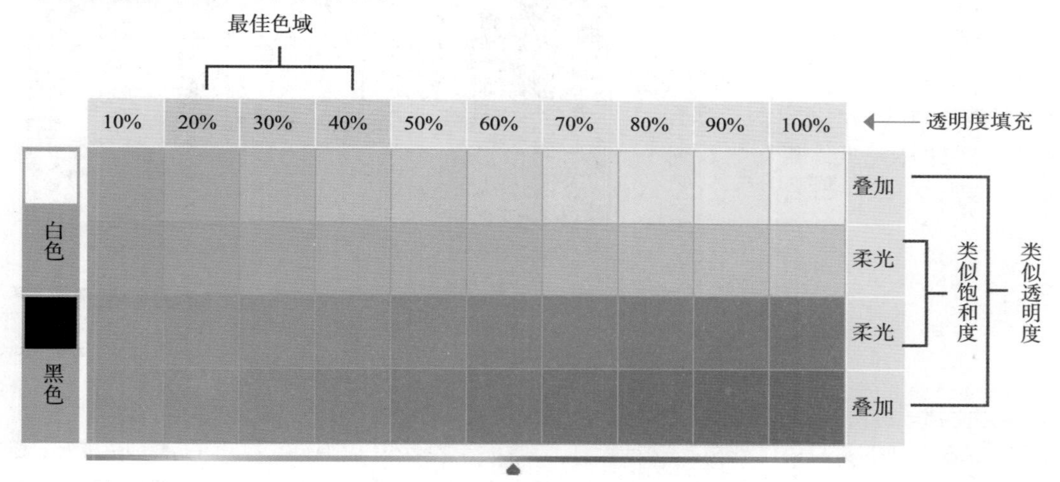

通过前面的讲解，下面试着做一个，步骤如下。

01 ▸ 首先选择一个黑色、白色或黑白渐变点、线、面或者字体。

02 ▸ 再通过在混合模式里选择“叠加”或“柔光”。

03 ▸ 最后调整透明度，从 1% ~ 100% 随意调整，也可以直接输入一个整数值。轻质感类页面可以选择 20% ~ 40% 的透明度，重质感类可以选择 60% 以上。

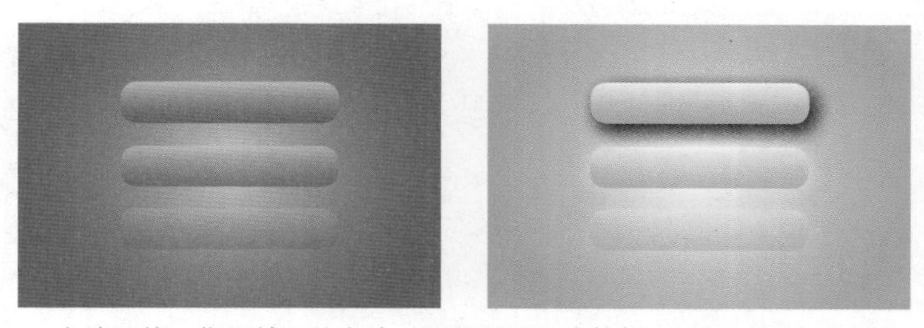

▲ 方法延伸：依照前面的方法，再运用到一个按钮上。通过混合选项中的“阴影”“外发光”“描边”“内阴影”“内发光”等选项自由地调试

玻璃字体

Version：CS4 CS5 CS6 CC

Keyword：文字工具、图层样式

在本例中，我们将学习使用横排文字工具以及大量的图层样式工具制作玻璃字体，为文字添加投影、立体且具有厚度感的效果。

设计构思

黑色与灰色搭配，给人一种高科技和警觉的心理暗示，本例的车灯质感就体现了这种警示作用，如右图所示。

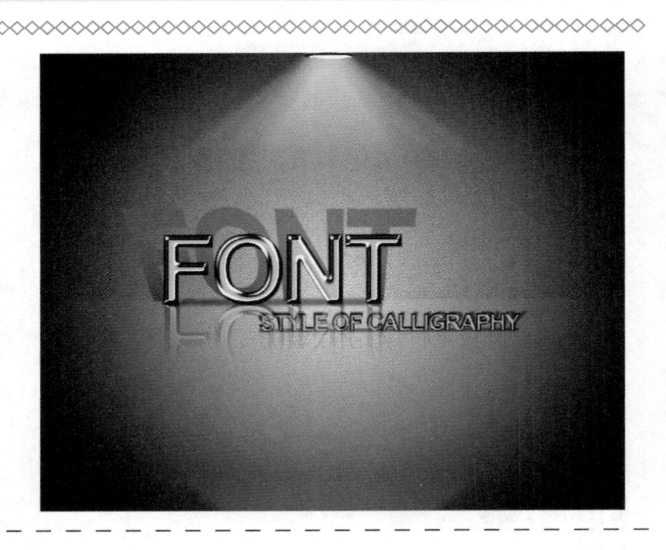

01 ▶ 新建文档 执行“文件”→“新建”命令，或按下快捷键 Ctrl+N，打开“新建”对话框，设置大小为 21.17 厘米 ×17.13 厘米，分辨率为 300 像素，完成后单击“确定”按钮，新建一个空白文档，如图01所示。

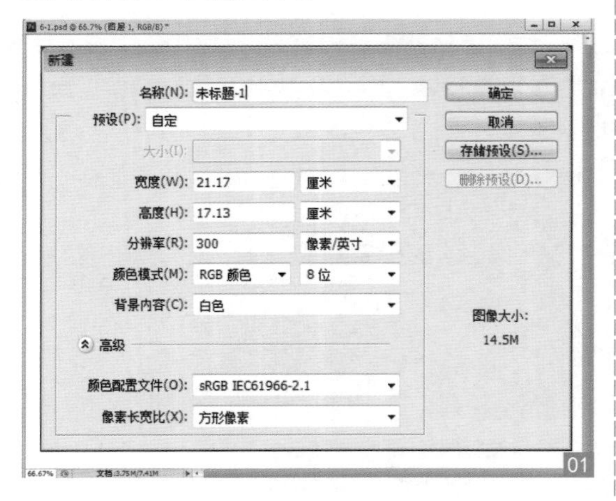

02 ▶ 导入素材 执行“文件”→“打开”命令，或按下快捷键 Ctrl+O，在弹出的“打开”对话框中，选择素材并打开，将其拖曳至场景文件中，如图02所示。

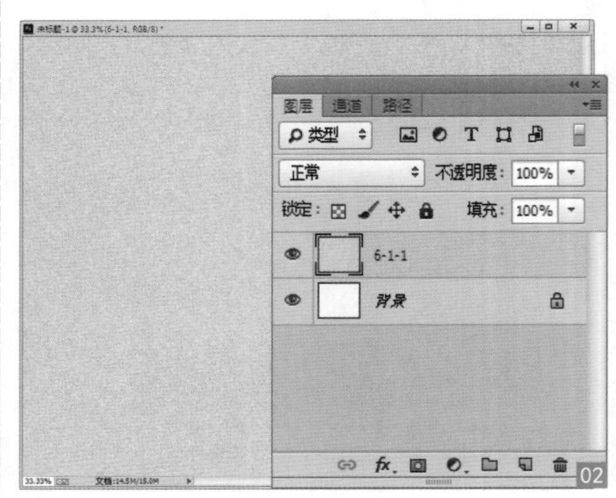

03 ▶ 创建新的填充或调整图层 在图层面板中单击下方的“创建新的填充或调整图层”按钮，选择“色相/饱和度”“渐变…”，调整相应参数。

在工具栏中选择“矩形选框工具”，在画面下方绘制选区，如图03所示。

03

选择“色相/饱和度”，设置明度为45%，如图04所示。

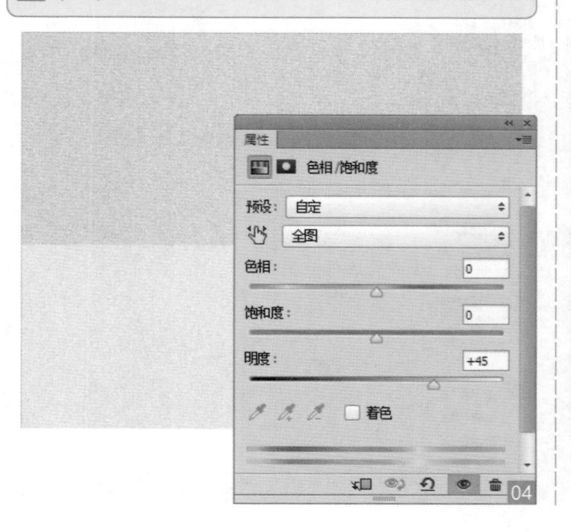

04

选择“渐变…”，在弹出的“渐变填充”对话框中，设置样式为“径向”，缩放为150%，勾选“反向”，单击“确定”按钮结束，如图05所示。

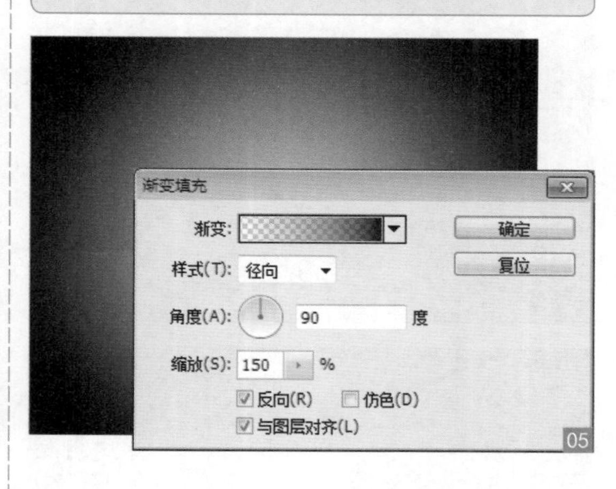

05

04 ▶ 添加灯光效果 打开对应的素材文件，将其拖曳至场景文件中，设置图层的不透明度。新建图层，在工具栏中选择“椭圆工具”，在画面中绘制灯罩造型。

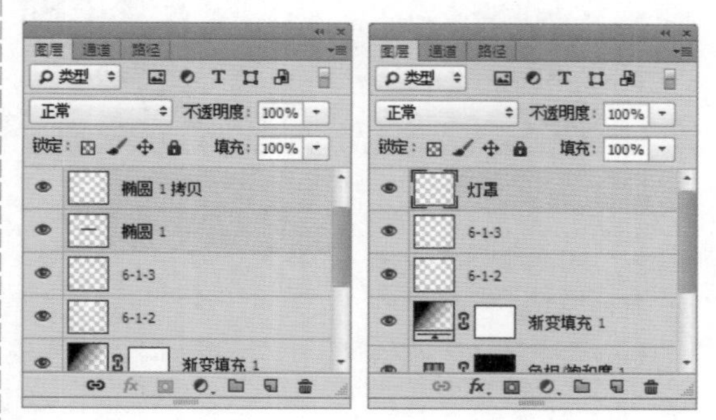

执行“文件”→“打开”命令，或按下快捷键Ctrl+O，在弹出的“打开”对话框中，选择对应的素材文件并将其打开，将其拖曳至场景文件中，将6-1-2.png放在画面顶部中心位置，6-1-3.png放在画面底部中心位置，设置6-1-3.png图层不透明度为30%，如图06所示。

新建图层，设置前景色为黑色，在工具栏中选择“椭圆工具”，在状态中设置“状态模式”为形状，在画面中绘制椭圆，将椭圆图层复制一层，设置前景色为白色，选中复制椭圆，按下Alt+Delete快捷键填充白色。按下Ctrl+T快捷键将白色椭圆缩放到合适大小并按Enter键结束，如图07所示。

06

07

按下 Shift 键同时选中两个椭圆，右击图层，在弹出的快捷菜单中选择“栅格化图层”，再次右击图层选择“合并图层”，做出灯罩造型，按下 Ctrl+T 快捷键，将灯罩缩放到合适大小，按 Enter 键结束，将其放在顶部灯光上，如图 08 所示。

08

05 ▶ 输入文字 选择“横排文字工具”，在选项栏中设置文字的属性，然后在图像上单击绘制的文字，打开该图层的“图层样式”对话框，分别选择“斜面和浮雕”“描边”“内阴影”“光泽”等选项，设置相应参数，为文字添加效果。

选择“斜面和浮雕”，设置深度为 1000%，大小为 21 像素，选择“等高线”，设置范围为 100%，如图 09 所示。

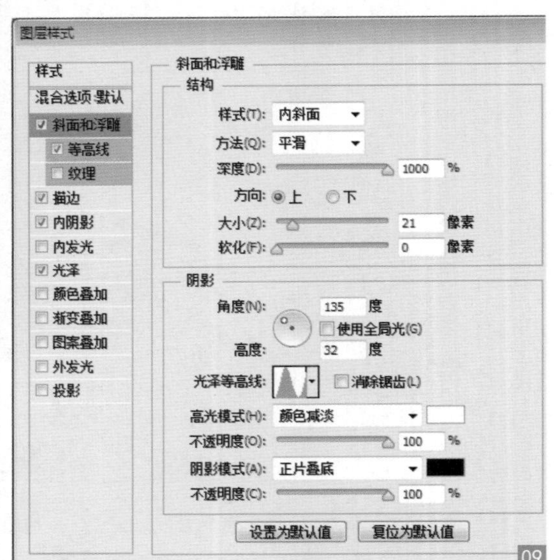

09

选择“描边”，设置大小为 3 像素，不透明度为 50%，颜色为黑色，如图 10 所示。

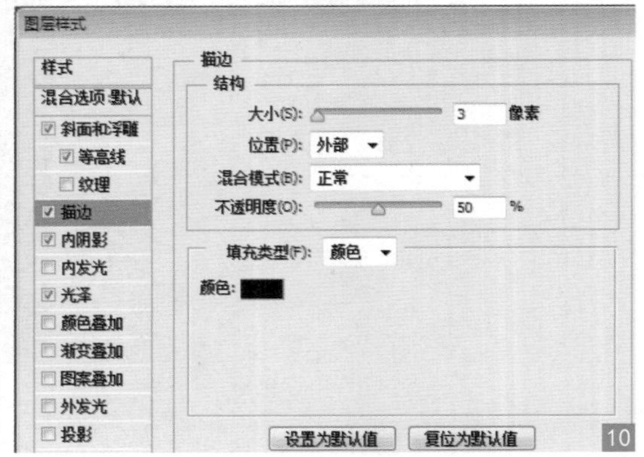

10

选择“内阴影”，设置混合模式为“正片叠底”，不透明度为 100%，角度为 135°，距离为 5 像素，大小为 5 像素，如图 11 所示。

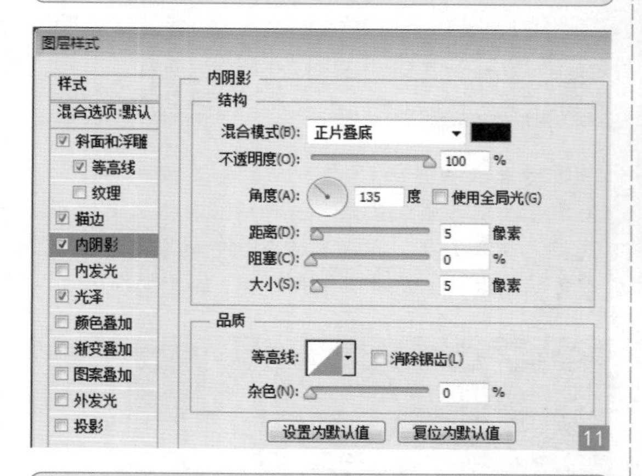

11

选择“光泽”，设置混合模式为“正常”、颜色为“白色”，不透明度为 100%，角度为 135°，距离为 171 像素，大小为 174 像素，如图 12 所示。

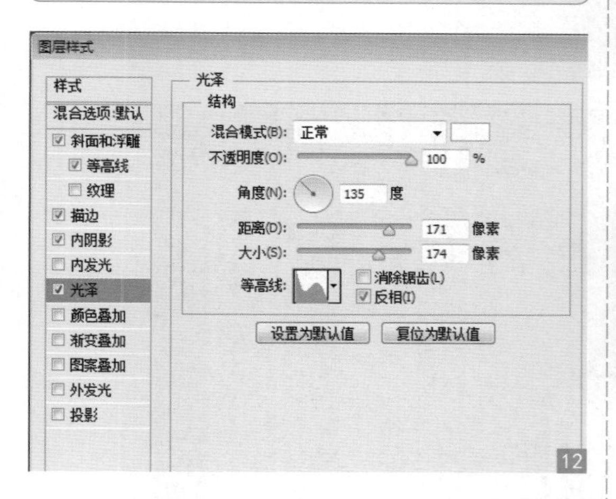

12

06 ▶ 添加阴影 新建图层，按下 Ctrl 键同时单击文字图层缩略图，调出文字选区，填充颜色，自由变换大小。打开图层样式，选择“渐变叠加”，设置相应参数，单击“确定”按钮结束，设置图层的“不透明度”为 70%，将阴影图层放在文字图层下方。

按下 Ctrl 键同时单击文字图层缩略图，调出文字选区，如图 13 所示。
为选区填充任意颜色，按下 Ctrl+T 快捷键，自由变换大小，在界面中右击，在快捷菜单中选择“透视”，将文字顶部制作成透视效果，按下 Enter 键结束，如图 14 所示。

13

14

双击图层，打开“图层样式”，选择“渐变叠加”，设置混合模式为“正常”，不透明度为 100%，从黑色到 R:94；G:94；B:94 的渐变，如图 15 所示。

15

设置图层的“不透明度”为 70%，将投影图层放在文字图层下方，如图 16 所示。

16

07 ▶ 添加投影和倒影 新建图层，选择“画笔工具”，设置前景色在文字下方绘制投影，设置投影图层的不透明度，将投影图层放到文字图层下方。将文字图层复制一层栅格化图层，按下 Ctrl+T 快捷键垂直翻转，将其移动到文字下方，为文字复制层添加蒙版，选中蒙版由黑到透明的渐变。

在工具栏中选择“画笔工具”，设置前景色为黑色，在状态栏中设置画笔大小为 30 像素，按下 Shift 键同时使用画笔在文字下方绘制投影，如图 17 所示。
设置投影图层不透明度为 60%，将投影图层放到文字图层下方，如图 18 所示。

将文字图层复制一层，右击图层，选择“栅格化文字”，再右击图层选择“栅格化图层样式”，按下 Ctrl+T 快捷键，在界面中右击选择“垂直翻转”，将其移动到文字下方，如图19所示。

单击图层面板下方的“添加矢量蒙版”按钮，为文字复制层添加蒙版，选中蒙版，在工具栏中选择“渐变工具”，设置状态栏中的渐变为由黑到透明的渐变，在画面中拉渐变，如图20所示。

08 ▶ 最终效果 用同样的方法制作更多文字，如图21所示。

镶钻字效

Version：CS4 CS5 CS6 CC

Keyword：横版文字工具、图层样式

钻石是美丽、浪漫、奢华的象征，由钻石为创作灵感设计出的钻石字体是一款带有钻石效果的中文字体，闪闪发光，可用于艺术设计、平面设计等工作，这样的字体完美诠释了钻石闪耀、夺目的特点。

设计构思

本例中的钻石字体的制作用到了多种图层样式的叠加，设计师先通过斜面和浮雕、投影等让文字具有立体感，再通过描边、渐变叠加等使文字具有金属色泽，最后通过图案叠加完成闪闪发光的钻石文字效果，如右图所示。

01 ▶ 打开文件 执行“文件”→“打开”命令，在弹出的对话框中，选择相应素材，将其打开，如图01、02所示。

02 ▶ 绘制投影 单击工具箱中的“横版文字工具”，在选项栏中设置字体颜色为黑色，字体为“方正超粗黑_GBK”，字号为 72 点，在页面上输入文字，如图03～05所示。

方正超粗黑_... 72点 犀利 05

03 ▶ 添加投影 双击文字图层，在弹出的“图层样式”对话框中选择“投影”，设置相应参数，为其添加效果，如图06、07所示。

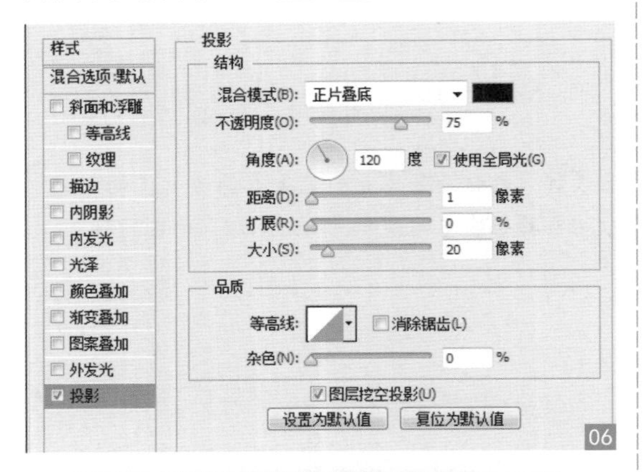

06

07

04 ▶ 添加文字 使用“横版文字工具”，继续在页面上输入同样字体、字号的文字，如图08、09所示。

08

09

05 ▶ 添加斜面和浮雕 双击文字图层，在弹出的“图层样式”对话框中选择“斜面和浮雕”，设置相应参数，为其添加效果，如图10、11所示。

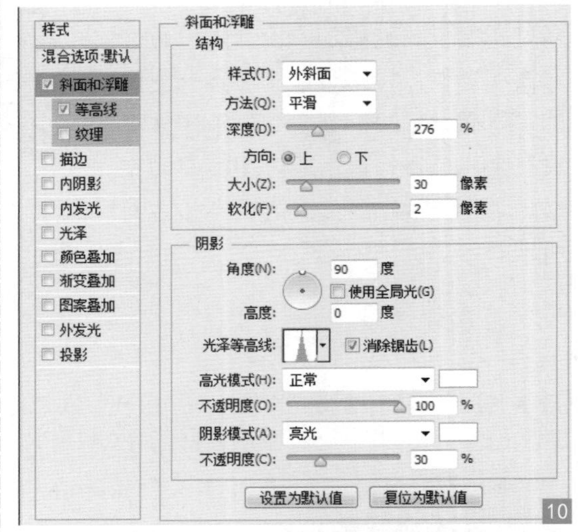

10

11

06 ▶ 添加描边 继续在“图层样式”对话框中选择“描边”，设置相应参数，为其添加效果，如图12、13所示。

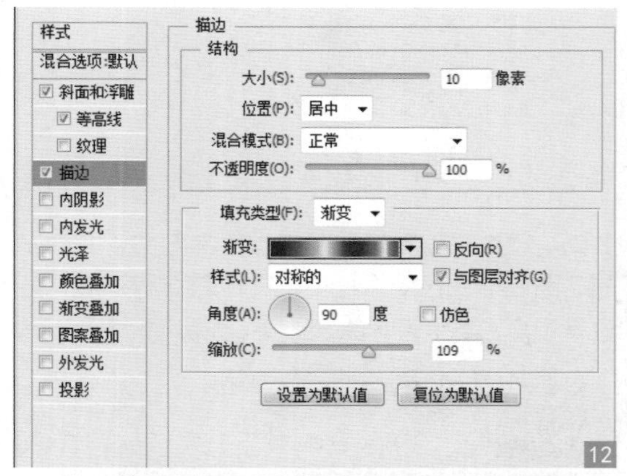

12

13

07 ▶ 添加渐变叠加 继续在“图层样式”对话框中选择“渐变叠加”，设置相应参数，为其添加效果，如图14、15所示。

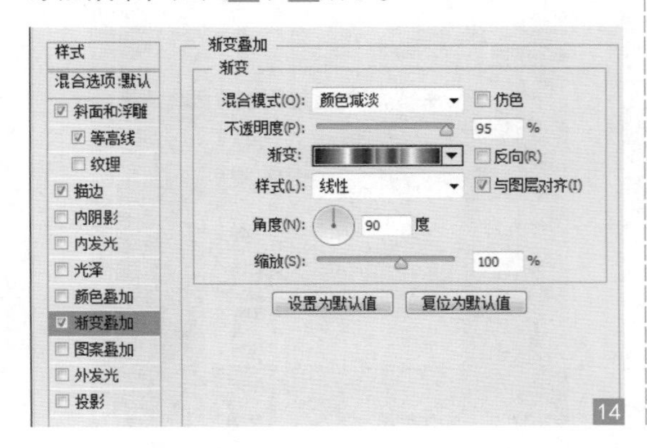

14

15

08 ▶ 添加图案叠加 继续在“图层样式”对话框中选择“图案叠加”，设置相应参数，为其添加效果，如图16、17所示。

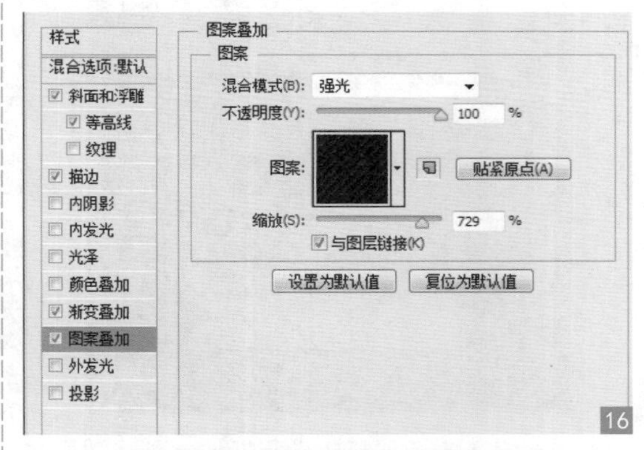

16

17

09 ▶ 添加投影 继续在“图层样式”对话框中选择“投影”，设置相应参数，为其添加效果，如图18、19所示。

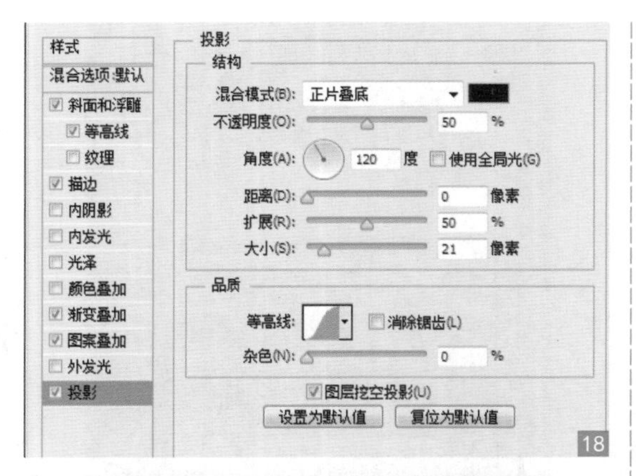

18

19

10 ▶ 添加文字 使用“横版文字工具”，继续在页面上输入相同字体、字号的文字，如图20、21所示。

20

21

11 ▶ 添加斜面和浮雕 双击文字图层，在弹出的“图层样式”对话框中选择“斜面和浮雕”，设置相应参数，为其添加效果，如图22、23所示。

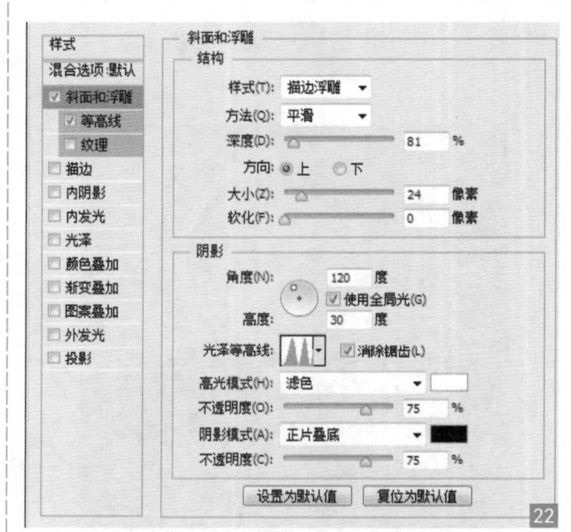

22

23

12 ▶ 添加描边 继续在“图层样式”对话框中选择“描边”，设置相应参数，为其添加效果，如图24、25所示。

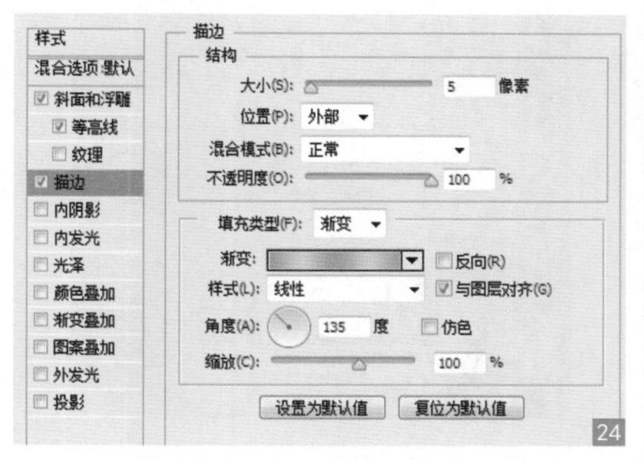

13 ▶ 添加渐变叠加 继续在“图层样式”对话框中选择“渐变叠加”，设置相应参数，为其添加效果，如图26、27所示。

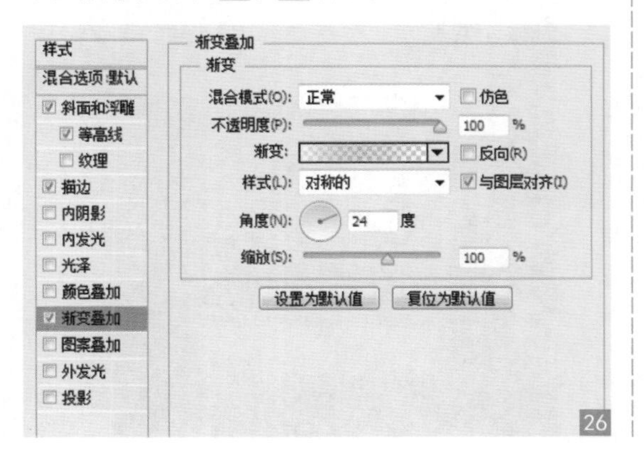

14 ▶ 添加图案叠加 继续在“图层样式”对话框中选择“图案叠加”，设置相应参数，为其添加效果，如图28、29所示。

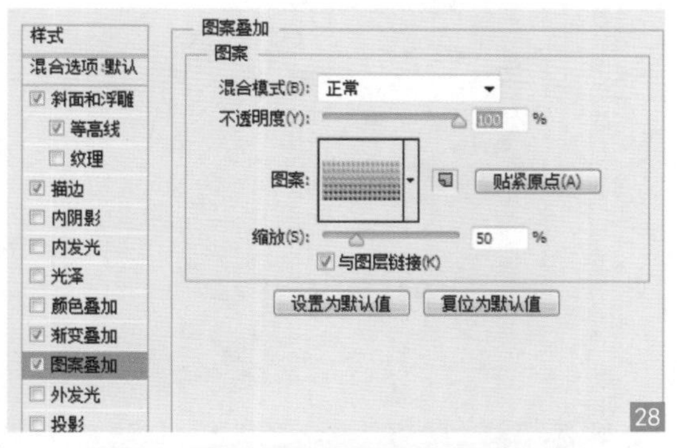

15 ▶ 导入素材 执行“文件”→“打开”命令，在打开的对话框中选择对应的丝带素材文件，将其打开并拖入到场景中，如图30、31所示。

30

31

16 ▸ **添加颜色叠加** 双击“丝带”图层，在弹出的“图层样式”对话框中选择“颜色叠加”，设置相应参数，为其添加效果，如图32、33所示。

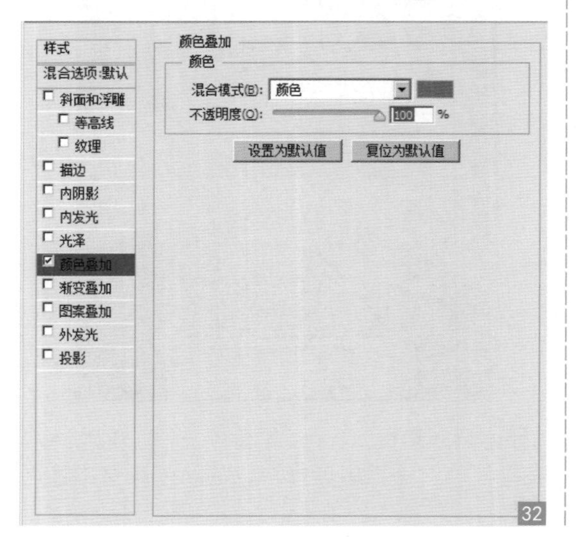

32

33

17 ▸ **添加文字** 单击工具箱中的“横版文字工具”，在选项栏中设置字体为“Bebas Neue”，字号为13，单击选项栏中的“创建变形字体”按钮，在弹出的对话框中设置相应参数，在页面上输入文字，如图34、35所示。

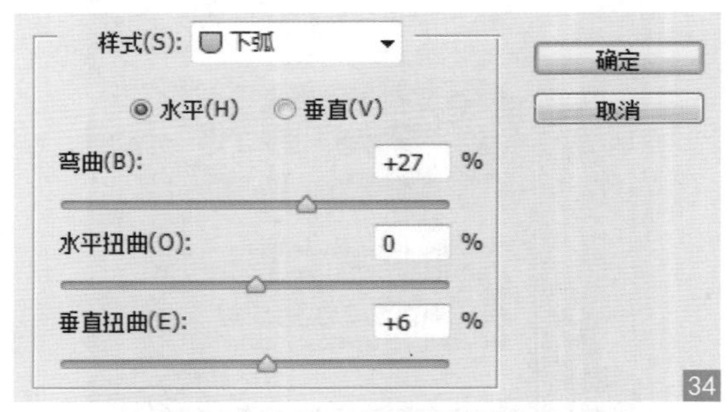

34

35

18▶ 添加描边 双击“文字”图层，在弹出的“图层样式”对话框中选择“描边”，设置相应参数，为其添加效果，如图36、37所示。

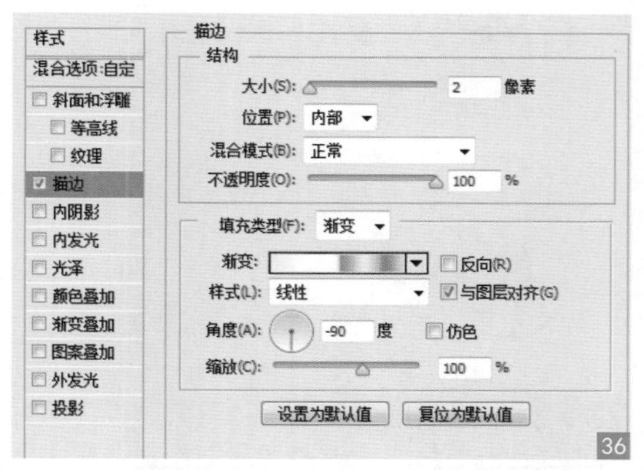

19▶ 添加渐变叠加 继续在“图层样式”对话框中选择“渐变叠加”，设置相应参数，为其添加效果，如图38、39所示。

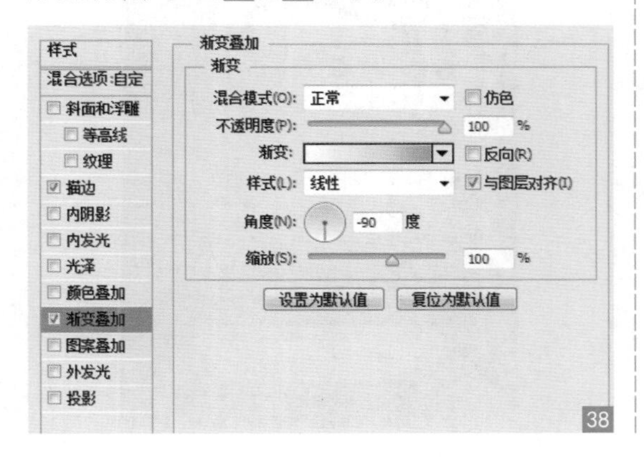

20▶ 添加投影 继续在“图层样式”对话框中选择“投影”，设置相应参数，为其添加效果，如图40、41所示。

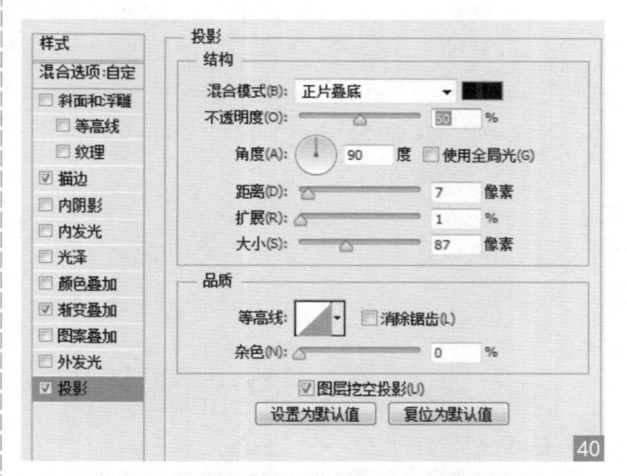

21▶ 导入素材 执行“文件”→“打开”命令，在打开的对话框中选择对应的花纹素材文件，将其打开、拖入到场景中，如图42、43所示。

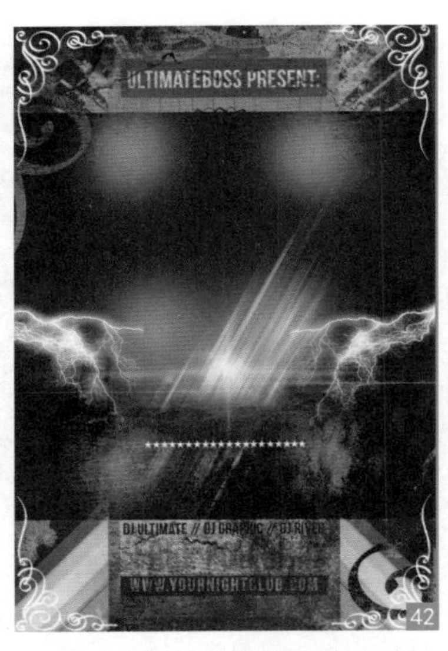

22 ▶ 设置混合模式 在“图层面板”中，将“花纹”图层的混合模式调整为“变亮”，如图44、45所示。

23 ▶ 添加渐变映射 单击“图层面板”下方的“创建新的填充或调整图层”按钮，在弹出的下拉菜单中选择“渐变映射”，在弹出的对话框中设置相应参数，对图像的整体进行调整，如图46、47所示。

24 ▶ **调整细节** 在“图层”面板中，将“渐变映射 1”图层的混合模式调整为“叠加”，不透明度调整为 55%，如图48、49所示。

25 ▶ **添加色阶** 单击“图层”面板下方的“创建新的填充或调整图层”按钮，在弹出的下拉菜单中选择“色阶”，在弹出的对话框中设置参数，对图像的整体进行调整，如图50、51所示。

26 ▶ **改变整体色调** 新建一个“图层 1”，设置前景色为黄色（R:247；G:215；B:108），按下快捷键 Alt+Delete 填充颜色。在“图层”面板中，将“图层 1”图层的混合模式调整为亮光，不透明度调整为 25%，如图52、53所示。

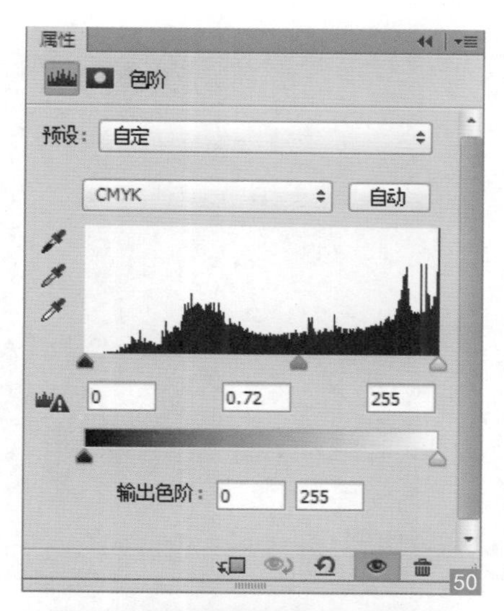

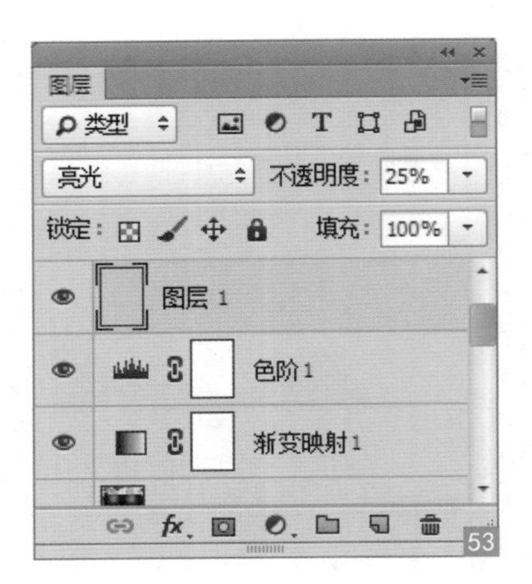

53

27 ▶ 新建图层 新建一个"图层 2"，设置前景色为灰色（R:60；G:61；B:61），按下快捷键 Alt+Delete 填充颜色，如图 54、55 所示。

54

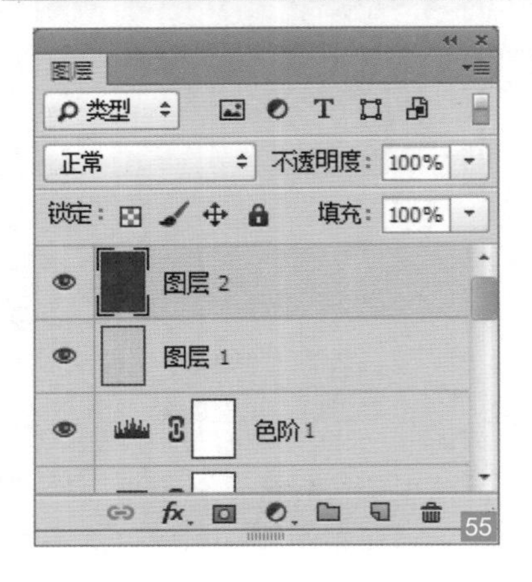

55

28 ▶ 调整图层 在"图层"面板中，将"图层 2"图层的混合模式调整为"颜色加深"，不透明度调整为 37%，如图 56、57 所示。

56

57

6.5 布料字体

Version：CS4 CS5 CS6 CC

Keyword：路径描边、定义画笔

在本例中我们将学习一种技术难度较大的字体描边和定义图案的技巧，用来制作牛仔布锁边的特效，这种效果常用于 App 的 logo 特效和 icon 特效中。

设计构思

蓝色牛仔布和粉色牛仔布的搭配让人感觉轻松愉快，让人联想到了恋爱、情侣和休闲，如右图所示。

01 ▶ 新建文档 执行“文件”→“新建”命令，在弹出的“新建”对话框中，设置参数，单击“确定”结束，打开素材。

新建文档，设置宽度为 210 毫米，高度为 297 毫米，分辨率为 300 像素，背景为白色，如图 01 所示。

执行“文件”→“打开”命令，在弹出的打开对话框中选择对应的素材打开，如图 02 所示。

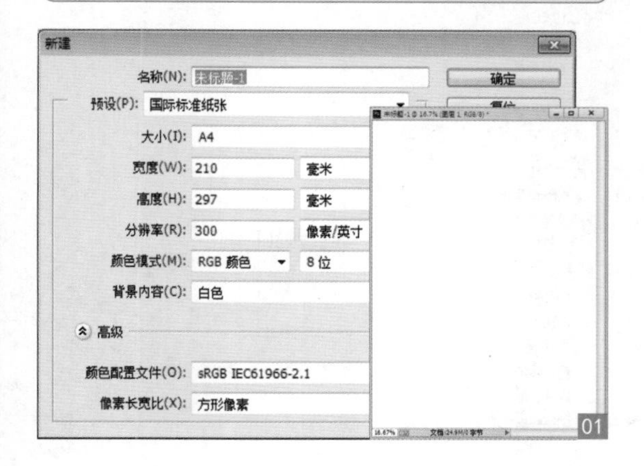

01

02

02 ▶ 定义牛仔图案 将牛仔图案设置为当前操作的文档，按下快捷键 Crtl+A 将图像全选，执行“编辑”→“定义图案”命令，打开“图案名称”对话框，单击“确定”按钮，将牛仔定义为图案，如图03所示。

03

03 ▶ 填充背景 将新建文件设置为当前操作文档，单击图层面板中的“新建图层”按钮，将工具栏中的前景色设置为白色，按下 Alt+Delete 快捷键填充颜色。双击图层打开图层样式，在弹出的“图层样式”对话框中，选择“渐变叠加”和“图案叠加”，设置参数，单击“确定”结束。

新建图层，将工具栏中的前景色设置为白色，按下 Alt+Delete 快捷键填充颜色，如图04所示。

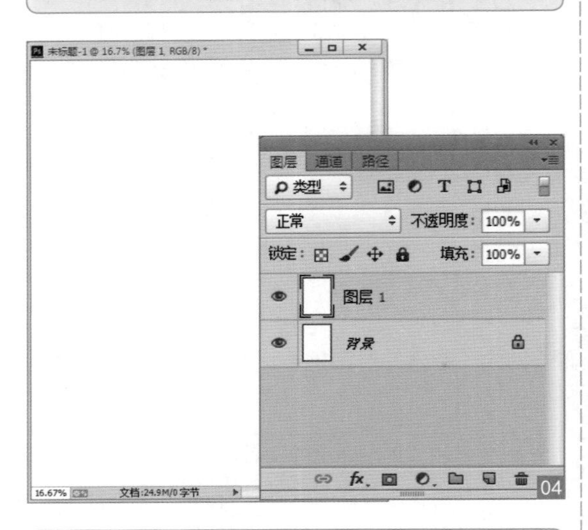

04

选择“渐变叠加”，设置混合模式为“强光”，不透明度为 100%，角度为 90°。打开渐变编辑器，添加 2 个色标，左侧色标为 R:255；G:204；B:204，添加的两个色标一个设置为白色，一个为 R:255；G:255；B:153，右侧色标为 R:204；G:204；B:255。按下 Alt 键，分别将红黄紫三个色标复制一个，白色色标复制 3 个。两个红色色标的位置分别为 0、32%，4 个白色色标的位置分别为 32%、34%、66%、68%，两个黄色色标位置分别为 34%、66%，两个紫色色标的位置分别为 68%、100%，如图05所示。

05

选择“图案叠加”，设置混合模式为“正常”，不透明度为 100%，在图右侧的下拉三角中选择牛仔图案，缩放为 425%，如图06所示。

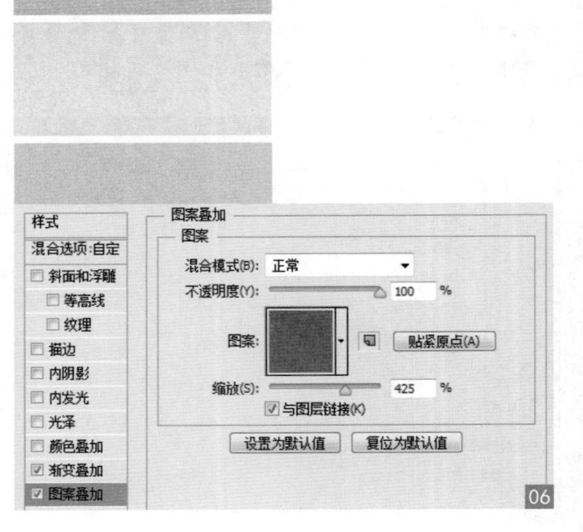

06

04 ▶ 制作文字 在工具栏中选择“横版文字工具”，在状态栏中设置自己喜欢的字体，然后输入喜欢的文字。按下 Ctrl+T 快捷键对文字进行合适的自由变换和位置移动，按下 Enter 键结束。双击文字图层，在弹出的“图层样式”对话框中，选择“投影”“内阴影”“斜面和浮雕”“图案叠加”“描边”，设置相应参数，单击“确定”按钮结束。

选择“横版文字工具”，输入文字，进行合适的自由变化，如图 07 所示。

07

选择“斜面和浮雕”，设置深度为 260%，大小为 4 像素，角度为 -14°，如图 08 所示。

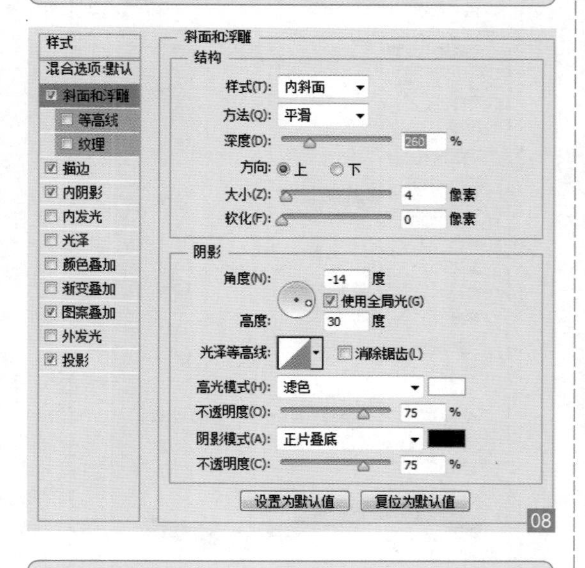

08

选择“描边”，设置大小为 46 像素，混合模式为“正常”，颜色为“白色”，如图 09 所示。

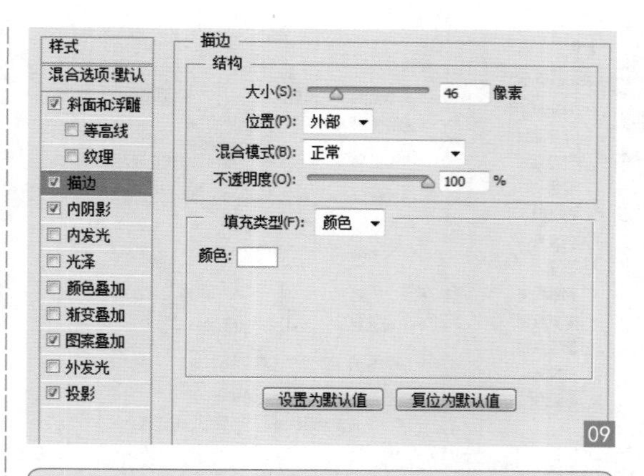

09

选择“内阴影”，设置角度为 -14°，距离为 5 像素，大小为 1 像素，如图 10 所示。

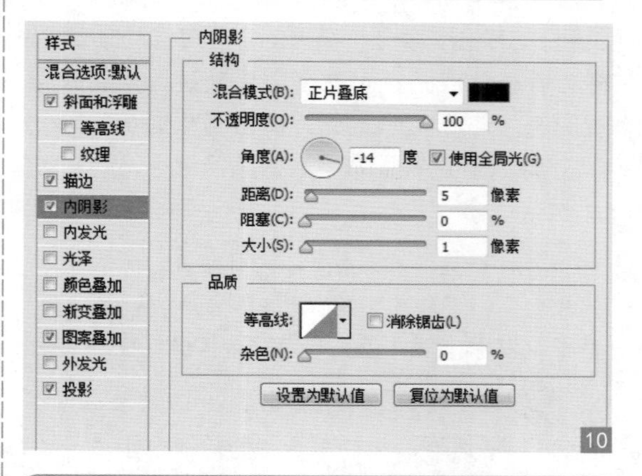

10

选择“图案叠加”，设置混合模式为“正常”，不透明度为 100%，单击图案右侧的下拉三角选择牛仔图案，设置缩放为 400%，如图 11 所示。

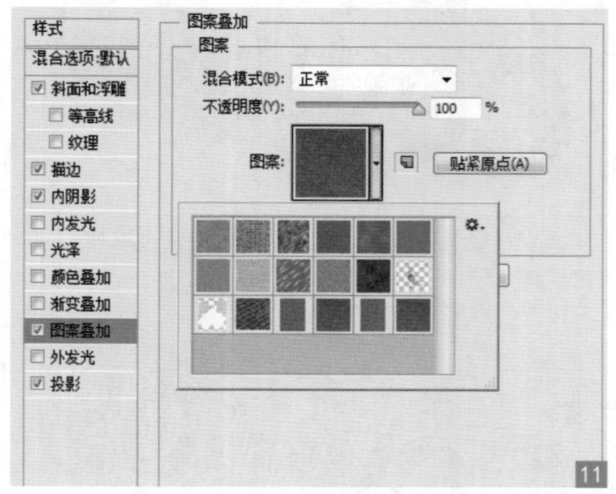

11

选择“投影”，设置混合模式为“正片叠底”，距离为 91 像素，大小为 79 像素，如图 12 所示。

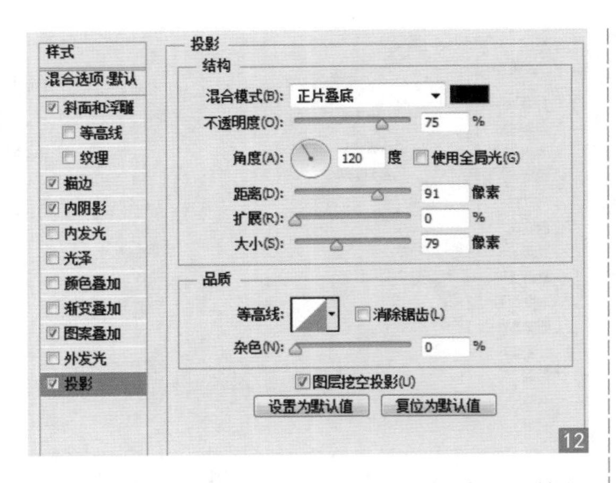

12

05 ▶ 选区转换路径 调出文字图层选区，执行“选择”→“修改”→“扩展”命令，设置“扩展量”，单击“确定”结束。在“图层”面板中，将选取转化成路径。在图层中新建图层，设置前景色，选择画笔工具，调出画板面板，设置相应参数，在路径面板中右击路径图层，选择“描边路径”。

按下 Ctrl 键单击文字图层缩略图调出选区，执行“选择”→“修改”→“扩展”命令，设置“扩展量”为 23 像素，在“图层”面板中，单击“路径”按钮，如图13所示。

13

单击“建立路径”按钮，将选取转化成路径，如图14所示。

14

回到图层中新建图层，设置前景色为白色。选择“画笔工具”，按下 F5 键，在弹出的“画笔”面板中选择合适的笔触，设置大小为 15 像素，间距为 1%。勾选并单击“形状动态”，设置角度抖动的“控制”为“方向”，如图15所示。

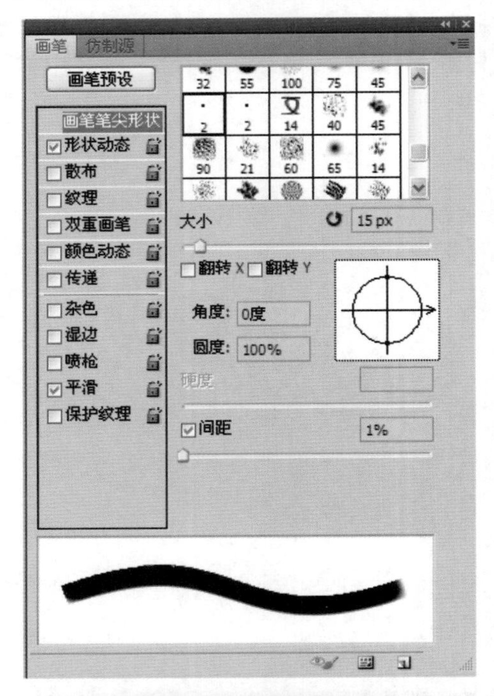

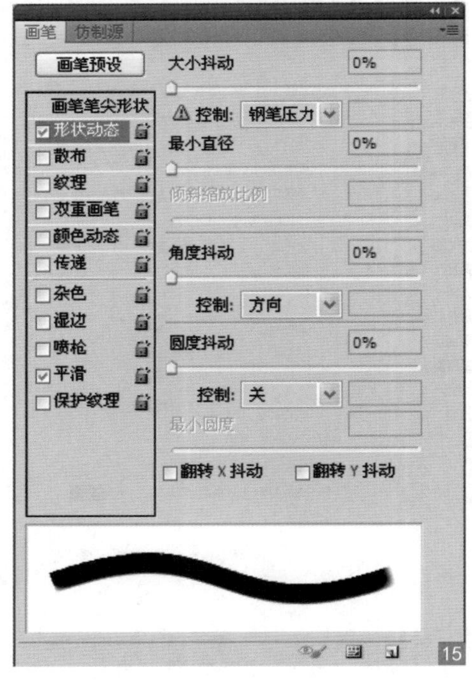

15

回到路径中，右击路径图层，在快捷菜单中选择“描边路径”，在弹出的“描边路径”对话框中，设置“工具”为“画笔”，取消勾选“模拟压力”，单击“确定”结束，如图16所示。

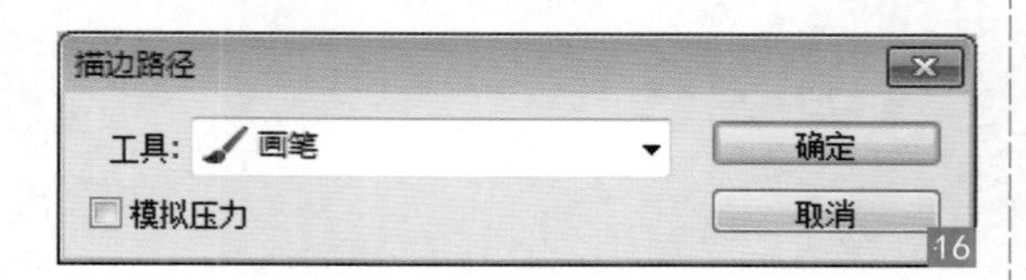

16

06 ▶ 制作压线效果 双击描边路径图层，在弹出的“图层样式”对话框中分别选择“投影”“斜面和浮雕”，设置相应参数，单击“确定”按钮结束。新建图层，设置前景色为“黑色”，在“图层”面板中单击“路径”按钮，选择“画笔工具”，调出“画板”面板，设置相应参数，右击“路径图层”，选择“描边路径”，回到图层中，设置虚线描边图层的“不透明度”为50%。

选择“斜面和浮雕”，设置深度为72%，方向为“下”，大小为2像素，角度为-14°，“阴影模式”的不透明度为10%，如图17所示。

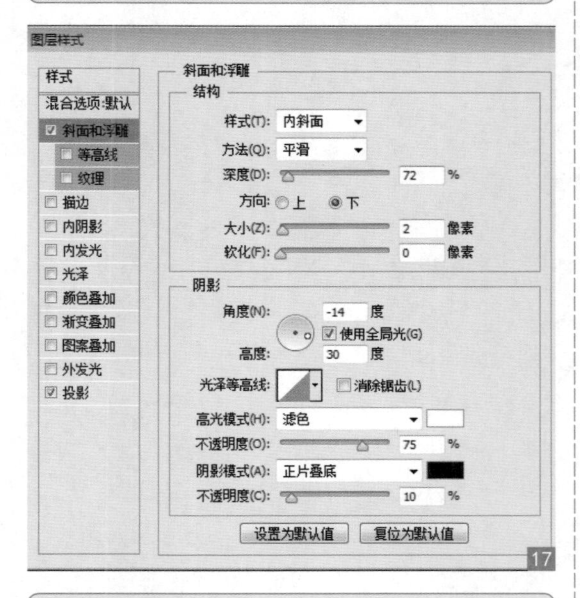

17

选择“投影”，设置混合模式为“正片叠底”，不透明度为50%，角度为-14°，距离为0，大小为0，如图18所示。

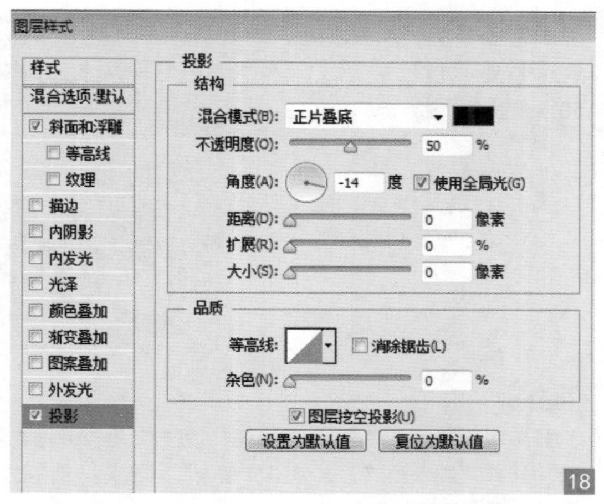

18

新建图层，设置前景色为“黑色”，在“图层”面板中单击路径，选择“画笔工具”，按下F5键，在“画板”面板中单击“画笔笔尖形状”，选择同样的笔触，设置“间距”为300%，如图19所示。

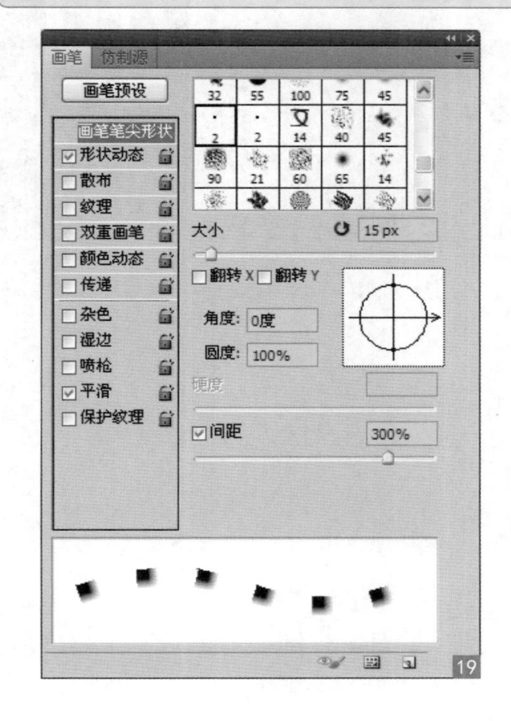

19

右击路径图层，在快捷菜单中选择“描边路径”，在弹出的“描边路径”对话框中，设置工具为画笔，取消勾选“模拟压力”，单击“确定”结束，回到图层中，在“图层”面板中设置虚线层不透明度为50%，如图20所示。

Tips:

选择画笔工具后，在选项栏中单击“点按”可打开画笔预设选取器按钮，在弹出的面板中单击按钮 ，在下拉列表中选择“载入画笔”，弹出“载入”对话框，从中选择需要载入的画笔，单击“载入”按钮即可，被载入的画笔会在画笔面板的最后。

▲ 用本例技术制作的其他特效

Chapter

07

制作手机UI设计立体图标

前面章节我们学习了矢量图形的绘制以及特效制作，为本章立体图标的制作打下了坚实的基础。立体图标是根据平面矢量图形进行二次加工，将导角、阴影、光泽、渐变填充等特效添加到形状上，从而得到光影和质感。

7.1 图标的存储格式

Version：CS4 CS5 CS6 CC

要了解图片格式的特性，首先得从一些基本概念开始。如果把这部分内容读完，相信会有很大收获。

7.1.1 矢量格式与位图格式

1. 矢量图

一幅完美的几何图形矢量图是通过组成图形的点、线、面、边框、边框的粗细及颜色、填充的颜色等一些基本元素，再通过计算的方式来显示图形的。这就像在几何学里描述一个圆可以通过它的圆心位置和半径来描述一样。通过这些数据，电脑就可以绘制出我们所定义的图像。

任何东西都有两面性。矢量图的优点是文件相对较小，不管放大还是缩小都不会失真。缺点就是这些几何图形难以表现自然度高的写实图像。

需要强调的是，我们在 Web 页面上所使用的图像都是位图，有些矢量像 icon 等其实也是通过矢量工具进行绘制然后再转成位图格式在 Web 上使用的。

2. 位图

位图又叫像素图、栅格图。位图是通过记录图像中每一个点的颜色、深度、透明度等信息来存储和显示图像。一张位图就是一幅大的拼图，每个拼块都是一个纯色的像素点，当按照一定规律把这些不同颜色的像素点排列在一起时，就是我们所看到的图像。因此当放大一幅像素图时，就能看到这些拼片一样的像素点。

位图的优点是方便显示色彩层次比较丰富的写实图像。缺点是文件大小差别较大，放大和缩小图像就会失真，即放大和缩小图片，看起来都是比较虚的。

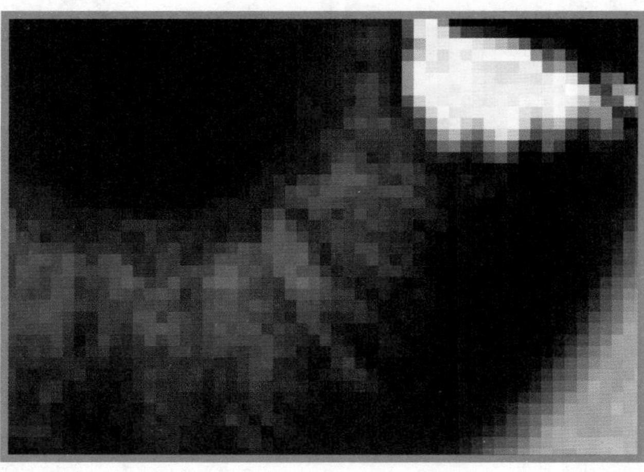

7.1.2 JPG压缩格式

从上面的介绍中，我们知道存储摄影和写实图像，还是 JPG 格式更适合。接下来，我们不妨找一张摄影作品试试。

下图是一幅照片，我们分别用 JPG 60%、PNG8 256 色 无仿色、PNG8 256 色扩散仿色和 PNG24 等 4 种格式进行存储。很明显，用 JPG 存储图像的时候，不但压缩率是最大的，而且也能尽量保证原图的最佳还原效果。使用 PNG8 进行保存的时候，图像文件不仅大小变化大，而且失真也最严重。使用 PNG24 的格式的保存，虽然能保证品质，但是文件大小要比 JPG 大得多。之所以会有这种结果，是因为 JPG 和 PNG 各自的压缩算法不同。

由于受到环境光线的影响，摄影以及写实作品在图像上的色彩层次很丰富。就拿下面这幅图片来说，由于反光、阴影和透视效果，人物腮部区域会形成明暗、深浅不同的区域。要是用 PNG 去保存，就需要不同明暗度的肤色去存储这个区域。PNG8 的 256 色根本没有办法索引整张图片上出现的所有颜色，因此在存储的时候，就会因为丢失颜色而失真。PNG24 虽然能保证图像的效果，但是需要比较广泛的色彩范围来进行存储，因此文件也会显得比较大，远远不如 JPG 的存储效果。因此，要压缩那些真实世界中的复杂的色彩，还要保持还原最佳的视觉效果，JPG 的压缩算法是最好的。

所以，我们可以得出以下结论：对于写实的摄影图像以及颜色层次比较丰富的图像，要想保存成图片格式，还要达到最佳的压缩效果，JPG 的图片格式保存是最佳选择。比如，人像采集、商品图片或者实物素材制作的广告 Banner 等图像采用 JPG 的图片格式保存，就比其他格式的要好得多。

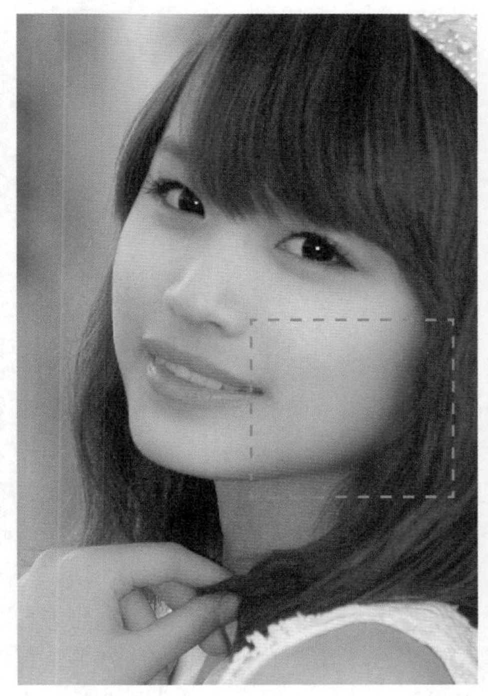

▲ JPG 品质 60%　大小 200K

▲ PNG8 256 色无仿色　大小 260K

综上所述，我们在存储图像的时候，主要依据图像上的色彩层次和颜色数量选择采用 JPG 还是 PNG。对于那些颜色较多、层次丰富的图像，就采用 JPG 存储；而对一些颜色简单、对比强烈的图片就采用 PNG。但是这也不是绝对的一成不变，像有的图片虽然色彩层次丰富，但是图像尺寸较小，它所包含的颜色数量也不多，这时我们也可以采用 PNG 进行存储。像那些由矢量工具绘制的图像，就需要采用 JPG 进行存储，因为它所采用的较多的滤镜特效会形成丰富的色彩层次。

另外，针对一些用于容器的背景、按钮、导航的背景等页面结构的基本视觉元素，我们要保证设计的品质，就必须使用 PNG 格式进行存储。因为这样才能更好地加入一些元素。对于商品图片和广告 Banner 等对质量要求不高的图片，采用 JPG 去存储就可以了。

7.1.3 PNG非压缩格式

下图所示的是手机里最常见的一个“Search”图片按钮，我们用 JPG 和 PNG8 两种格式分别进行保存，可以看到，JPG 保存的文件不仅是 PNG 保存的文件的大小的 2 倍，还出现了噪点。是什么原因造成这样的差异呢？

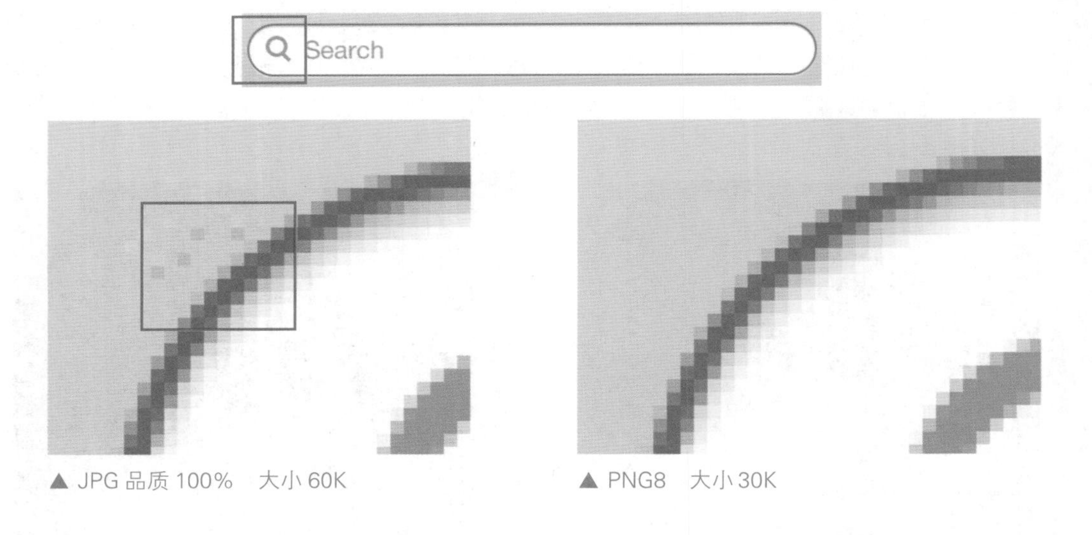

▲ JPG 品质 100%　大小 60K　　▲ PNG8　大小 30K

我们可以看到，“Search”这个按钮是通过 Photoshop 用矢量工具绘制出来的，它的渐变填充是很规则的线性渐变，文字颜色和描边都采用纯色，因此它所包含的色彩信息很少。所以在用 PNG 存储这个图像时，只需要保存很少的色彩信息就能还原这个图像。而用 JPG 格式存储这种颜色少但对比强烈的图片，由于 JPG 格式的大小主要取决于图像的颜色层次，所以反而不能很好地压缩文件。

另外，根据有损压缩的压缩算法，JPG 格式在压缩图像的时候，会通过渐变或其他方式填充一些被删除的数据信息。图中红色和白色的区域，由于色差较大，所以 JPG 在压缩过程中就会填充一些额外的杂色进去，这样就会影响图像的质量。所以，JPG 不利于存储大块的颜色相近区域的图像，也不利于存储亮度差异非常明显的图像。

7.1.4 图像的有损和无损压缩

1. 有损压缩

有损压缩，顾名思义，就是在存储图像的时候，不完全真实地记录图像上每个像素点的数据信息。实验证明，人眼对光线的敏感度要比对颜色的敏感度高，当颜色缺失的时候，人脑就会利用与附近最接近的颜色来自动填补缺失的颜色。所以，有损压缩就根据人眼观察的这个特性对图像数据进行处理，去掉那些图像上容易被人眼忽略的细节，再使用附近的颜色通过渐变以及其他形式进行填充。这样一来，不仅降低了图像信息的数据量，还会影响图像的还原效果。

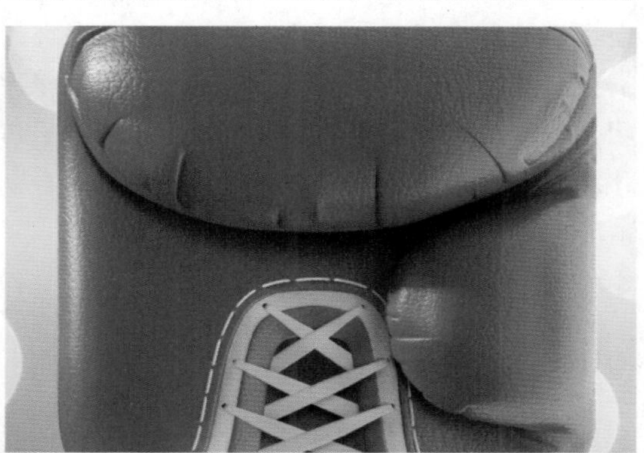
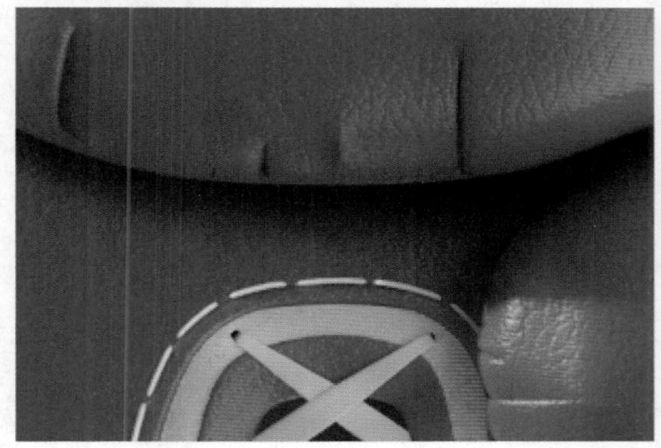

▲ 图片放大后看到有损压缩的痕迹

最常见的采用的对图像信息进行处理的有损压缩是 JPG 格式。JPG 在存储图像的时候，首先把图像分解成 8 像素 ×8 像素的栅格，再对每个栅格的数据进行压缩处理。所以我们在放大一幅图像的时候，就会发现这些 8 像素 ×8 像素栅格中有很多细节信息被删除。这就是用 JPG 存储图像会产生块状模糊的原因。

2. 无损压缩

和有损压缩不一样，无损压缩会真实地记录图像上每个像素点的数据信息。为了压缩图像文件的大小，无损压缩还是会采取一些特殊的算法。无损压缩首先要判断图像上哪些区域的颜色是相同的，哪些是不同的，再把这些相同的数据信息进行压缩记录，最后把不同的数据另外保存。比如存储一幅蓝天白云的图片，一片蓝色的天空就属于相同的数据信息，我们只需要记录起点和终点的位置，天空上的白云和渐变等数据，我们就要另外保存。

最常见的一种无损压缩的图片格式是 PNG 格式。因为无损压缩在存储图像的时候，要先判断图像上哪些地方是相同的哪些是不同的，所以就要对图像上出现的所有颜色进行索引，这些颜色就是索引色。索引色和绘制这幅图像的调色板一样，PNG 在显示图像的时候，就会用调色板上的颜色（索引色）去填充相应的位置。

有时，PNG 虽然采用的是无损压缩来保存，可是 PNG 格式的图片还是会失真。其实对于有损压缩来说，不管图像上的颜色是多是少，都会损失图像信息。这是因为无损压缩的方式只会尽可能真实地还原图像，但是 PNG 格式是通过索引图像上相同区域的颜色来进行压缩和还原的，也就是说只有在图像上出现的颜色的数量比我们保存的颜色数量少的时候，无损压缩才能真实地记录和还原图像，要是图像上出现的颜色数量大于我们保存的颜色数量的时候，就会丢失一些图像信息。像 PNG 格式最多才能保存 48 位颜色通道，PNG8 最多只能索引 256 种颜色，因此对于颜色较多的图像就不能真实还原，PNG24 能保存 1600 多万种颜色，这样就能够真实还原我们人类肉眼可以分辨的所有颜色。

照相机图标制作

Version：CS4 CS5 CS6 CC

Keyword：图层样式、圆角矩形工具、椭圆工具、画笔工具

在本例中，我们将学会使用图层样式工具、图层蒙版、圆角矩形工具、椭圆工具等制作一个摄像头图标。本例以圆角矩形为基本图形，大量运用了 Photoshop 内置的图层样式效果，让图标变得有视觉立体感。本例最终效果如图所示。

设计构思

照相机图标以圆角矩形为基本图形，上面有镜头的空间感。本例图标具有很强的立体感，给人强有力的视觉冲击。外观采用银白色，给人金属的冰凉感，内部采用绿色，给人深邃的感觉。

01 ▶ 新建文档 执行“文件”→“新建”命令，或按下快捷键 Ctrl+N，打开“新建”对话框，设置大小为 460 像素 ×440 像素，分辨率为 72 像素，完成后单击“确定”按钮，如图01所示，新建一个空白文档，如图02所示。

01

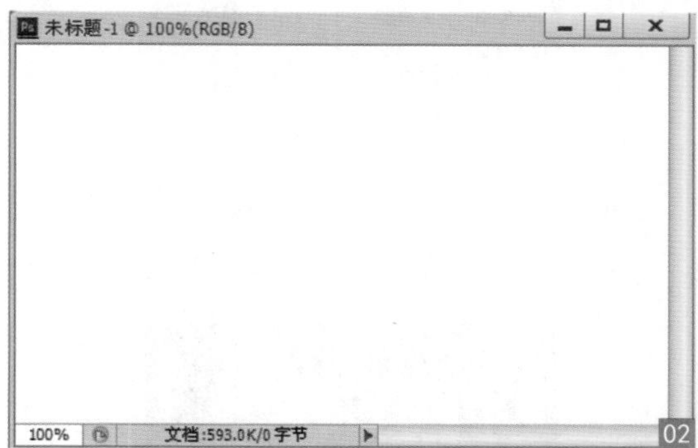

02

02 ▶ 绘制前景色 单击前景色图标，在弹出的“拾色器（前景色）”对话框中设置参数，改变前景色，如图03所示，按下快捷键 Alt+Delete 为背景填充前景色，如图04所示，“图层”面板，如图05所示。

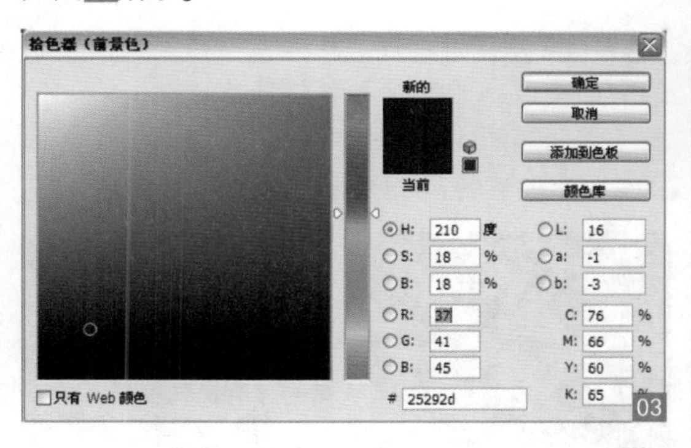

03

04 05

03 ▶ 绘制圆角矩形 选择“圆角矩形工具”，在选项栏中设置半径为 80 像素，在画布上绘制圆角矩形，在弹出的“图层样式”对话框中选择“渐变叠加”，设置相应参数，如图06所示，单击“确定”按钮，为圆角矩形添加黑白渐变效果，如图07所示，“图层”面板，如图08所示。

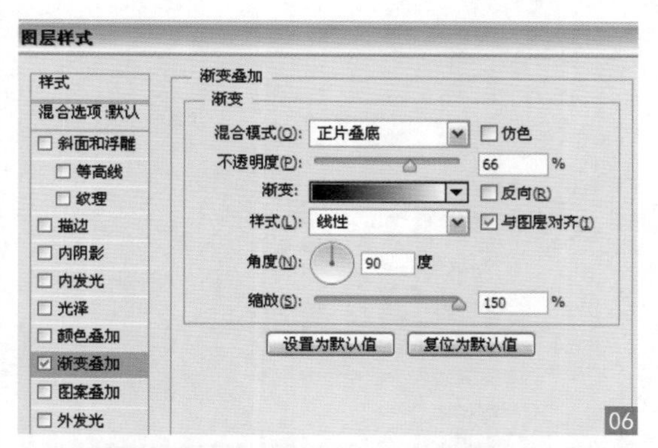

06

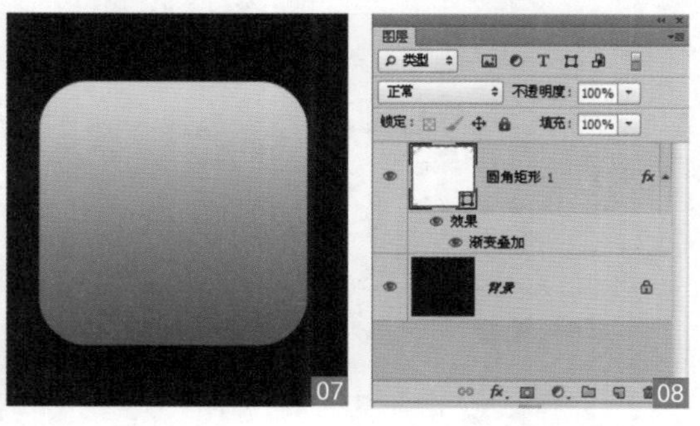

07 08

04 ▶ 移动复制 选择“矩形工具”绘制黑色矩形，按住 Alt 键进行复制移动，在上方绘制三个矩形进行合并图层，左边和右边分别也是 3 个矩形，进行合并图层，如图09所示，“图层”面板，如图10所示。

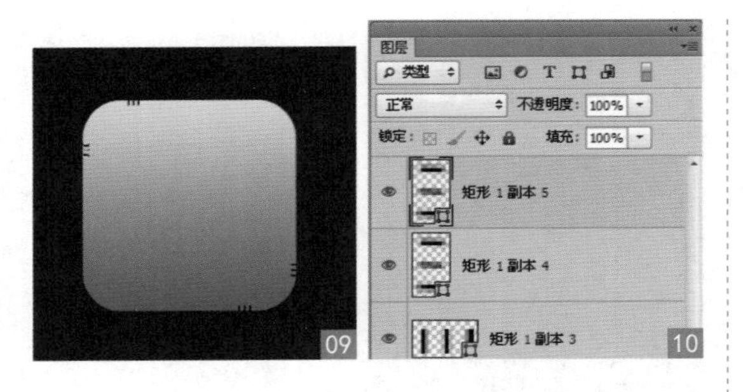

05 ▶ 复制圆角矩形 按住 Alt+Shift 键将其缩小，在打开的“图层样式”对话框中分别选择“斜面和浮雕”“描边”“内阴影”“内发光”“颜色叠加”“渐变叠加”，如图11～16所示，设置相应参数，添加效果，如图17所示。

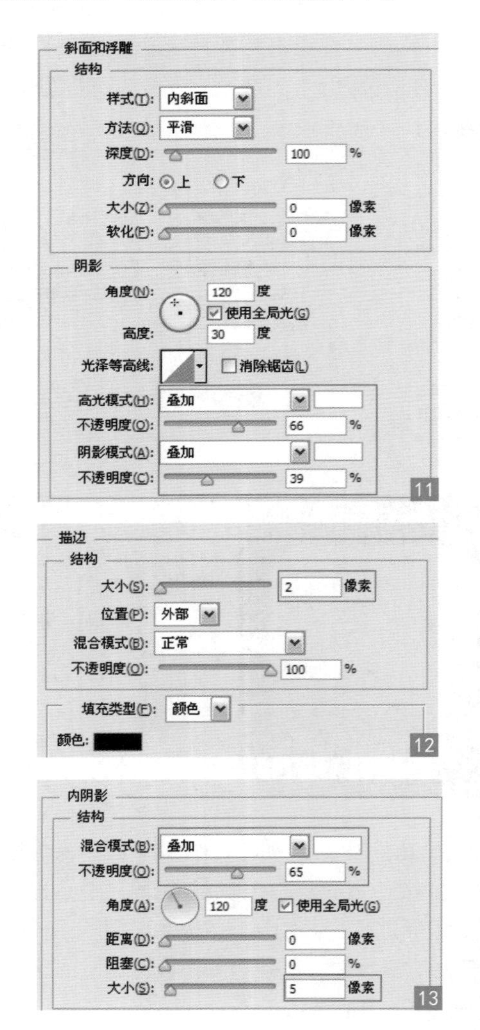

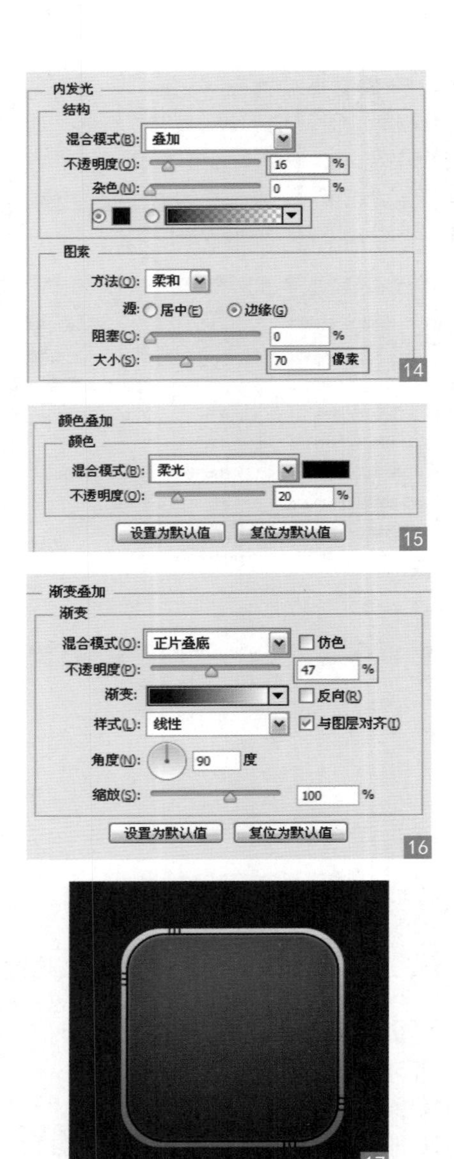

06 ▶ 打开素材文件 将素材拖入到当前绘制的文档中，如图18所示，按住 Ctrl 键的同时单击“圆角矩形 1 副本”图层的图层缩略图，选择该图层的选区，如图19所示。

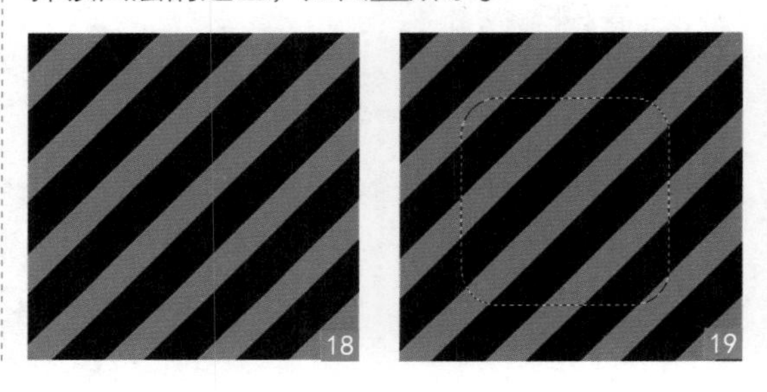

07 ▶ 添加蒙版 选择“图层 1”图层，单击“图层”面板下方的“添加图层蒙版”按钮，为该图层添加蒙版，如图20所示，然后将该图层的混合模式设置为“叠加”，如图21所示，使效果变暗，如图22所示。

20

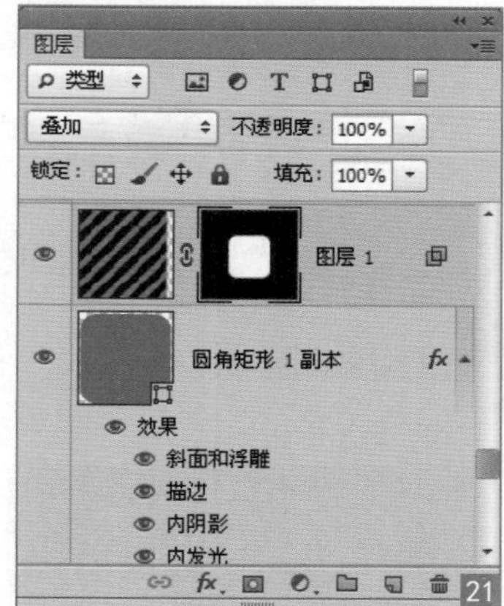

21

22

Tips:

创建选区后，可以执行“图层”→“图层蒙版”→“显示选区”命令，基于选区创建图层蒙版；如果执行“图层”→“图层蒙版”→“隐藏选区”命令，则选区内的图像将被蒙版遮盖。

08 ▶ 绘制高光 新建“图层 2”图层，选择白色画笔工具，在图标上绘制高光，如图23所示，使用同样的方法，调出圆角矩形的选区，添加蒙版，将画笔工具涂抹的多余部分隐藏，如图24所示，“图层”面板，如图25所示。

23

24

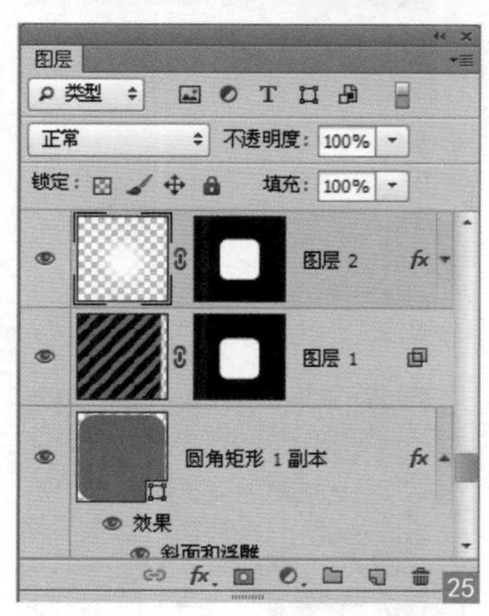

25

09 ▶ 叠加图层 选择“图层 2”图层，将该图层的混合模式设置为“叠加”，如图26所示，“图层”面板，如图27所示。

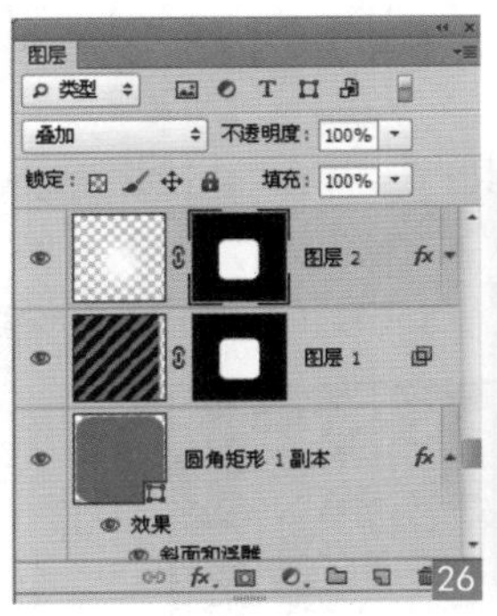

10 ▶ 添加投影 选择“圆角矩形工具”，在选项栏中设置相应参数，如图28所示，在图像上绘制描边效果，在弹出的“图层样式”对话框中分别选择“渐变叠加”“投影”，如图29、30所示，设置相应参数，为其添加效果，如图31所示，“图层”面板，如图32所示。

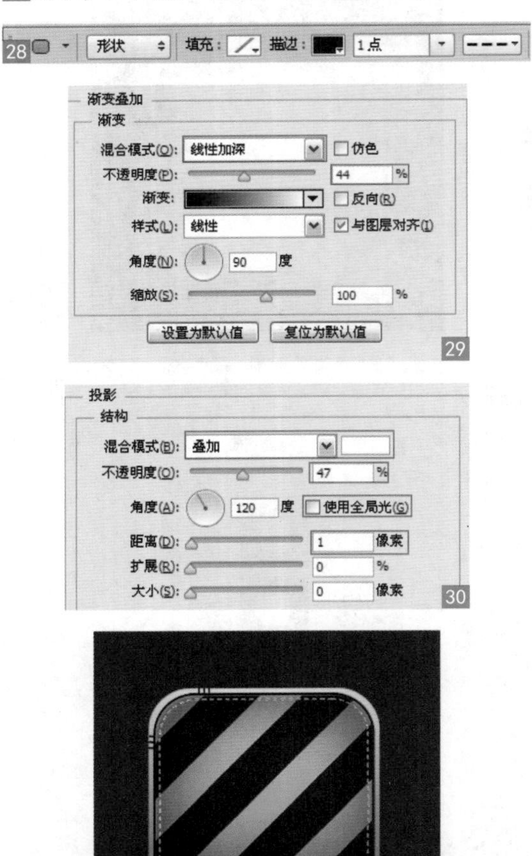

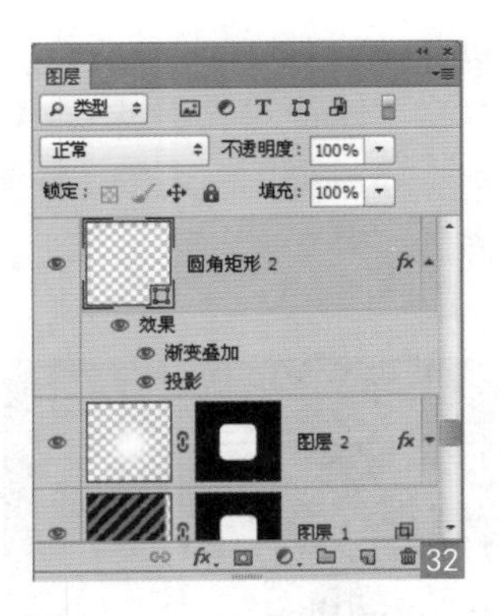

11 ▶ 绘制圆形 设置前景色的颜色为灰色，如图33所示，选择“椭圆工具”，在图标上绘制椭圆，如图34所示，得到“椭圆 1 ”图层，如图35所示。

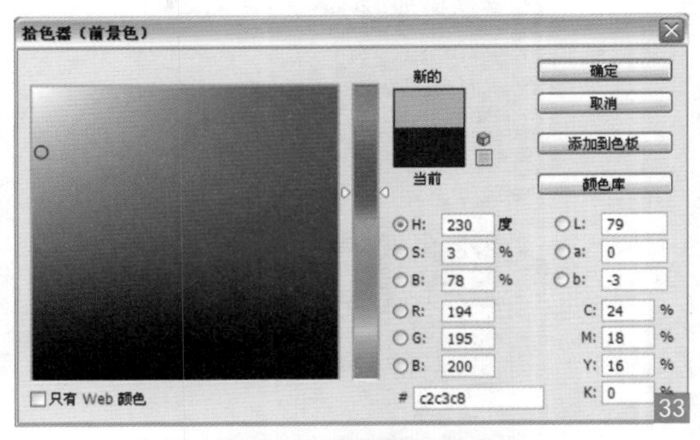

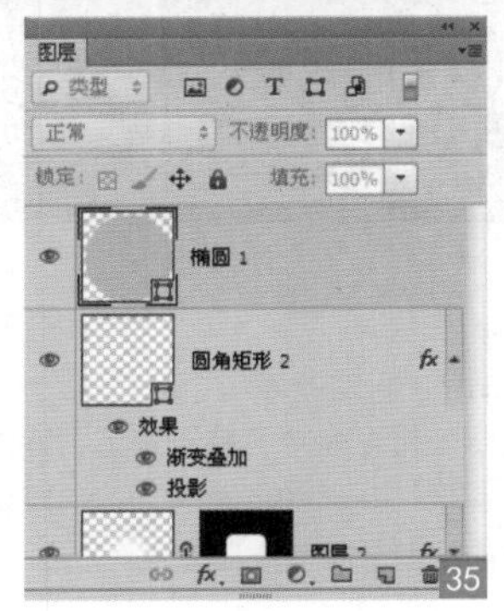

12▶ 设置图层样式 双击“椭圆1”图层，在弹出的“图层样式”对话框中分别选择“描边”“内阴影”“外发光”“渐变叠加”“投影”，如图36～40所示，进行参数调节，为椭圆添加效果，如图41所示，“图层”面板，如图42所示。

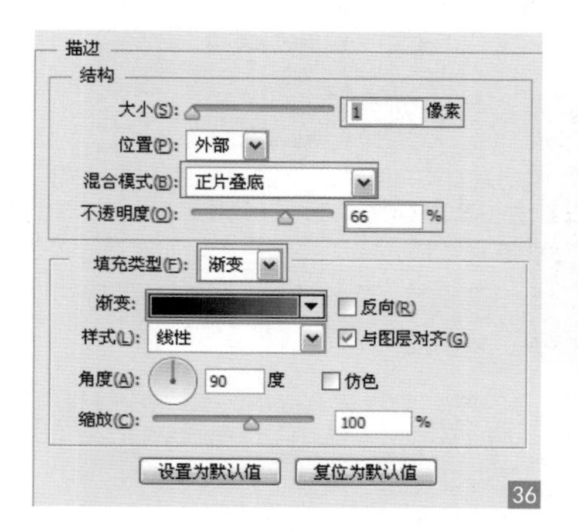

36

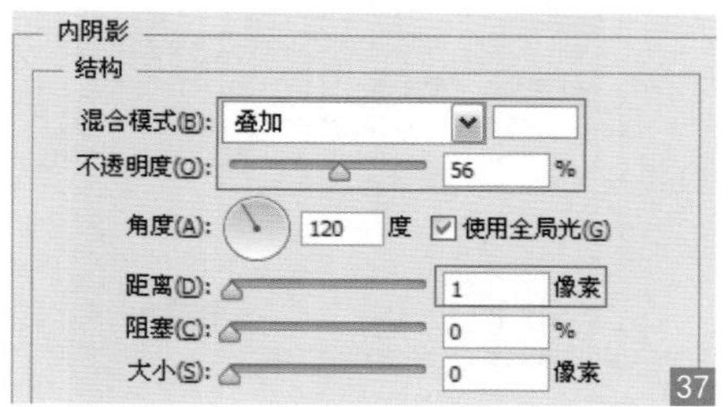

37

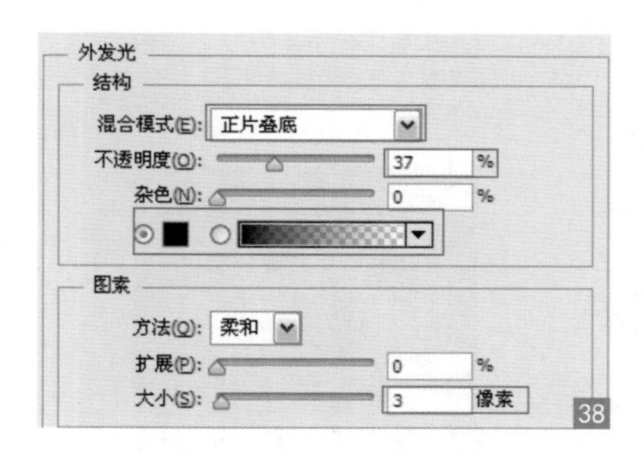

38

39

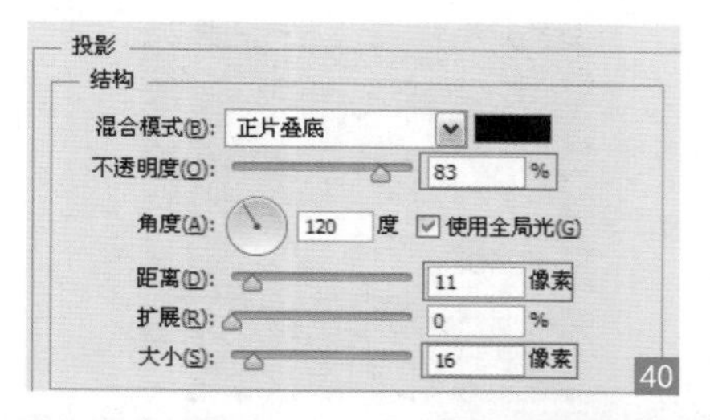

40

41 42

13▶ 绘制圆形 设置“椭圆1”图层，得到“椭圆1副本”图层，将椭圆缩小，如图43所示，在打开的“图层样式”对话框中分别选择“内阴影”“渐变叠加”，如图44、45所示，设置相应参数，添加效果，如图46所示，“图层”面板，如图47所示。

43

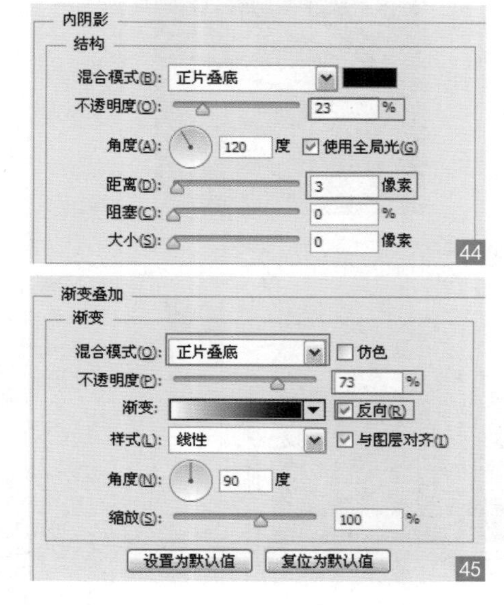

44 45

46

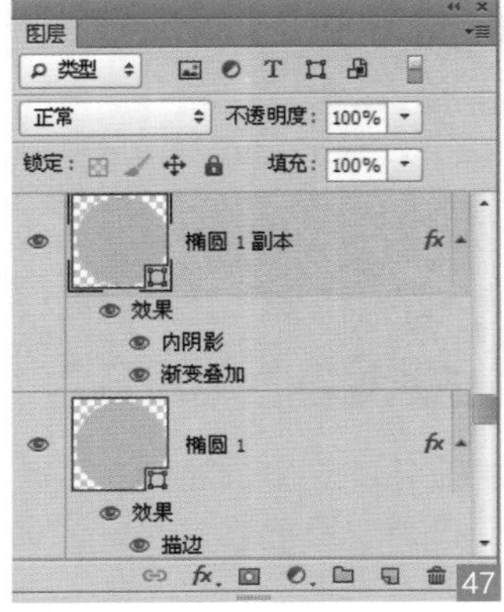

47

Tips:

在图标镜头的制作过程中，需要不断地复制椭圆，将其缩小，按住Alt+Shift快捷键可从中心出发等比例将椭圆进行缩小。

14▶ 绘制圆形 再次绘制“椭圆 1”图层，将其缩小，如图48所示，改变复制后椭圆的颜色，如图49所示，“图层”面板，如图50所示。

48

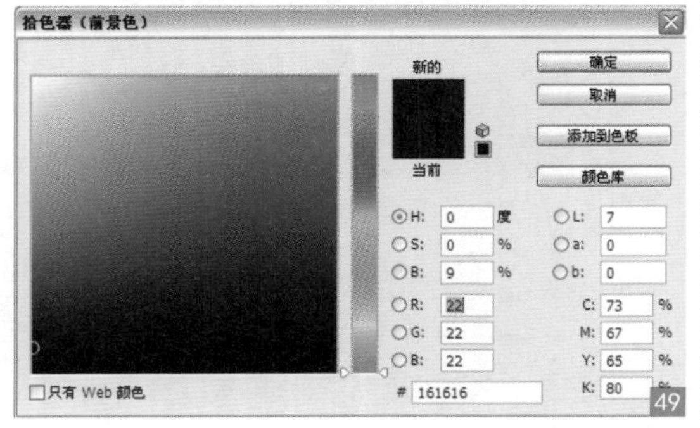

49

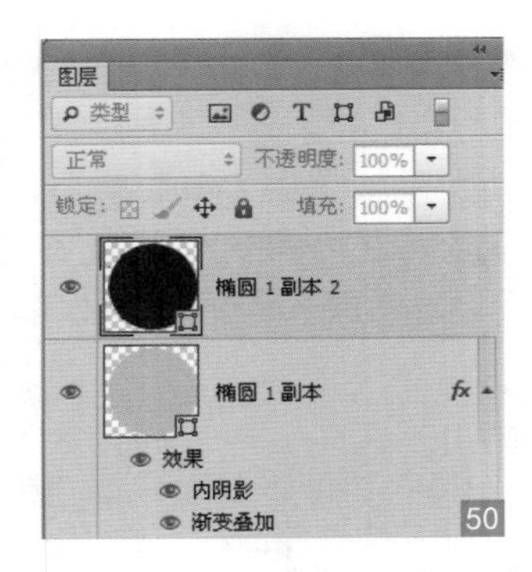

50

15▶ 添加描边 打开“图层样式”对话框，分别选择“描边”“内阴影”，如图51、52所示，设置相应参数，添加效果，如图53所示，“图层”面板，如图54所示。

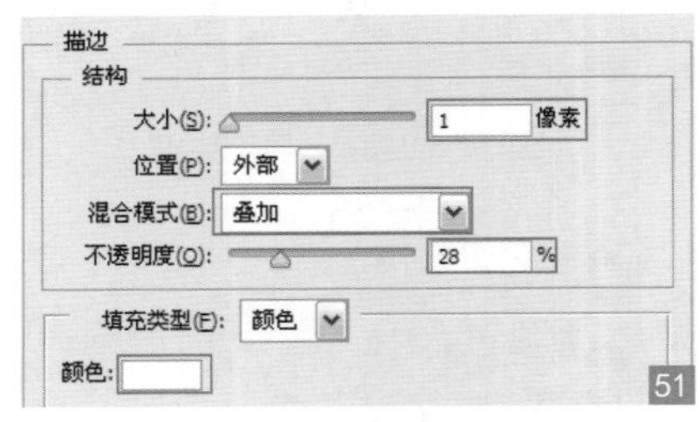

51

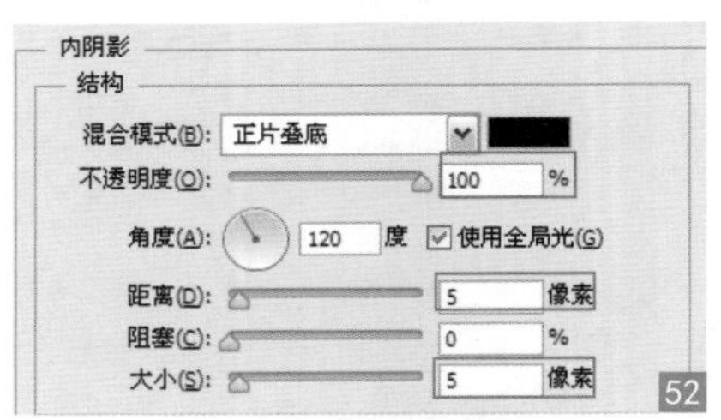

52

53

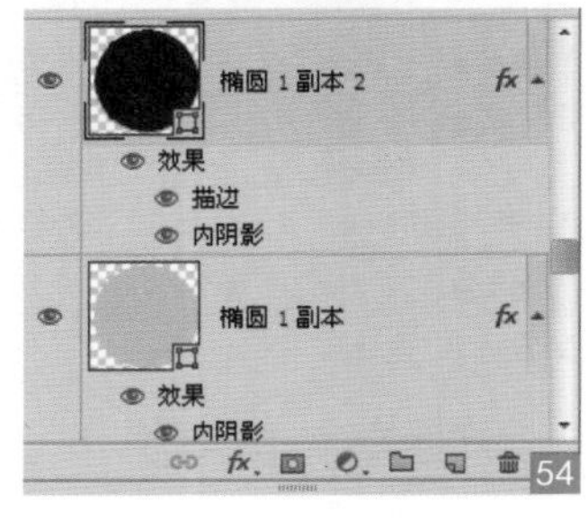

54

16▶ 绘制椭圆 再次绘制椭圆图层，如图55所示，分别添加“斜面和浮雕”“渐变叠加”，如图56、57所示，添加效果，如图58所示，“图层”面板，如图59所示。

55

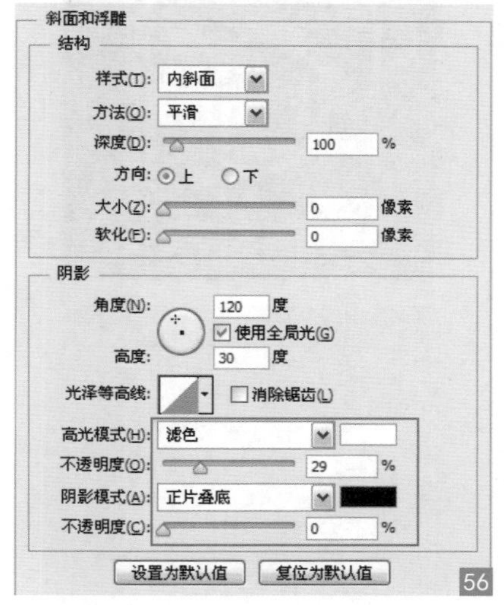

56

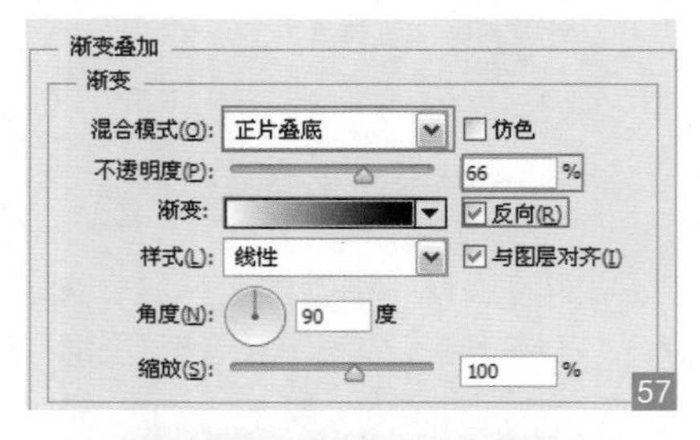

57

58

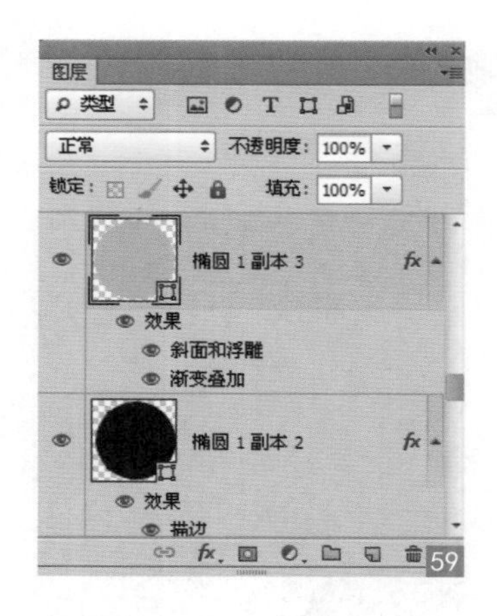

59

17▶ 绘制椭圆 再次绘制椭圆形状，将其缩小，如图60所示，改变颜色，如图61所示，“图层”面板，如图62所示。

60

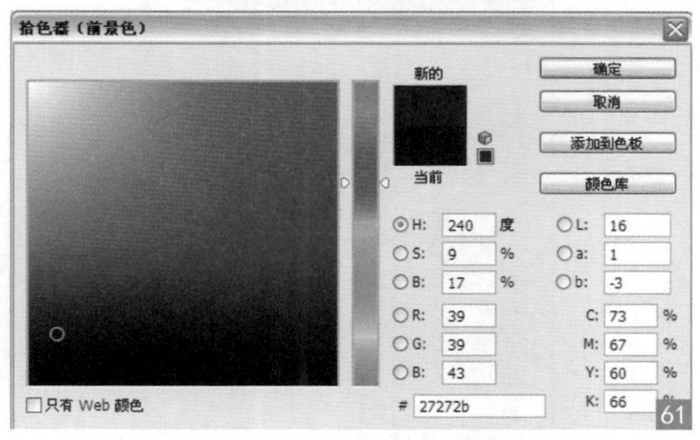

61

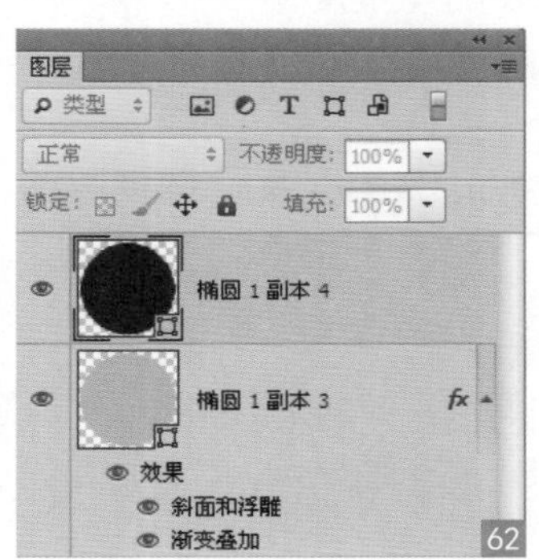

62

18 ▶ 绘制椭圆 再次复制椭圆形状，将其缩小，如图63所示，改变颜色，如图64所示，“图层”面板，如图65所示。

63

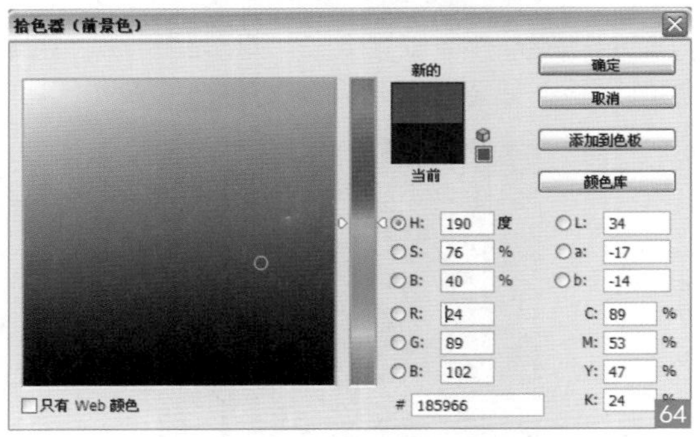

64

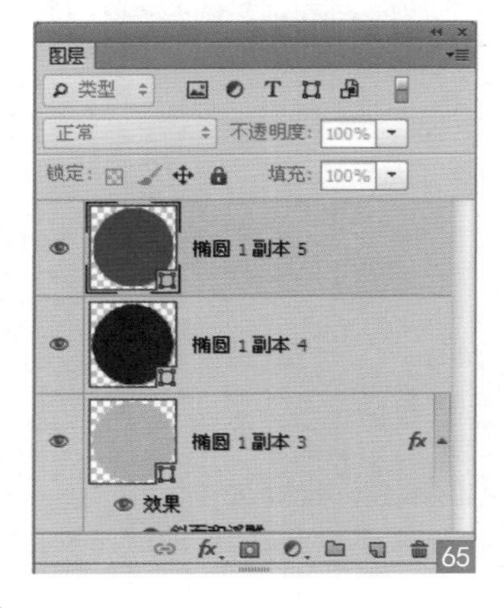

65

Tips:

如果知道所需颜色的色值，可在颜色模型右侧的文本框中输入数值来精确定义颜色，例如，可以指定RGB的颜色值来确定显示的颜色。

19 ▶ 设置样式 打开“图层样式”对话框，选择“内阴影”，设置相应参数，如图66所示，添加效果，如图67所示，“图层”面板，如图68所示。

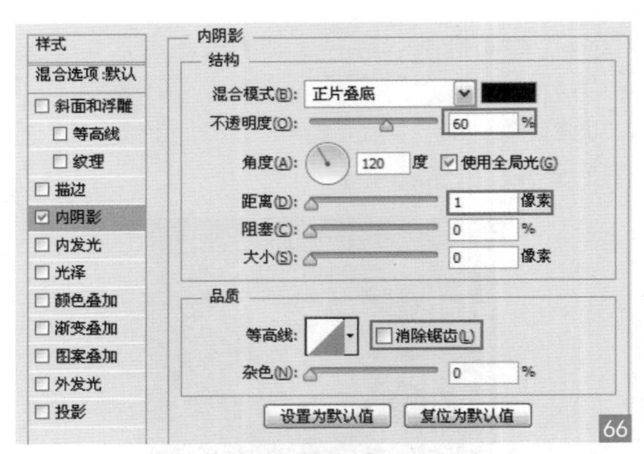

66

67

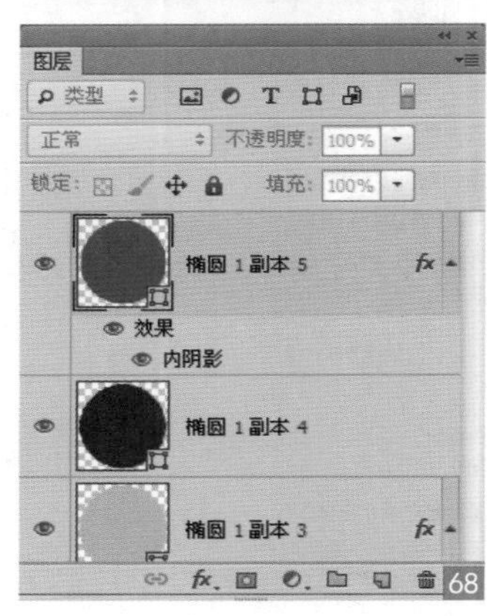

68

20 ▶ 复制图层 复制椭圆图层，将其缩小，如图69所示，改变颜色，如图70所示，“图层”面板，如图71所示。

69

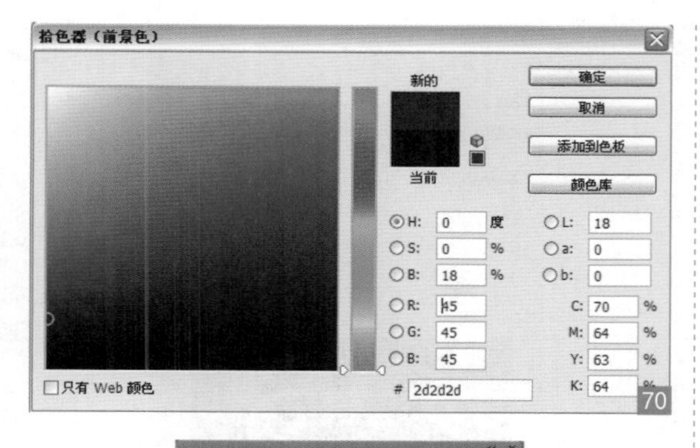

70

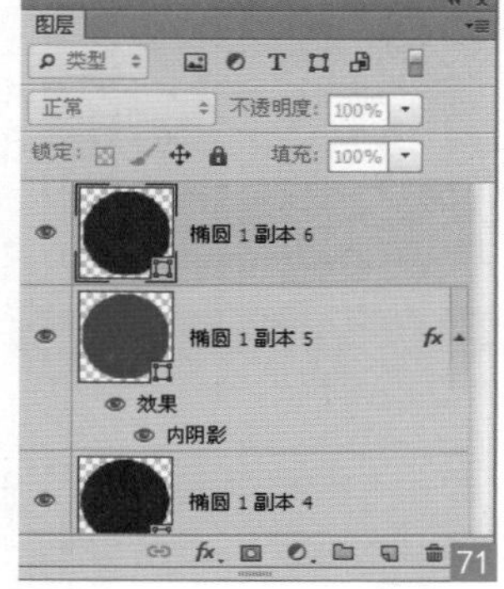

71

Tips:

单击工具箱中的前景色图标，可以打开“拾色器（前景色）”对话框，在竖直的渐变条上单击，可以定义颜色范围；在色域中单击可以调整颜色深浅。

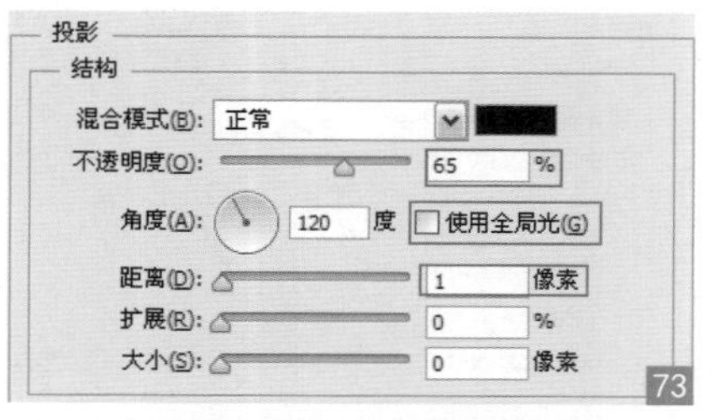

73

74

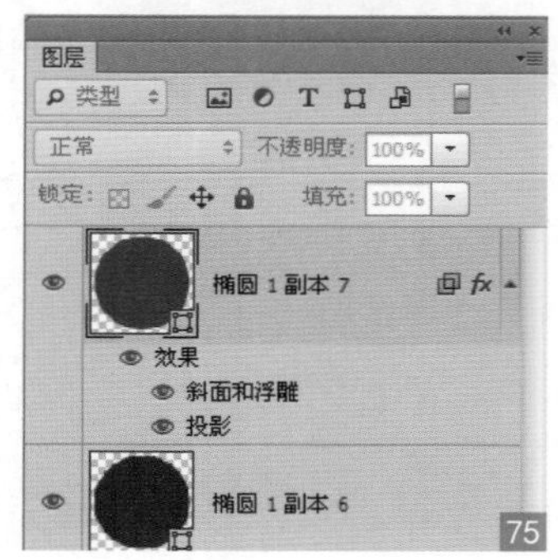

75

21 ▶ 设置图层样式 打开“图层样式”对话框，分别选择“斜面和浮雕”“投影”，如图72、73所示，设置相应参数，添加效果，如图74所示，“图层”面板，如图75所示。

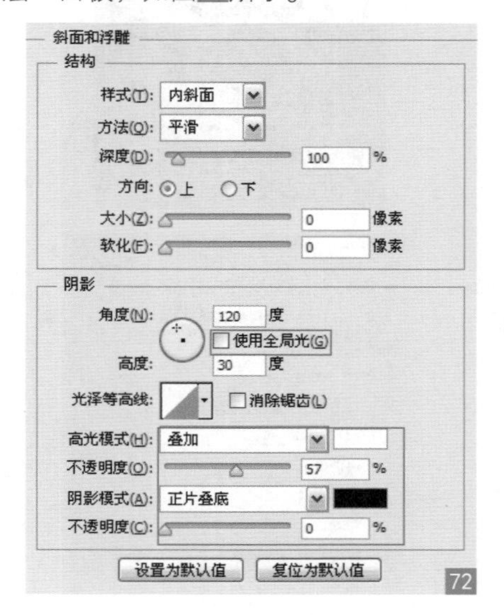

72

22 ▶ 设置图层样式 再次复制，缩小，改变颜色，分别添加“斜面和浮雕”“投影”，如图76、77所示，设置相应参数，添加效果，如图78所示，“图层”面板，如图79所示。

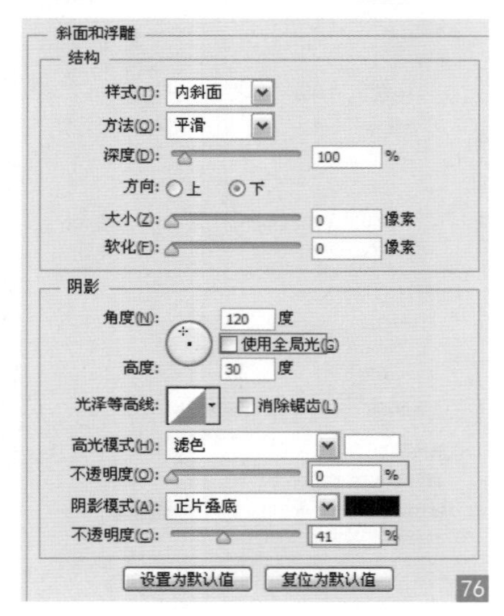

76

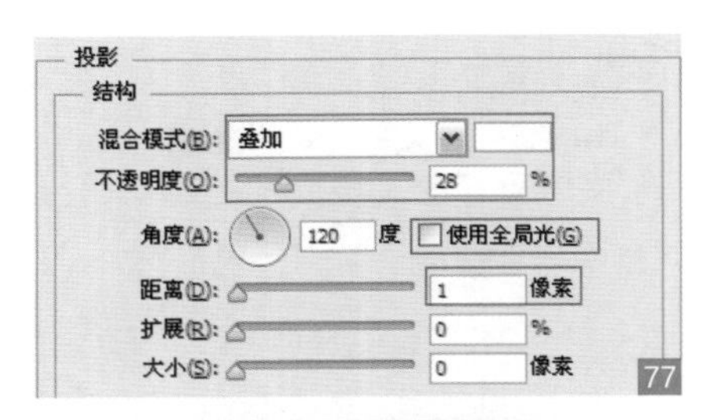

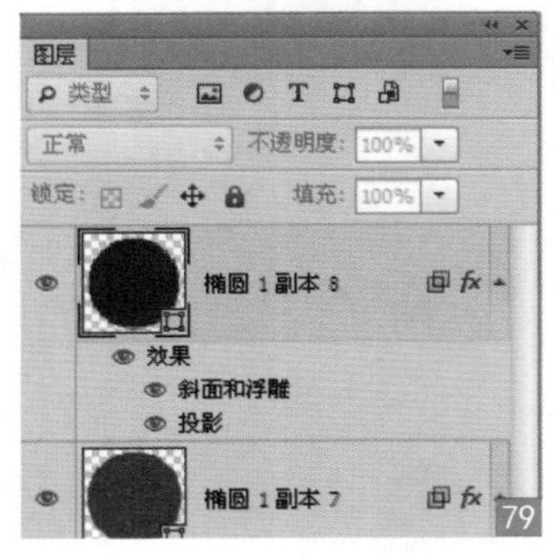

23 ▶ 复制样式 再次复制，缩小，改变颜色，分别添加“斜面和浮雕”“投影”，如图80、81所示，设置相应参数，添加效果，如图82所示，“图层”面板，如图83所示。

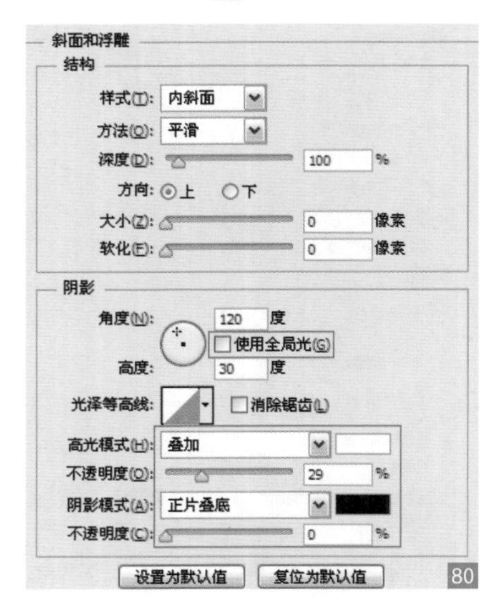

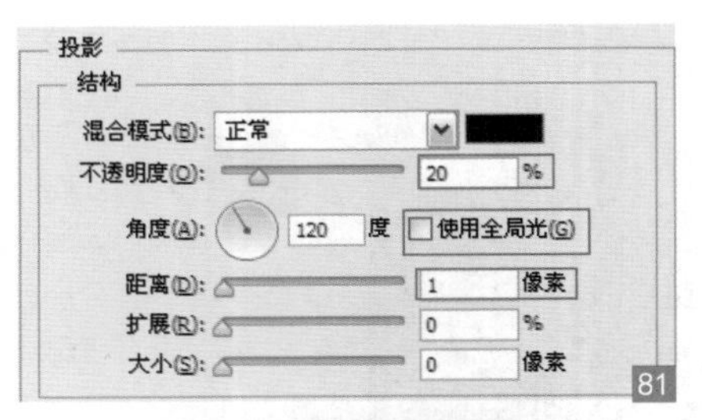

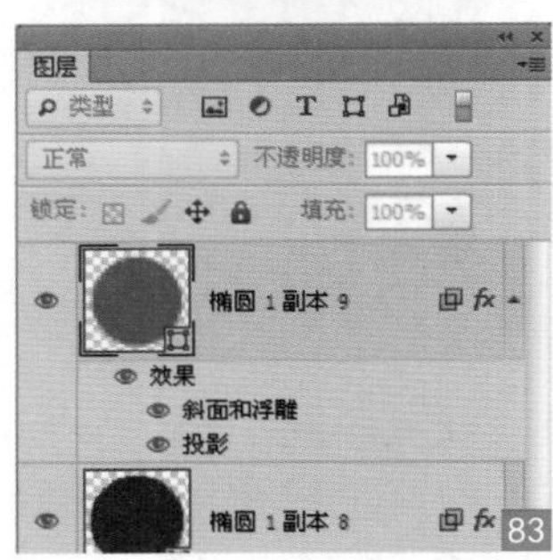

24 ▶ 复制图层 将椭圆进行缩小，改变颜色，如图84所示，“图层”面板，如图85所示。

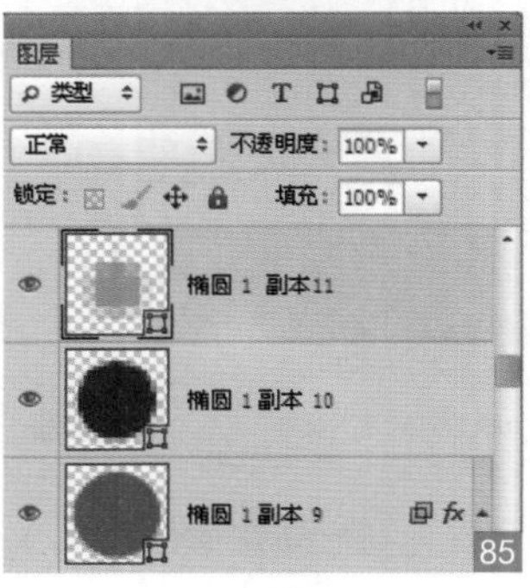

25▶ 绘制高光 新建“图层 3”图层，选择“白色画笔工具”，在图标镜头上进行涂抹，得到高光，如图86所示，将该图层的混合模式设置为“叠加”，如图87所示，效果如图88所示。

86

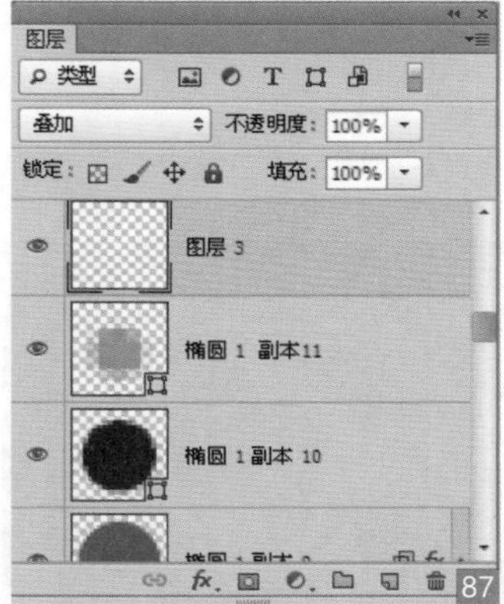

87

88

Tips:

在使用画笔工具绘制高光的过程中，我们将画笔笔头先放大，在图像上单击，然后不断变小进行单击，这样绘制出来的高光可形成虚边的效果。

26▶ 添加高光 将“图层 3”图层进行复制，如图89所示，得到“图层 3 副本”图层，将复制后图层的不透明度降低，如图90所示，加强高光效果，如图91所示。

89

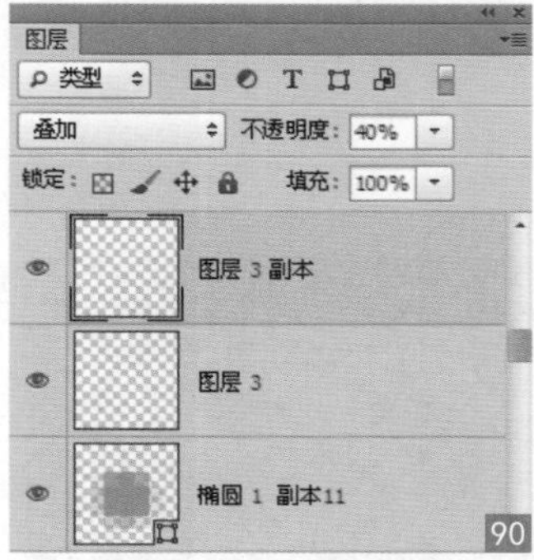

90

91

27▶ 绘制高光 再次选择“白色画笔工具”，在图像上单击，绘制白点，如图92所示，改变图层混合模式为“叠加”，降低不透明度为30%，如图93所示，效果如图94所示。

92

28▶ 设置不透明度 用同样的方法进行绘制，改变图层混合模式并降低不透明度，如图95所示，增强图标镜头韵感，如图96所示。

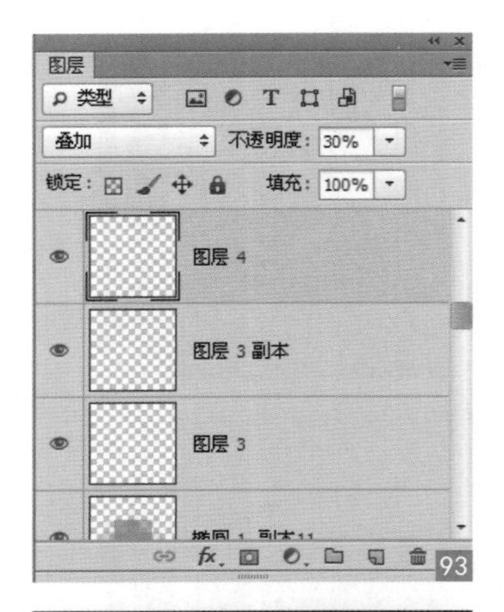

93

94

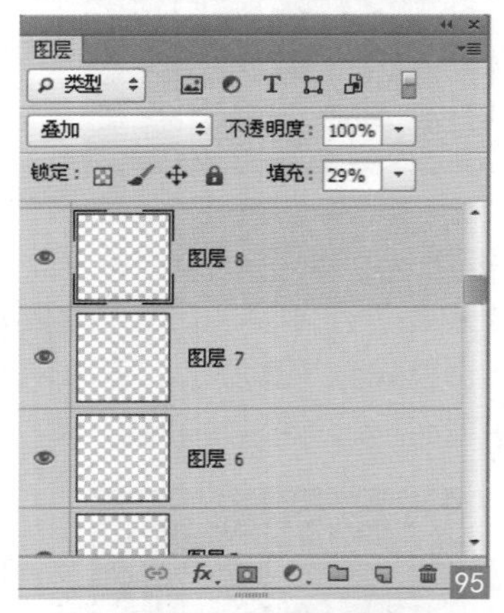

95

96

29 ▶ 外发光 选择“椭圆工具”绘制黑色椭圆，将其进行复制，得到“椭圆 2 副本”图层，将其缩小，改变颜色为青色，打开“图层样式”对话框，选择“外发光”，设置相应参数，如图97所示，添加外发光效果，如图98所示，“图层”面板，如图99所示。

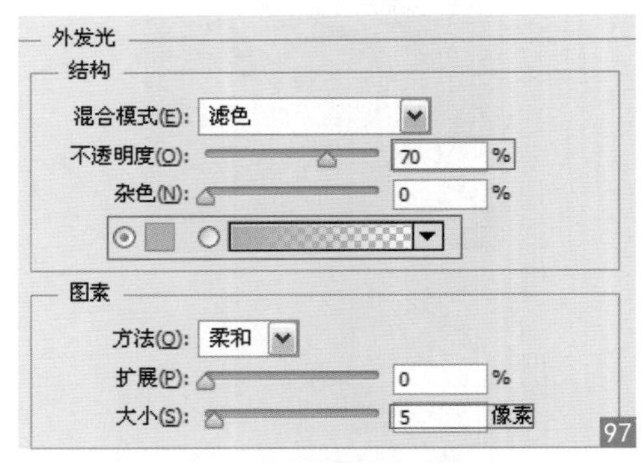

97

98

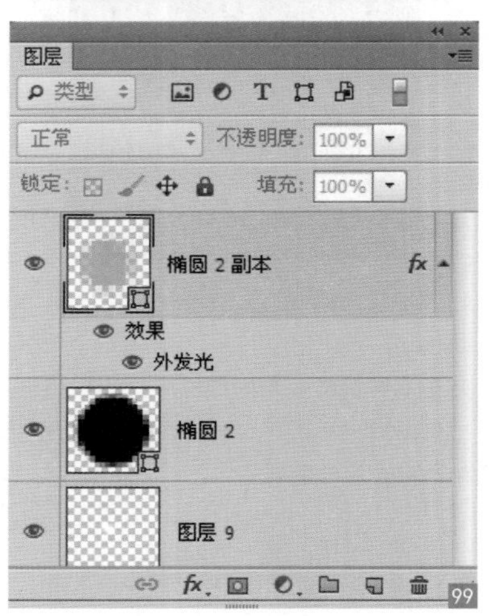

99

30 ▶ 设置发光效果 用同样的方法绘制，添加“外发光”效果，如图100所示，图标效果，如图101所示，“图层”面板，如图102所示。

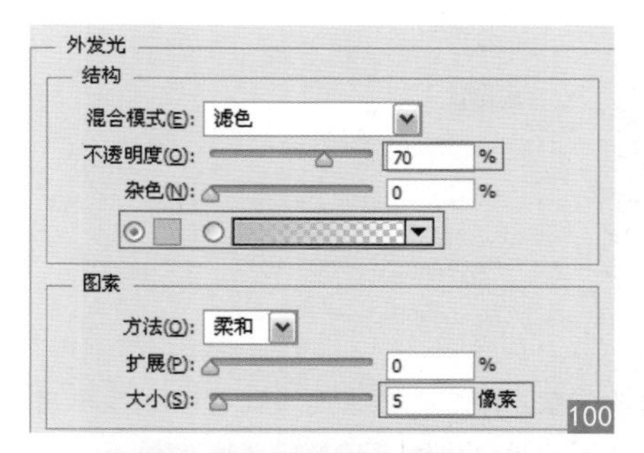

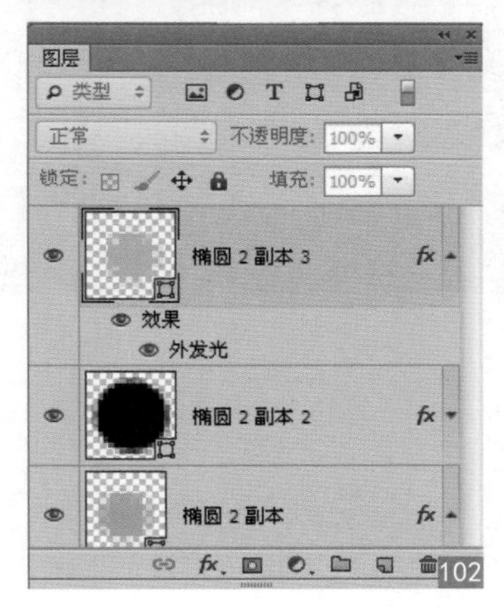

31 ▶ 设置图层样式 选择“矩形工具”，绘制矩形，打开“图层样式”对话框，分别选择“描边”“内阴影”“渐变叠加”，如图103～105所示，设置相应参数，单击“确定”按钮，“图层”面板，如图106所示，完成效果，如图107所示。

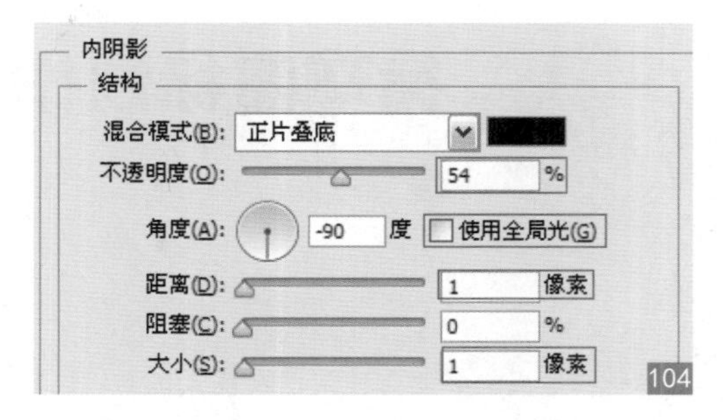

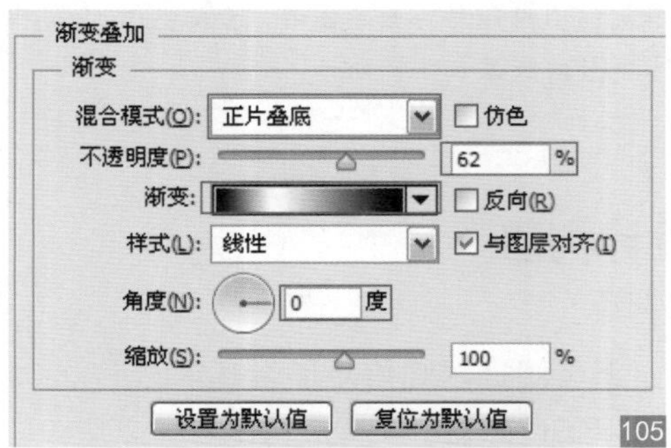

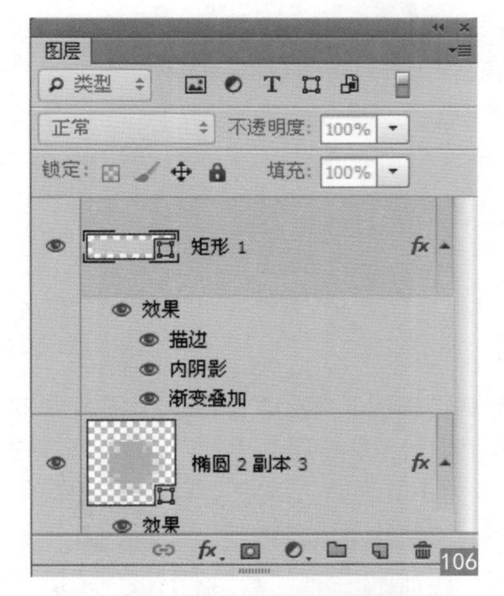

循环图标制作

Version：CS4 CS5 CS6 CC

Keyword：图层样式、钢笔工具、圆角矩形工具、渐变工具、画笔工具

在本例中，我们将学会使用图层样式工具、钢笔工具、图层蒙版、圆角矩形工具等制作一个循环图标。本例以圆角矩形为基本图形，大量运用了 Photoshop 内置的图层样式效果，让图标变得有视觉立体感。本例最终效果如下图所示。

设计构思

循环图标以圆角矩形为基本图形，内部以三角形点缀，完成构造。图标整体具有立体感，整个图标具有暗部和亮部的阴影关系。图标背景色调偏暗，给人以沉稳、庄重的感觉，但内部图标颜色鲜艳，为整体图标注入了新的活力，如右图所示。

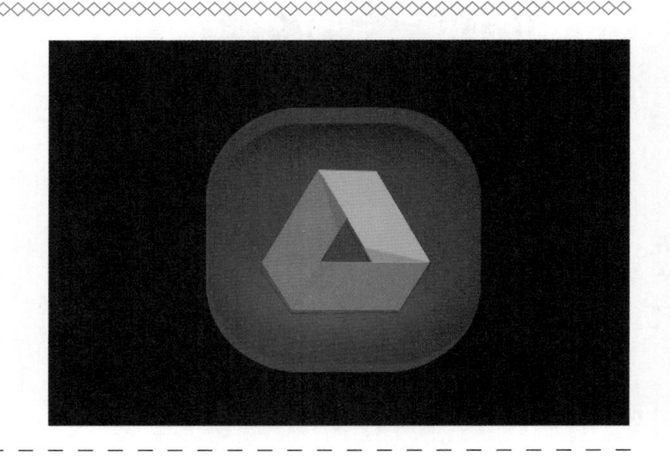

01 ▶制作模板 继续在上个例子的背景中进行绘制，选择“圆角矩形工具”，在选项栏中设置半径为 160 像素，设置颜色，如图01所示，在图像上拖曳绘制圆角矩形，如图02所示，“图层”面板中自动生成“圆角矩形 1”图层，如图03所示。

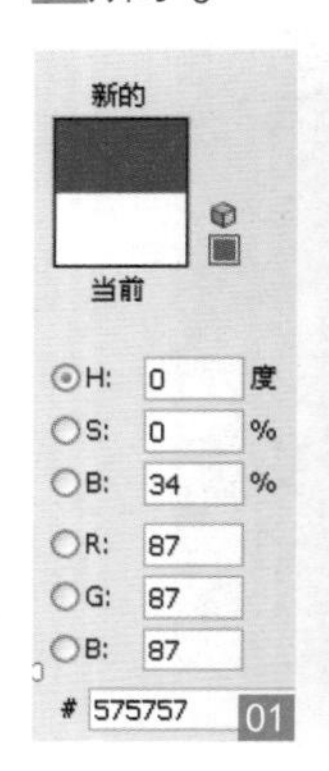

01

02

03

02 ▶添加效果 双击“圆角矩形 1”图层，打开“图层样式”对话框，分别对“斜面和浮雕”“投影”“内阴影”“渐变叠加”进行参数调节，如图04～07所示，设置完成后单击“确定”按钮，

为图像添加效果，如图08所示，“图层”面板也发生相应的变化，如图09所示。

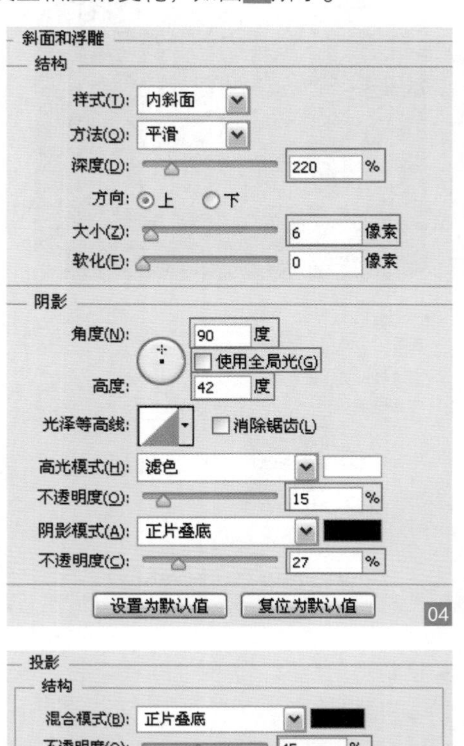

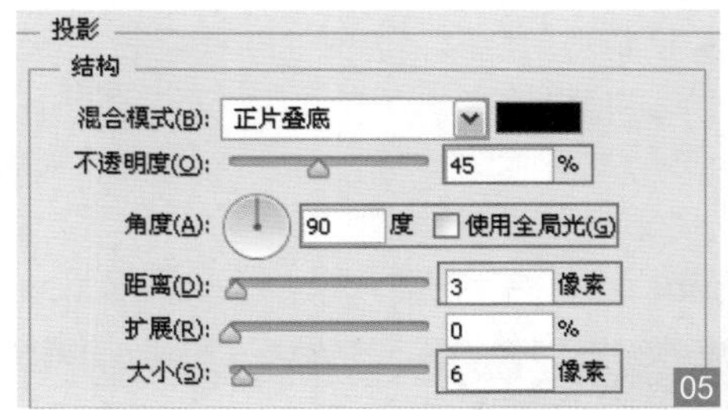

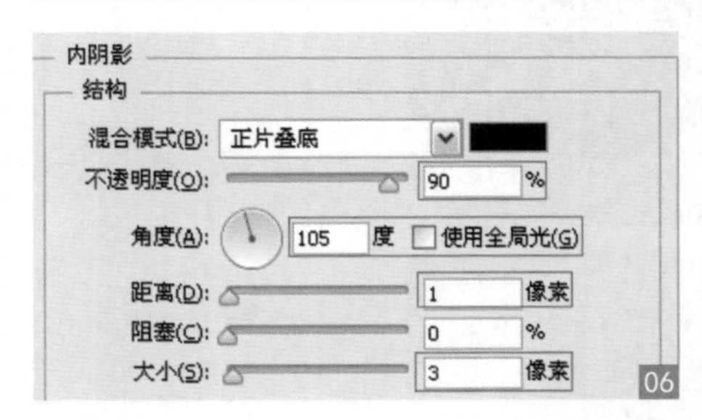

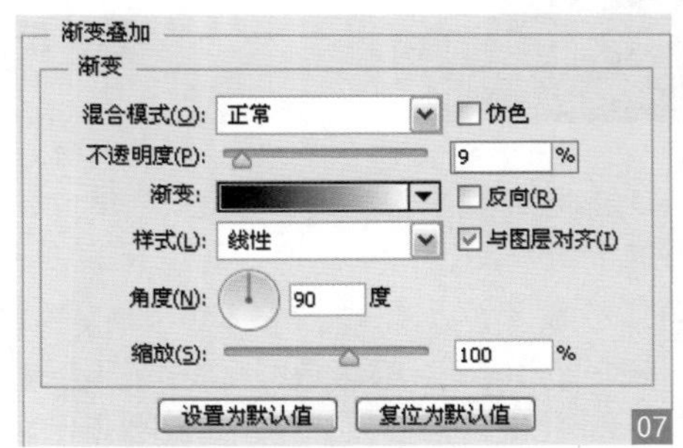

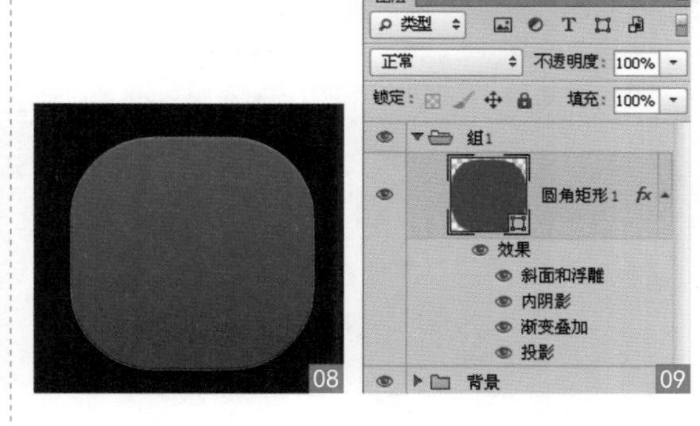

03 ▶ 绘制图标高光 新建“图层1”图层，选择“画笔工具”，在选项栏中选择“柔角画笔”，设置前景色为“白色”，在图像上进行涂抹，绘制高光区域，如图10所示，绘制完成后，将该图层的不透明度降低为30%，如图11所示，图标高光效果更加自然，如图12所示。

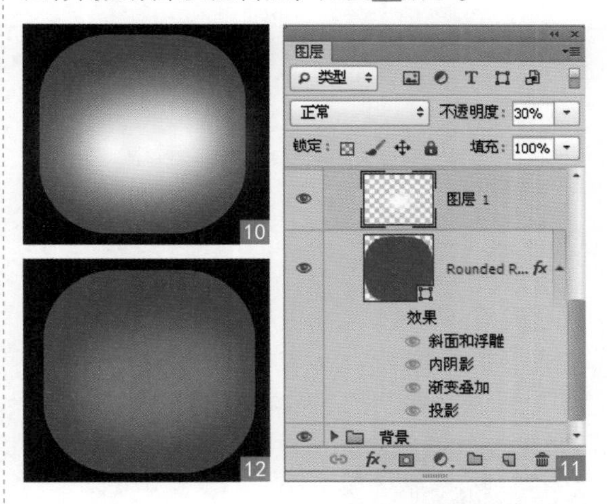

04 ▶ 添加图层蒙版 使用“画笔工具”，设置前景色为“黑色”，在图像上进行涂抹，将部分高光进行遮挡，如图13所示，使图标表现出淡淡的高光即可，如图14所示。

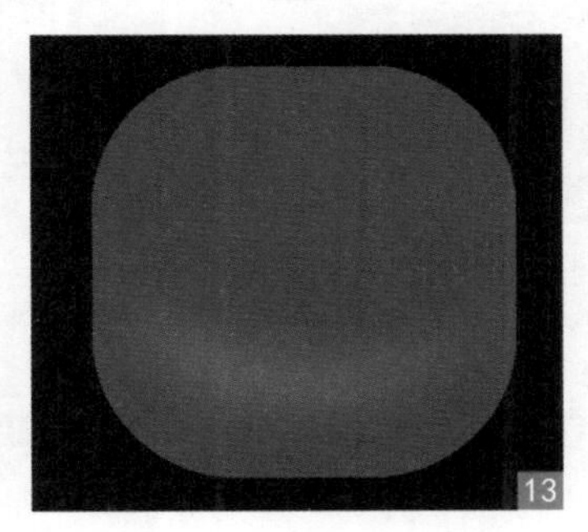

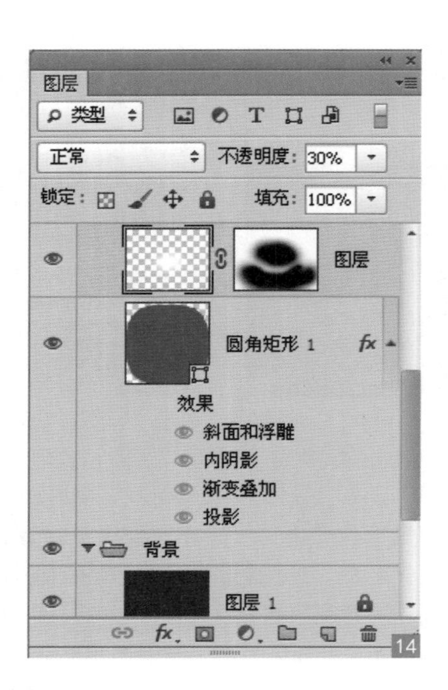

Tips:

铅笔工具和画笔工具的异同：用铅笔工具绘制出来的图像比较生硬，有锯齿感；而用画笔工具画出来的线条是柔边。在使用这两个工具时，按住Alt键可以取色。

05 ▶ 添加图案效果 选择“圆角矩形工具”，在图像上绘制黑色的圆角矩形，如图15所示，在该图层上右击，执行“栅格化图层”命令，将该图层的混合模式设置为“叠加”，降低不透明度，如图16所示，图像效果，如图17所示。

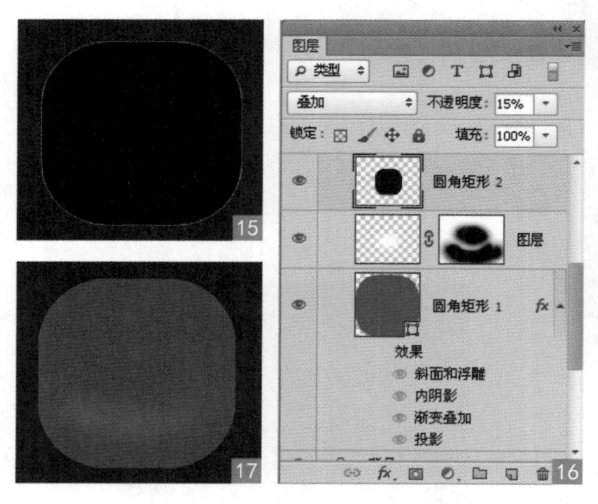

06 ▶ 添加底纹 设置相应参数，如图18所示，为图标背景添加底纹效果，如图19所示。

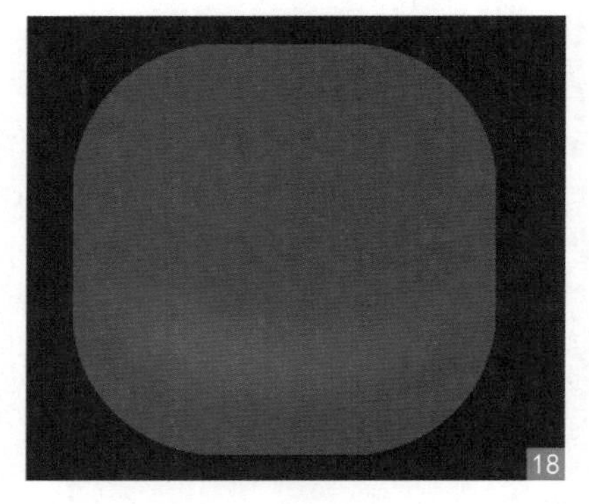

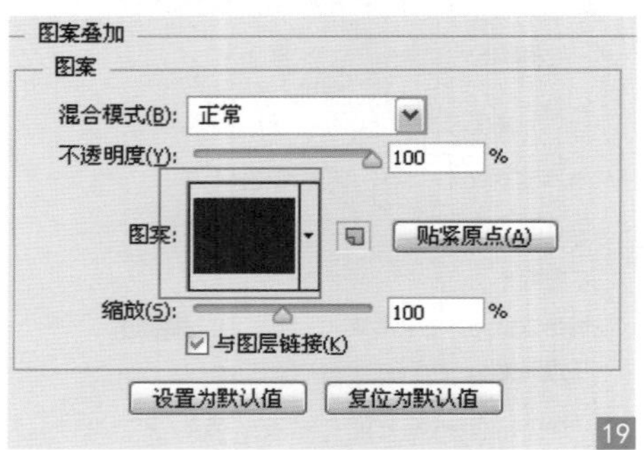

07 ▶ 绘制圆角矩形 选择“圆角矩形工具”，在图像上拖曳绘制出圆角矩形，如图20所示，将不透明度降低为50%，为该图层添加蒙版，使用黑色画笔进行涂抹，将多余的部分隐藏，如图21所示，绘制阴影效果，如图22所示。

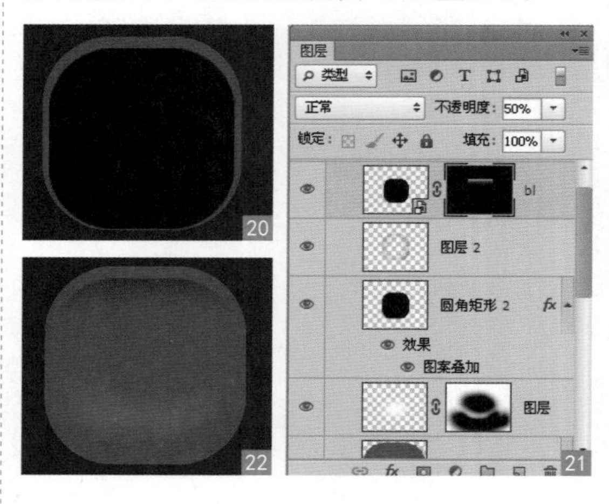

08 ▶ 绘制图标 选择工具箱中的“钢笔工具”，在图像上绘制路径，绘制时，可以先将外围的三角形绘制出来，然后按住Shift键，继续绘制内部的三角形，如图23所示，按下快捷键Ctrl+Enter将路径转换为选区，如图24所示。

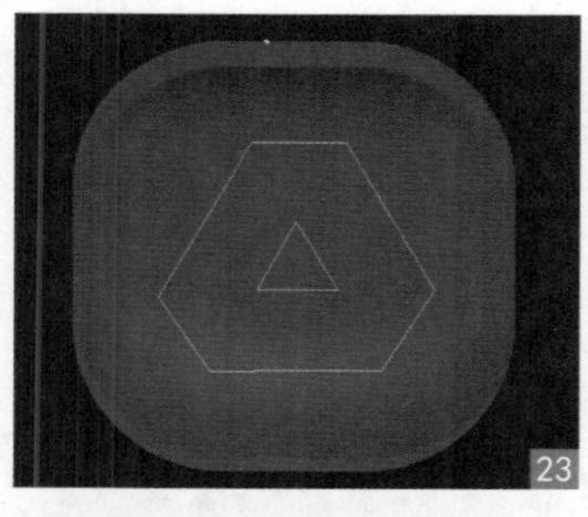

23

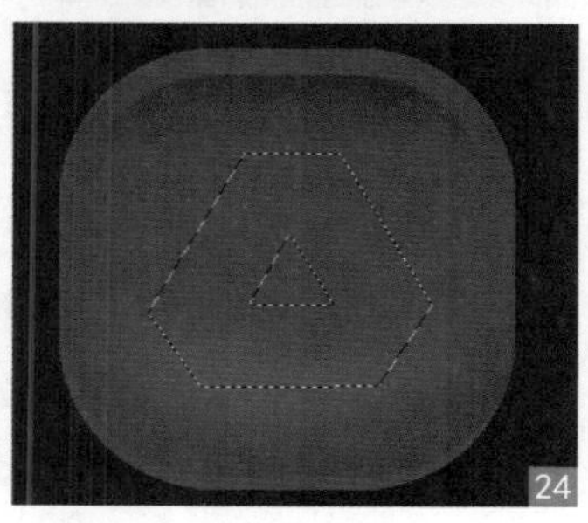

24

09 ▶ 为选区添加投影

新建图层，按下快捷键Alt+Delete为选区填充黑色，双击该图层，打开“图层样式”对话框，设置“投影”参数，如图25所示，添加“投影”效果，如图26所示。

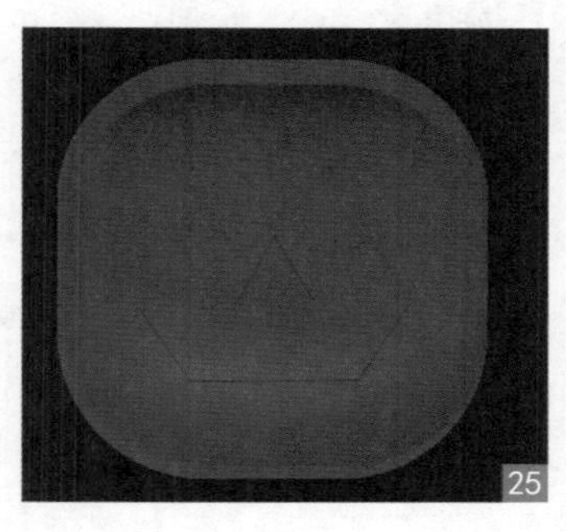

25

26

10 ▶ 填充蓝色

设置前景色为蓝色，如图27所示，选择“钢笔工具”，在选项栏中设置选择工作模式为“形状”，在图像上绘制，如图28所示，“图层”面板自动生成“形状1”图层，如图29所示。

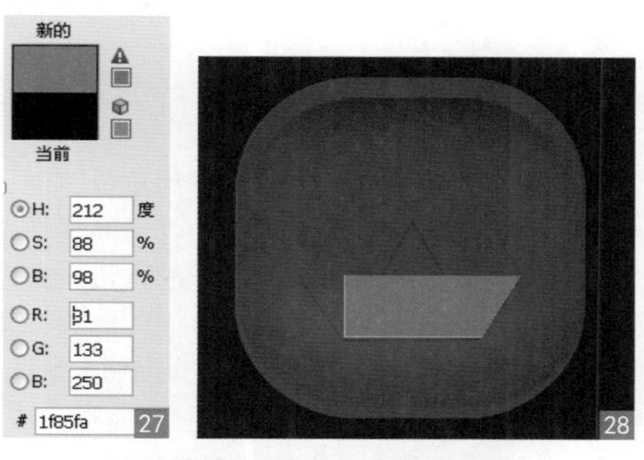

27 28

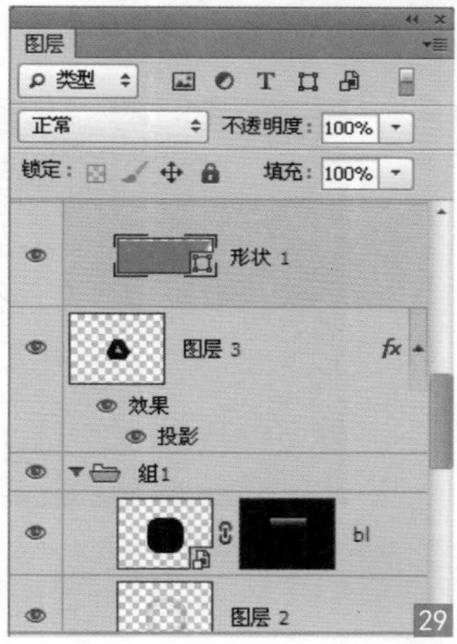

29

11 ▶ 填充绿色

将“形状1”图层进行复制，改变形状颜色为“绿色”，参数设置如图30所示，按下快捷键Ctrl+T，改变大小和旋转角度，按下Enter键确认形状旋转的操作，如图31所示。

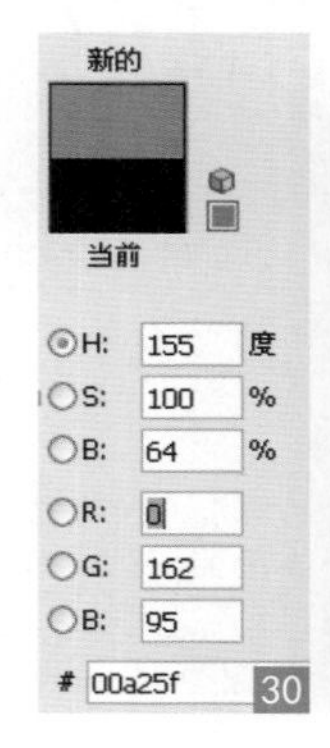

30

31

Tips:

如何改变形状的颜色?

在“图层”面板中形状图层缩略图的右下角有这样的一个按钮▣，双击该按钮，可打开一个“拾色器（纯色）”对话框，设置相应的参数后，就会改变形状的颜色了。

35

12 ▶ 填充黄色 将“形状 1”图层进行复制，设置颜色的参数，如图32所示，改变形状颜色为黄色，如图33所示，使用同样的方法改变大小和旋转角度，如图34所示，为该图层添加图层蒙版，设置前景色为“黑色”，在图像上涂抹，将多余的图像隐藏，如图35所示。

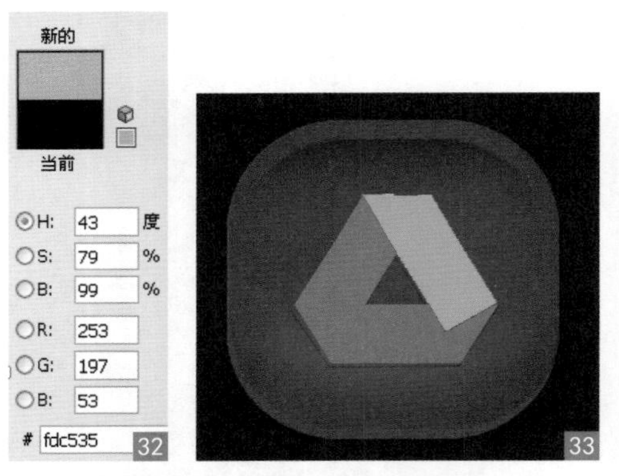

32 33

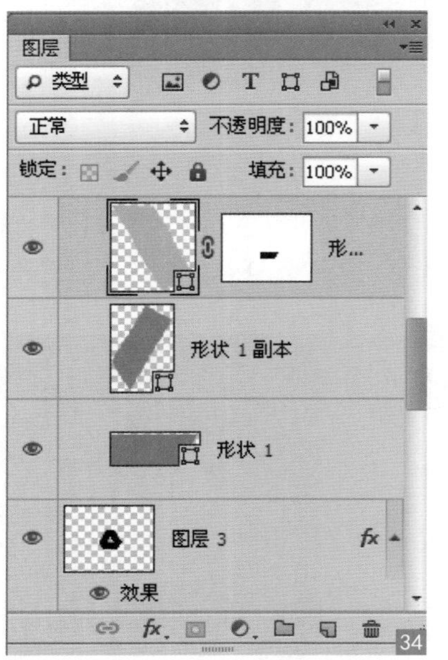

34

13 ▶ 绘制阴影 选择“钢笔工具”，在选项栏中设置选项为“路径”，在图像上绘制阴影区域，按下快捷键 Ctrl+ Enter，将路径转换为选区，如图36所示，设置前景色的颜色参数，如图37所示，新建图层，如图38所示，为选区填充深蓝色，取消选区，如图39所示。

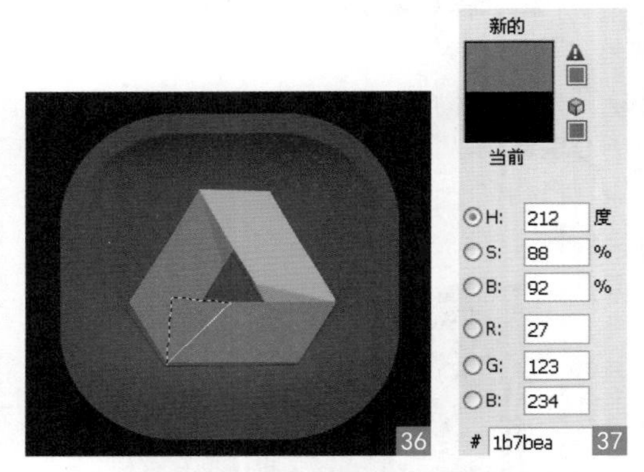

36 37

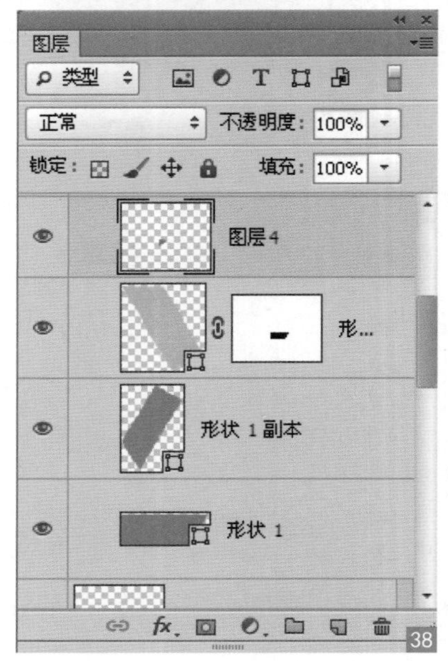

38

39

14 ▶ **添加蒙版**　给“图层 4”图层添加图层蒙版，如图40所示，选择“画笔工具”，设置前景色为“黑色”，在图像上涂抹，将多余的阴影部分隐藏，如图41所示，复制“图层 4”图层，按下快捷键 Ctrl+T，改变阴影大小和角度，按下 Enter 键确认旋转的操作，如图42所示。

40

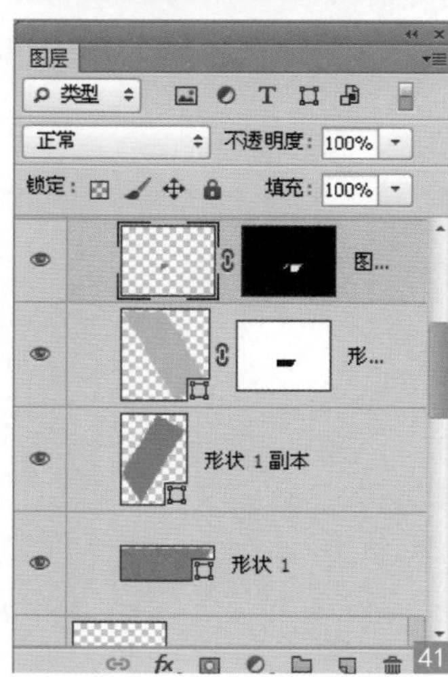

41

15 ▶ **改变阴影**　打开“图层样式”对话框，选择“颜色叠加”，设置相应参数，如图43所示，单击“确定”按钮，改变阴影色调为暗黄色，如图44所示。

42

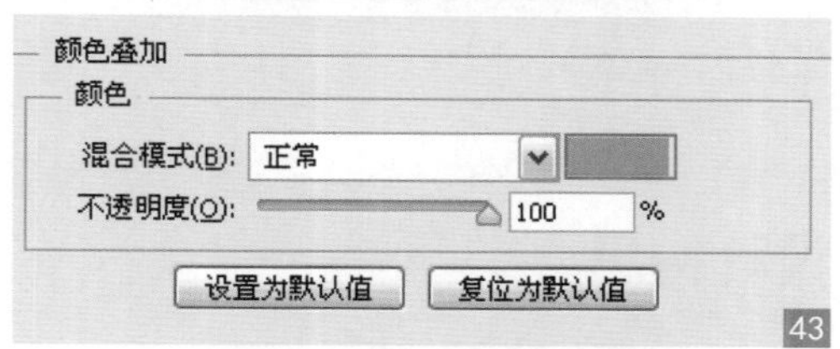

43

44

16 ▶ **图层样式设置**　复制“图层 4”图层，打开“图层样式”对话框，选择“颜色叠加”，设置相应参数，如图45所示，为其添加阴影效果，如图46所示。

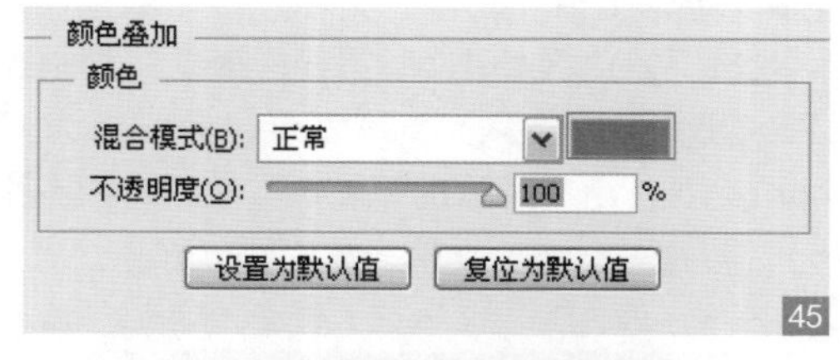

45

46

多云图标制作

Version：CS4 CS5 CS6 CC

Keyword：图层样式、钢笔工具、圆角矩形工具、渐变工具、画笔工具

在本例中，我们将学会使用图层样式工具、钢笔工具、图层蒙版、圆角矩形工具等制作一个天气图标。本例以圆角矩形为基本图形，大量运用了 Photoshop 内置的图层样式效果，让图标变得有视觉立体感。本例最终效果如下图所示。

设计构思

图标以圆角矩形为基本图形，内部以浮雕式乳白色为主色调，整个图标色彩纯净，给人以清新自然的感觉，如右图所示。

01 ▶ 新建文档 执行“文件”→“新建”命令，或按下快捷键 Ctrl+N，打开“新建”对话框，设置大小为 800 像素 ×600 像素，分辨率为 72 像素 / 英寸，完成后单击“确定”按钮，如图01所示，新建一个空白文档，如图02所示。

01

02

02 ▶ 设置颜色 设置前景色为淡黄色，如图03所示，按下快捷键 Alt+Delete 为背景填充淡黄色，如图04所示。

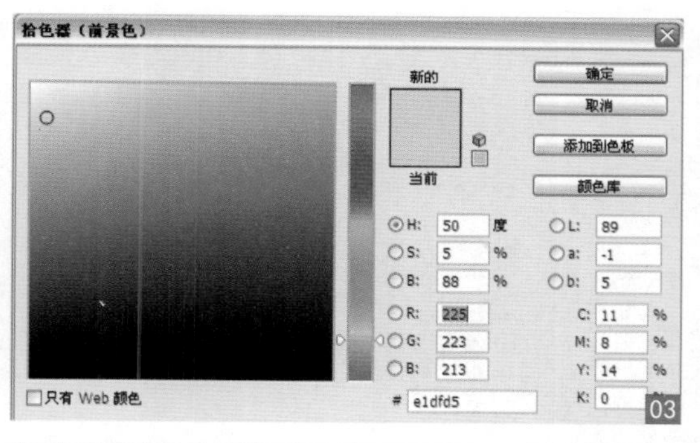

03

04

03 ▶ 绘制矩形 选择圆角矩形工具，设置前景色为蓝色，在选项栏中设置半径为60像素，在图像上绘制形状，如图05所示，得到“圆角矩形1”图层，将该图层不透明度降低为60%，如图06所示，效果如图07所示。

05

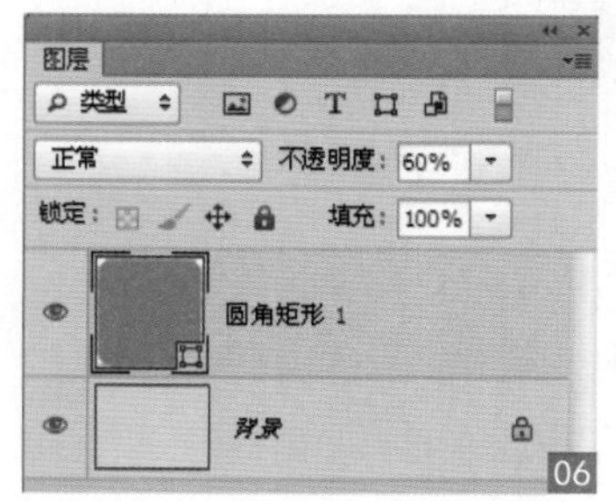

06

07

04 ▶ 填充颜色 将该图层进行复制，按下快捷键Ctrl+T，将其变大，将复制后图层的填充降低为0%，打开“图层样式”对话框，选择“投影”，设置相应参数，如图08所示，添加投影效果，如图09所示，“图层”面板，如图10所示。

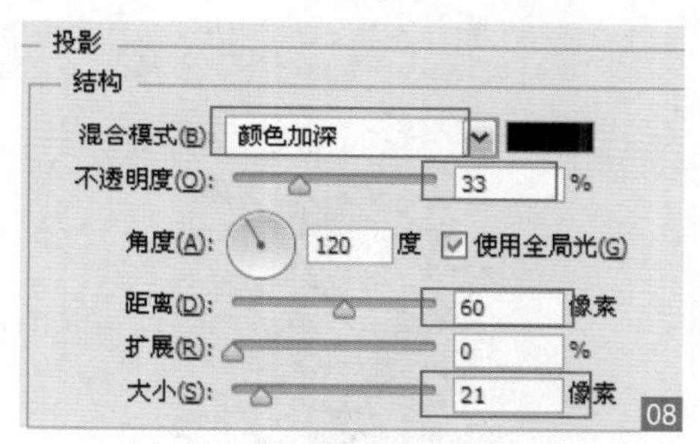

08

09

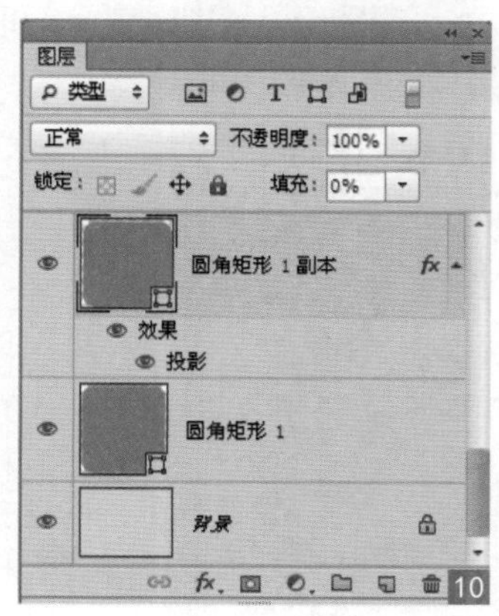

10

05 ▶ 设置阴影 将“圆角矩形 1 副本”图层进行复制，得到“圆角矩形 1 副本 2”图层，选择复制后的图层，执行“清除图层样式”命令，将填充还原到 100%，如图11所示，使图像显现出来，如图12所示。

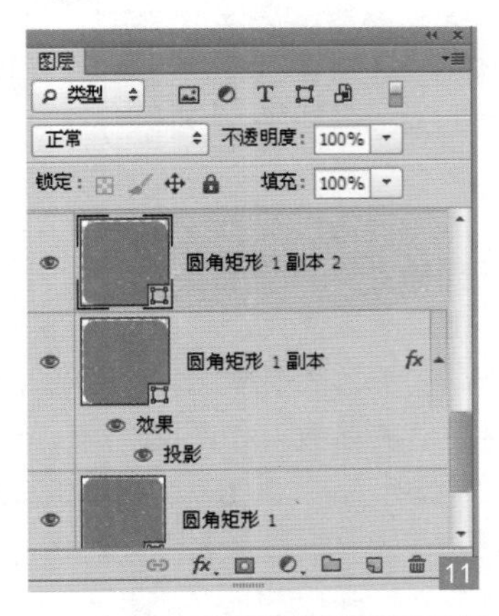

06 ▶ 设置模糊 选择“圆角矩形 1 副本 2”图层，右击，选择“转换为智能对象”，执行“滤镜”→“模糊”→“高斯模糊”命令，在弹出的“高斯模糊”对话框中，设置半径为 7.0 像素，单击“确定”按钮，如图13所示，模糊图像，如图14所示，“图层”面板，如图15所示。

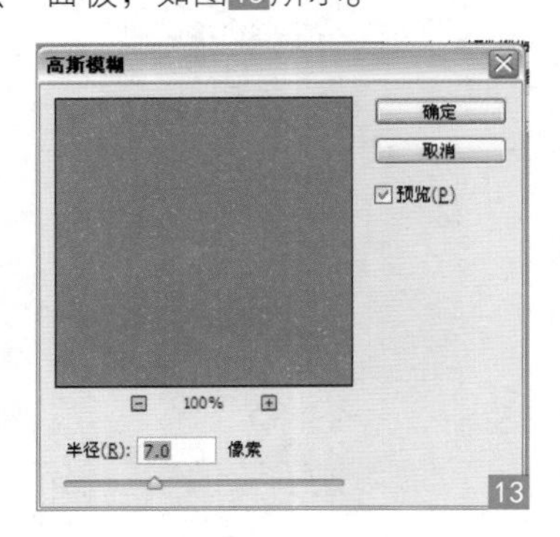

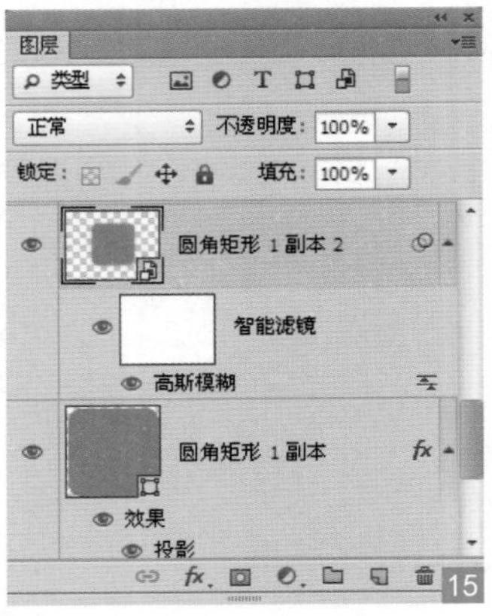

07 ▶ 设置不透明度 降低该图层的不透明度为 80%，如图16所示，效果如图17所示。

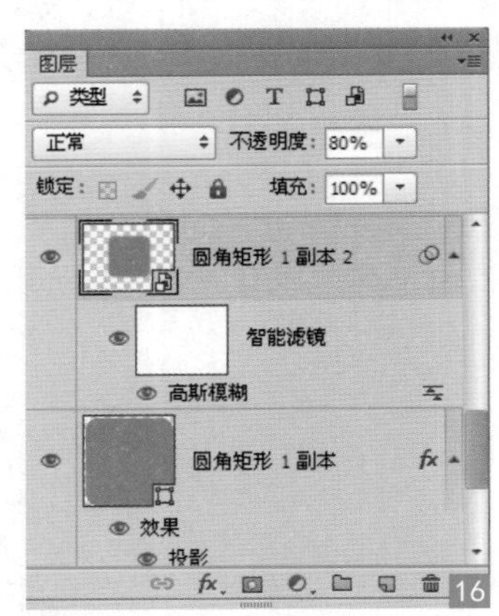

08 ▶ 设置投影 选择圆角矩形工具，绘制圆角矩形，打开“图层样式”对话框，选择“投影”，设置相应参数，如图18所示，添加投影效果，如图19所示，“图层”面板，如图20所示。

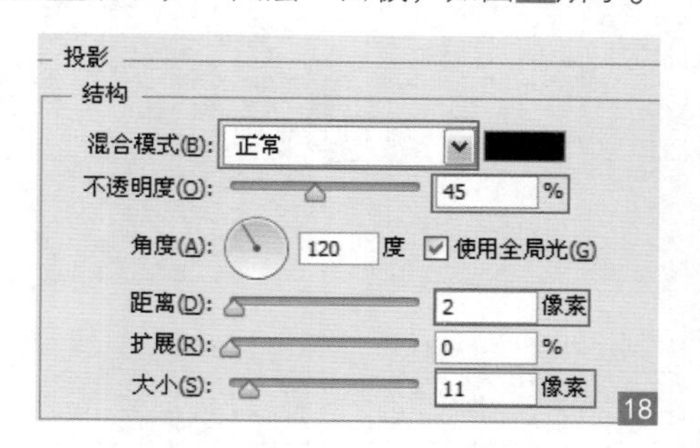

18

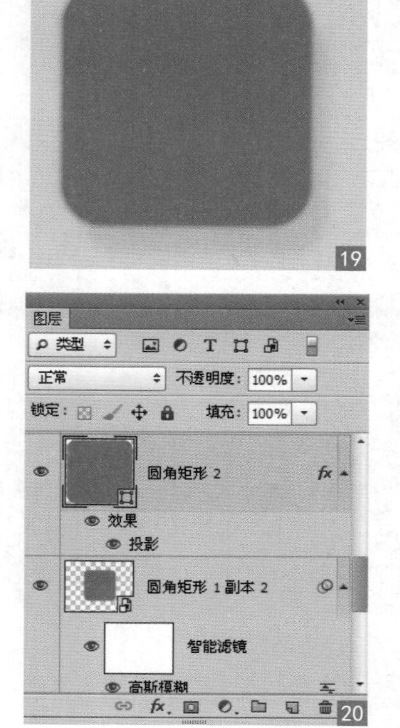

19 20

09 ▶ 添加样式 复制“圆角矩形 2”图层，得到“圆角矩形 2 副本”图层，设置该形状的颜色，如图21所示，使其变为深蓝色，如图22所示，“图层”面板，如图23所示。

10 ▶ 设置样式 复制“圆角矩形 2 副本”图层，得到“圆角矩形 2 副本 2”图层，打开“图层样式”对话框，分别选择“描边”“内阴影”“内发光”“渐变叠加”，如图24～27所示，设置相应参数，添加效果，如图28所示，“图层”面板，如图29所示。

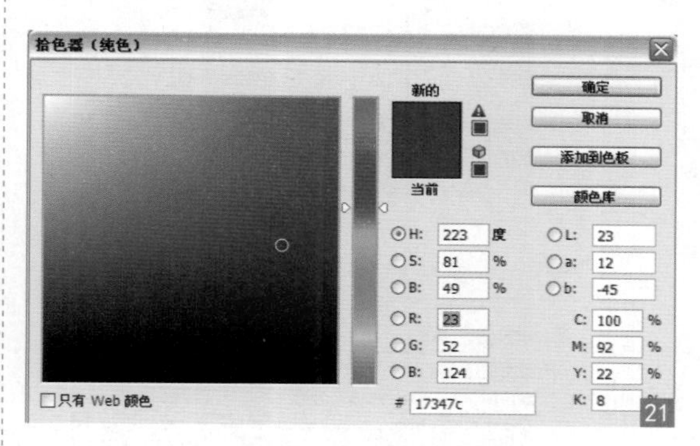

21

22

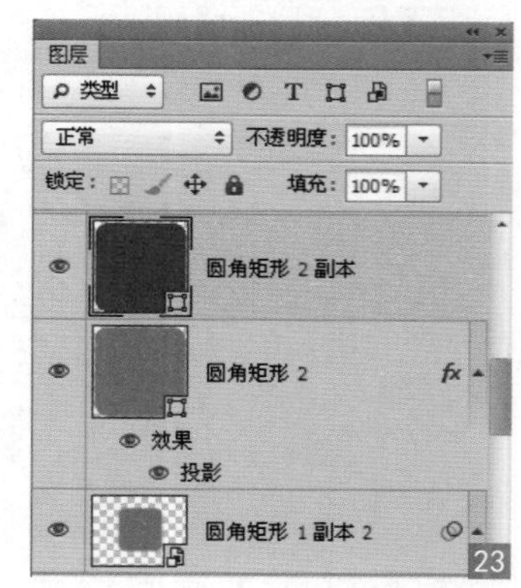

23

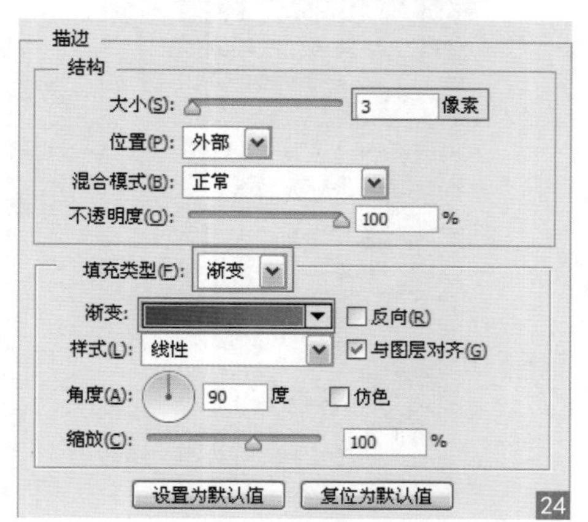

24

11 ▶ 制作图标 图标制作的要点是利用路径的加减运算法则进行制作，使用的工具为椭圆工具、钢笔工具、矩形工具，制作步骤如图30～38所示。

12 ▶ 设置透明度 图标制作完成后，得到“形状 1”图层，将该图层的填充减低为 0%，不透明度降低为 80%，打开“图层样式”对话框，选择“投影”，设置相应参数，如图39所示，添加效果，如图40所示，“图层”面板，如图41所示。

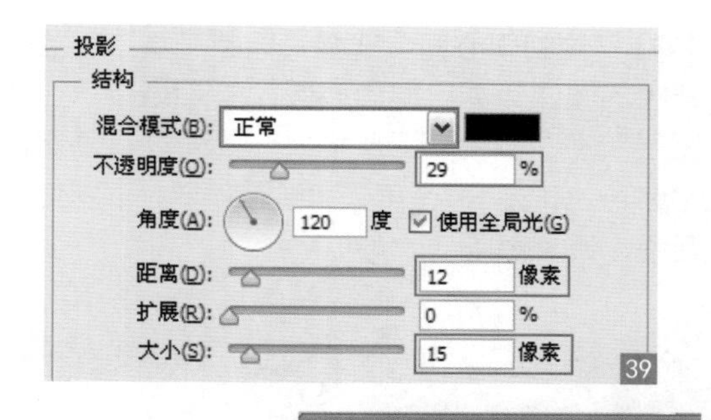

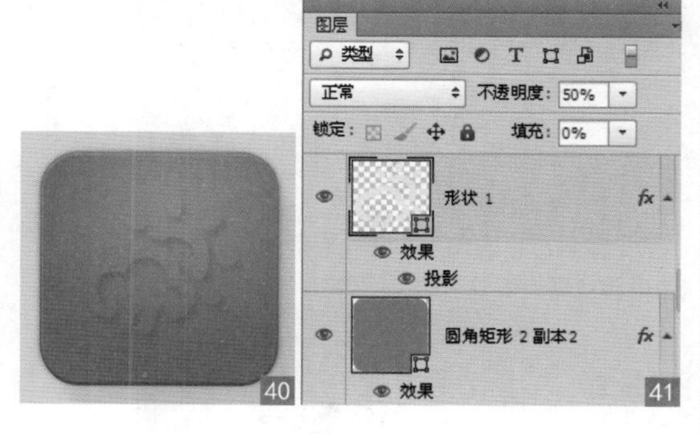

13 ▶ 增加立体感 复制“形状 1”图层，得到“形状 1 副本”图层，打开“图层样式”对话框，分别选择“斜面和浮雕”“描边”“内阴影”“内发光”“渐变叠加”“外发光”“投影”，如图42～48所示，设置相应参数，为图标添加立体效果，如图49所示，“图层”面板，如图50所示。

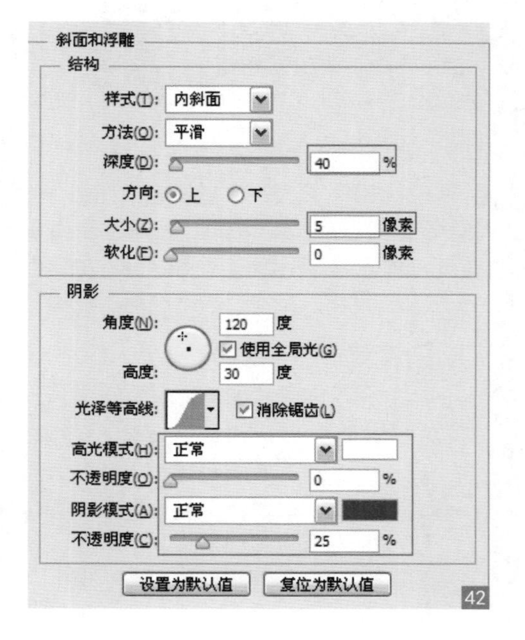

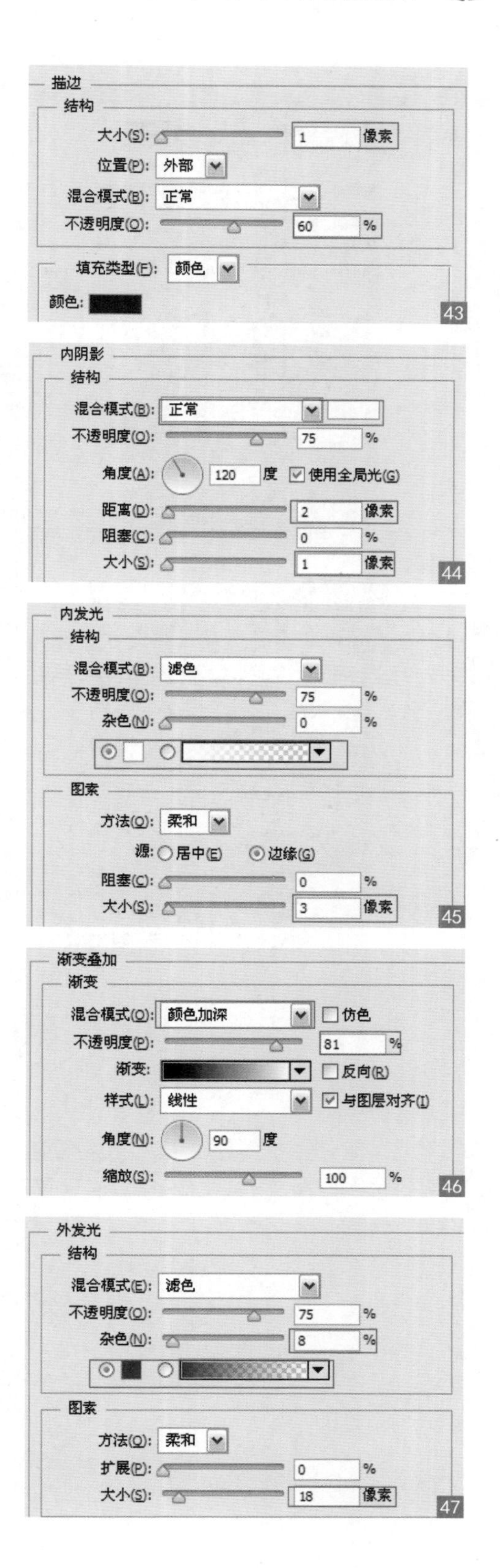

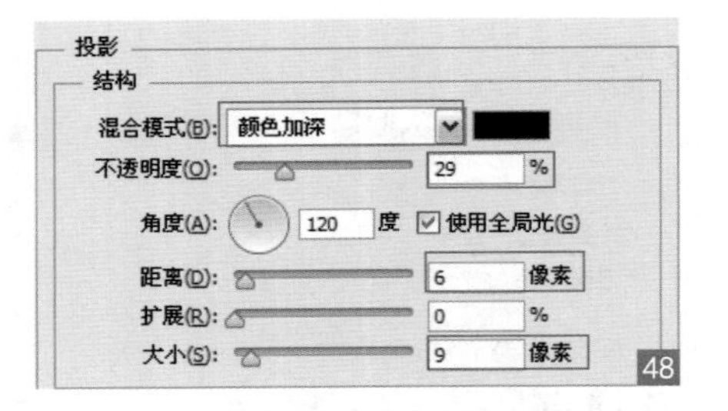

48

49

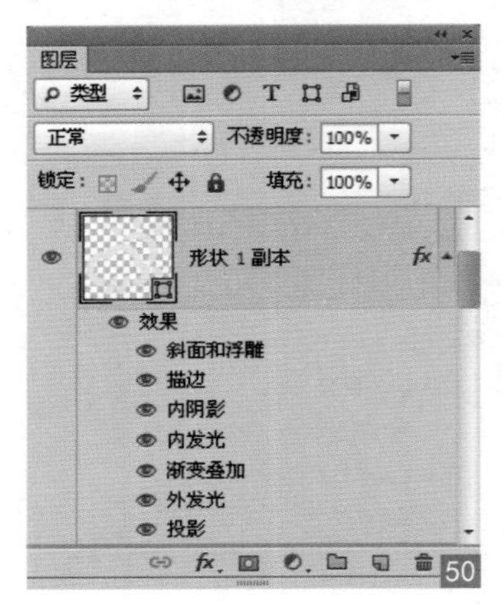

50

14▶ 绘制同心圆 选择“椭圆工具”，采用路径的减法运算绘制同心圆，如图51所示，将图层所在图层的“图层样式”效果进行复制，粘贴到“椭圆 1”图层，如图52所示，“图层”面板，如图53所示。

51 52

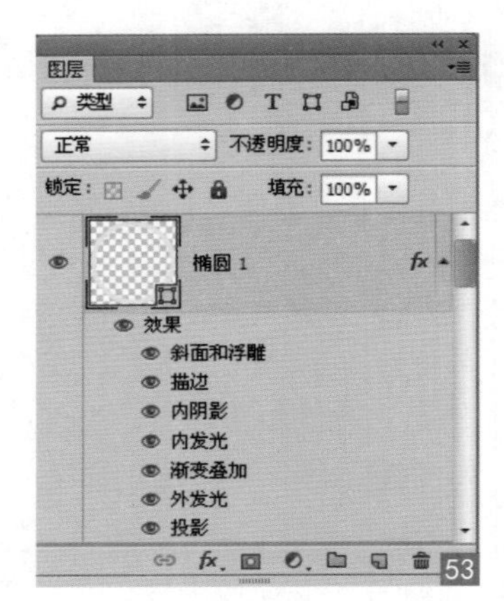

53

Chapter 08

设计手机 UI 界面元素

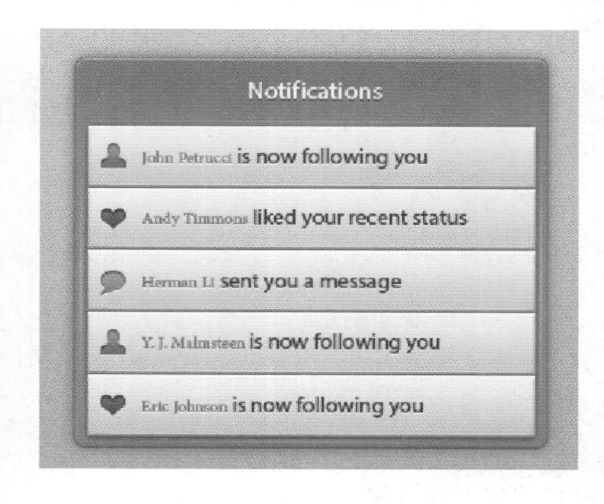

从本章开始，我们将学习手机的 UI 界面元素绘制。大家都知道手机的屏幕很小，但是这么小的屏幕却并不是只有设计的图标，还有很多不同的元素共同组成了 UI 界面。

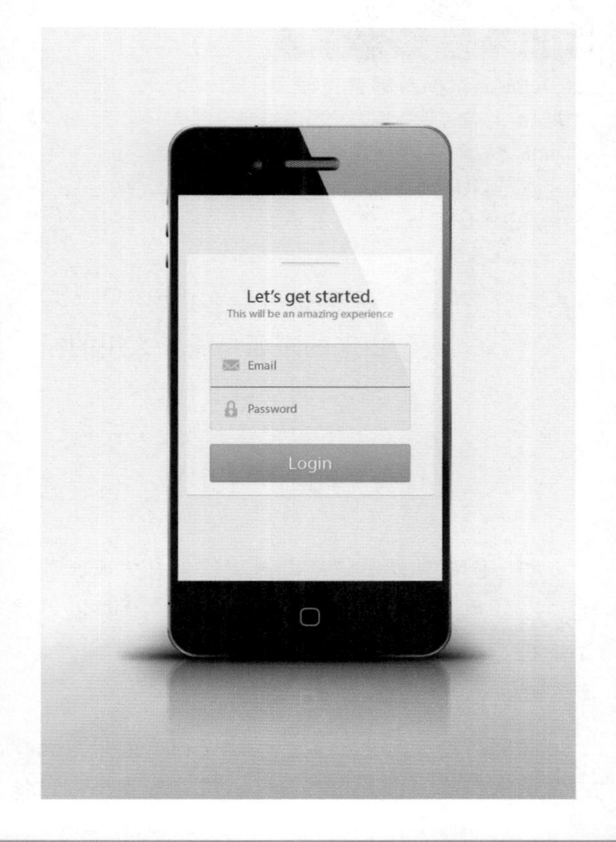

App UI 设计思路

Version：CS4 CS5 CS6 CC

在这半年多的时间里，作者参与了一个 UI 项目，这期间有加班的苦累，也有受到用户好评的欢喜。在这期间，作者也经历了 PC 版、Web 版、iPhone 版、Android 版和 ipad 版等不同的平台，自己得到了快速地成长。这里对应着交互牛人 Jeff Johnson 提出的 UI 设计准则，和大家分享一下自己的心得。

Jeff Johnson，拥有耶鲁大学及斯坦福大学心理学学位，UI Wizards 公司董事长兼首席顾问。他是 GUI 设计的先驱，著有畅销书《GUI 设计禁忌》。

专注于用户和他们的任务，而不是技术！
先考虑功能，再考虑展示！
与用户看任务的角度一致！
设计要符合常见情况！
不要分散用户对他们目标的注意力！
方便学习，传递信息，而不是数据！
设计应满足相应需求！
让用户试用后再修改！

谁是目标客户？
设计出来的东西是做什么用的？
给我们提供了什么？
用户喜欢什么？
如何影响用户？

对于图中所示的这些问题，作者和大家一样，都在努力地寻找着它们的答案。对于这些问题，在项目开发之前，每个团队都要明确并花费足够的时间来回答。寻找答案的方法主要有以下 3 种。

1. 明确定位目标用户

任何产品在规划早期都要确定该产品是为哪些用户开发的。虽然每个人都想说是为所有用户服务的，因为谁都希望自己的产品能在用户市场上占有很高的覆盖率，可事实证明，无论多么优秀的产品都不可能让每个人都满意，众口难调说的就是这个道理。所以我们必须选择一个特定的基本目标人群作为主要目标用户群，这样才能集中精力针对这部分用户开发该产品，即使该产品可能只有其他类型的少数用户。

2. 调查目标用户的特点

要想深入理解用户的想法，首先要充分理解潜在用户的相关特征。怎样才能获取目标用户的相关信息呢？方法很多，比如，我们可以用访谈用户、可用性测试、焦点小组等方法来获取并整理信息输送给产品组成员。这里就不细说了，后面会详细讲到。

3. 多维度定义目标用户的类型

我们经常犯的一个错误就是认为谁是一个特定产品的用户，然后臆想他们处于这个范围的什么位置。不要把用户简单地定义在“小白”到“专家”这个范围内，事实上不存在这个范围。

根据 Jeff Johnson 的观点，目标用户要在 3 个独立的知识维度上进行划分。

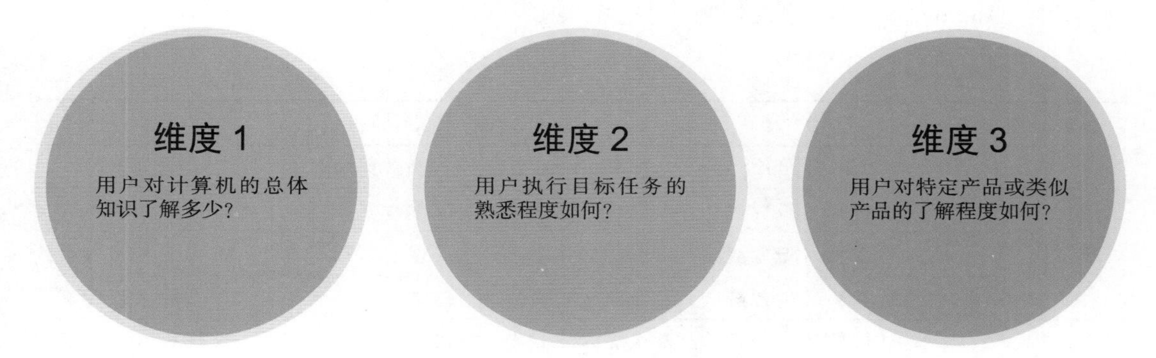

需要注意的是，一个维度上的认识不代表另一个维度上的认识，每个用户在不同维度上的水平高低都不同。例如，“小白”和“专家”用户都有可能在某家购买火车票的网站上“迷路”，不太了解财务知识的程序员在使用财务软件时会茫然无措，但是没有编程经验的财务“专家”却能轻松上手。

总结： 功能大而全的产品未必是用户想要的，一个优秀的产品需要了解用户，了解所执行的任务及考虑软件工作的环境。

8.2 图形设计尺寸

Version：CS4 CS5 CS6 CC

文件格式决定了图像数据的存储方式、压缩方法、支持什么样的 Photoshop 功能，以及文件是否与一些应用程序兼容。使用“存储”“存储为”命令保存图像时，可以在打开的对话框中选择文件的保存格式。

对图标格式的选择，应该将实际情况纳入到考虑的范围中。如果要保持图片色泽、质量、饱和度等，而且不需要进行透明背景处理时，JPEG 是最好的选择；如果 App 不涉及网上下载，需要进行图片透明处理，就可以选择 PNG 格式。如果不要求背景透明和图片质量，可以选择 GIF 格式，GIF 格式占用空间是最小的。

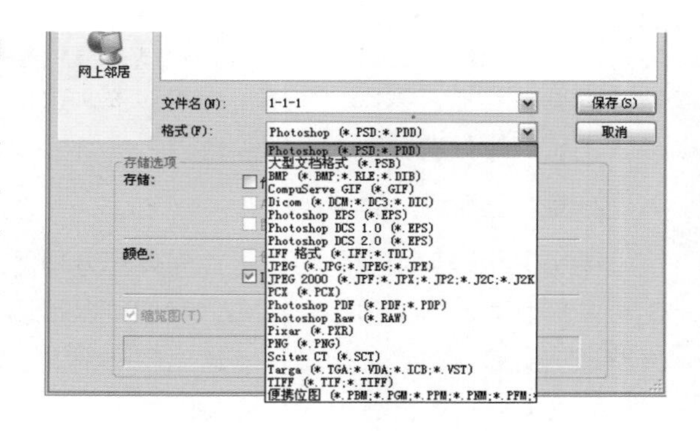

App 的图标（icon）不仅指应用程序的启动图标，还包括菜单栏、状态栏以及切换导航栏等位置出现的其他标示性图标，所以 icon 是指这些图标的集合。

icon 也受屏幕密度的制约，屏幕密度分为 idpi（低）、mdpi（中等）、hdpi（高）、xhdpi（特高）4 种，Android 系统屏幕密度标准尺寸见表 8-1 所示。

表 8-1　Android 系统屏幕密度标准尺寸

icon 类型	屏幕密度标准尺寸			
Android	低密度 idpi	中密度 mdpi	高密度 hdpi	特高密度 xhdpi
Launcher①	36 像素 ×36 像素	48 像素 ×48 像素	72 像素 ×72 像素	96 像素 ×96 像素
Menu②	36 像素 ×36 像素	48 像素 ×48 像素	72 像素 ×72 像素	96 像素 ×96 像素
Status Bar③	24 像素 ×24 像素	32 像素 ×32 像素	48 像素 ×48 像素	72 像素 ×72 像素
List View④	24 像素 ×24 像素	32 像素 ×32 像素	48 像素 ×48 像素	72 像素 ×72 像素
Tab⑤	24 像素 ×24 像素	32 像素 ×32 像素	48 像素 ×48 像素	72 像素 ×72 像素
Dialog⑥	24 像素 ×24 像素	32 像素 ×32 像素	48 像素 ×48 像素	72 像素 ×72 像素

注：① Launcher：程序主界面，启动图标；② Menu：菜单栏；③ Status Bar：状态栏；④ List View：列表显示；⑤ Tab：切换、标签；⑥ Dialog：对话框

iPhone 的屏幕密度默认为 mdpi，所以没有 Android 分得那么详细，按照手机、设备版本的类型进行划分就可以了，见表 8-2 所示。

表 8-2　iPhone 系统屏幕密度标准尺寸

icon 类型	屏幕标准尺寸			
版本	iPhone3	iPhone4	iPod touch	iPad
Launcher	57 像素 ×57 像素	114 像素 ×114 像素	57 像素 ×57 像素	72 像素 ×72 像素
App Store 建议	512 像素 ×512 像素	512 像素 ×512 像素	512 像素 ×512 像素	512 像素 ×512 像素
设置	29 像素 ×29 像素	29 像素 ×29 像素	29 像素 ×29 像素	29 像素 ×29 像素
Spotlight 搜索	29 像素 ×29 像素	29 像素 ×29 像素	29 像素 ×29 像素	29 像素 ×29 像素

8.3 登录界面

Version：CS4 CS5 CS6 CC

Keyword：各种矢量工具、图层样式

本例我们制作一个登录界面输入框及按钮，登录界面在软件开发中较为常见，必须在有限的空间中妥善安排图文构成，在设计登录界面时首先应该考虑文字输入框的便利程度。

设计构思

灰色输入框要求用户在其中输入信息，然后单击绿色的“登录”按钮，整个配色简单清晰，如右图所示。

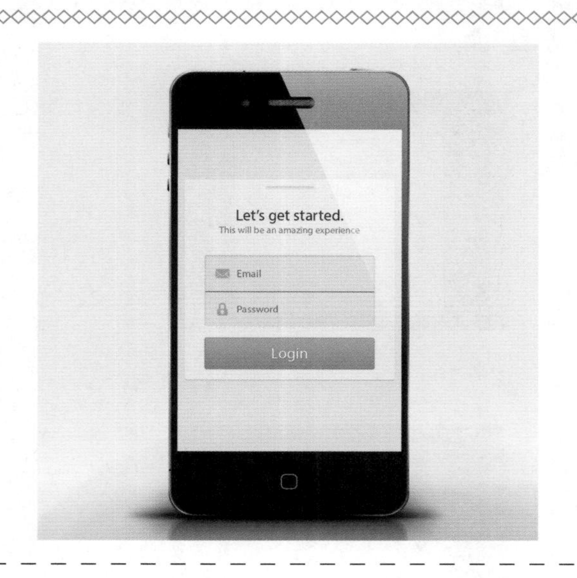

01 ▶ 新建文档 执行“文件”→“新建”命令，或按下快捷键 Ctrl+N，打开“新建”对话框，设置大小为 800 像素 ×600 像素，分辨率为 72 像素，完成后单击“确定”按钮，新建一个空白文档，如图01所示。

02 ▶ 填充背景色 单击前景色图标，在弹出的“拾色器(前景色)”对话框中设置前景色为“黑色”，按下快捷键 Alt+Delete 为背景填充前景色，如图02所示。

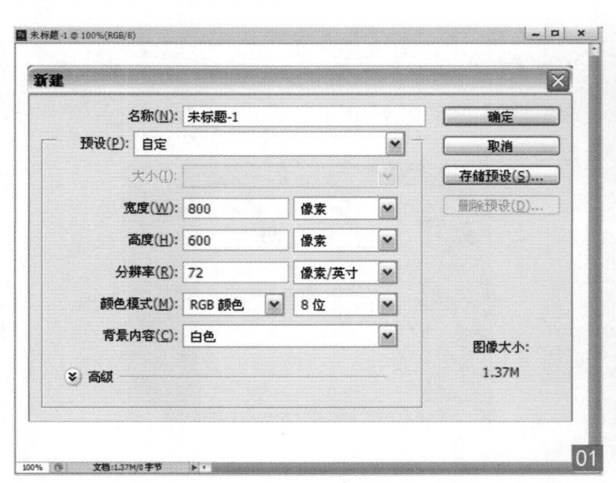

01

02

03 ▶ 绘制基本形 打开标尺工具，拉出参考线，选择“圆角矩形工具”，在选项栏中设置半径为 5 像素，设置填充颜色为 R:241；G:242；B:244，在图像上绘制基本形，然后在选项栏中选择“从选区中减去”，设置半径为 100 像素，再次绘制圆角矩形工具，将其从基本形中减去，得到形状，打开“图层样式”对话框，选择“内阴影”，设置相应参数，添加效果。

用圆角矩形工具绘制半径为 5 像素的基本形，如图03所示。

03

减去半径为 100 像素的形状，如图04所示。

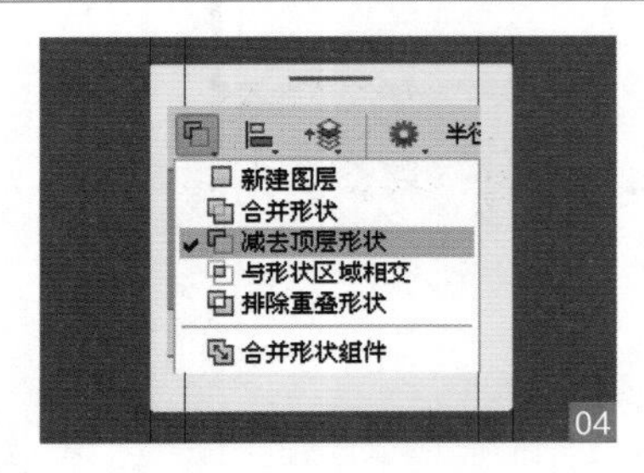

04

选择“内阴影”，设置不透明度为 20%，角度为 -90°，不勾选“使用全局光”，距离为 2 像素，如图05所示。

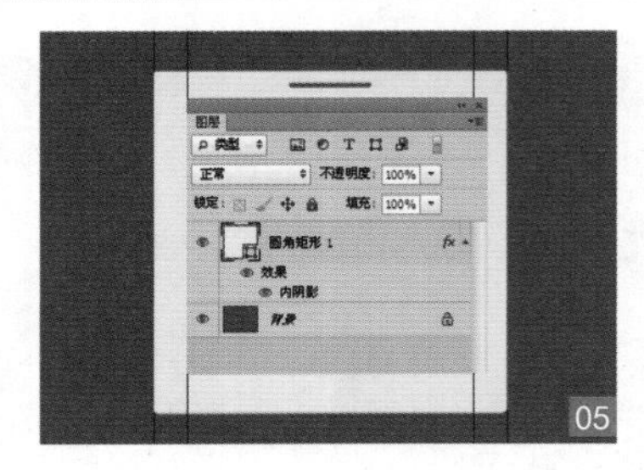
05

04 ▶ 绘制输入框 选择“矩形工具”，在基本形上绘制矩形框，打开“图层样式”对话框，分别选择“描边”“内阴影”“投影”，设置相应参数，添加立体质感。

矩形工具绘制输入框，如图06所示。

06

选择“描边”，设置大小为 1 像素，位置为“内部”，填充类型为“渐变”，设置渐变条从左到右依次是 R:195；G:197；B:199，R:173；G:174；B:176，如图07所示。

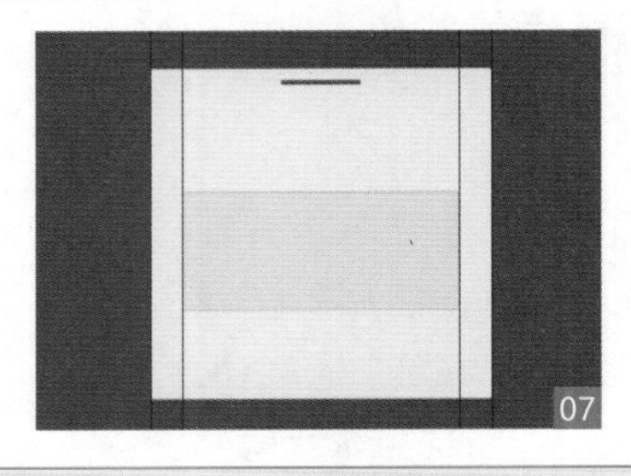
07

选择“内阴影”，设置不透明度为 45%，角度为 90°，不勾选“使用全局光”，距离为 1 像素，大小为 3 像素，如图08所示。

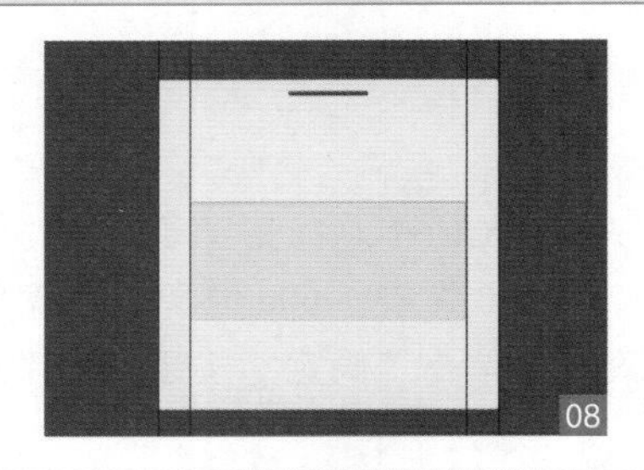
08

选择“投影”，设置混合模式为“正常”，颜色为“白色”，角度为 90°，不勾选“使用全局光”，距离为 2 像素，如图09所示。

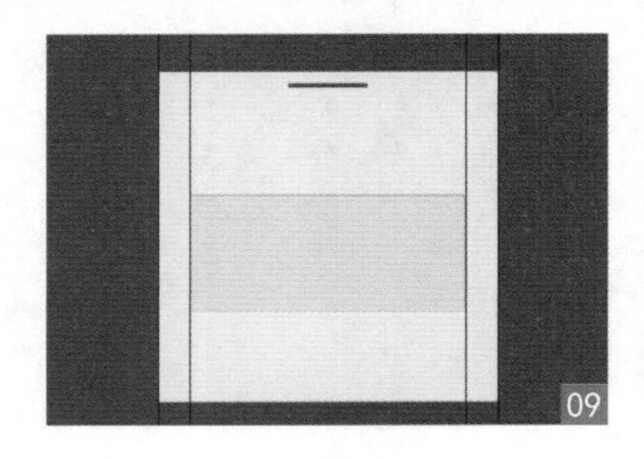
09

05 ▸ 绘制分割线 选择“矩形工具”，在输入框中央位置绘制矩形线段，如图10所示，打开“图层样式”对话框，选择“投影”，设置混合模式为“正常”，颜色为“白色”，角度为90°，不勾选“使用全局光”，不透明度为100%，距离为1像素，扩展100%，单击“确定”按钮，为分割线添加投影效果，如图11所示。

10

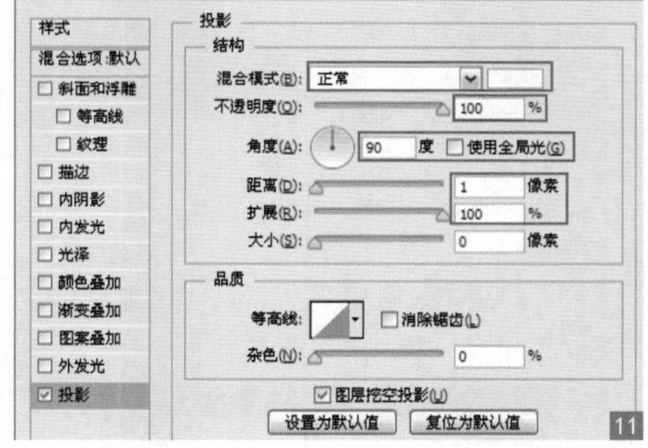

11

06 ▸ 输入文字 选择“横排文字工具”，在登录界面上单击并输入文字，如图12所示，打开“字符”面板，将上排文字选中，设置文字属性，然后将下排文字选中，设置相应参数，如图13、14所示。

12

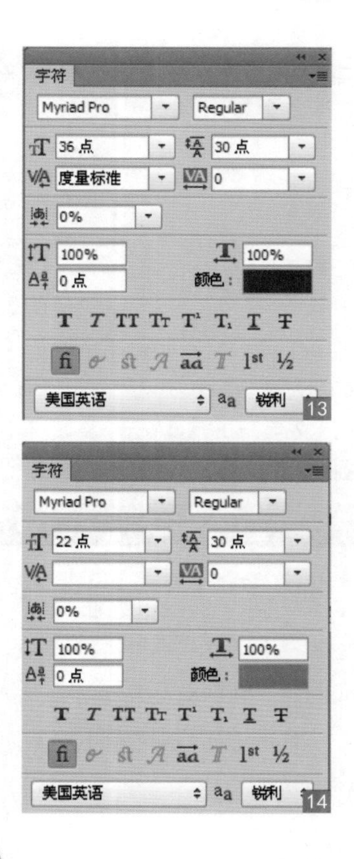

13 14

Tips:

在使用横排文字工具输入文字时，按下Enter键，可对文字进行换行，要改变文字的属性，需将文字选中。

07 ▸ 绘制信封图标 选择“矩形工具”，设置前景色为R:177；G:179；B:183，在输入框内绘制矩形，然后选择“多边形工具”，在选项栏中设置边数为3，绘制三角形，改变大小和旋转角度，得到信封上面，再次使用“多边形工具”绘制信封的左右两边和下边形状，最后将绘制得到的图层选中，右击，执行“合并形状”命令，得到信封图标。

使用矩形工具绘制矩形，如图15所示。
多边形工具绘制三角形，改变大小和旋转角度，如图16所示。

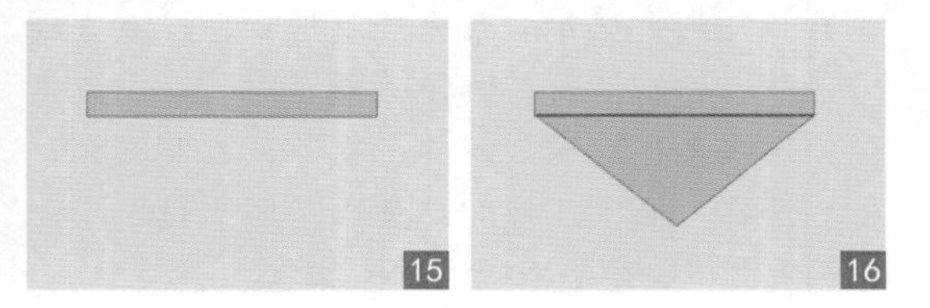
15 16

多边形工具绘制信封左右两边，如图17所示。
多边形工具绘制信封下边，如图18所示。

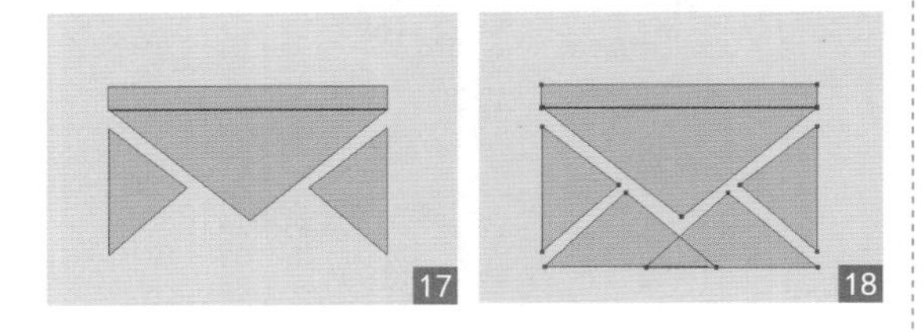

17 18

08 ▶ 输入文字 选择“横排文字工具”，在输入框内输入文字，如图19所示，将其选中，在“字符”面板中设置文字的属性，如图20所示。

19

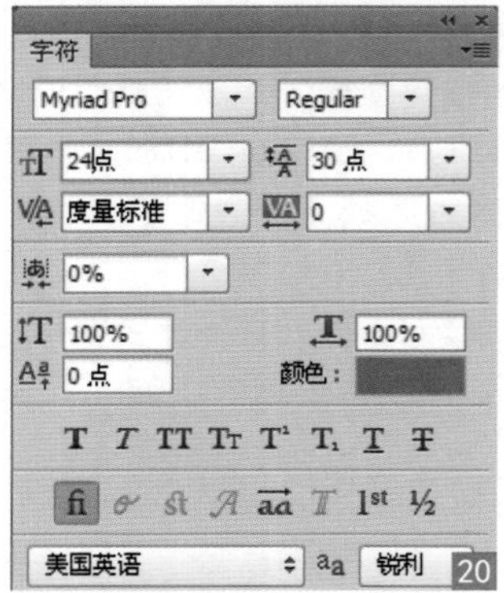

20

09 ▶ 绘制密码锁图标 选择“圆角矩形工具”，在选项栏中设置半径为 100 像素，在图像上绘制圆角矩形，选择“减去顶层形状”，减去部分形状，再次选择“圆角矩形工具”，设置半径为 3 像素，选择“合并形状”，绘制锁箱，最后选择“椭圆工具”“圆角矩形工具”绘制锁箱上图样，得到密码锁图标。

用半径为 100 像素的圆角矩形工具绘制锁，如图21所示。
用半径为 3 像素的圆角矩形工具绘制锁箱，如图22所示。

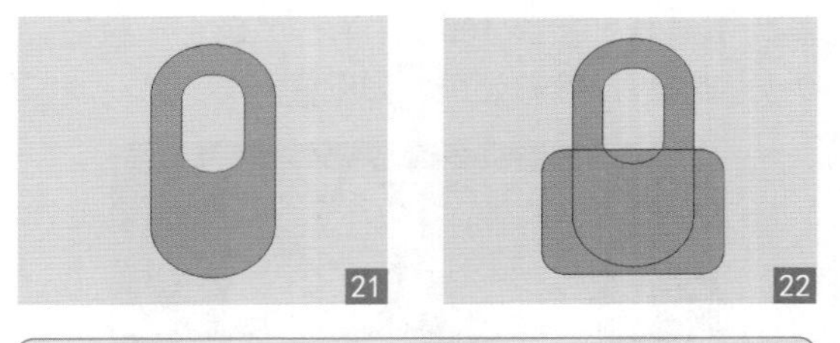

21 22

用椭圆工具减去一个正圆形状，如图23所示。
用圆角矩形工具绘制出密码锁图标，如图24所示。

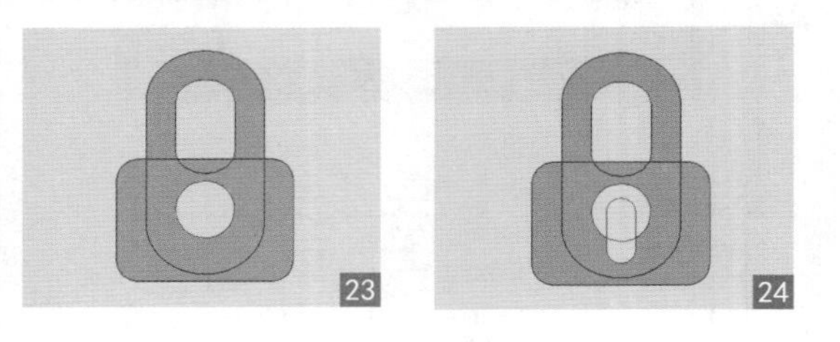

23 24

10 ▶ 输入文字 选择“横排文字工具”，在输入框内输入文字，如图25所示，将其选中，在“字符”面板中设置文字的属性，如图26所示，该文字的属性与 E-mail 文字属性相同。

25

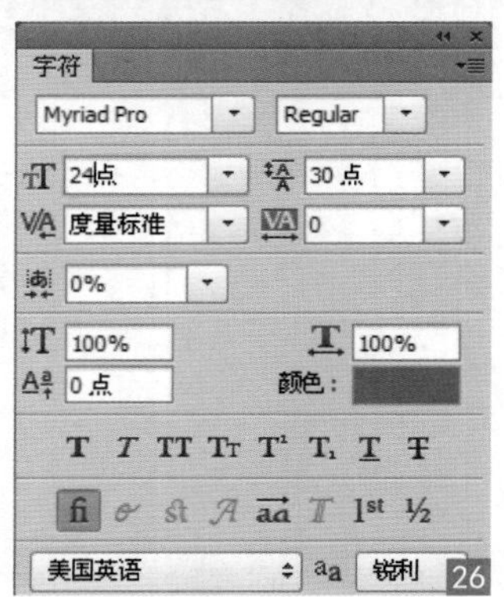

26

11 ▶ 绘制登录按钮 选择“矩形工具”，设置前景色为 R:96；G:200；B:187，在图像上绘制按钮外形，打开“图层样式”对话框，分别选择“渐变叠加”“图案叠加”“投影”“描边”，设置相应参数，添加立体效果。

用“矩形工具”绘制按钮基本形，如图27所示。

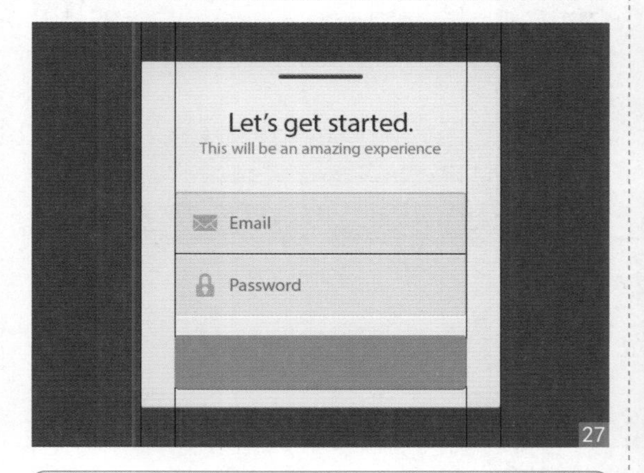

27

选择“渐变叠加”，设置混合模式为“叠加”，不透明度为37%，缩放为150%，如图28所示。

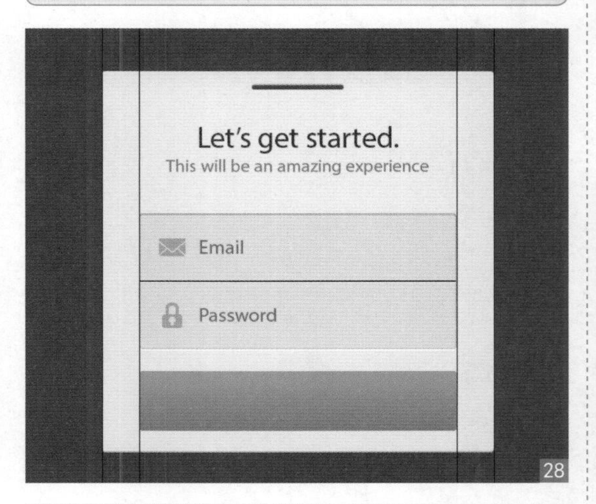

28

选择“图案叠加”，设置混合模式为“滤色”，不透明度为100%，图案为“黑色编织纸”，如图29所示。

选择“投影”，设置不透明度为30%，角度90°，不勾选“使用全局光”，距离为1像素，大小为3像素，如图30所示。

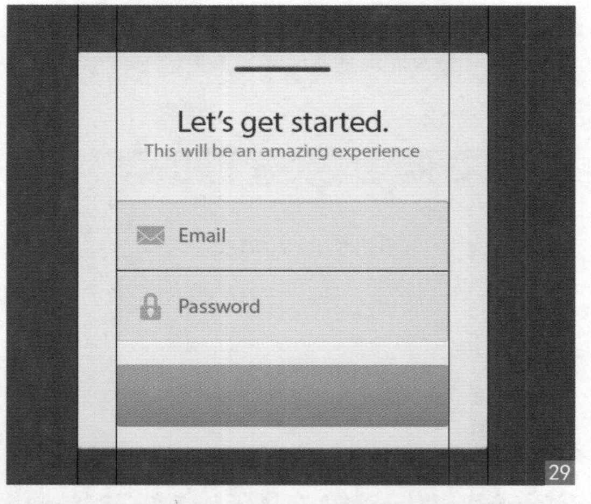

29

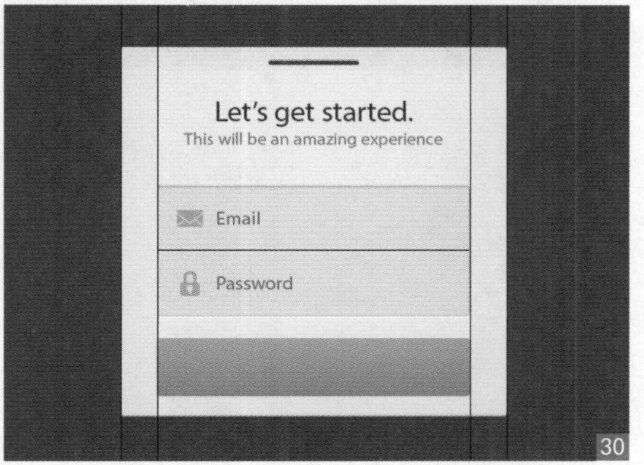

30

选择“描边”，设置大小为1像素，位置为“内部”，颜色为 R:42；G:139；B:123，如图31所示。

31

12 ▶ 输入登录字样 选择“横排文字工具”，在登录按钮上输入文字，打开“图层样式”对话框，选择“投影”，设置相应参数，为文字添加投影效果，完成制作。

横排文字工具输入登录字样，如图32所示。

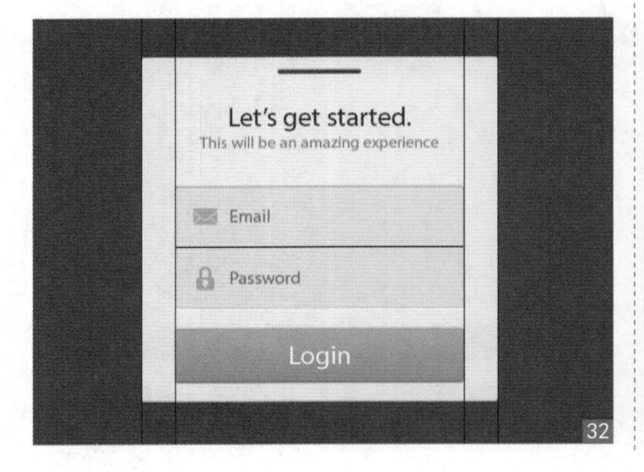

32

选择“投影”，设置不透明度为55%，角度为90°，不勾选“使用全局光”，距离为1像素，大小为3像素，如图33所示。

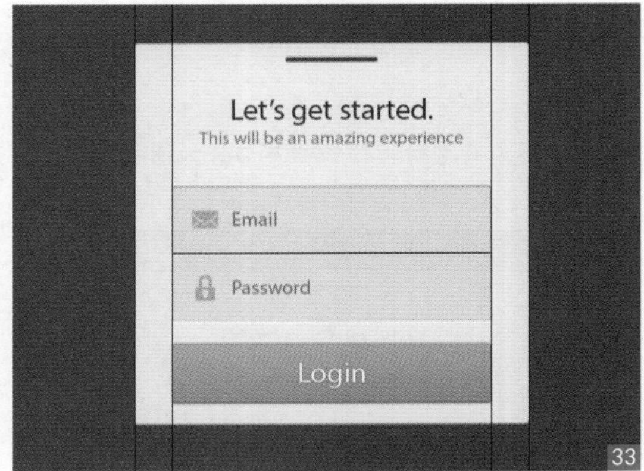

33

图标分解示意图，如图34所示。

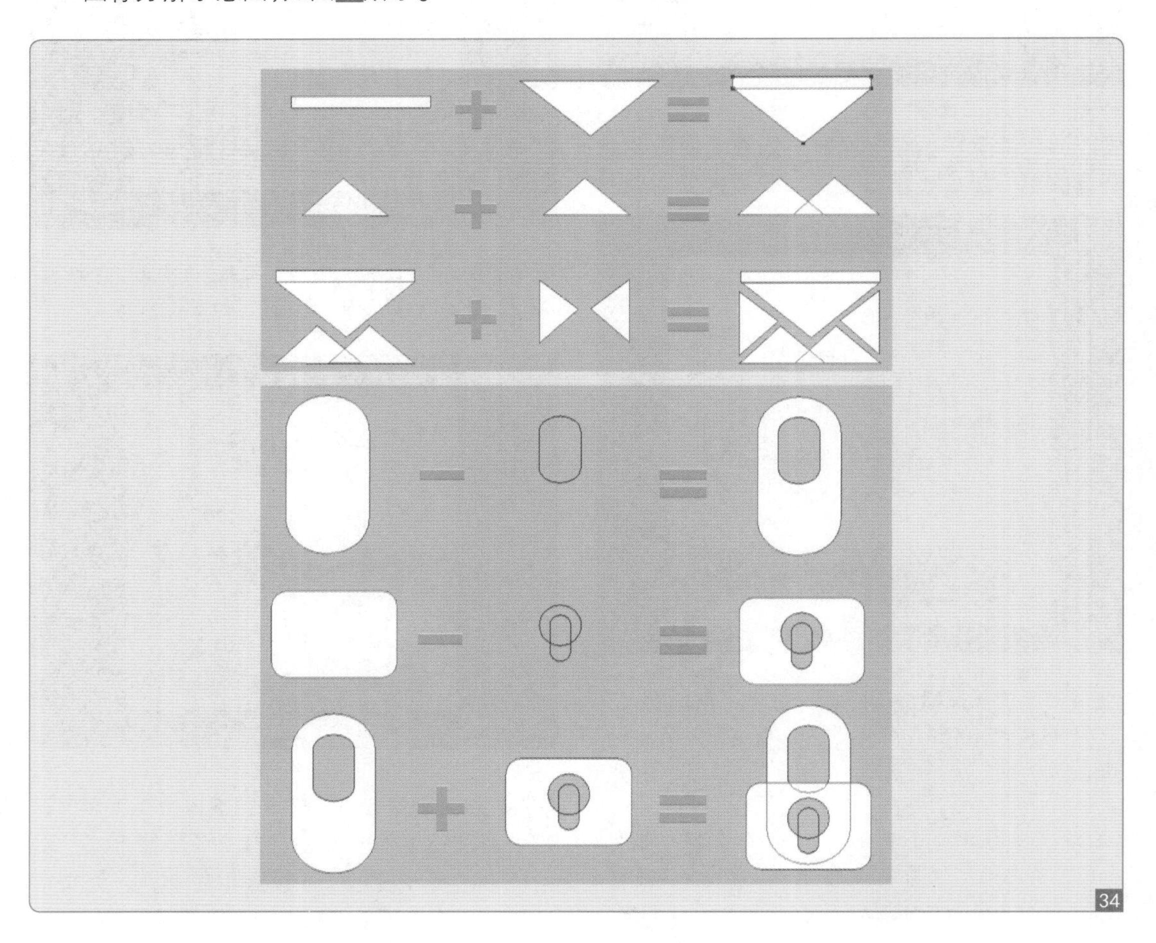
34

设置界面开关

Version：CS4 CS5 CS6 CC

Keyword：各种矢量工具、图层样式

本例我们将制作一组界面开关，元素分别为开关按钮（打开和关闭两种状态）、立体图标、标题栏等。制作时要求使用矢量图形工具，采用图层样式制作立体和阴影效果。

设计构思

本例虽然制作了好几个元素，其颜色和形状风格都十分一致，充分体现了设计师的整体把控能力，我们在设计时首先要确定界面的配色，然后再开始制作，如右图所示。

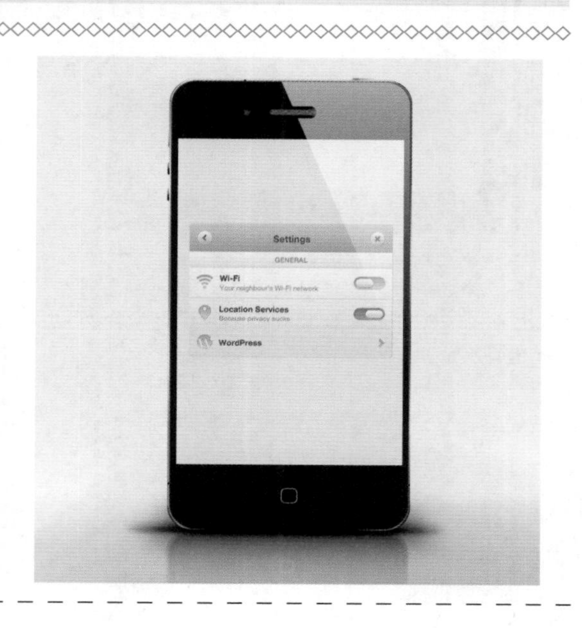

01 ▶ 新建文档 执行“文件”→“新建”命令，或按下快捷键 Ctrl+N，打开“新建”对话框，设置大小为 480 像素 ×330 像素，分辨率为 72 像素，完成后单击“确定”按钮，新建一个空白文档，如图01所示。

01

02 ▶ 填充背景色 单击前景色图标，在弹出的“拾色器（前景色）”对话框中设置前景色为“黑色”，按下快捷键 Alt+Delete 为背景填充前景色，如图02所示。

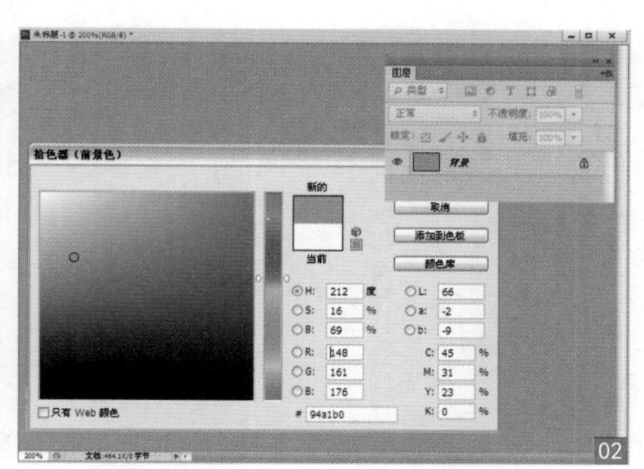

02

03 ▶ 绘制基本形 选择“圆角矩形工具”，在选项栏中设置半径为 3 像素，在图像上绘制圆角矩形，打开“图层样式”对话框，分别选择“渐变叠加”“投影”，设置相应参数，添加效果。

使用圆角矩形工具绘制基本形，如图 03 所示。

03

选择“渐变叠加”，设置渐变条，颜色由左到右依次为 R:228; G:228; B:228, R:253; G:253; B:253，如图 04 所示。

04

选择“投影”，设置不透明度为 30%，距离为 1 像素，大小为 2 像素，如图 05 所示。

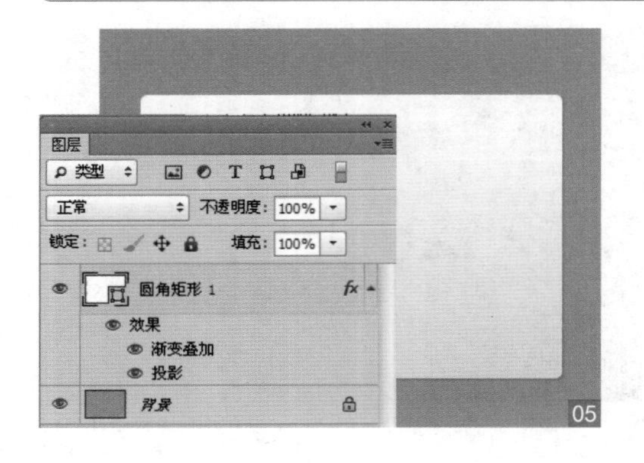

05

04 ▶ 制作标题栏 选择“圆角矩形工具”，设置前景色为白色，在基本形最上方绘制圆角矩形，然后选择“矩形工具”，在选项栏中选择“合并形状”，再次绘制标题栏，打开“图层样式”对话框，选择“渐变叠加”“斜面和浮雕”，设置相应参数，添加立体效果。

圆角矩形工具绘制标题栏，如图 06 所示。

06

矩形工具合并形状，如图 07 所示。

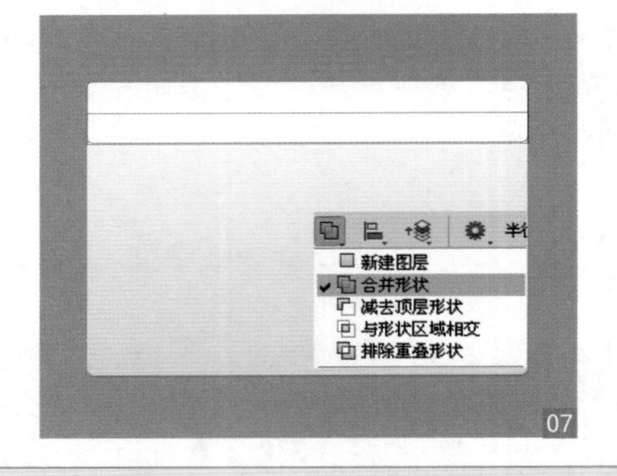

07

选择“渐变叠加”，设置渐变条，颜色由左到右依次为 R:176; G:176; B:176、R:214; G:214; B:214，如图 08 所示。

08

选择“斜面和浮雕”，设置大小为 3 像素，高光模式为“叠加”，不透明度为 40%、不透明度 0%，如图 09 所示。

Tips:

这一步使用圆角矩形工具和矩形工具共同绘制标题栏，目的在于使标题栏的边角与基本形保持一致，先使用圆角矩形工具绘制，可以使标题栏的上边贴合，使用矩形工具合并形状，使标题栏的下边贴合。

05 ▶ 添加标题 选择“横排文字工具”，在标题栏输入文字，如图 10 所示，打开“图层样式”对话框，选择“投影”，设置混合模式为“叠加”，不透明度为 40%，角度为 120°，距离为 1 像素，大小为 0 像素，单击“确定”按钮，为标题文字添加投影效果，如图 11 所示。

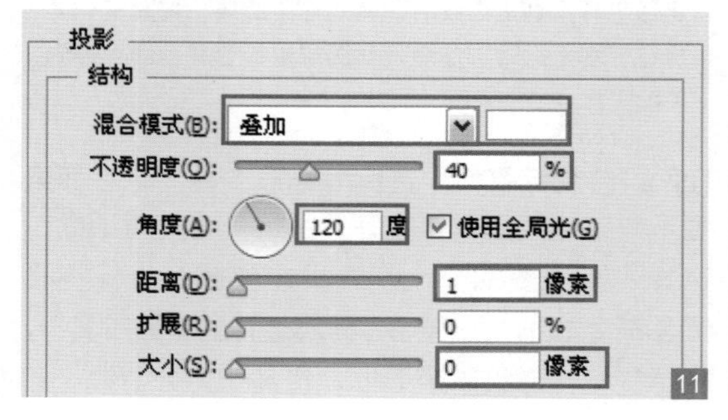

06 ▶ 制作返回按钮 选择“椭圆工具”，在标题栏左侧绘制正圆，将填充减低为 0%，打开该图层“图层样式”对话框，分别选择“描边”“内阴影”“渐变叠加”，设置相应参数，添加立体按钮效果。

用椭圆工具绘制正圆按钮，如图 12 所示。

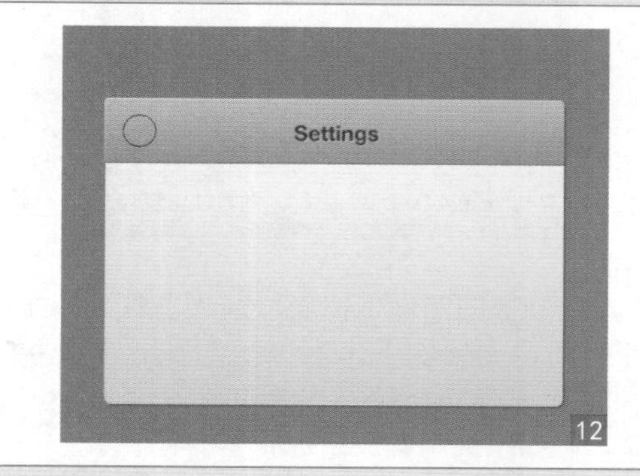

选择“描边”，设置大小为 1 像素，填充类型为“渐变”，设置渐变条，从左到右依次是 R:125; G:125; B:125，R:186；G:186；B:186，如图 13 所示。

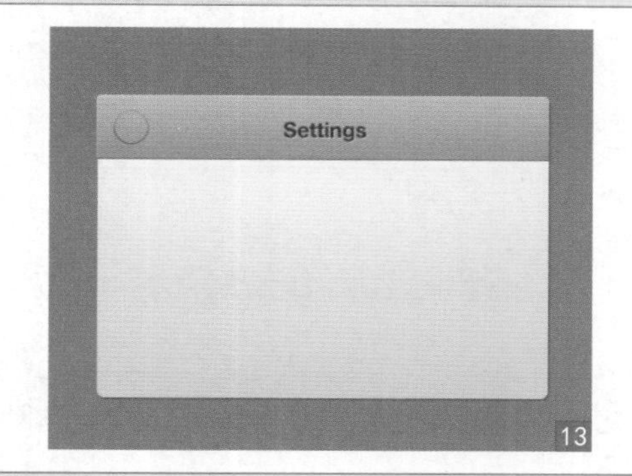

选择“内阴影”，设置混合模式为“叠加”，颜色为白色，不透明度为 60%，距离为 2 像素，大小为 1 像素，如图 14 所示。

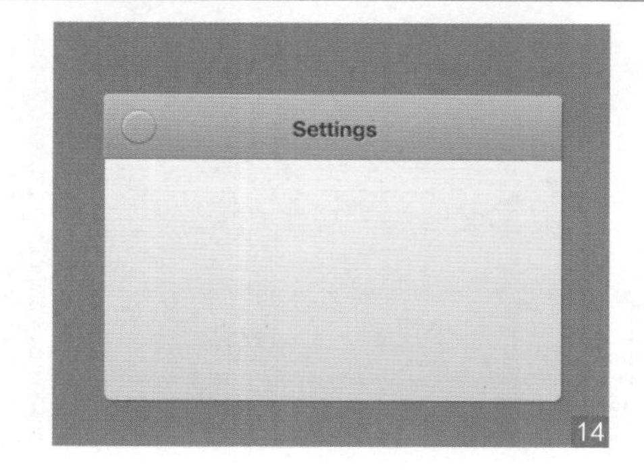

选择“渐变叠加”，设置渐变条，颜色由左到右依次为 R:193; G:193; B:193，R:246; G:246; B:246，如图15所示。

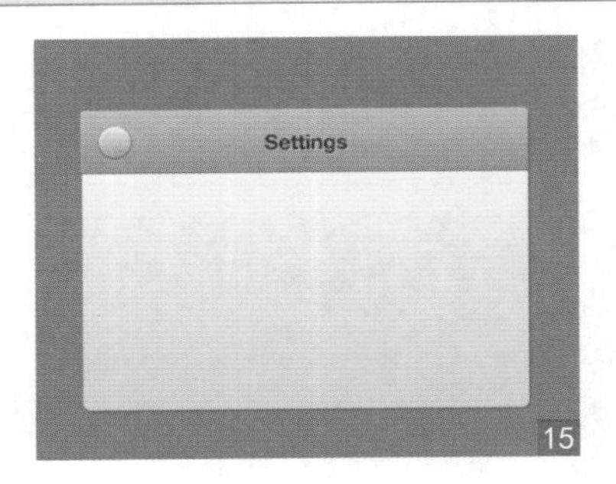

15

07 ▶ 绘制返回图标 选择“钢笔工具”，在刚才绘制的正圆按钮上绘制返回图标，将填充降低为 0%，打开“图层样式”对话框，分别选择“渐变叠加”“内阴影”，设置相应参数。

选择钢笔工具绘制返回图标，如图16所示。

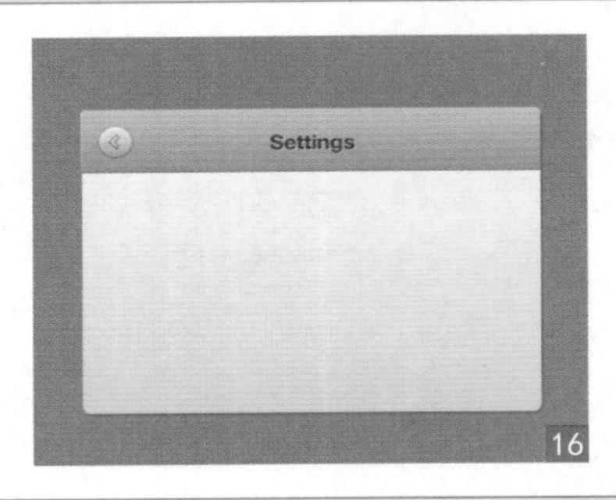

16

选择“渐变叠加”，设置渐变条，颜色由左到右依次为 R:138；G:138；B:138，R:91；G:91；B:91，如图17所示。

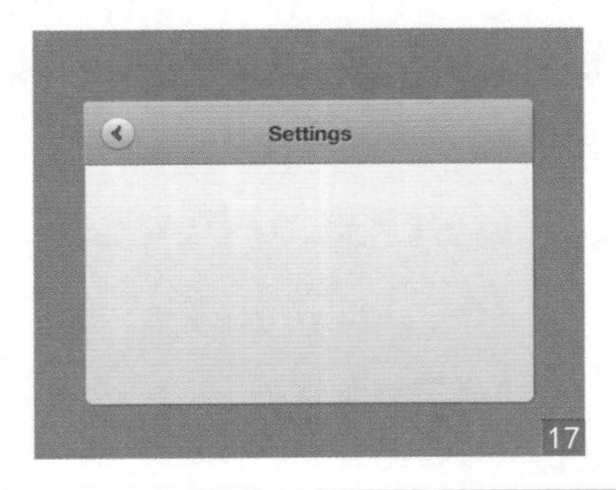

17

选择“内阴影”，设置不透明度为 60%，距离为 1 像素，大小为 1 像素，如图18所示。

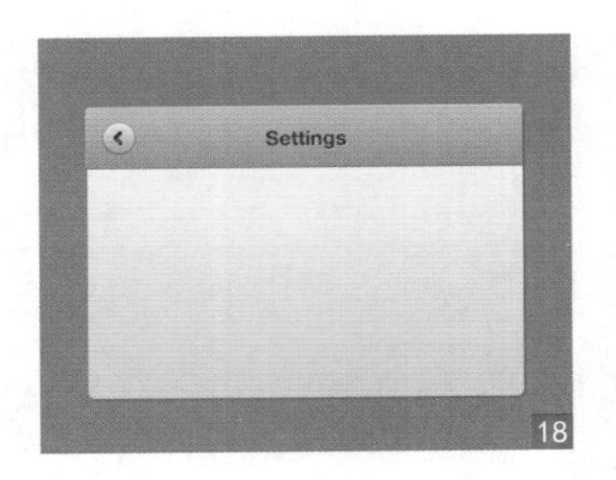

18

08 ▶ 制作关闭按钮 将左侧正圆按钮进行复制，移动到标题栏的右侧，使用矩形工具绘制关闭图标，将返回图标的图层样式效果进行复制，粘贴到关闭图标上，得到相同的效果，如图19、20所示。

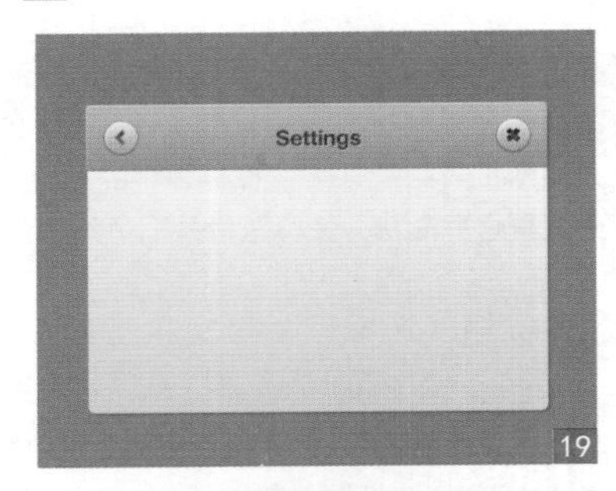

19

20

Tips:

矩形工具绘制矩形条后，将矩形条旋转，将其复制并执行“水平翻转”命令，对图层进行合并，即可得到关闭图标。

09 ▶ 绘制标签栏 选择“矩形工具”，在标题栏下方绘制矩形框，打开“图层样式”对话框，选择“渐变叠加”，设置相应参数，为标签栏添加渐变效果，完成后，再次选择“矩形工具”，在标签栏下方绘制矩形框，将其作为分割线。

用矩形工具绘制标签栏，如图21所示。

21

选择“内阴影”，设置不透明度为 15%，角度为 90°，不勾选“使用全局光”，距离为 2 像素，大小为 4 像素，如图22所示。

22

用矩形工具绘制分割线，如图23所示。

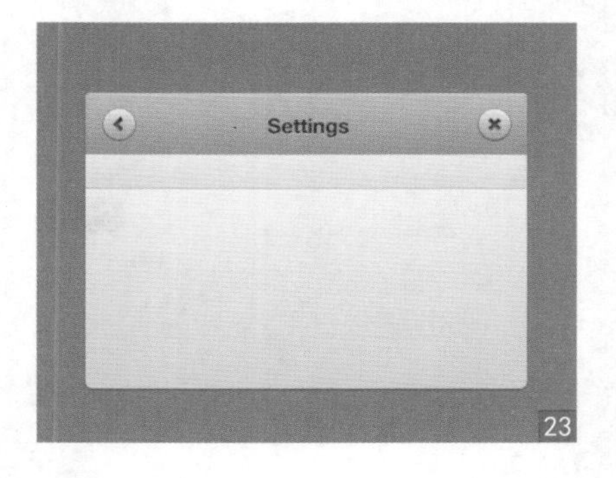

23

10 ▶ 添加文字 选择“横排文字工具”，在标签栏上输入文字，如图24所示，打开“图层样式”对话框，选择“投影”，设置混合模式为正常，颜色为白色，不透明度为 85%，角度为 120°，距离为 1 像素，大小为 0 像素，单击“确定”按钮，为文字添加投影效果，如图25所示。

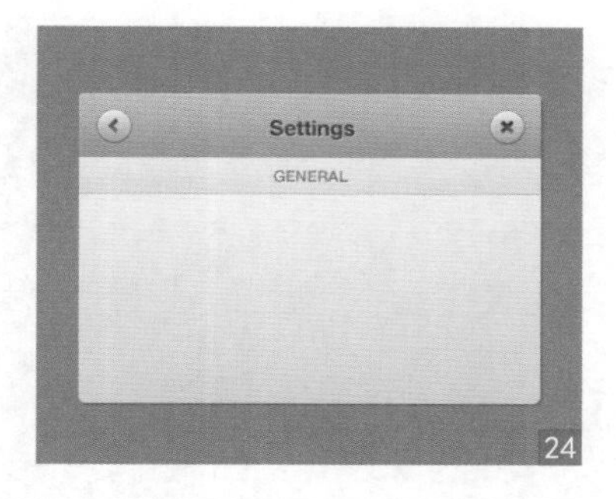

24

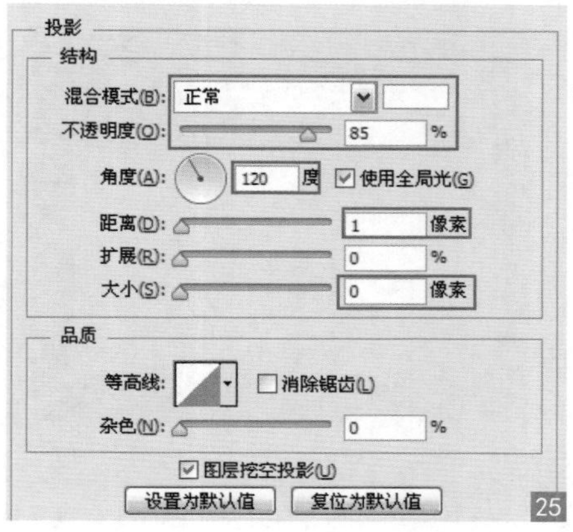

25

11 ▶ 绘制无线网图标 使用“椭圆工具”的加减运算法则绘制无线网图标，打开“图层样式”对话框，分别选择“描边”“渐变叠加”，设置相应参数，为该图标添加效果。

使用椭圆工具绘制无线网图标，如图26所示。

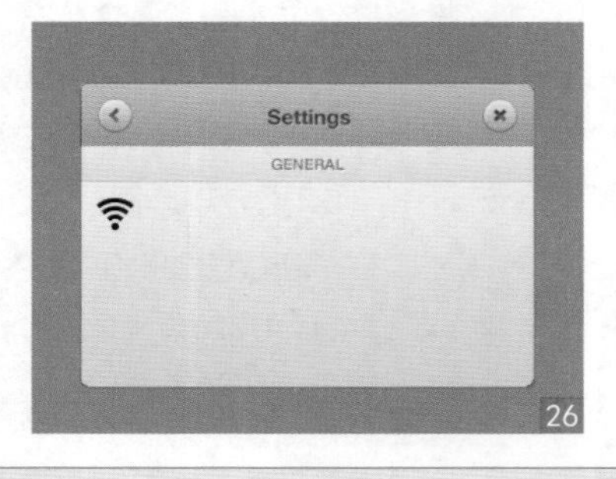

26

选择“描边”，设置大小为 1 像素，位置为“内部”，填充类型为“渐变”，设置渐变条，颜色由左到右依次为 R:178；G:178；B:178，R:108；G:108；B:108，如图27所示。
选择“渐变叠加”，设置渐变条，颜色由左到右依次为 R:219; G:219; B:219，R:178; G:178; B:178，如图28所示。

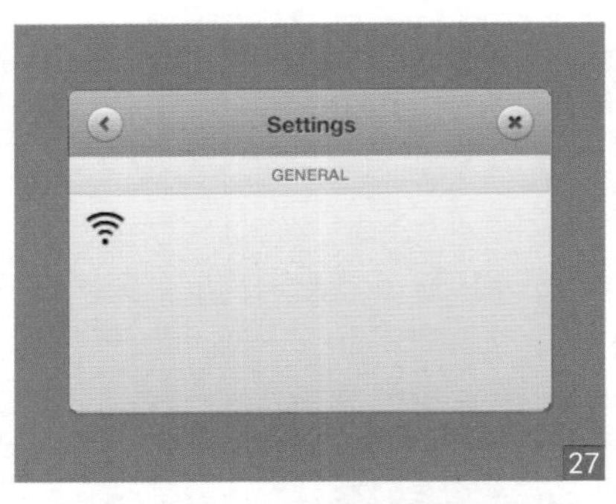

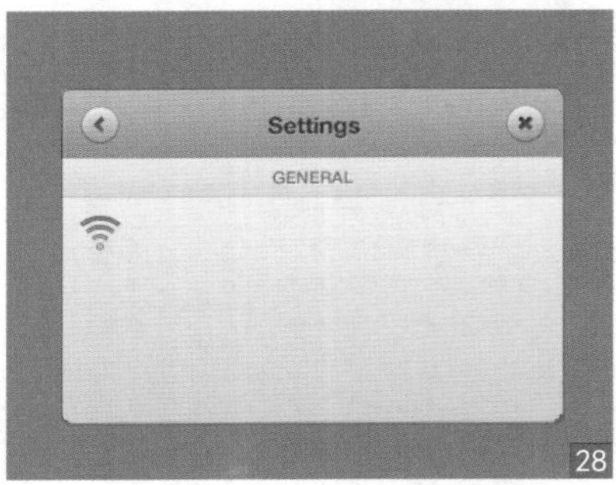

Tips:

在绘制无线网图标之前，需要使用标尺工具确定中心点的位置，然后从中心点出发按住Alt+Shift快捷键绘制由中心向外扩展的正圆，通过椭圆工具选项栏中的"合并形状""减去顶层形状"选项可绘制出无线网图标。

12 ▸ 添加文字 选择"横排文字工具"，在无线网图标的后面单击输入文字，文字输入完成后，为其添加"投影"效果，设置混合模式为"正常"，颜色为"白色"，不透明度为100%，角度为120°，距离为1像素，大小为0像素，单击"确定"按钮，添加效果，如图29、30所示。

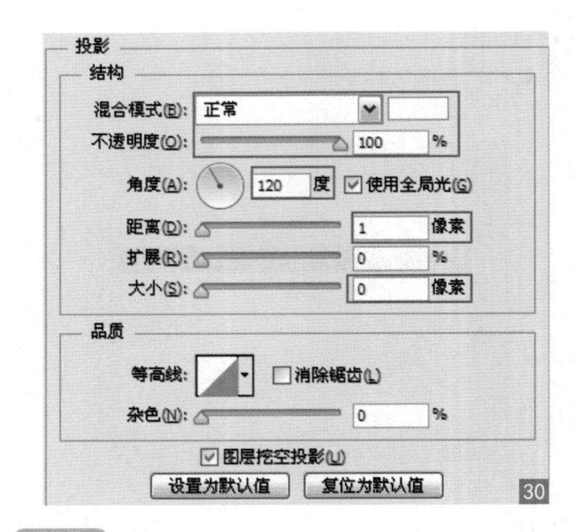

Tips:

输入文字时，文字需要是两行时，可以按住Enter键，进行换行，也可以再次选择横排文字工具在下一行单击输入文字，可分为两个图层，对于间距的调整会比较方便。

13 ▸ 绘制开关按钮 选择"圆角矩形工具"，在选项栏中设置半径为100像素，在界面上绘制开关外形，打开"图层样式"对话框，分别选择"渐变叠加""内阴影""描边"，设置相应参数，为开关添加立体效果。

用圆角矩形工具绘制开关按钮，如图31所示。

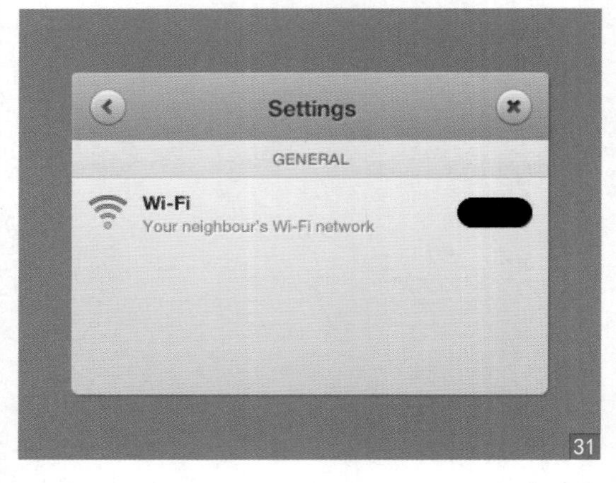

选择"渐变叠加"，设置渐变条，颜色由左到右依次为R:219, G:219, B:219, R:178, G:178, B:178，如图32所示。

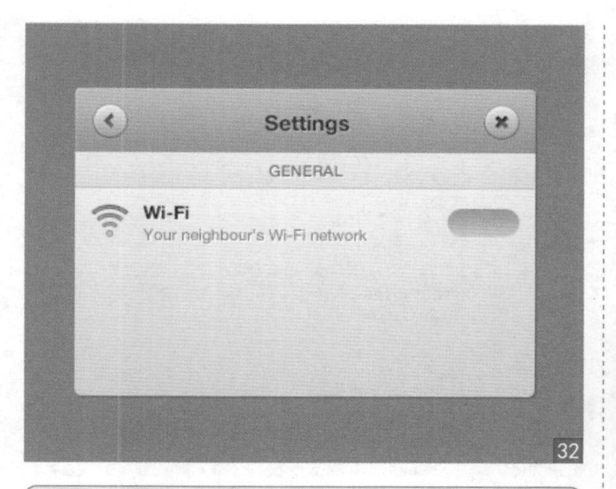

32

选择“内阴影”，设置不透明度为 12%，距离为 3 像素，大小为 4 像素，如图33所示。

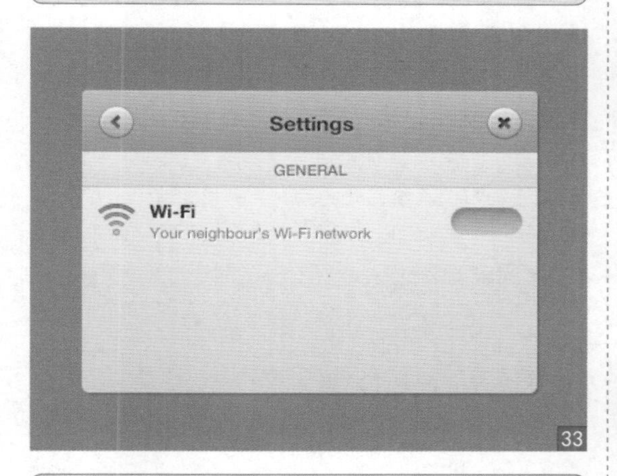

33

选择“描边”，设置大小为 1 像素，位置为“内部”，填充类型为“渐变”，设置渐变条，颜色由左到右依次为 R:178; G:178; B:178，R:108; G:108；B:108，如图34所示。

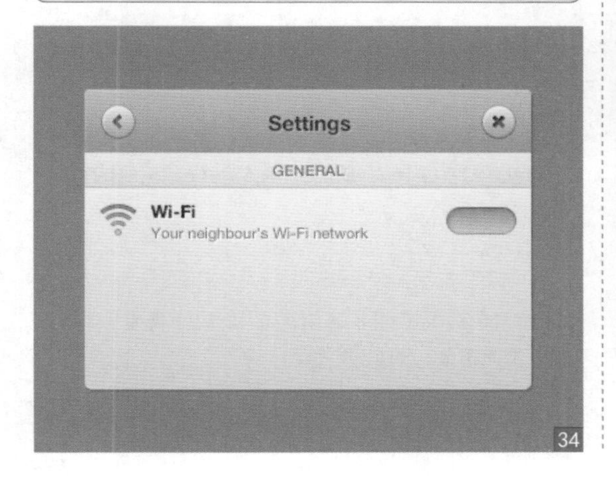

34

14▶ 绘制按钮滑块 再次使用“圆角矩形工具”绘制滑块，打开“图层样式”对话框，分别选择“渐变叠加”“描边”，设置相应参数，为滑块添加立体质感。

用圆角矩形工具绘制按钮滑块，如图35所示。

35

选择“渐变叠加”，设置渐变条，颜色由左到右依次为 R:216; G:216; B:216，R:235; G:235; B:235，R:246；G:246；B:246，如图36所示。

36

选择“描边”，设置大小为 1 像素，填充类型为“渐变”，设置渐变条，颜色从左到右依次为 R:0; G:0; B:0，不透明度为 46%，R:0；G:0；B:0，不透明度为 18%，如图37所示。

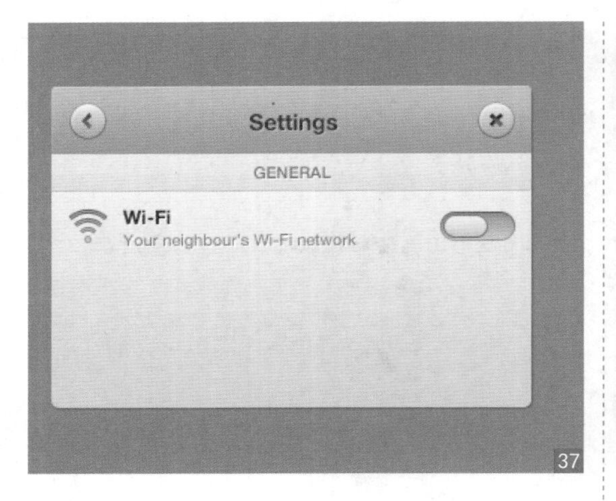

37

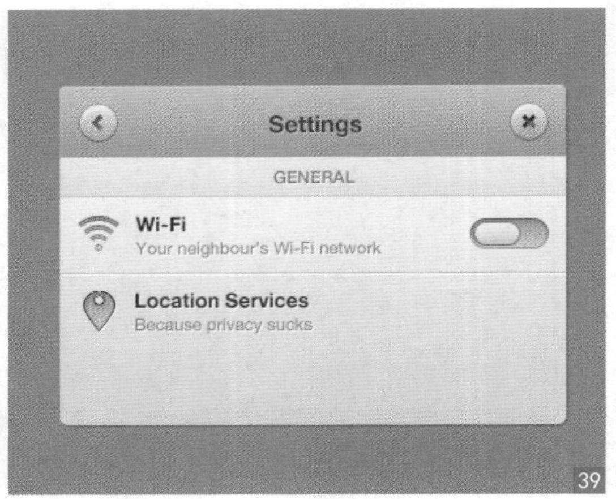

39

15 ▶ 绘制地理位置图标 复制“矩形 2 图层”，移动位置，得到分割线，选择“钢笔工具”绘制地理位置图标外形，然后选择“椭圆工具”，选择“减去顶层形状”，在基本形上减去一个小正圆，可得到图标，粘贴无线网图标图层样式效果，选择“横排文字工具”输入文字，粘贴文字效果。

用钢笔和椭圆工具绘制图标，粘贴效果，如图38所示。

38

用横排文字工具输入文字，粘贴效果，如图39所示。

16 ▶ 绘制开关按钮 选择“圆角矩形工具”绘制开关按钮，打开“图层样式”对话框，分别选择“渐变叠加”“内阴影”“描边”选项，设置相应参数，添加效果，将刚才绘制的滑块图层进行复制，移动到该开关按钮的右侧。

用圆角矩形工具绘制开关按钮，如图40所示。

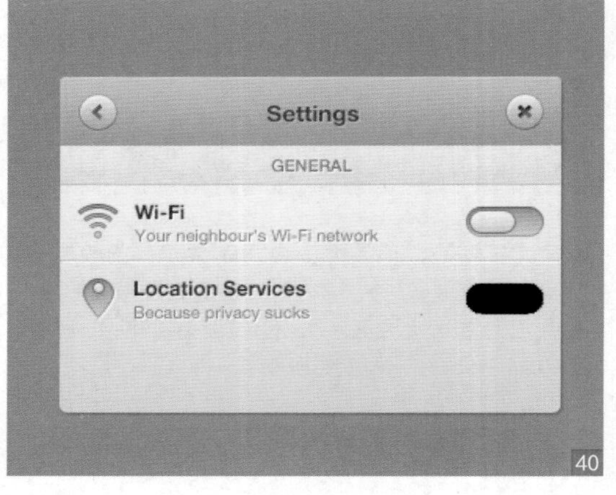

40

选择“渐变叠加”，设置渐变条，颜色由左到右依次为 R:102；G:166；B:235，R:58；G:125；B:212，如图41所示。

选择“内阴影”，设置不透明度为 12%，距离为 3 像素，大小为 4 像素，如图42所示。

41

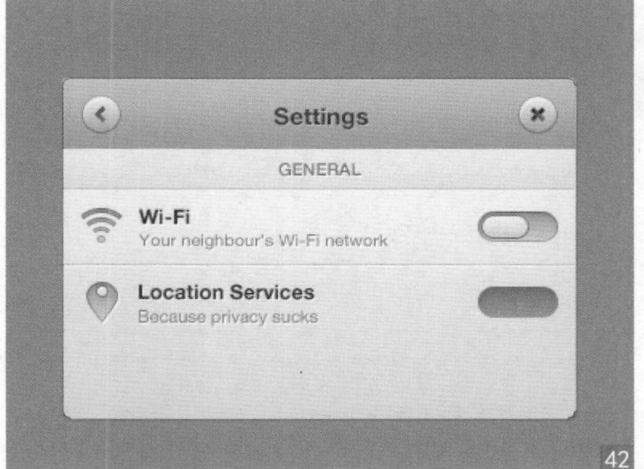

42

选择“描边”，设置大小为1像素，填充类型为“渐变”，设置渐变条，颜色从左到右依次为R:74; G:142; B:215，R:28；G:86；B:161，如图43所示。

43

复制滑块，移动位置，如图44所示。

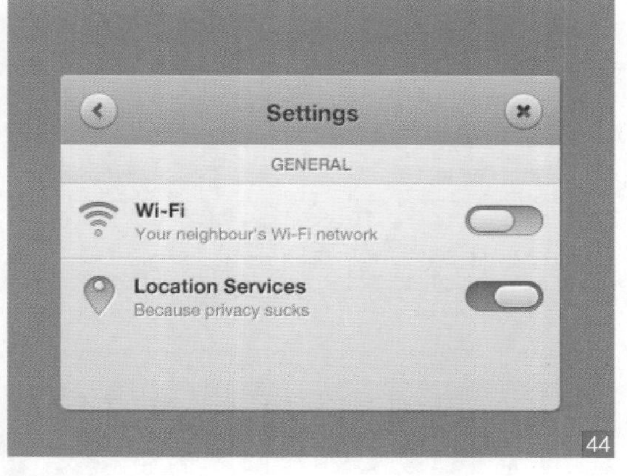

44

Tips:

在制作开关按钮的时候，无线网的开关按钮呈灰色，表明是关闭状态，而地理位置的开关按钮为蓝色，表明是打开状态，滑块在左侧为关闭，在右侧为打开。

17 ▶ **绘制系统平台** 将分割线图层进行复制，移动位置，将选项进行分割，选择“钢笔工具”绘制系统平台图标，为其粘贴图标的图层样式效果，选择“横排文字工具”输入文字，粘贴文字效果。

复制分割线，如图45所示。

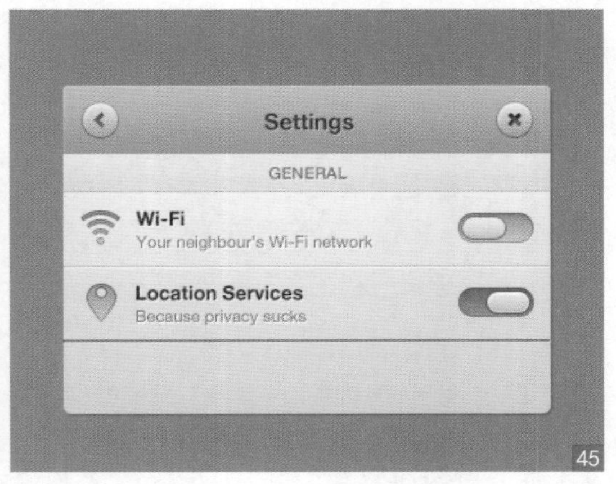

45

用钢笔工具绘制系统平台图标，粘贴效果，如图46所示。
用横排文字工具输入文字，粘贴效果，如图47所示。

46

47

18 ▶ 绘制翻页箭头 使用“钢笔工具”绘制箭头图标，打开“图层样式”对话框，分别选择“渐变叠加”“内阴影”“投影”，设置相应参数，完成效果。

用钢笔工具绘制箭头图标，如图48所示。

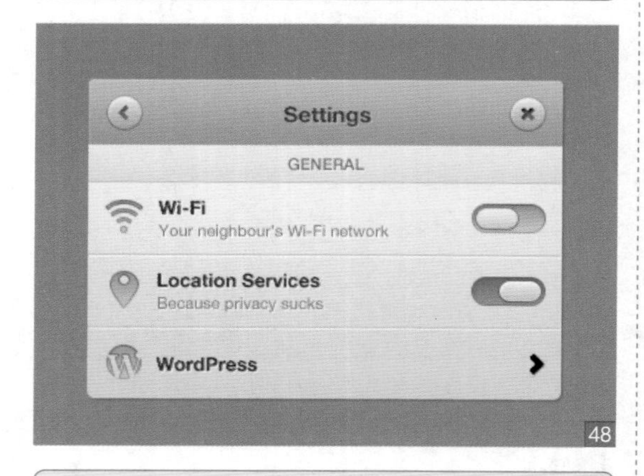

48

选择“渐变叠加”，设置渐变条，颜色由左到右依次为 R:201；G:201；B:201，R:165；G:165；B:165，如图49所示。

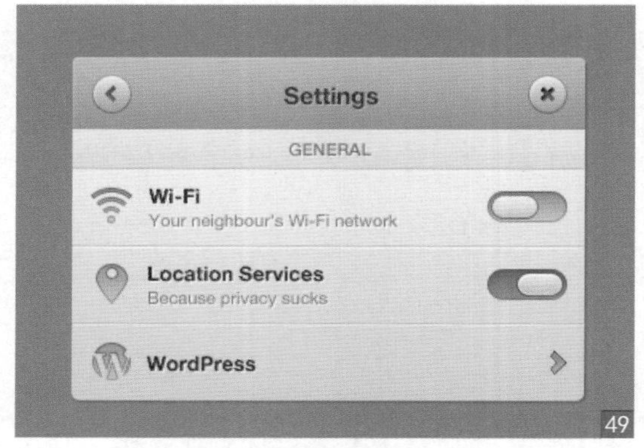

49

选择“内阴影”，设置混合模式为“叠加”，不透明度为 50%，距离为 1 像素，大小为 1 像素，如图50所示。

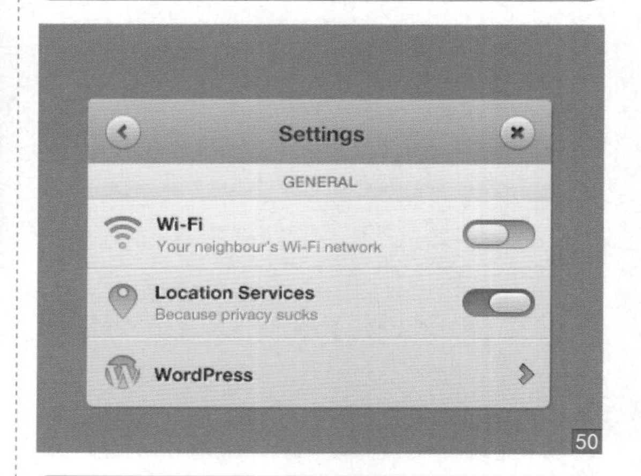

50

选择“投影”选项，设置混合模式为“正常”、颜色为“白色”、不透明度为 100%、距离为 1 像素、大小为 0 像素，如图51所示。

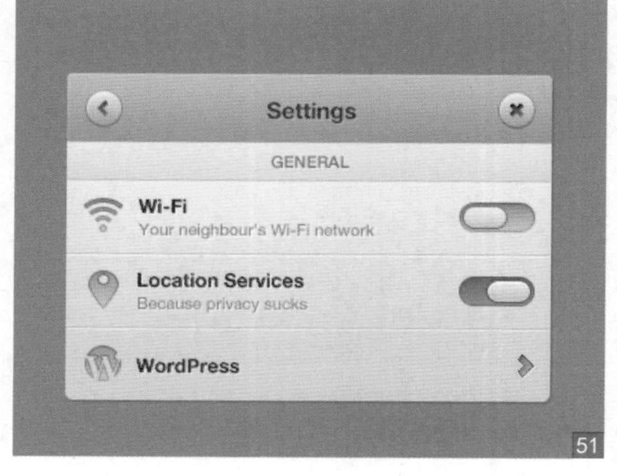

51

Tips:

在绘制翻页箭头时，还可以将前面绘制的返回图标箭头进行复制，执行“水平翻转”命令，将其稍微变大一点，移动到界面右下角位置，重新设置“图层样式”参数即可。

▲ 最终效果图

8.5 通知列表

Version：CS4 CS5 CS6 CC

Keyword：钢笔工具、圆角矩形工具、矩形工具、剪贴蒙版、横排工具

在本例中，我们将学会如何制作通知列表界面，通过使用圆角矩形工具、钢笔工具、矩形工具、横排文字工具以及图层样式工具制作具有立体美感的通知列表界面。

设计构思

圆角给人圆滑、柔和的感觉，对于通知列表窗口，以圆角矩形为基本形，非常合适。通知列表应该不带有其他多余的装饰，界面简单大方，因此标题栏只出现醒目的标题，而列表窗口中的字体应整洁统一，便于查阅。通知列表界面背景以蓝色为主，可以让人冷静处理通知栏中出现的任务，如右图所示。

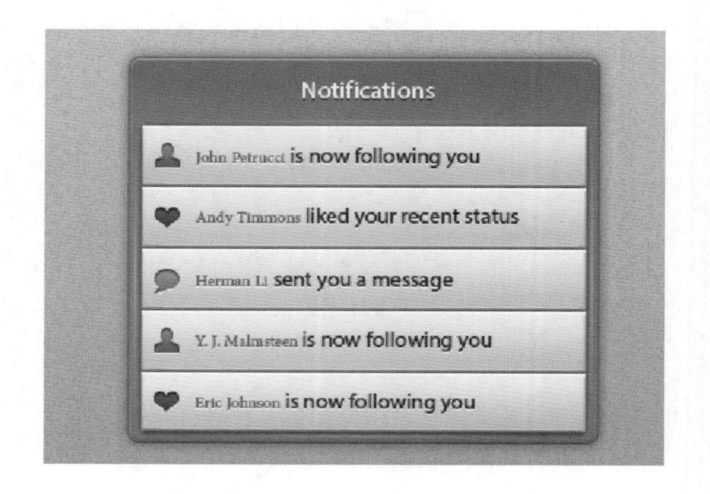

01 ▶ **建立文件** 执行“文件”→“新建”命令，设置大小为400像素×300像素，分辨率为300像素的文档，设置前景色的颜色，按下快捷键Alt+Delete为背景填充颜色，如图01所示，“图层”面板，如图02所示。

01

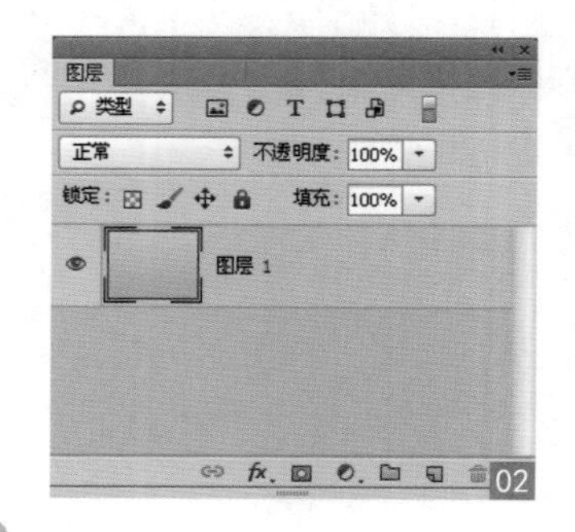

02

Tips:

执行“视图”→“新建参考线”命令，打开“新建参考线”对话框，在“取向”选项中选择“创建水平或垂直参考线”，在“位置”选项中输入参考线的精确位置，单击“确定”按钮，即可在指定位置创建参考线。

02 ▶ 添加杂色 复制“图层 1”图层，得到“图层 1 副本”图层，右击选择“转换为智能对象”，如图03所示，执行“滤镜”→“杂色”→“添加杂色”命令，设置相应参数，如图04所示，为背景添加杂色，如图05所示。

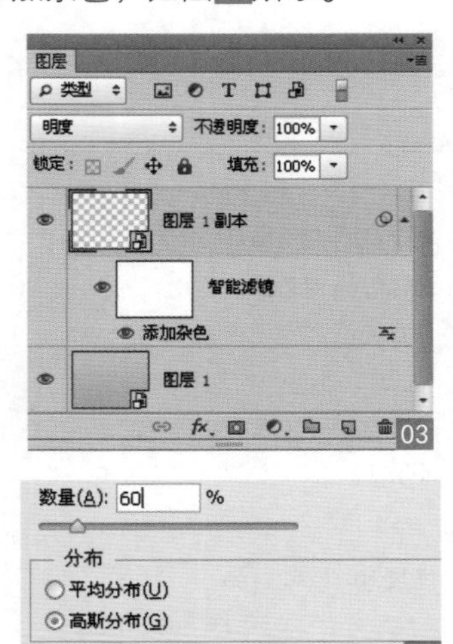

03 ▶ 绘制矩形框 选择“圆角矩形工具”，设置前景色为蓝色，在图像上绘制，将“填充”降低为 0%，如图06所示，效果如图07所示。

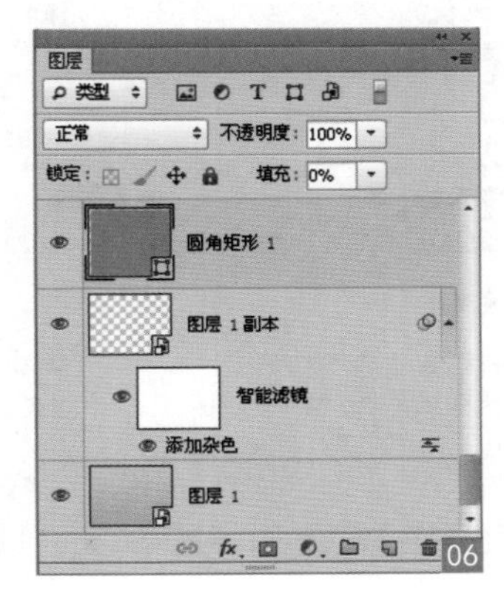

04 ▶ 添加外发光效果 打开“图层样式”对话框，选择“外发光”，设置相应参数，如图08所示，效果如图09所示。

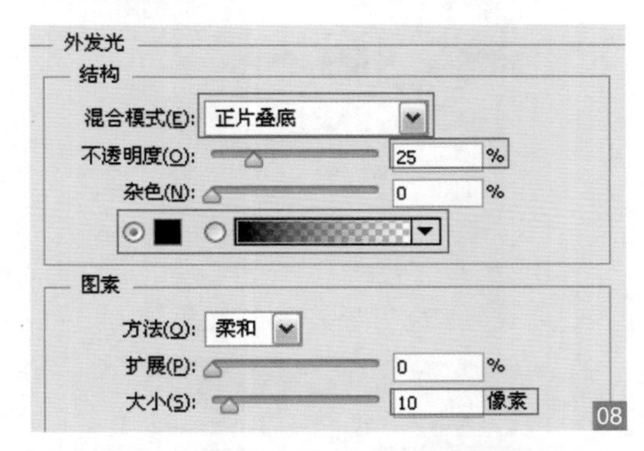

05 ▶ 添加图层蒙版 选择“圆角矩形工具”，在图像上建立圆角矩形框，为其填充黑色，使其隐藏，如图10所示，“图层”面板，如图11所示。

06 ▶ 复制图层 将该圆角矩形进行复制，将“图层”面板中的“填充”参数还原到 100%，如图12所示，使圆角矩形原本的蓝色重新显示出来，如图13所示。

10

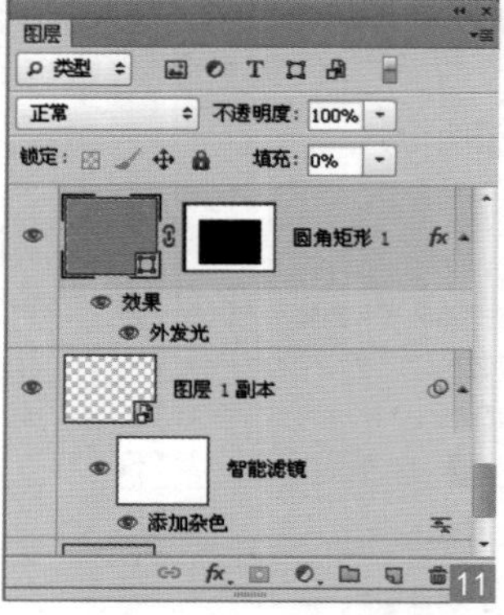

11

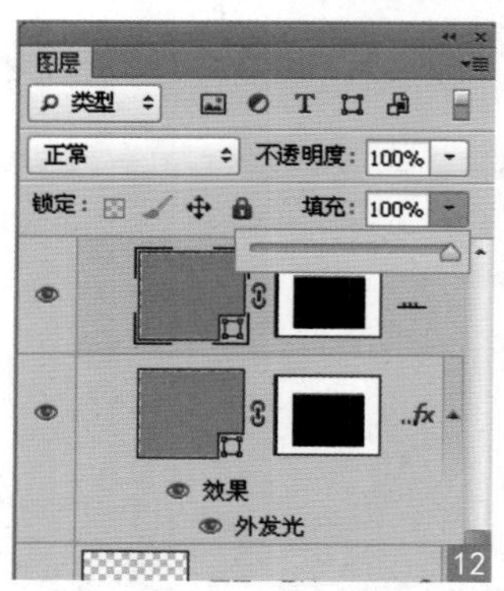

12

13

07 ▶ 设置样式 打开“图层样式”对话框，分别选择“斜面和浮雕”“内阴影”“光泽”“图案叠加”“外发光”，设置相应参数，如图14～18所示，图像效果，如图19所示，“图层”面板，如图20所示。

斜面和浮雕
结构
样式(T)：内斜面
方法(Q)：雕刻清晰
深度(D)：400 %
方向：上 下
大小(Z)：2 像素
软化(F)：0 像素
阴影
角度(N)：90 度
使用全局光(G)
高度：30 度
光泽等高线： 消除锯齿(L)
高光模式(H)：颜色减淡
不透明度(O)：5 %
阴影模式(A)：颜色加深
不透明度(C)：15 %
设置为默认值 复位为默认值

14

内阴影
结构
混合模式(B)：颜色减淡
不透明度(O)：36 %
角度(A)：90 度 使用全局光(G)
距离(D)：1 像素
阻塞(C)：0 %
大小(S)：1 像素

15

光泽
结构
混合模式(B)：划分
不透明度(O)：20 %
角度(N)：180 度
距离(D)：1 像素
大小(S)：0 像素
等高线： 消除锯齿(L) 反相(I)
设置为默认值 复位为默认值

16

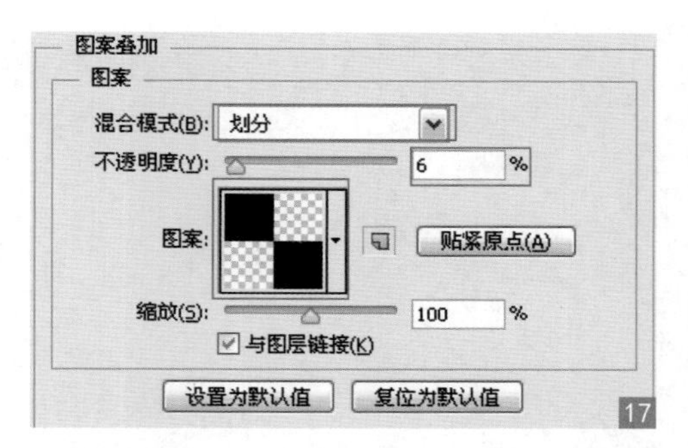

17

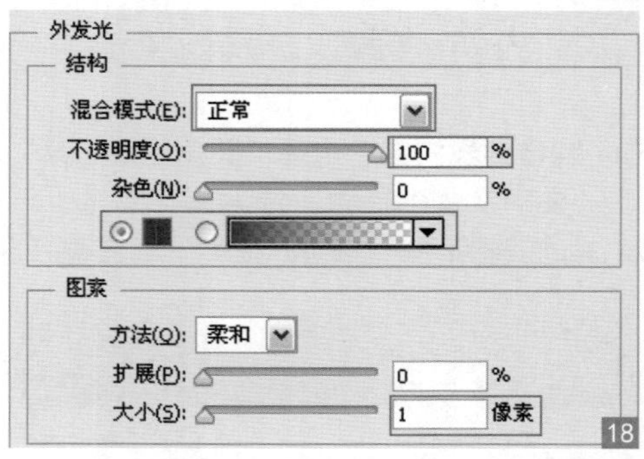

18

19

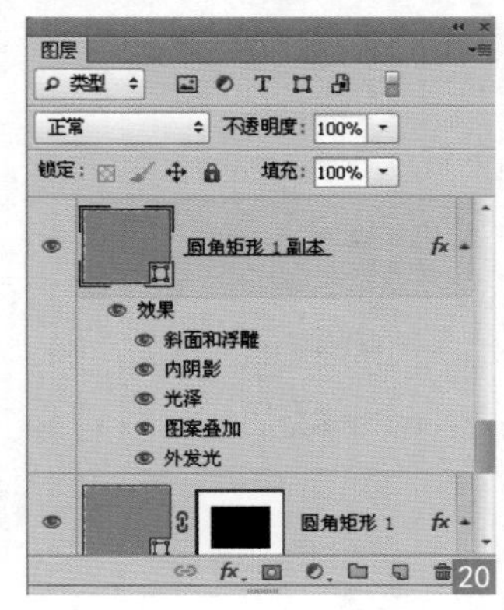

20

08 ▶ 添加高光 选择“矩形工具”，在图像上绘制矩形框，将“填充”减小到0%，如图21所示，效果如图22所示。

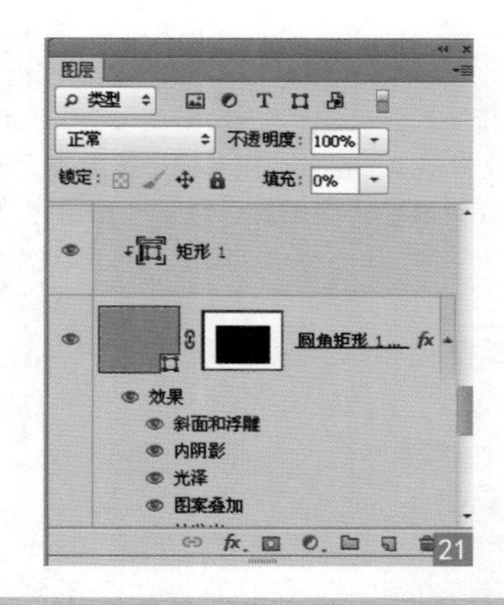

21

22

09 ▶ 添加样式 打开“图层样式”对话框，选择“渐变叠加”，设置相应参数，如图23所示，为图像添加效果，然后将该图层选中，右击，选择“创建剪贴蒙版”，效果如图24所示。

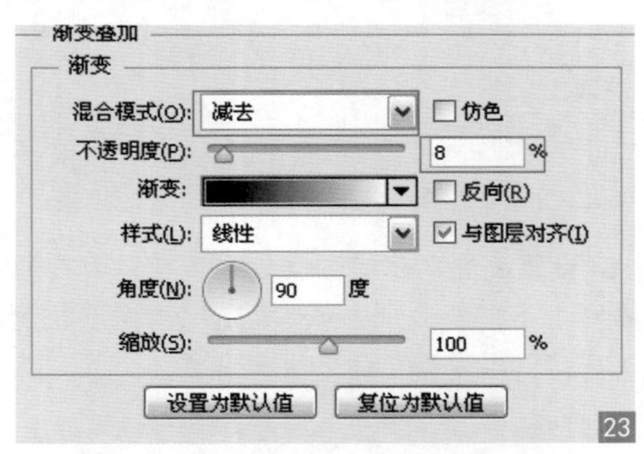

23

24

Tips:

选择一个内容图层，执行“图层”→“释放剪贴蒙版”命令，可以从剪贴蒙版中释放出该图层。如果该图层上面还有其他内容图层，则这些图层也会一同释放。

10 ▶ 设置叠加 选择“矩形工具”，在图像边框的左侧框架上绘制矩形框，为其添加“渐变叠加”，如图25所示，效果如图26所示。

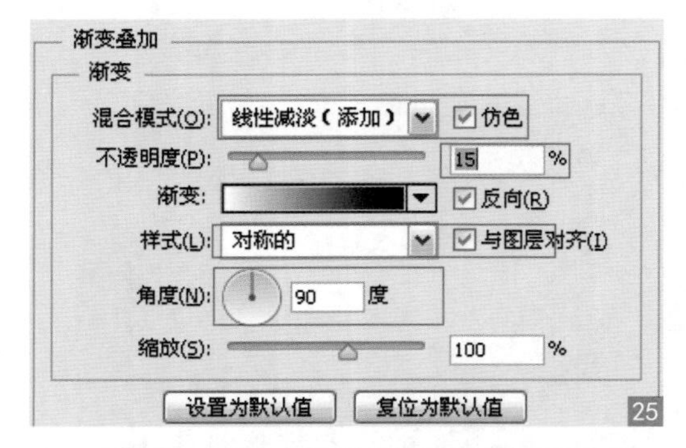

25

26

11 ▶ 设置高光 将该图层复制 3 次，为右侧框架27和上下框架分别添加“高光”，如图28所示，可执行“自由变换”命令进行调整。

27

28

12 ▶ 制作列表内部 选择“圆角矩形工具”，在选项栏中设置半径为 3 像素，在图像上进行绘制，如图29所示，“图层”面板，如图30所示。

29

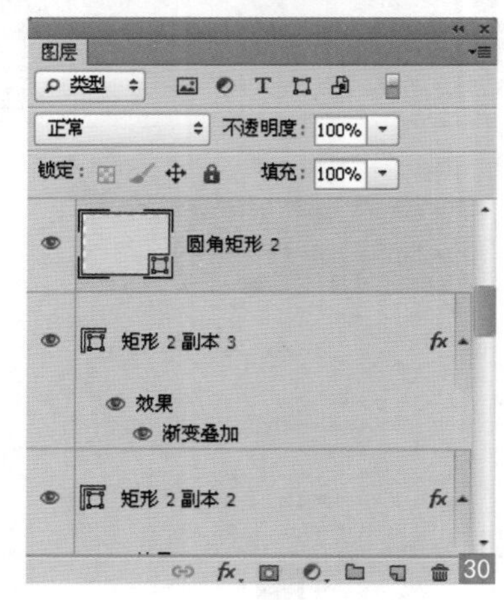

30

13 ▶ 添加内部效果 打开“图层样式”对话框，分别选择“斜面和浮雕”“等高线”“内发光”“外发光”，进行调节，如图31～34所示，效果如图35所示。

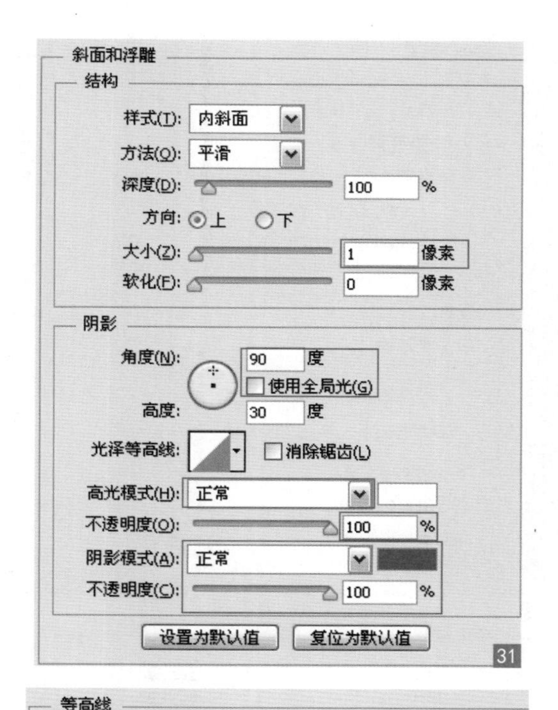

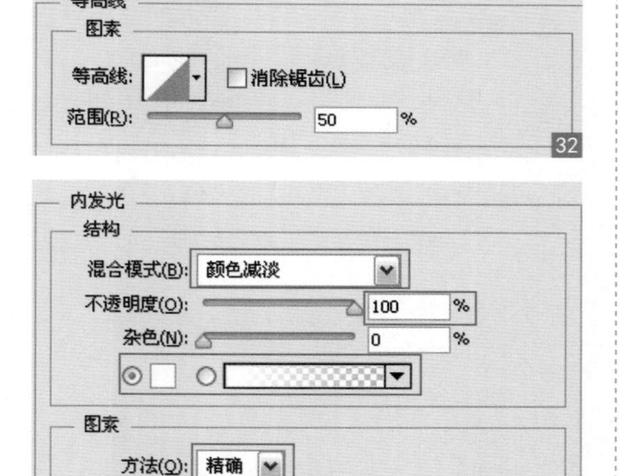

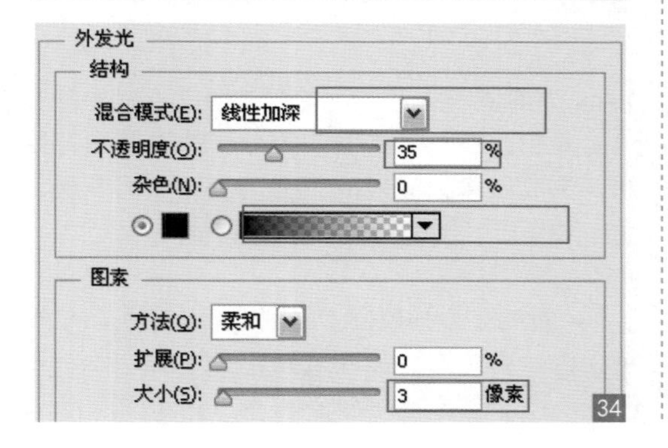

Tips:

在“等高线”面板中单击等高线缩览图，可以打开“等高线编辑器”，我们可以通过添加、删除和移动控制点来修改等高线的形状，从而影响“投影”等效果的外观。

14▶ 设置样式 复制该图层，打开“图层样式”对话框，重新设置“斜面和浮雕”“等高线”“内阴影”“内发光”，如图36～39所示，效果如图40所示。

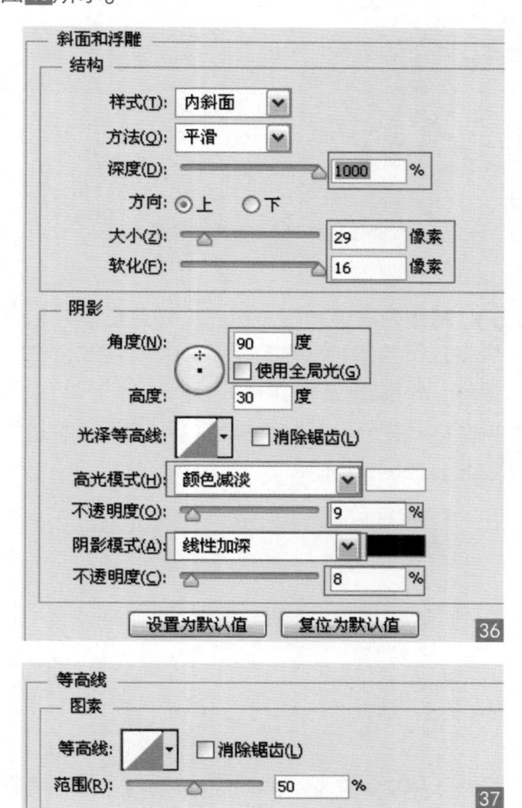

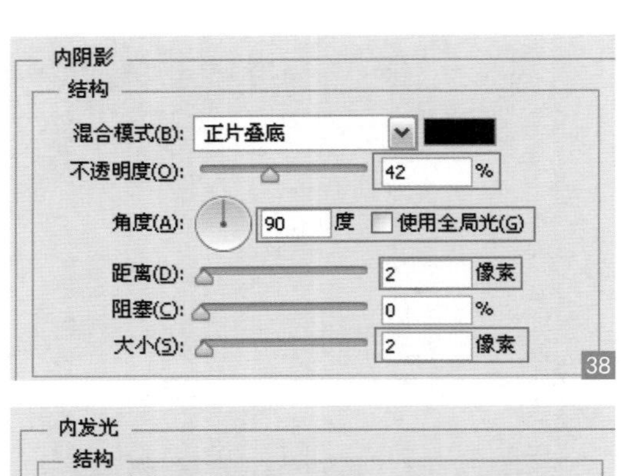

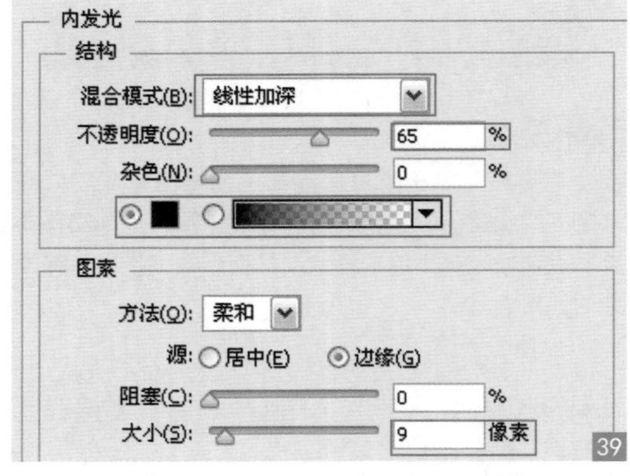

15▶ 制作列表通知栏 选择“矩形工具”，在图像上进行绘制，如图41所示，打开“图层样式”对话框，分别选择“斜面和浮雕”“渐变叠加”，如图42、43所示，调节参数，为矩形框添加立体效果，如图44所示。

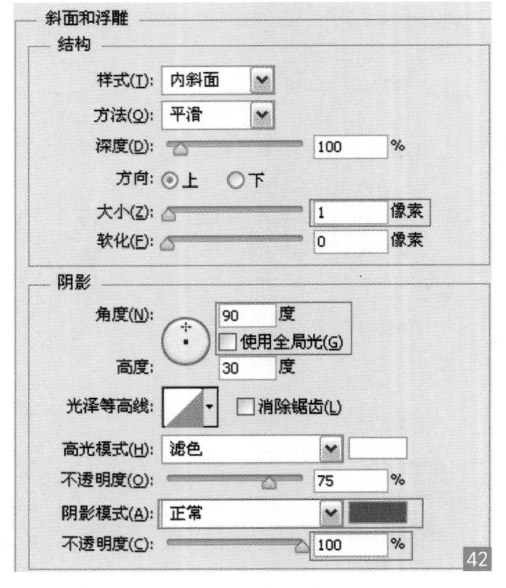

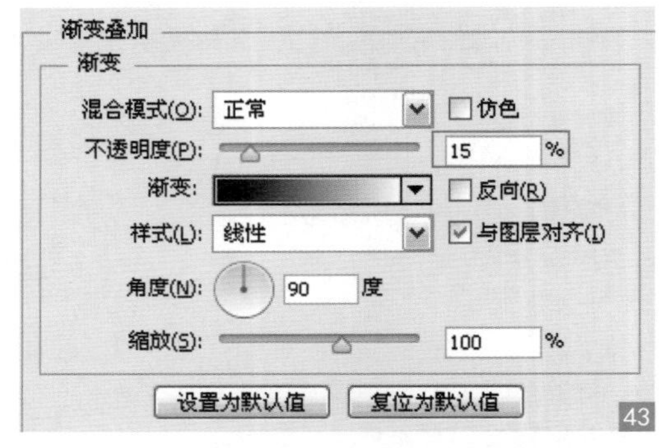

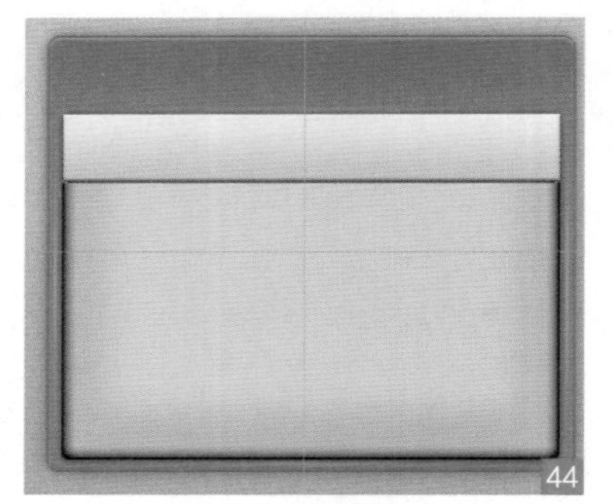

16▶ 绘制高光 选择“矩形工具”，设置前景色为黑色，在刚才绘制的矩形框的底部进行绘制，完成后将该图层的不透明度降低为50%，如图45所示，图像效果，如图46所示。

17▶ 复制多个列表框 将刚才绘制的列表框移至组内，将组进行多次复制，如图47所示，在图像上移动位置，形成列表框形式，如图48所示。

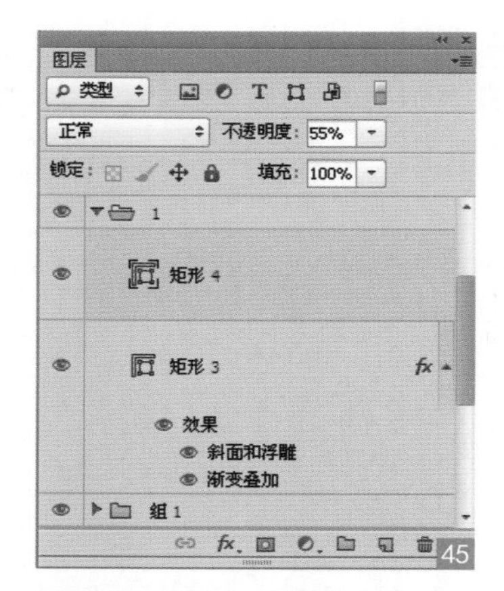

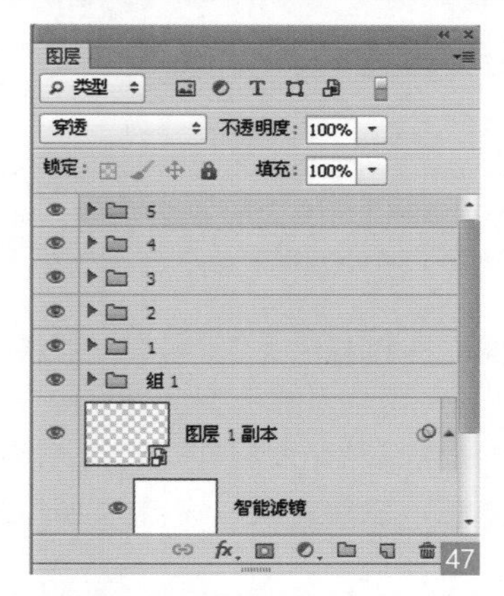

18 ▶ **输入文字**　选择“横排文字工具”，在图像上输入文字，改变文字的大小和位置，如图49所示，“图层”面板，如图50所示。

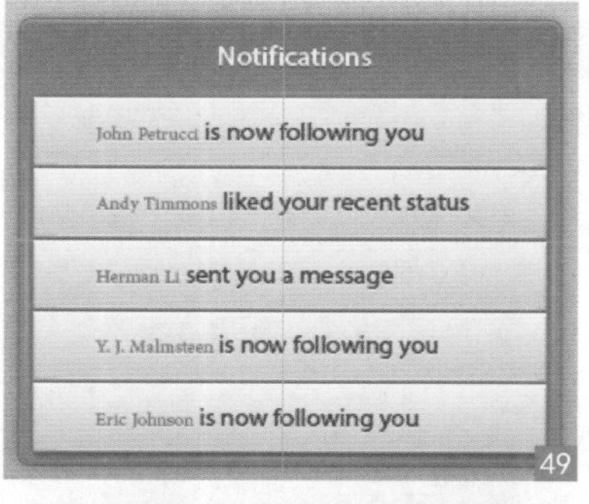

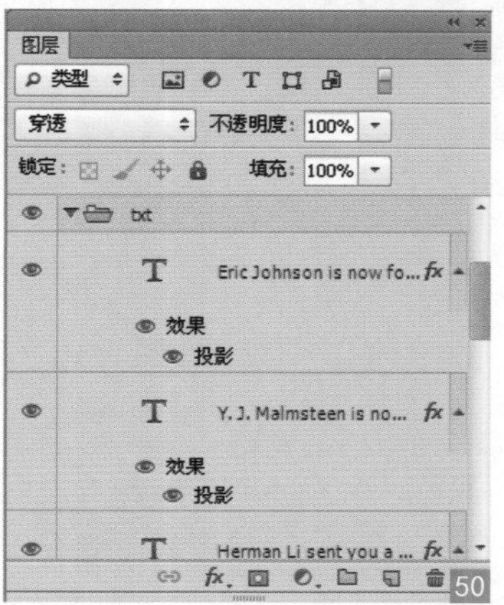

19 ▶ **绘制联系人图标**　选择“钢笔工具”，绘制联系人图标，打开“图层样式”对话框，分别选择“投影”“内阴影”“渐变叠加”，如图51～53所示，进行参数的调节，为其添加效果，如图54所示。

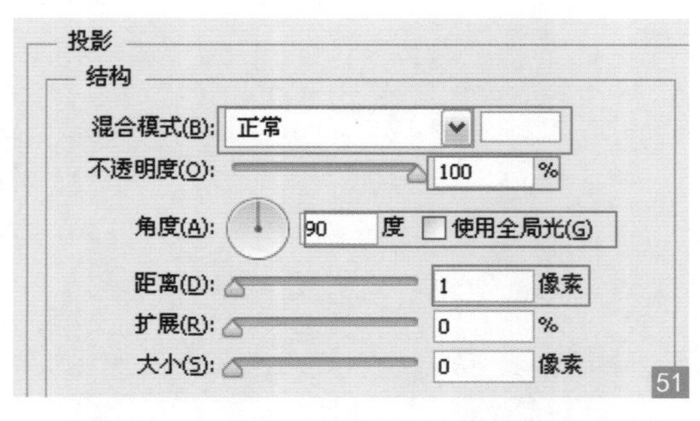

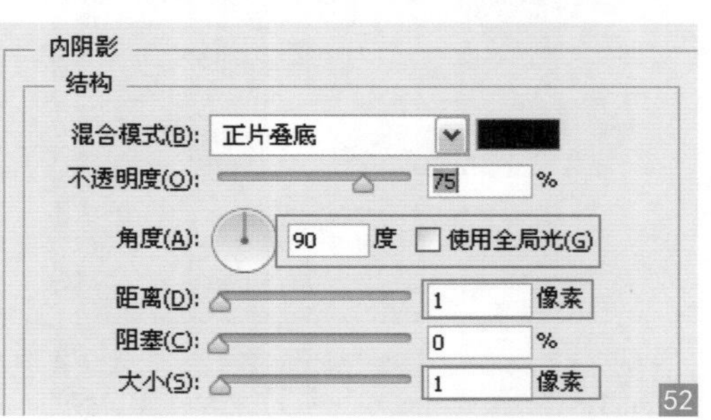

53

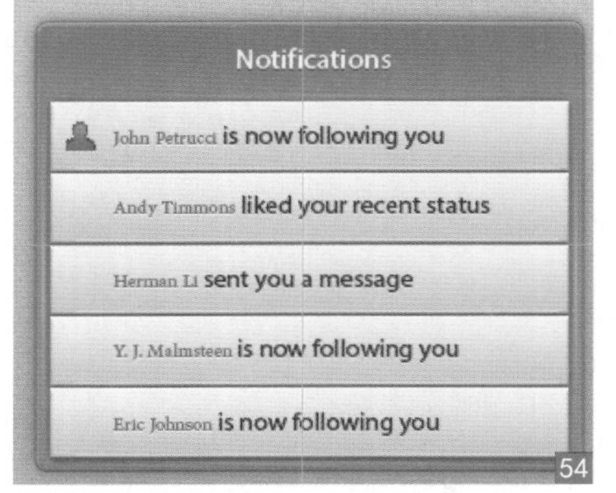

54

20 ▶ 复制图标 复制该图层，如图55所示，移动位置，如图56所示。

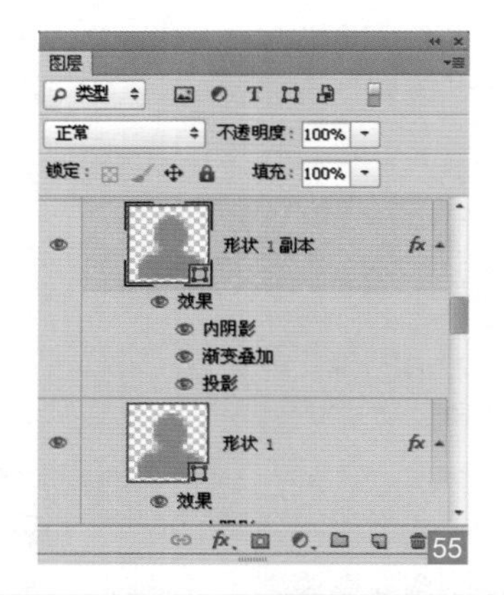

55

56

21 ▶ 绘制其他图标 选择“钢笔工具”，绘制图标，将联系人图标图层的图层样式进行复制，粘贴到该图层，如图57所示，图标效果如图58所示。

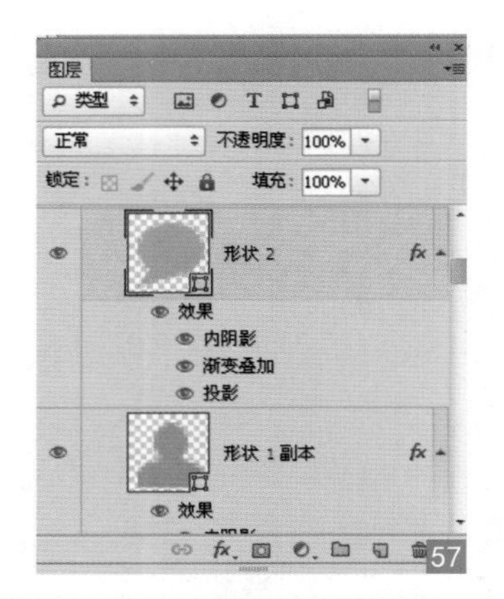

57

58

22 ▶ 绘制心形图标 选择“自定义形状工具”，选择“心形形状”，在图像上进行绘制，使用同样的方法为其粘贴图层样式效果，将心形图层进行复制，移动位置，完成效果，如图59所示。

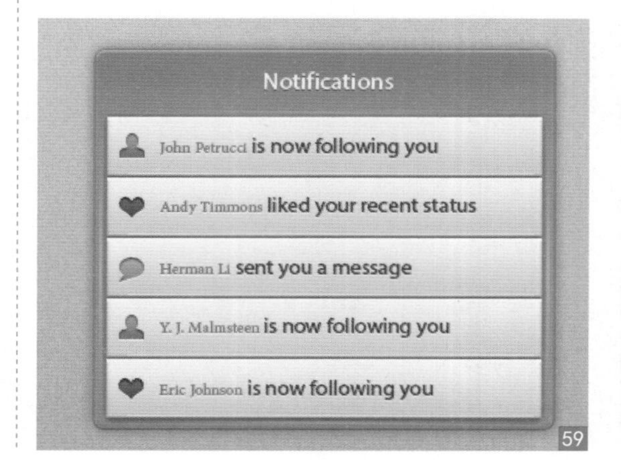

59

Chapter

09

手机与按钮设计

从本章开始，我们将进入一个微型的设计世界，这里要学习很多关于 App 的细节设计。包括各种质感的按钮、开关、旋钮。这里面要用到的特效可不少，所有小物件都需要发挥出设计师的极致构思。

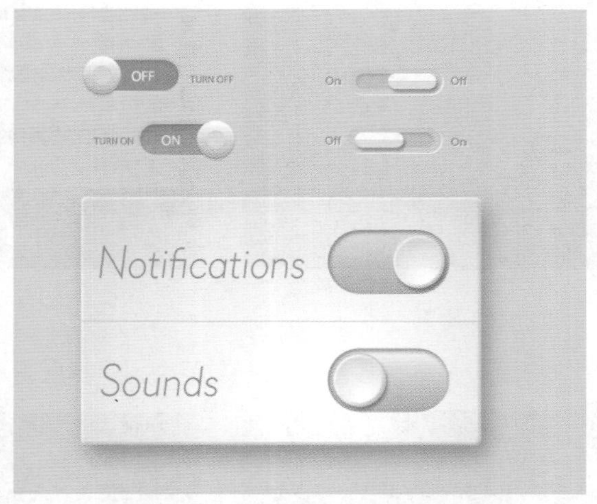

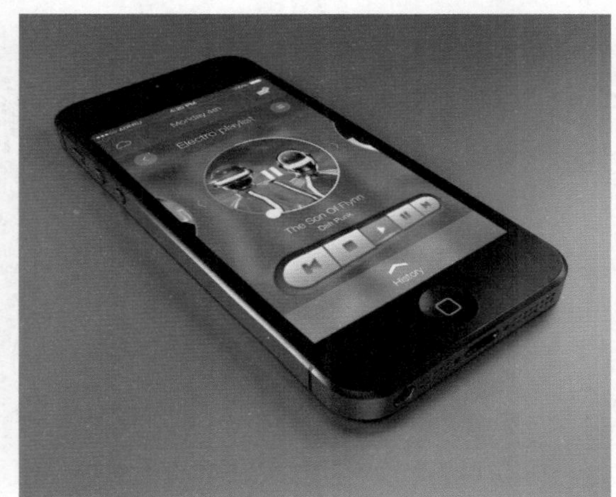

9.1 App UI 中按钮的设计思路

Version：CS4 CS5 CS6 CC

设计按钮时，除了美观，还要根据它们的用途来进行一些人性化的设计，比如分组、醒目、用词等等，下面我们就简单给出按钮设计的几点重要建议。

1. 关联分组

可以把有关联的按钮放在一起，这样可以表现出亲密的感觉。

2. 层级关系

把没有关联的按钮拉开一定距离，这样既可以比较好地区分，还可以体现出层级关系。

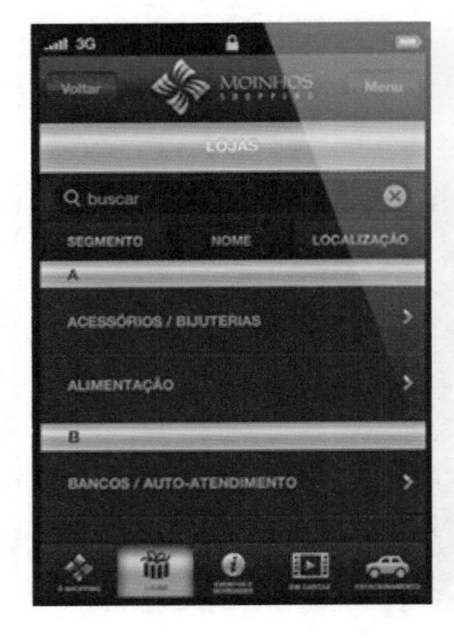

3. 善用阴影

阴影能产生对比效果，可以引导用户看明亮的地方。

4. 圆角边界

用圆角来定义边界，不仅很清晰，而且很明显。而直角通常被用来“分割”内容。

5. 强调重点

同一级别的按钮，我们要强调重要的那个。

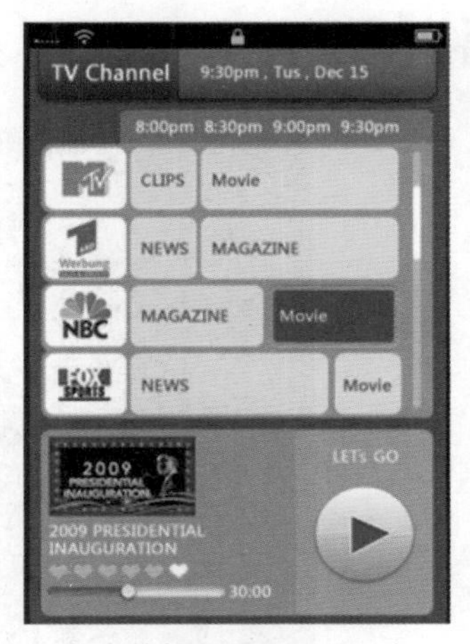

▲ 红色按钮是最重要的一个

6.按钮尺寸

因为点击面积增大了，所以块状按钮让用户点击得更加容易。

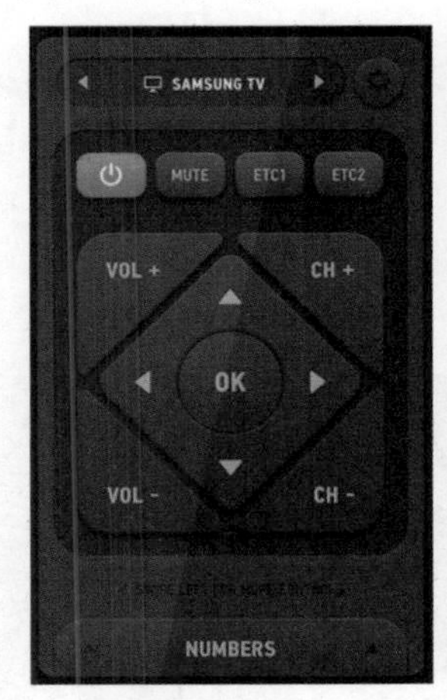

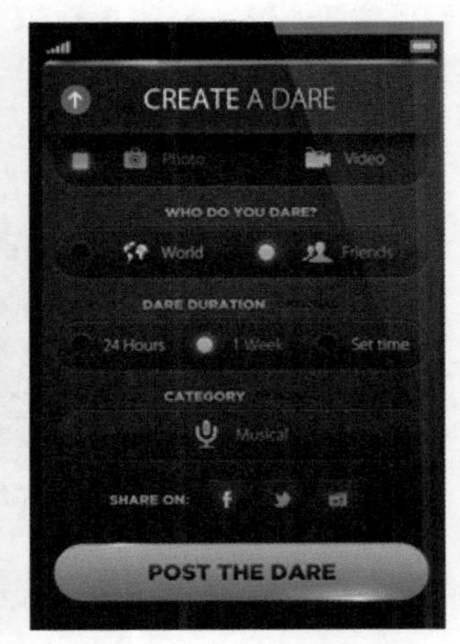

7. 表述必须明确

如果用户看到“确定”“取消”“是”“否”等提示按钮时，就需要思考两次才能确认。如果看到“保存”“付款”等提示按钮时，就可以直接拿定主意。所以，按钮表述必须明确。

启动按钮

Ps Version：CS4 CS5 CS6 CC

Keyword：图层样式、钢笔工具、渐变工具、横排文字工具

在本例中，我们将学会使用椭圆工具、钢笔工具、标尺工具、图层样式工具等制作启动按钮。本例以圆形为基本图形，大量运用了 Photoshop 内置的图层样式效果以及滤镜中的杂色效果，让电源按钮更具立体美感。

设计构思

启动按钮整体效果不错，以圆形为基本形，使其互相叠加，绘制出不同的风格。按钮主要以深灰这种暗色为主，给人神秘、稳重却又不失大方的感觉，如右图所示。

01 ▶ 制作按钮外形 按下快捷键 Ctrl+O，打开素材文件，按下快捷键 Ctrl+R，打开标尺工具，创建参考线，如图01所示，单击“图层”面板下方的“创建组”按钮，新建“组 1”，如图02所示。

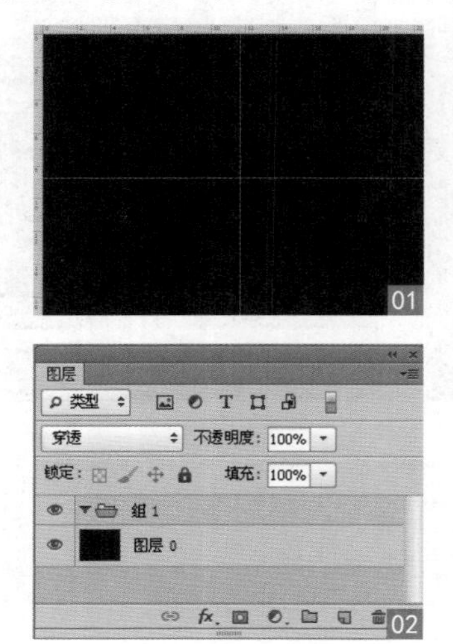

01
02

02 ▶ 绘制圆形 选择工具箱中的“椭圆工具”，按住 Shift 键绘制椭圆，绘制完成后，再次选择椭圆工具，在选项栏中选择“减去顶层形状”，在标尺交接的地方按住快捷键 Alt+Shift，绘制同心圆，如图03所示，“图层”面板，如图04所示。

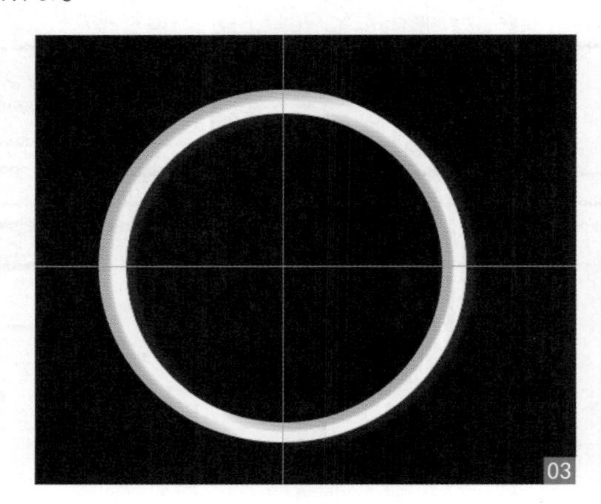
03

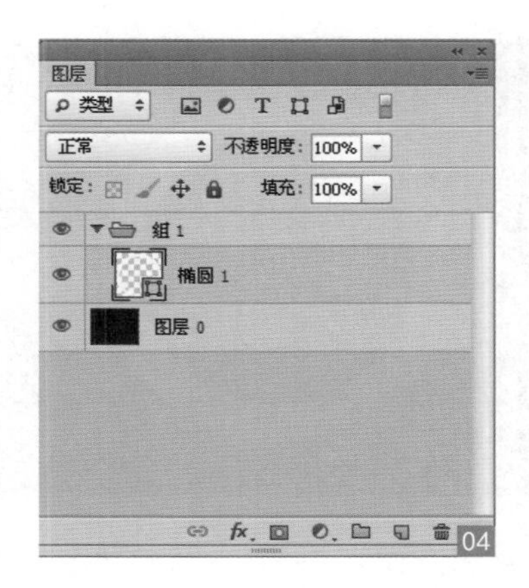

04

03 ▶ 填充圆形　将“椭圆 1”图层的填充值降低到 0%，如图05所示，效果如图06所示。

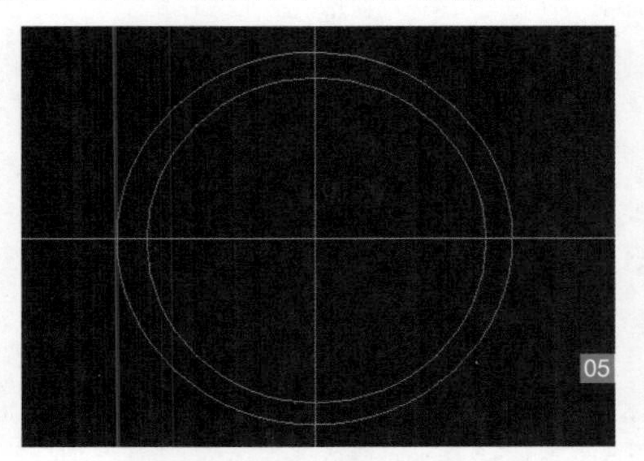
05

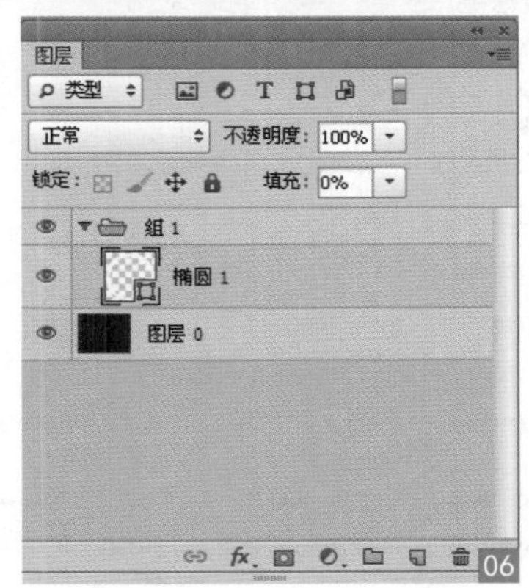

06

04 ▶ 设置样式　打开“图层样式”对话框，分别选择“斜面和浮雕”“渐变叠加”，如图07、08所示，设置相应参数，效果如图09所示。

05 ▶ 立体化　新建“图层 1”图层，选择工具箱中的“画笔工具”，在圆环边进行涂抹，绘画发光效果，如图10所示，“图层”面板，如图11所示。

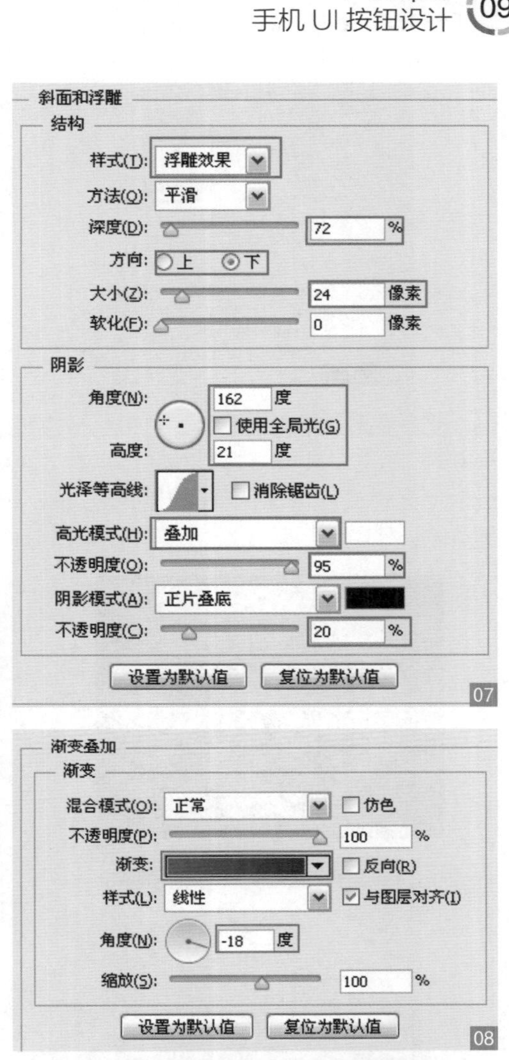

07
08

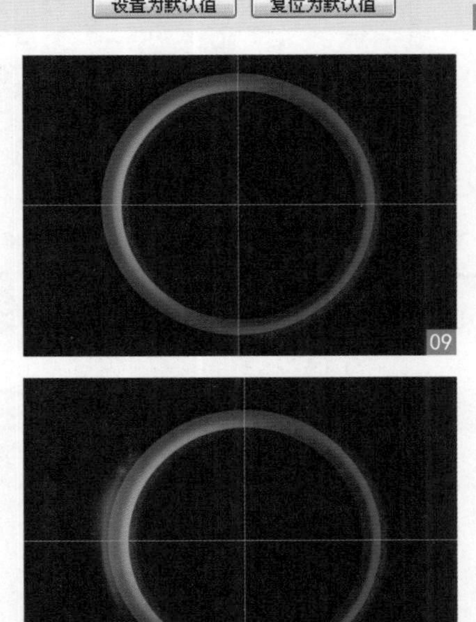
09
10

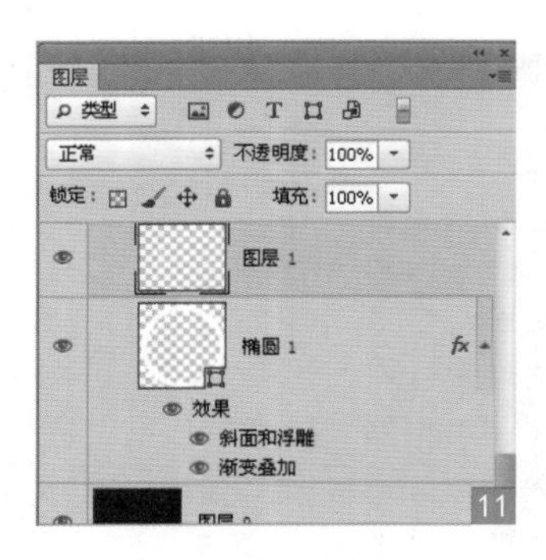

06 ▸ 设置发光 新建“图层 2”图层，选择工具箱中的“画笔工具”，设置前景色为“黑色”，在白色发光边进行涂抹，绘画出阴影效果，如图12所示，“图层”面板，如图13所示。

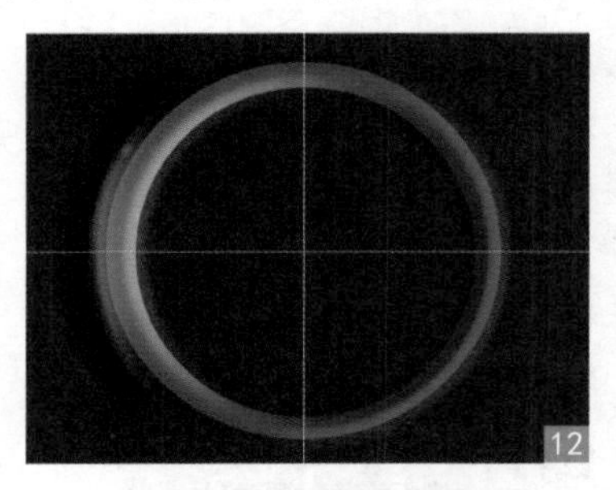

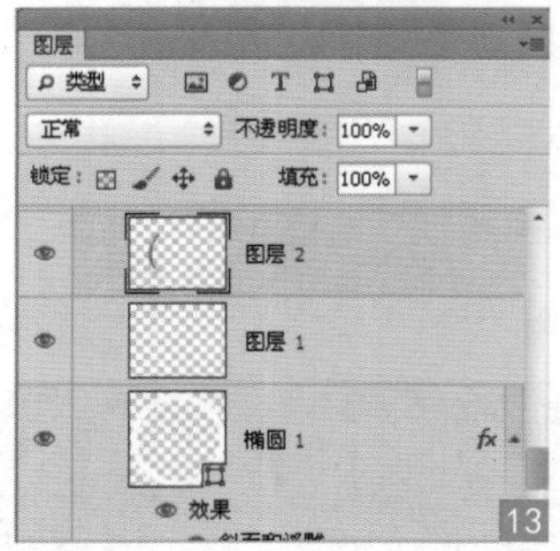

07 ▸ 按钮内部制作 将“椭圆 1”图层拖曳到“图层”面板下方的“创建新图层”按钮上，得到“椭圆 1 副本”图层，如图14所示，按下快捷键 Ctrl+T 自由变换，按住快捷键 Alt+Shift 等比例缩小椭圆，如图15所示。

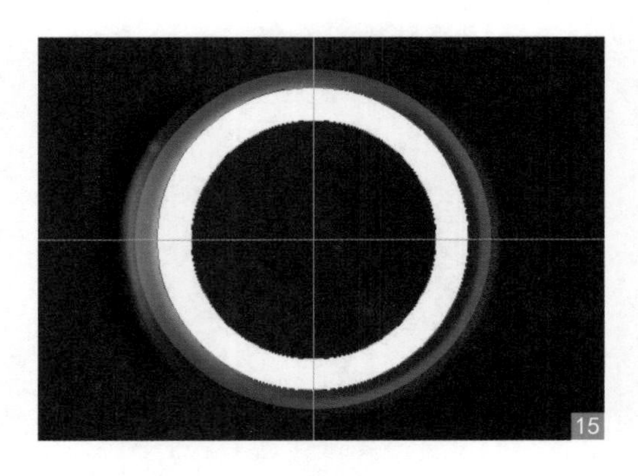

08 ▸ 样式设置 打开该图层的“图层样式”对话框，分别选择“斜面和浮雕”“渐变叠加”，设置相应参数，如图16、17所示，效果如图18所示。

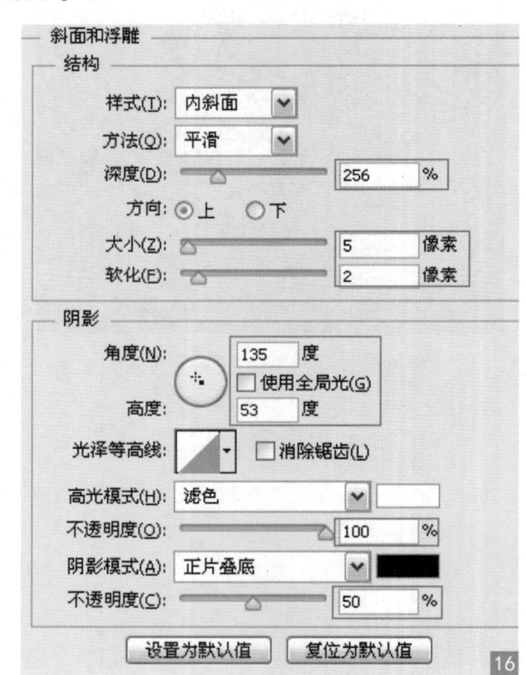

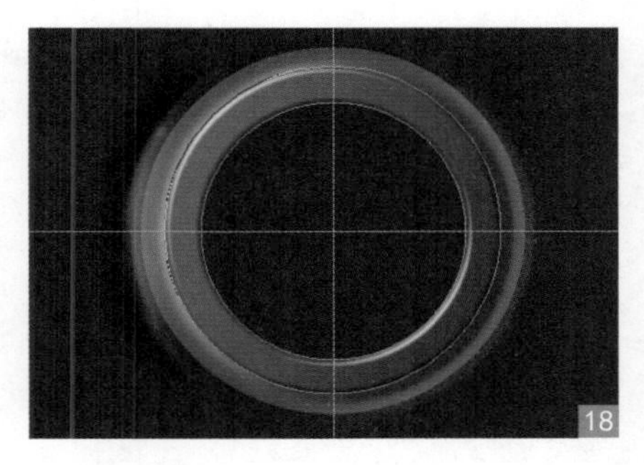

09 ▶ 同心圆制作　再次复制同心圆，得到“椭圆 1 副本 2”图层，如图19所示，将其等比例缩小，如图20所示。

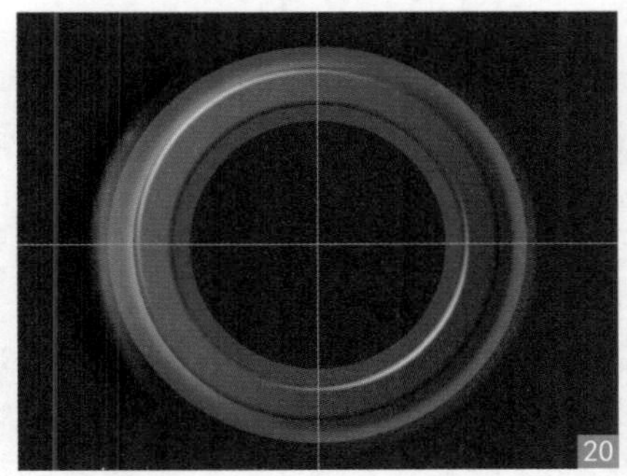

10 ▶ 设置滤镜　执行“滤镜”→“转换为智能滤镜”命令，将其转换为智能滤镜，如图21所示，执行“滤镜”→“杂色”→“添加杂色”命令，在弹出的对话框中设置相应参数，如图22所示，为该图层添加杂色效果，如图23所示。

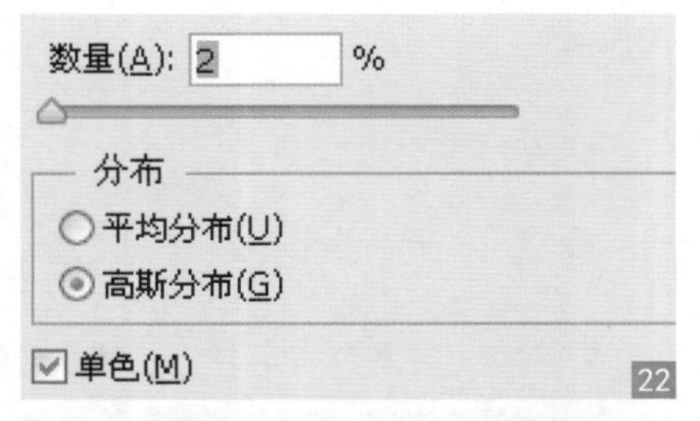

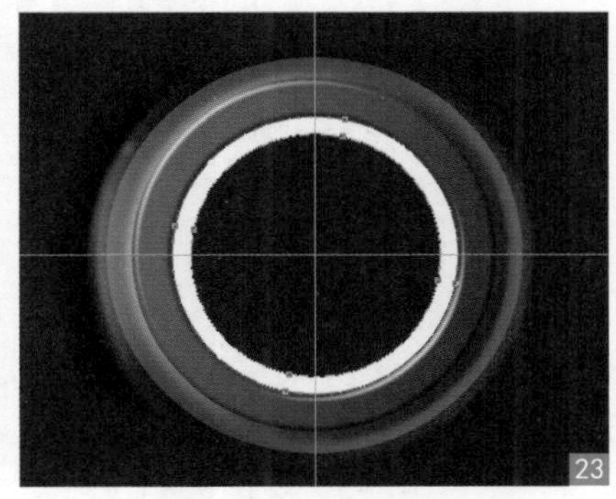

11 ▶ 绘制同心圆　再次复制同心圆，如图24所示，进行等比例缩放，如图25所示。

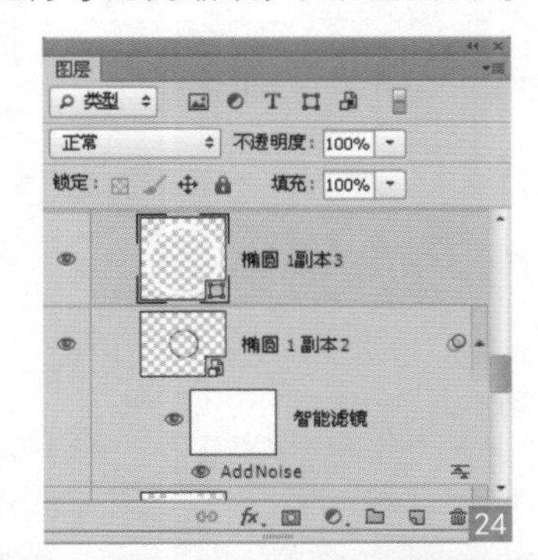

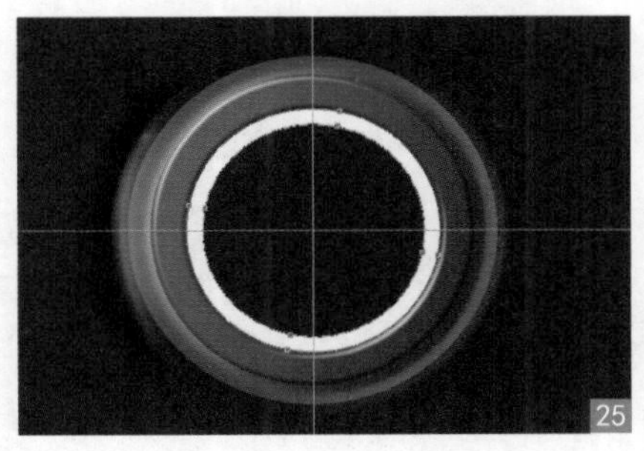

12 ▶ 设置样式　打开“图层样式”对话框，分别选择“斜面和浮雕”“等高线”“渐变叠加”，如图26～28所示，设置相应参数，添加效果，如图29所示，“图层”面板，如图30所示。

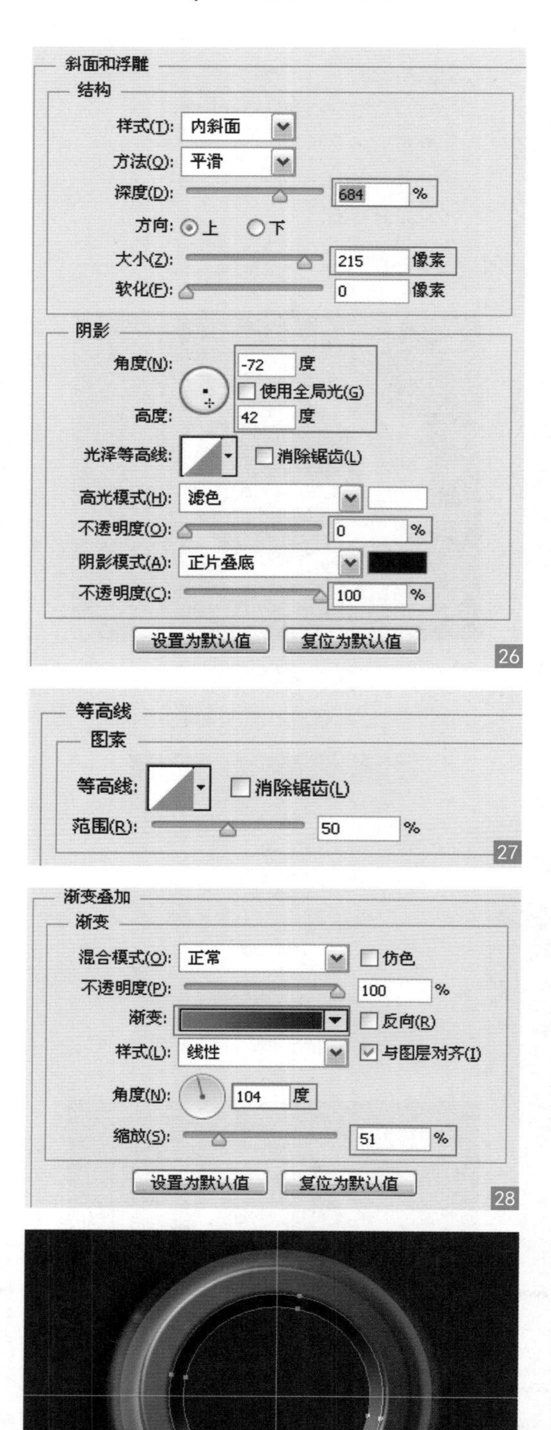

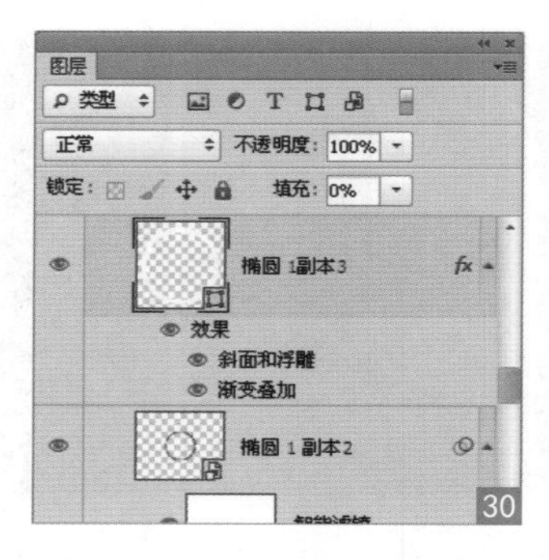

13 ▶ 按钮高光制作 新建“图层 3”图层，如图31所示，选择“画笔工具”，设置前景色为“白色”，在图像上进行涂抹，添加高光效果，如图32所示。

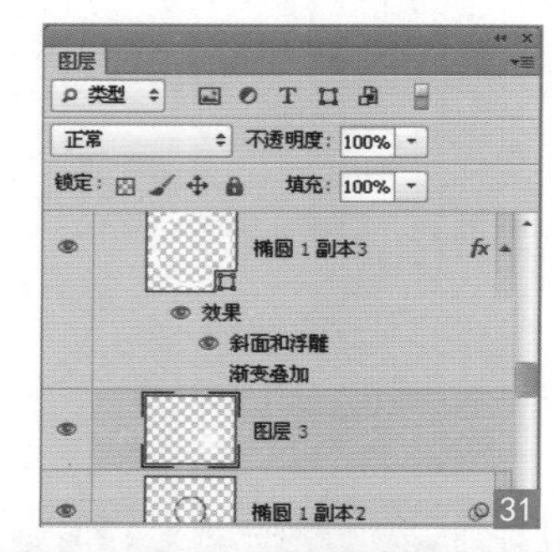

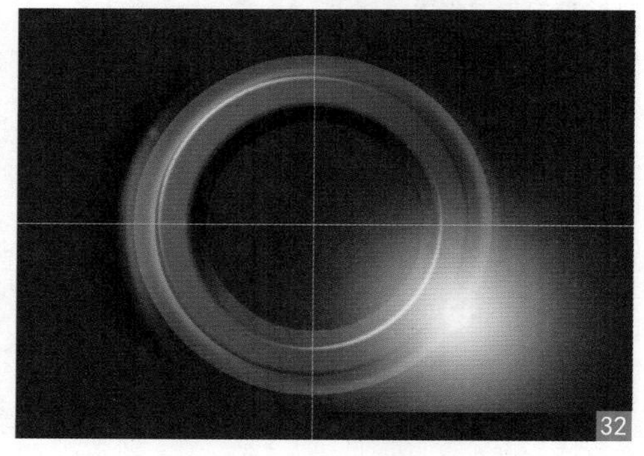

14 ▶ 叠加图层 选择“图层 3”图层，将该图层的混合模式设置为“叠加”，右击，在弹出的快捷菜单中选择“创建剪贴蒙版”，如图33所示，效果如图34所示。

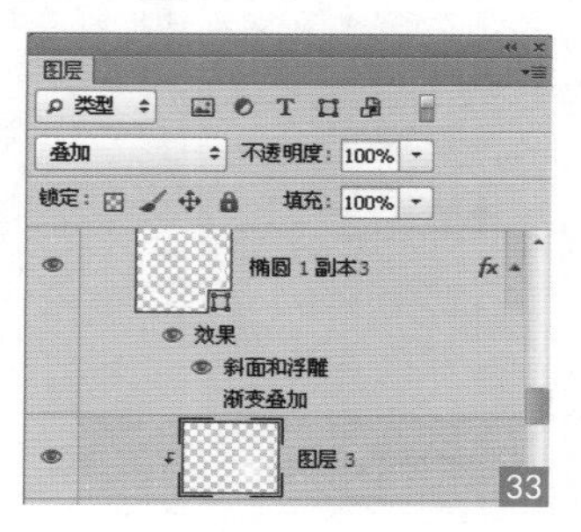

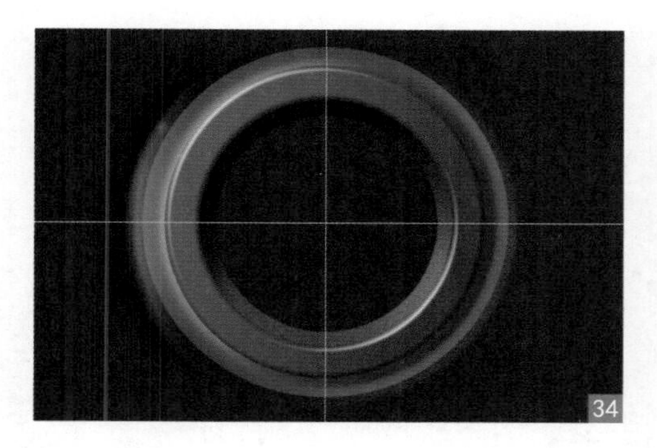
34

15 ▸ **复制图层** 将“图层 3”图层拖曳到“图层”面板下方的“创建新图层”按钮上，新建“图层 3 副本”图层，如图35所示，效果如图36所示。

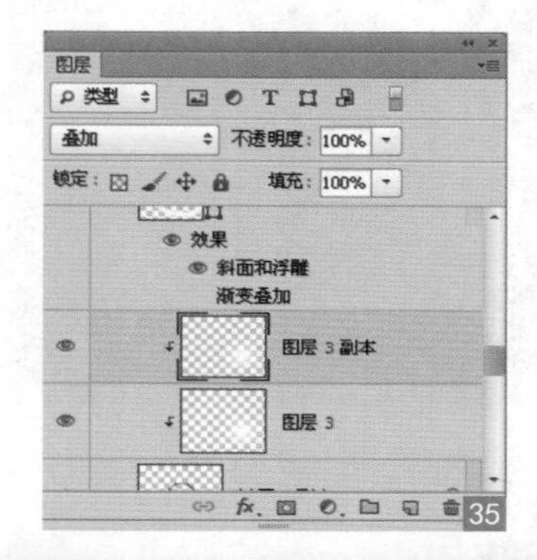

35

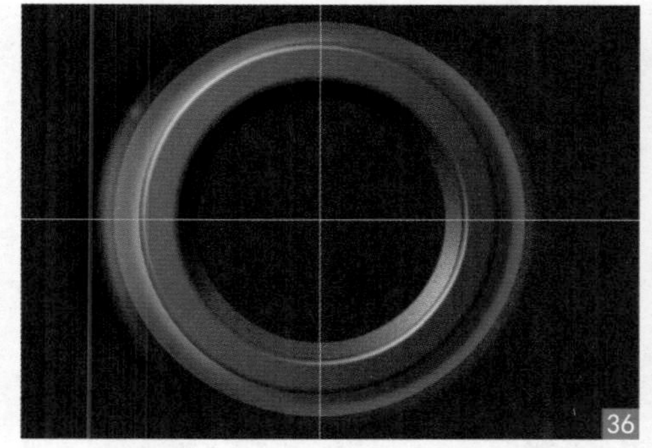
36

16 ▸ **制作按钮光泽** 采用同样的方法复制同心圆，如图37所示，“图层”面板，如图38所示。

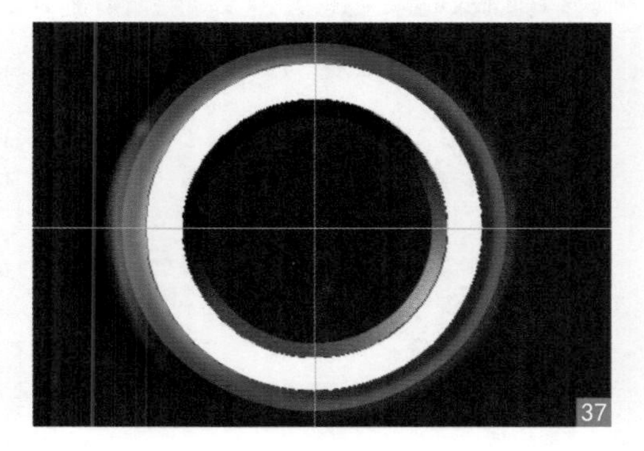
37

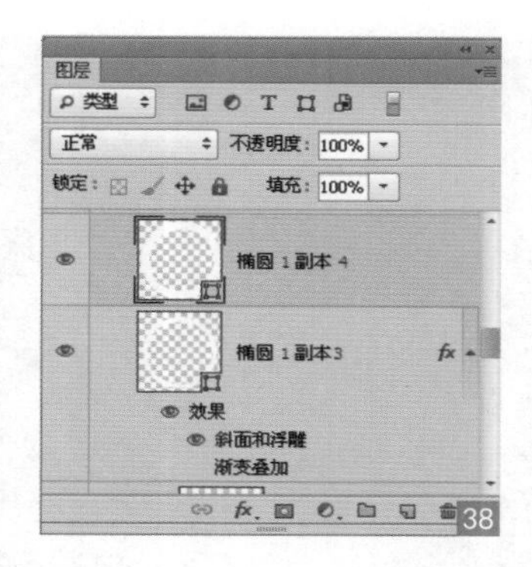

38

17 ▸ **设置样式** 打开“图层样式”对话框，选择“光泽”，设置相应参数，如图39所示，为同心圆添加光泽效果，如图40所示。

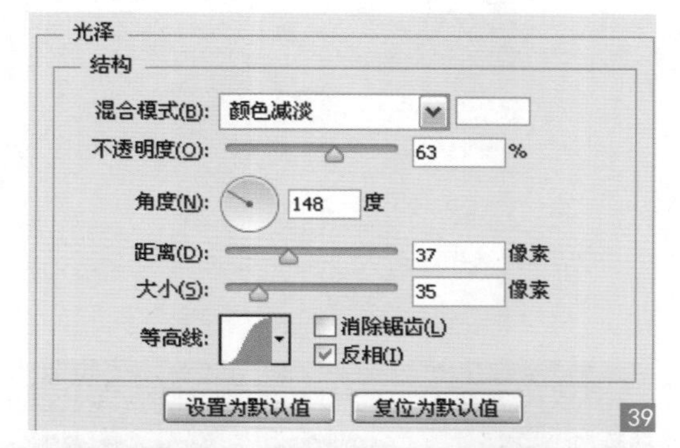

39

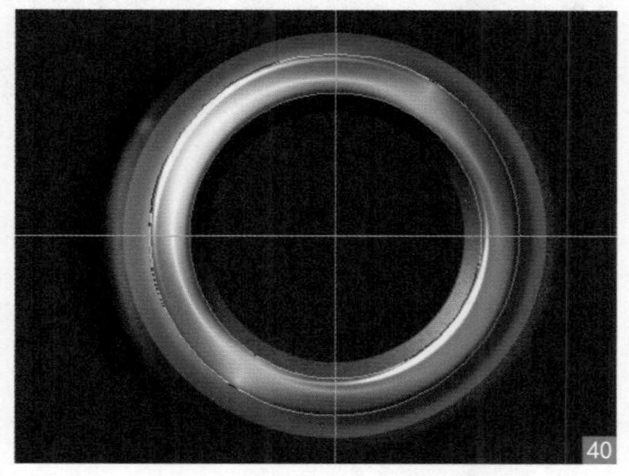
40

18 ▸ **添加蒙版** 单击“图层”面板下方的“添加图层蒙版”按钮，为该图层添加蒙版，选择黑色画笔工具，在图像上涂抹，隐藏图像，如图41所示，“图层”面板，如图42所示。

19 ▸ **复制同心圆** 采用同样的方法复制同心圆，如图43所示，“图层”面板，如图44所示。

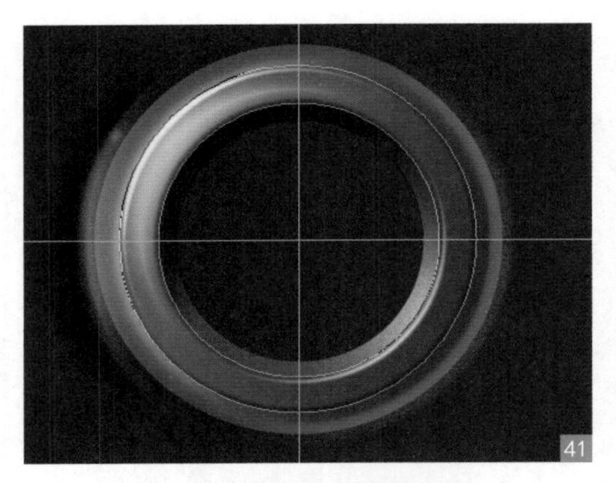
41

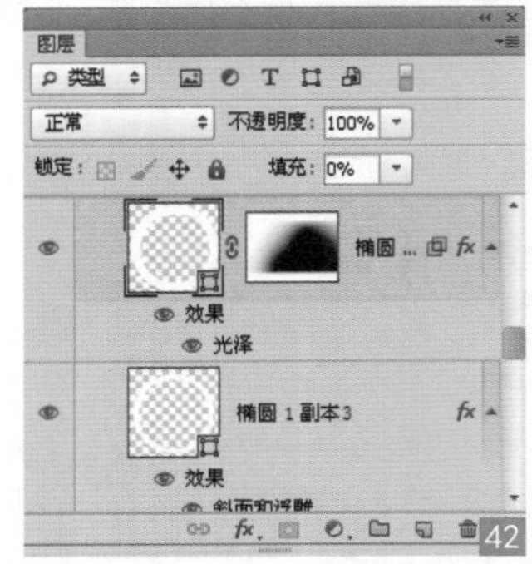

42

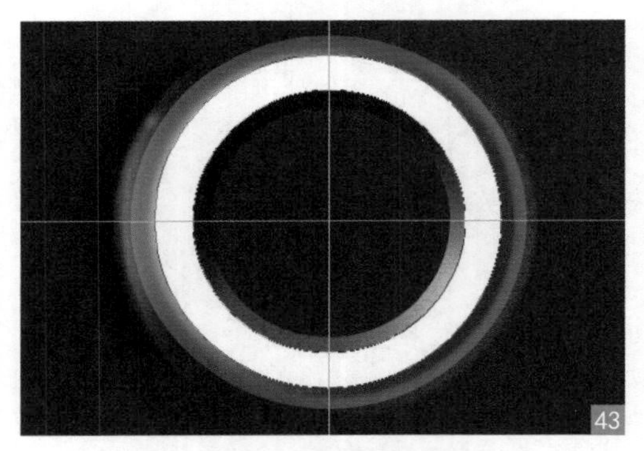
43

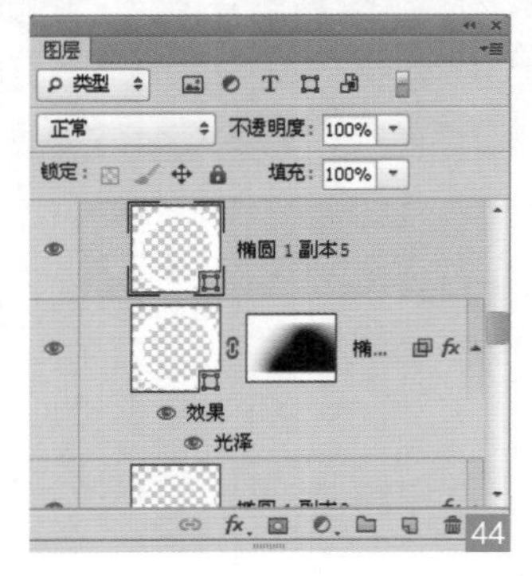

44

20 ▸ 绘制光泽　打开“图层样式”对话框，选择“光泽”，设置相应参数，如图45所示，为同心圆添加光泽效果，如图46所示。

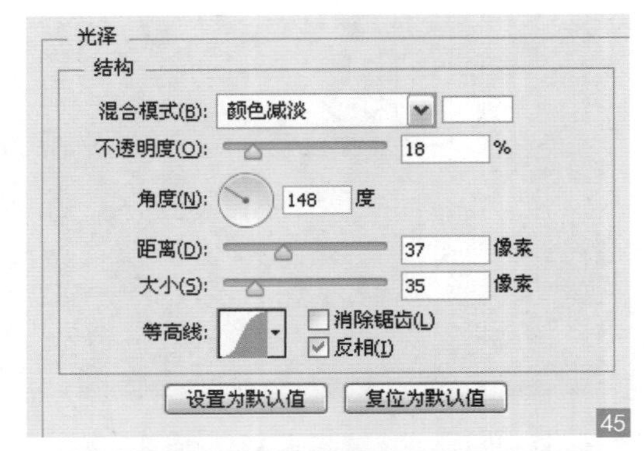

45

46

21 ▸ 设置蒙版　单击“图层”面板下方的“添加图层蒙版”按钮，为该图层添加蒙版，选择黑色画笔工具，在图像上涂抹，隐藏图像，如图47所示，“图层”面板，如图48所示。

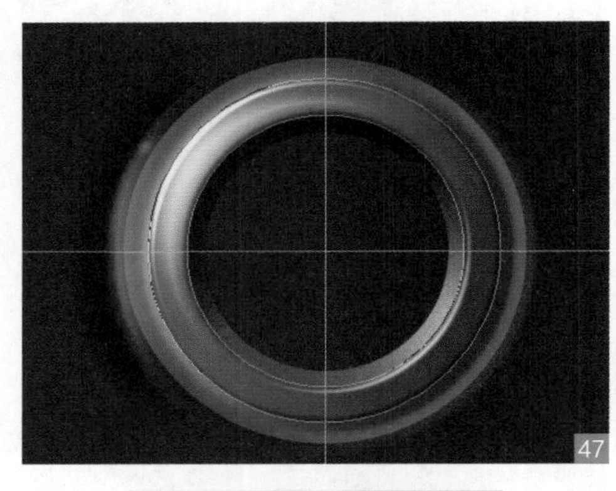
47

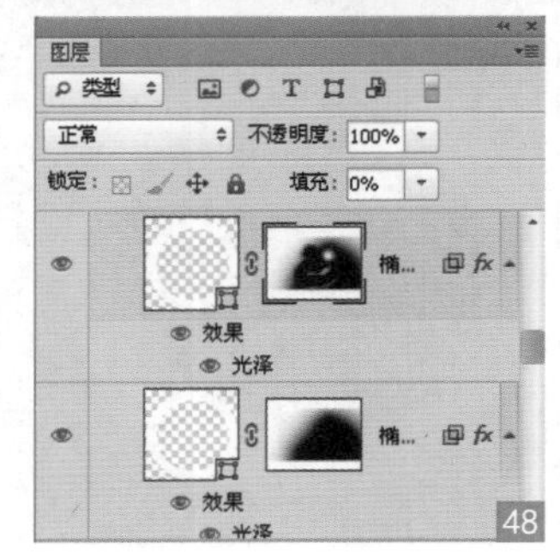

48

22 ▶ 制作按钮中心 选择“椭圆工具”，按住 Shift 键绘制正圆，填充颜色，如图49所示。

23 ▶ 设置滤镜 执行“滤镜”→“转换为智能滤镜”命令，将其转换为智能滤镜，执行“滤镜”→“杂色”→“添加杂色”命令，在弹出的对话框中设置相应参数，如图50所示，为该图层添加杂色效果，如图51所示。

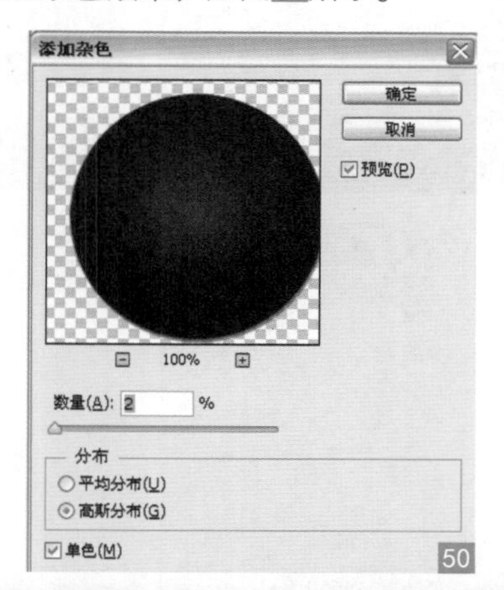

24 ▶ 绘制高光 选择“画笔工具”，设置前景色为“白色”，新建“图层 4”图层，如图52所示，在图像上进行涂抹，如图53所示。

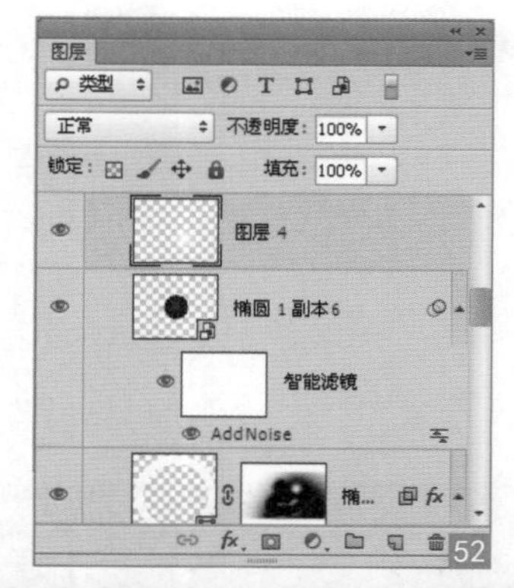

25 ▶ 填充效果 将该图层的混合模式设置为“叠加”，将“填充”值降低，如图54所示，效果如图55所示。

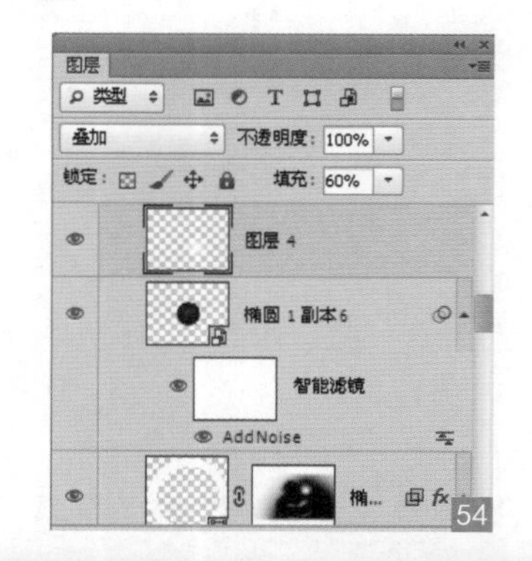

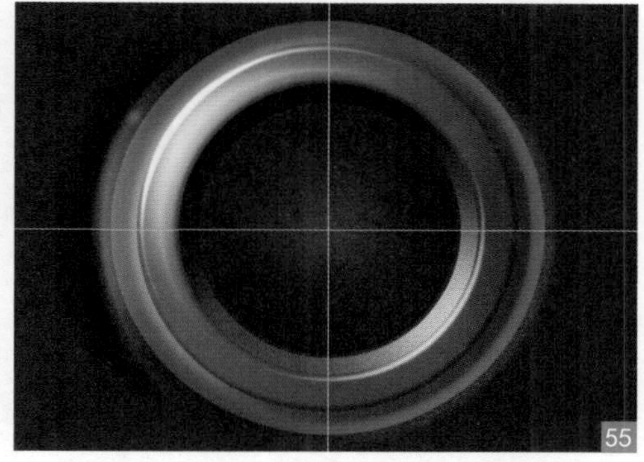

26 ▶ 设置渐变 选择“椭圆选框工具”，在图像中央绘制椭圆选区，新建“图层 5”图层，选择“渐变工具”，绘制渐变条，如图56所示，在选区内拖曳为其填充渐变，如图57所示，“图层”面板，如图58所示。

56

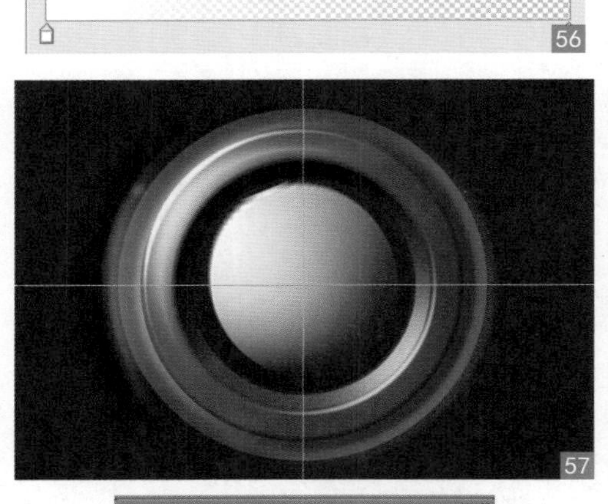

57

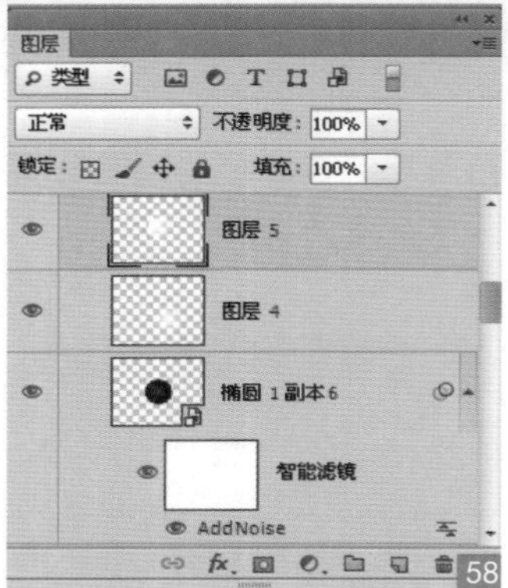

58

27 ▶ 颜色混合 将“图层 5”图层的混合模式设置为“颜色减淡”，将“填充”值降低，如图59所示，效果如图60所示。

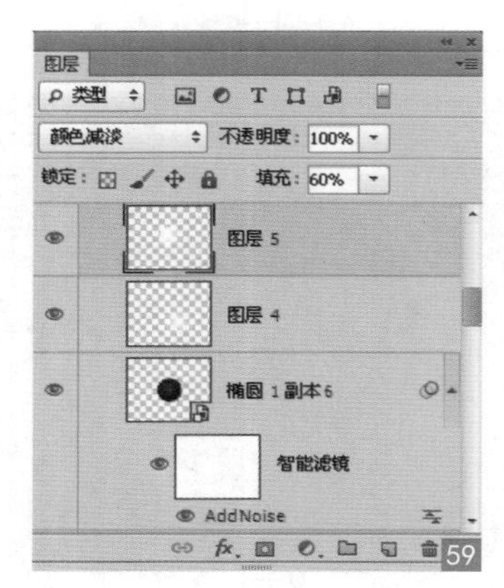

59

60

28 ▶ 混合图层 使用同样的方法制作同心圆，如图61所示，“图层”面板，如图62所示。

61

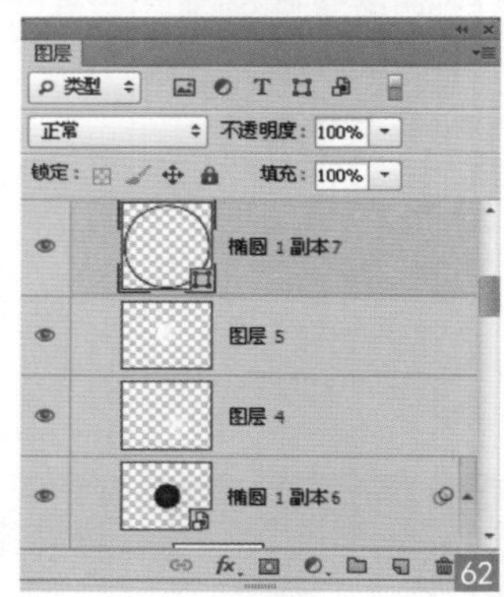

62

29 ▶ 设置投影 打开“图层样式”对话框，分别选择“斜面和浮雕”“投影”，设置相应参数，如图63、64所示，添加效果，如图65所示。

30 ▶ 添加文字 选择“横排文字工具”，选择一个稍微粗点的字体，设置文字颜色为“白色”，在图像上单击，输入文字，如图66所示，“图层”面板，如图67所示。

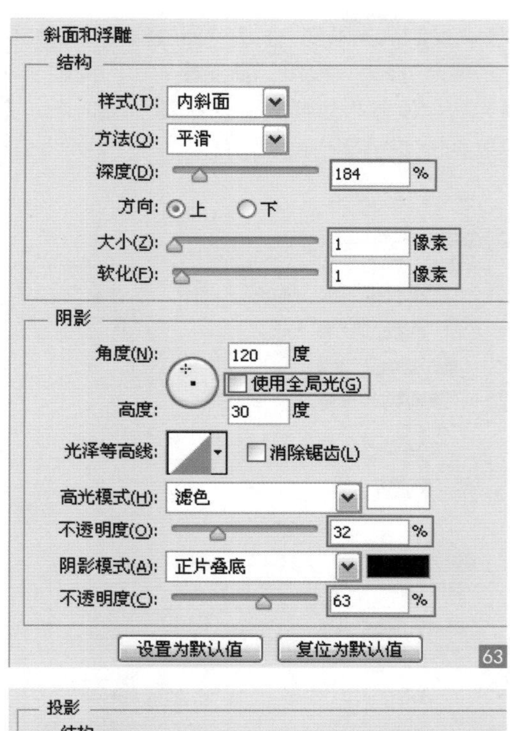

63

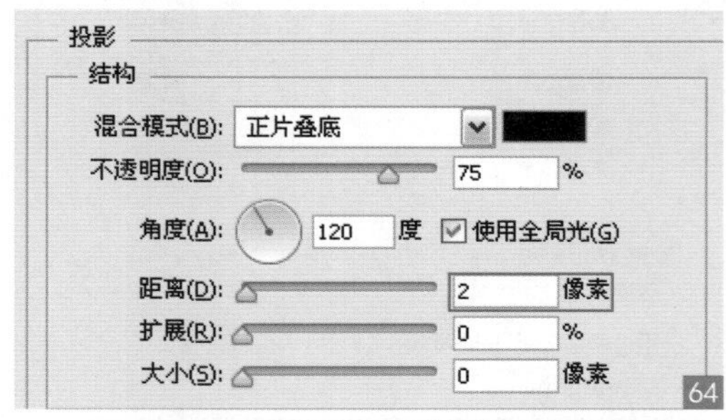

64

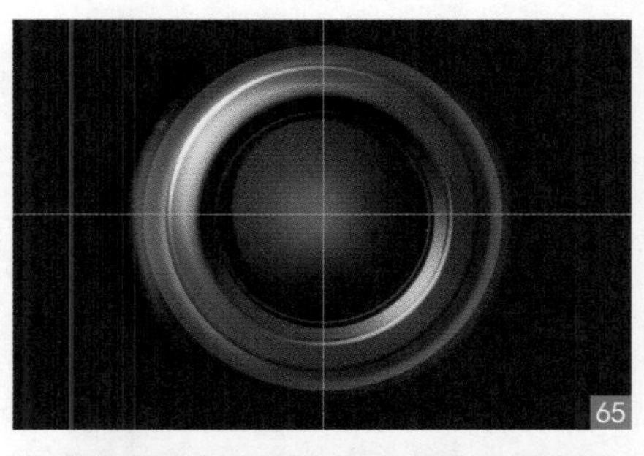
65

66

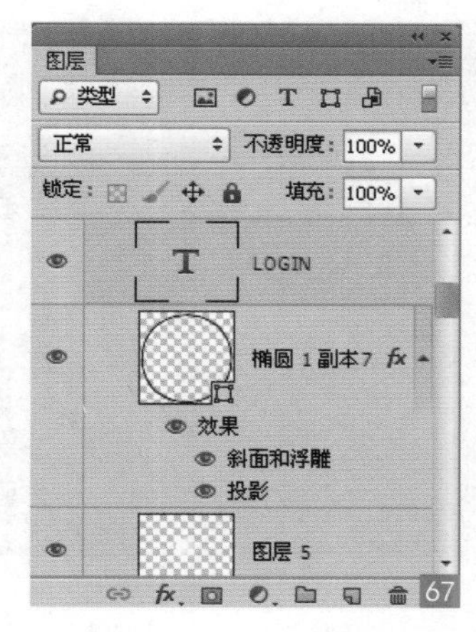

67

31 ▶ 设置文字特效 打开文字所在图层的“图层样式”对话框，分别选择“渐变叠加”“投影”“外发光”，设置相应参数，如图68～70所示，文字效果，如图71所示。

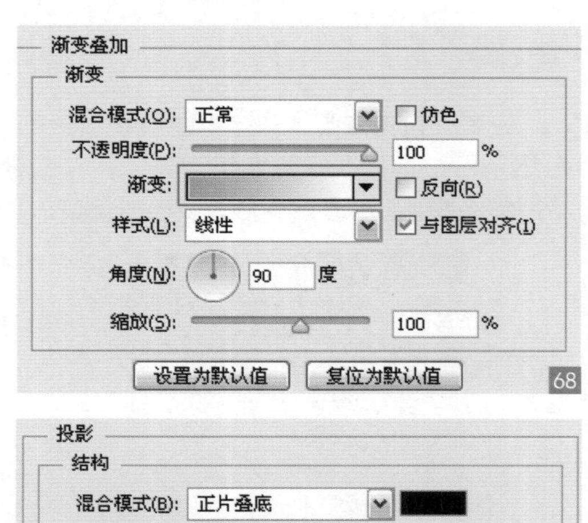

68

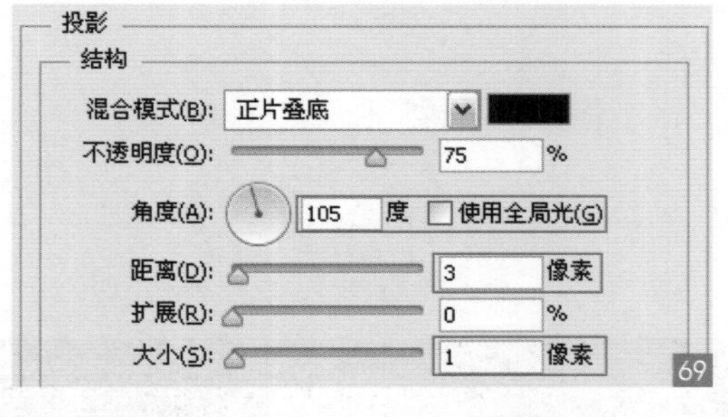

69

外发光
结构
混合模式(E): 滤色
不透明度(O): 35 %
杂色(N): 0 %
图素
方法(Q): 柔和
扩展(P): 0 %
大小(S): 27 像素

70

Tips:

在“图层样式”对话框中，“投影”“内阴影”“斜面和浮雕”效果都包含一个“全局光”选项，选择该选项后，以上效果就会使用相同角度的光源，如果要调整全局光的角度和高度，可以执行“图层”→“图层样式”→“全局光”命令，可打开“全局光”对话框进行设置。

32 ▶ 设置红色指示灯 新建“图层 6”图层，如图72所示，选择“矩形选框工具”，在图像上绘制矩形选区，为其填充红色，如图73所示。

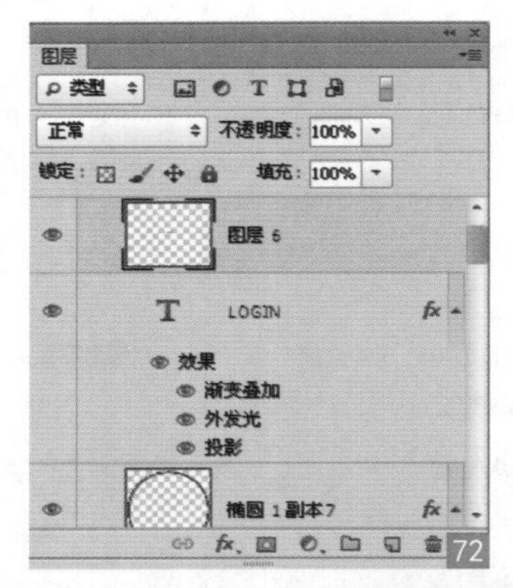

33 ▶ 绘制高光渐变 打开“图层样式”对话框，分别选择“描边”“投影”“渐变叠加”“内阴影”“外发光”，设置相应参数，如图74～78所示，完成效果，如图79所示。

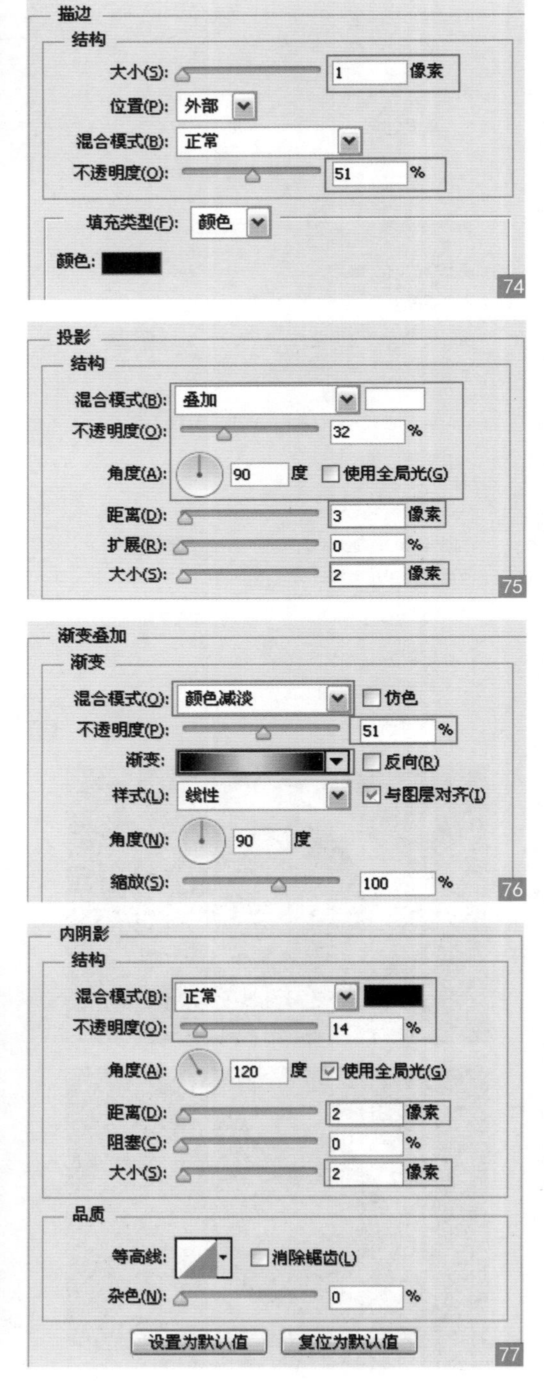

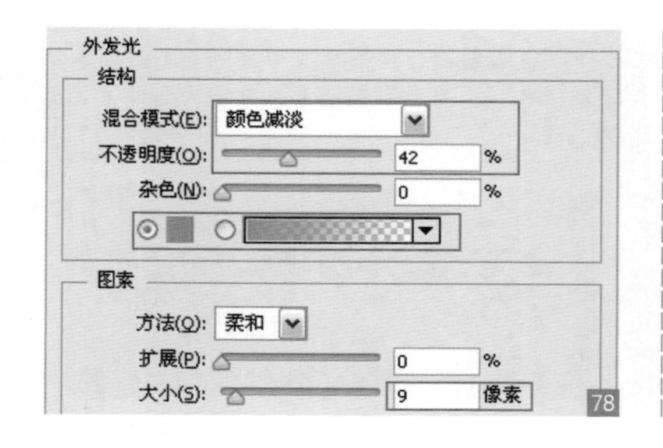

78

79

音乐播放按钮

Version：CS4 CS5 CS6 CC

Keyword：圆角矩形工具、图层样式

本例我们将制作一组音乐播放按钮，按下去的部分形成一个天蓝色的播放键，默认情况下是白色的按钮，受环境色影响，白色按钮产生了蓝色的反射。

设计构思

本例采用了全局光效果的模拟方法，在普通的播放按钮效果上加入了环境色，使整个界面有一种真实的三维效果，如右图所示。

01 ▶ 新建文档 执行“文件”→“新建”命令，或按下快捷键 Ctrl+N，打开“新建”对话框，设置大小为 400 像素 ×300 像素，分辨率为 72 像素，完成后单击“确定”按钮，新建一个空白文档，如图01所示。

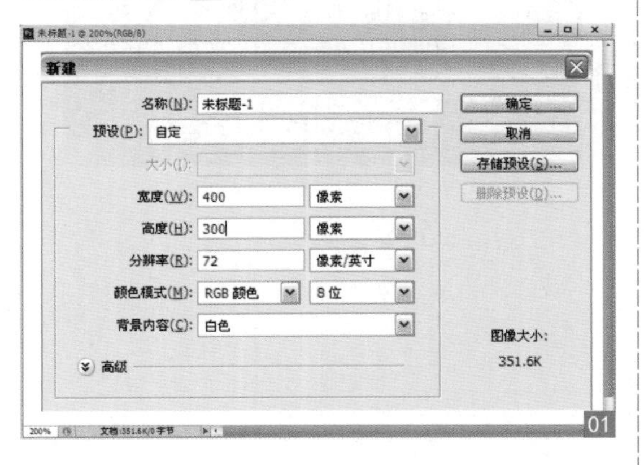

02 ▶ 填充背景色 单击前景色图标，在弹出的“拾色器（前景色）”对话框中设置参数，改变前景色，按下快捷键 Alt+Delete 为背景填充前景色，如图02所示。

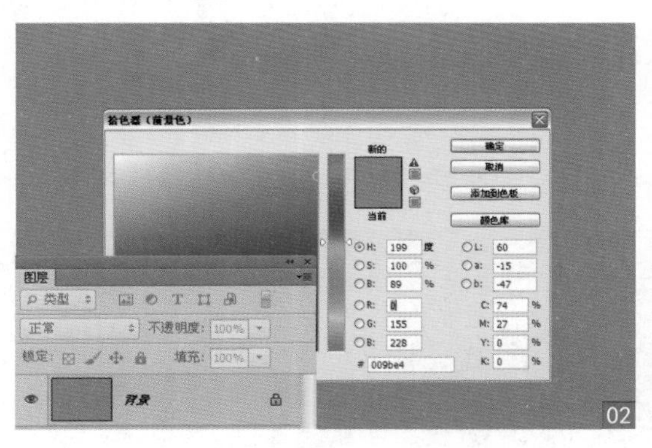

03 ▶ 绘制播放器外形 选择“圆角矩形工具”，在选项栏中设置半径为 100 像素，打开“图层样式”对话框，分别选择“渐变叠加”“内阴影”，设置相应参数，添加效果。

选择“渐变叠加”，设置混合模式为“正片叠加”，不透明度为 55%，设置渐变条，从左到右依次是 R:0；G:0；B:0，R:145；G:145；B:145，如图03所示。

选择“内阴影”，设置角度为 90°，不勾选“使用全局光”，距离为 1 像素，大小为 3 像素，如图04所示。

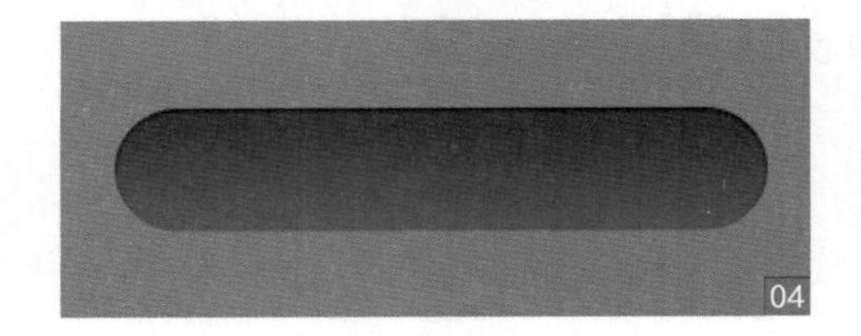

04 ▶ 复制形状 复制该图层，得到“圆角矩形 1 副本”图层，执行“清除图层样式”命令，为该图层添加蒙版，选择矩形选框工具，在形状下方的中央位置建立选区，填充黑色，使其显示下面的内容，完成后，将该图层的不透明度降低为 25%。

复制形状，清除图层样式效果，如图05所示。

蒙版显示部分内容，如图06所示。

降低不透明度 25%，如图07所示。

05 ▶ 制作按钮底座 再次复制该图层，将不透明度还原到 100%，继续使用蒙版以及矩形选框工具来显示下方的内容，如图08、09所示。

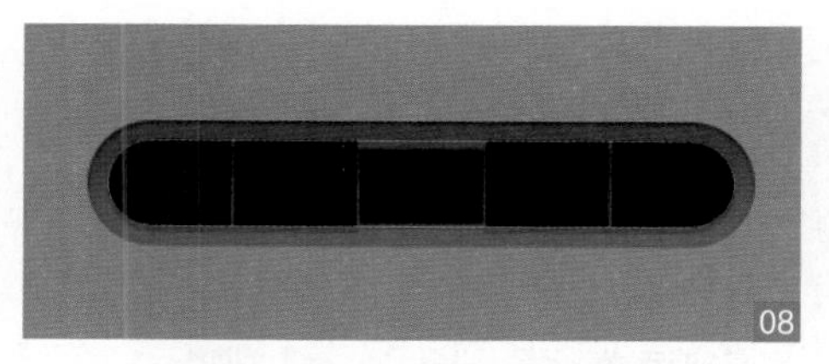

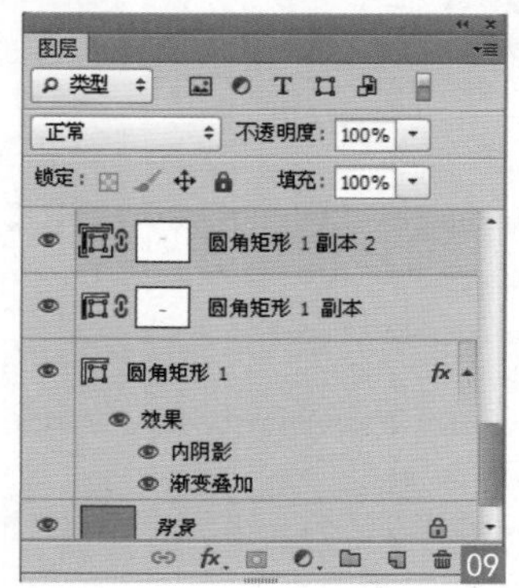

06 ▶ 添加效果 双击“圆角矩形 1 副本 2”图层，打开“图层样式”对话框，分别选择“渐变叠加”“投影”，设置相应参数，添加效果。

> 选择“渐变叠加”，设置渐变条，从左到右依次是 R:123；G:166；B:193，R:239；G:245；B:247，如图10所示。

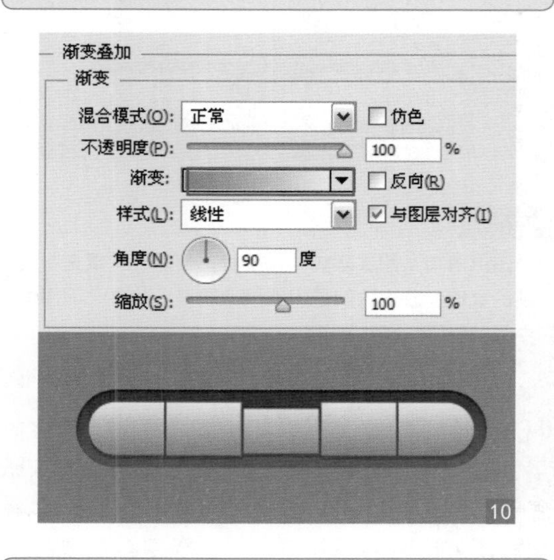

> 选择“投影”，设置角度 90°，不勾选“使用全局光”，距离为 1 像素，大小为 1 像素，如图11所示。

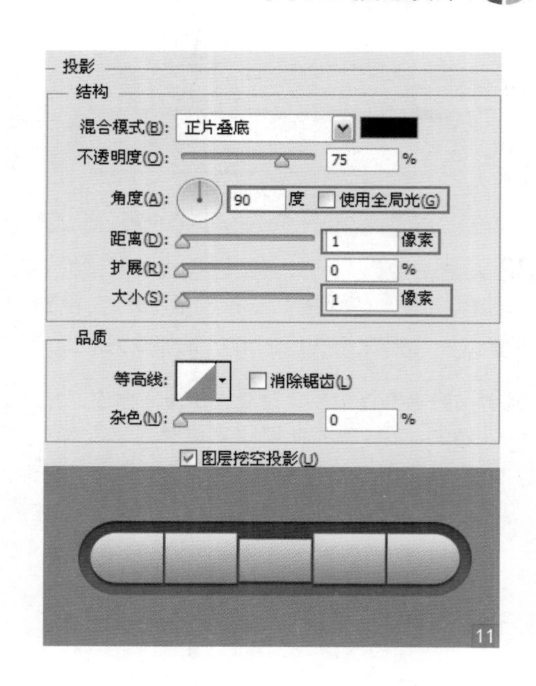

07 ▶ 制作播放按钮底部 设置前景色为 R:21；G:170；B:255，单击“确定”按钮，选择“矩形工具”，在按钮外形的中央位置绘制矩形，如图12所示，为该图层添加图层蒙版，选择矩形选框工具绘制矩形选区，进行反向，填充黑色，如图13所示，使按钮与播放器外形融合，如图14所示。

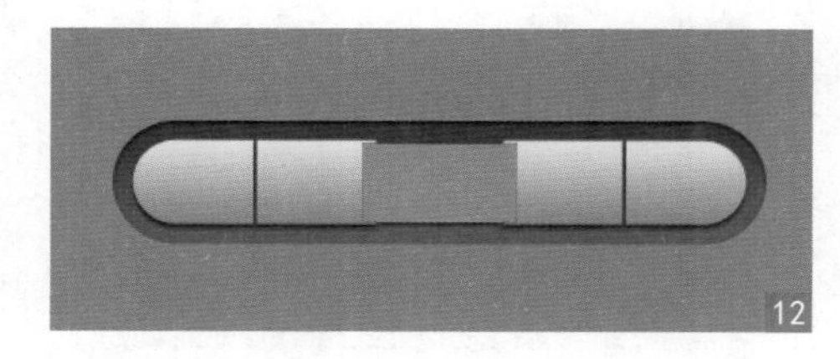

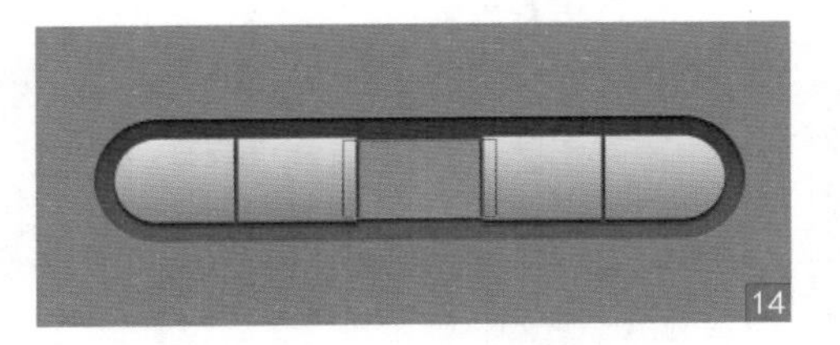

08 ▶ 添加效果 打开“图层样式”对话框，分别选择“斜面和浮雕”“渐变叠加”，设置相应参数，为播放按钮底部形状添加效果。

> 选择“斜面和浮雕”，设置大小为 4 像素，软化为 4 像素，不透明度为 0%，阴影模式颜色减淡、颜色为“白色”、不透明度为 45%，效果如图 15 所示。

斜面和浮雕
结构
样式(T): 内斜面
方法(Q): 平滑
深度(D): 100 %
方向: 上 下
大小(Z): 4 像素
软化(F): 4 像素
阴影
角度(N): 120 度
使用全局光(G)
高度: 30 度
光泽等高线: 消除锯齿(L)
高光模式(H): 滤色
不透明度(O): 0 %
阴影模式(A): 颜色减淡
不透明度(C): 45 %

15

> 选择“渐变叠加”选项，设置渐变条，从左到右依次是 R:23；G:62；B:152，R:64；G:186；B:231，缩放为 143%，如图 16 所示。

09 ▶ 添加内阴影 复制“形状 1 ”图层，得到“形状 1 副本”图层，将该图层的填充降低为 0%，打开“图层样式”对话框，选择“内阴影”，设置混合模式为“叠加”，不透明度为 50%，角度为 90°，不勾选“使用全局光”，大小为 5 像素，单击“确定”按钮，添加内阴影效果，如图 17 所示。

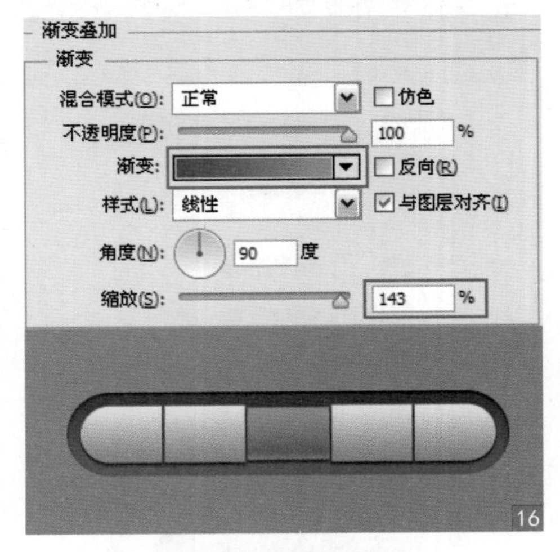

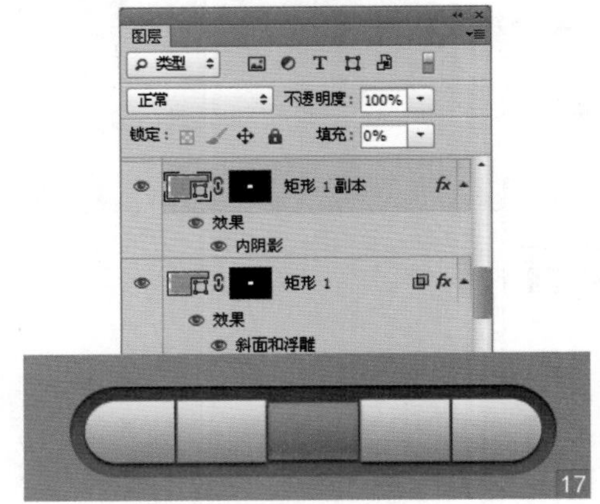

Tips:

为图层添加“图层样式”效果后，若调整“填充”选项的数值，改变的则是图像的透明显示效果，而图像中添加图层样式的部分仍保持不变。

10 ▶ 绘制高光 新建“图层 1”图层，设置前景色为白色，选择“画笔工具”，在播放按钮底部绘制亮光，将该图层混合模式设置为“叠加”，为该图层添加蒙版，选择黑色画笔工具进行涂抹，隐藏多余高光。

> 用画笔工具绘制高光，如图 18 所示。

改变混合模式为“叠加”，如图19所示。

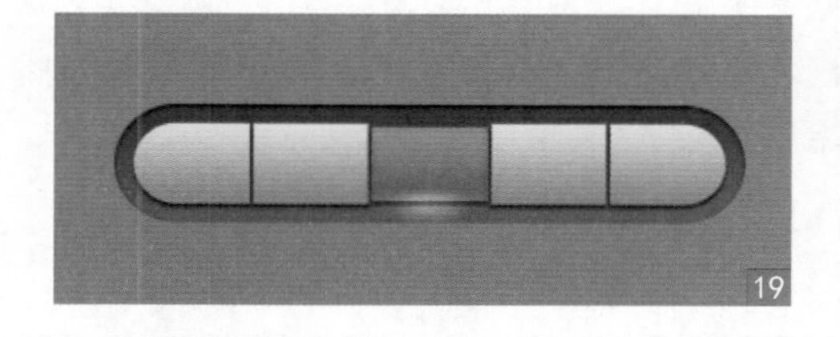

用蒙版涂抹隐藏多余高光，如图20所示。

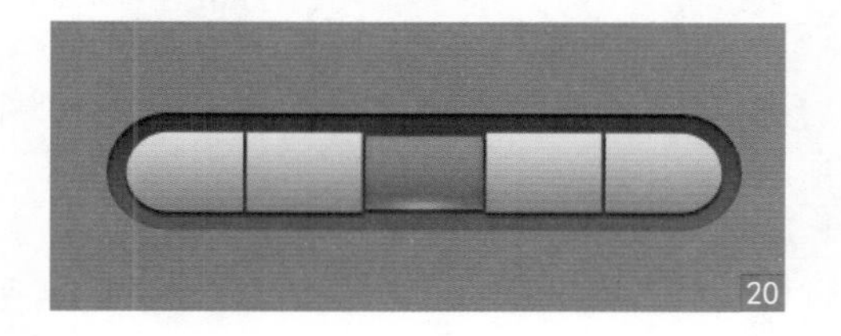

Tips:

在使用蒙版涂抹时，使用黑色涂抹可以用蒙版遮盖图像，如果涂抹到了不该涂抹的区域，可以按住X键，将前景色切换到白色，用白色画笔进行涂抹可重新显示图像。

11 ▶ 继续制作高光　选择“矩形选框工具”，绘制矩形选区，新建“图层 2”图层，为选区填充白色，取消选区，将该图层混合模式设置为“叠加”，再次使用蒙版涂抹多余高光。

用矩形选框工具绘制选区，填充白色，如图21所示。

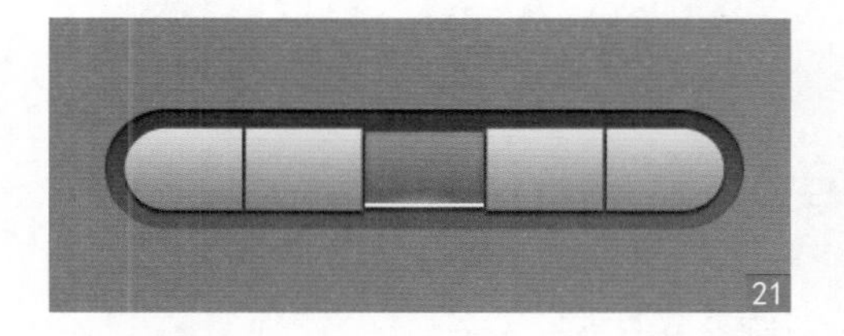

改变混合模式为“叠加”，如图22所示。

用蒙版涂抹隐藏多余高光，如图23所示。

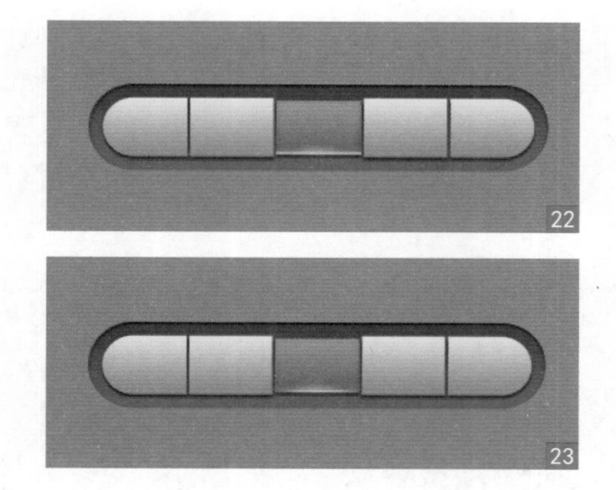

Tips:

“叠加”模式是将图案或颜色在现有像素上进行叠加，同时保留基色的明暗对比。不替换基色，但基色与混合色相混合以反映原色的亮度或暗度。

12 ▶ 绘制播放图标　选择“钢笔工具”，绘制播放图标，打开“图层样式”对话框，选择“投影”，设置混合模式为“叠加”，角度为 -90°，不勾选“使用全局光”，距离为 1 像素，单击“确定”按钮，添加效果，如图24、25所示。

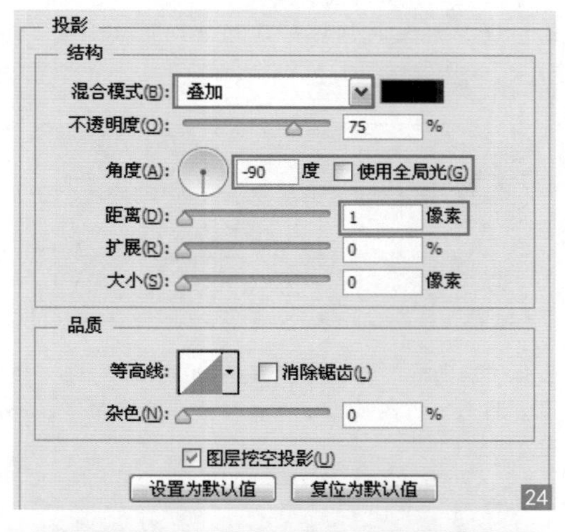

13 ▶ 绘制图标 选择“圆角矩形工具”，在选项栏中设置半径为 2 像素，将该图层填充降低为 0%，打开“图层样式”对话框，选择“渐变叠加”“内阴影”“投影”，设置相应参数，添加效果。

用圆角矩形工具绘制图标，如图26所示。

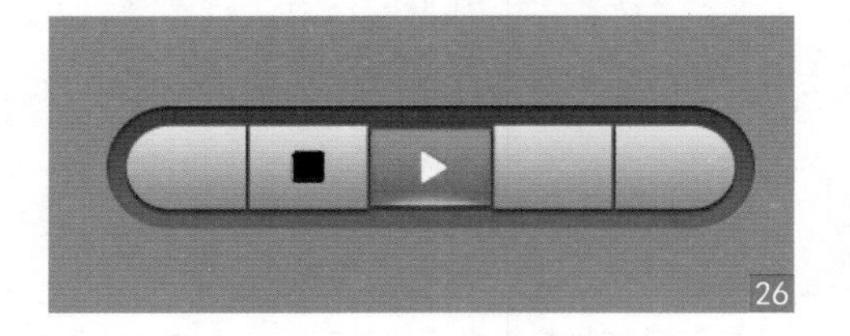
26

降低填充为 0%，如图27所示。

27

选择“渐变叠加”，设置混合模式为“正片叠底”，不透明度为 55%，设置渐变条，从左到右依次是 R:0; G:0; B:0，R:145; G:145; B:145，不勾选“反向”，如图28所示。

28

选择“内阴影”，设置角度为 90°，不勾选“使用全局光”，距离为 1 像素，大小为 3 像素，如图29所示。

29

选择“投影”，设置混合模式为“叠加”，颜色为“白色”，不透明度为 35%，距离为 1 像素，如图30所示。

30

14 ▶ 绘制暂停图标 选择“圆角矩形工具”，在播放器上绘制暂停图标，复制刚才绘制的图形图层样式，粘贴到暂停图标上，为暂停图标添加图层样式效果，如图31所示。

31

15 ▶ 绘制其他图标 选择“钢笔工具”绘制图标，粘贴效果，选择“圆角矩形工具”绘制图标，粘贴效果，绘制出向后播放图标，复制该图标，执行“水平翻转”命令，移动位置，得到向前播放图标，完成效果。

用钢笔工具绘制图标，粘贴效果，如图32所示。

32

用圆角矩形工具绘制图标，粘贴效果，如图33所示。

33

水平翻转，得到向前播放图标，如图34所示。

34

最终效果图展示，如图35所示。

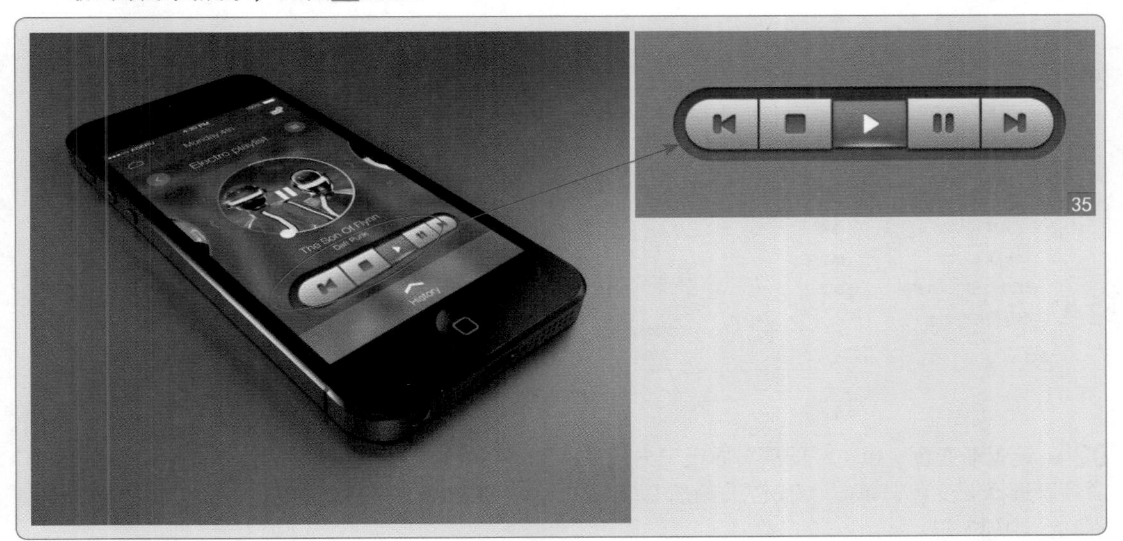

35

9.4 清新彩色按钮

Version：CS4 CS5 CS6 CC

Keyword：钢笔工具、渐变工具、横排文字工具、椭圆选框工具

在本例中，我们将学习使用圆角矩形工具、渐变填充工具、图案叠加、自定义形状工具等制作糖果按钮。本例以圆角矩形为基本图形，大量运用了图层样式效果中的图案叠加、内阴影、渐变叠加等方法，让糖果图标更加真实自然。

设计构思

清新彩色按钮以圆角矩形为基本形，按钮上面添加图案效果，可完成造型。糖果按钮色调以亮为主，与按钮名称相符，而造型图案多变，可用于各种地方。清新彩色按钮，顾名思义，按钮的配色应以多种色彩为主，清新的绿、黄、蓝等，如右图所示。

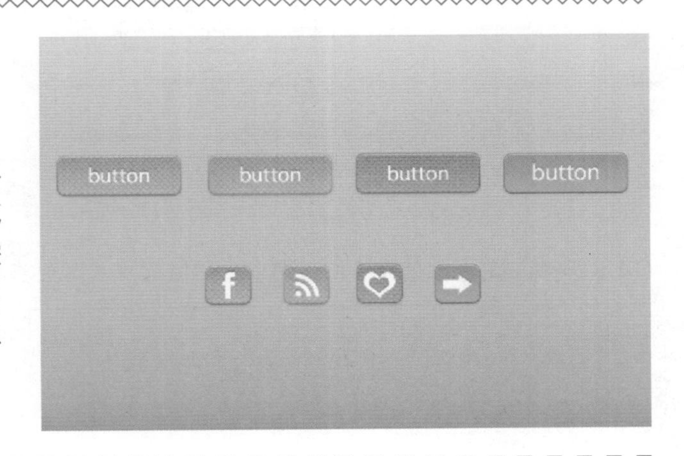

01 ▶ 新建文档 按下快捷键 Ctrl+N，打开“新建”对话框，设置相应参数，单击“确定”按钮，如图01所示，新建一个空白文档，如图02所示。

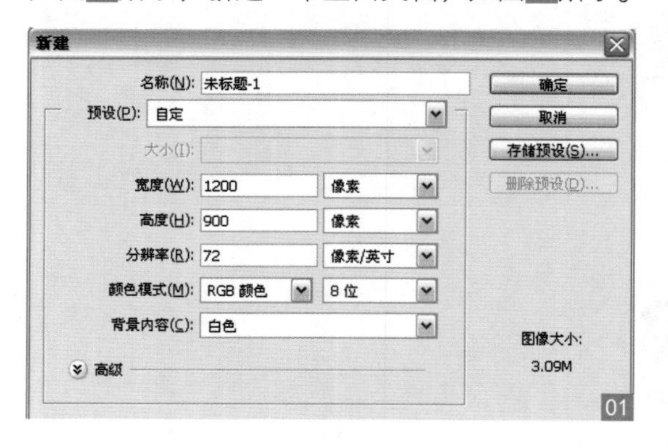

01

02

02 ▶ 设置渐变色 单击“图层”面板下方的“添加新的填充”或“调整图层”，执行“渐变填充”命令，选择渐变色，单击“确定”按钮，如图03所示，在图像上拖曳出渐变色，为背景添加渐变填充，如图04所示。

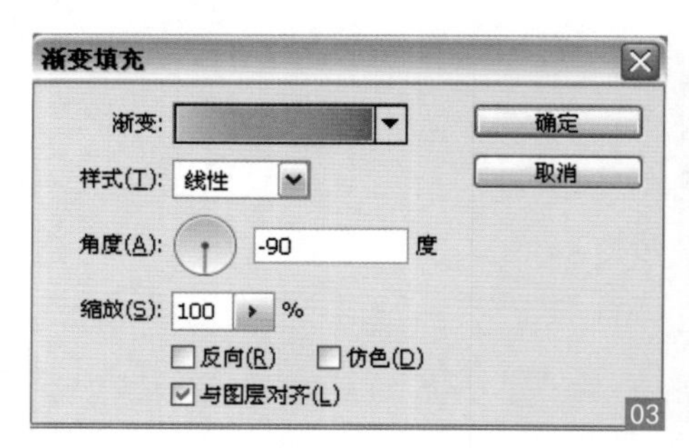

03

04

03 ▶ 绘制圆角矩形 选择工具箱中的“圆角矩形工具”，在图像上显示的选项栏中设置相应参数，如图05所示，在图像上绘制圆角矩形框，如图06所示，“图层”面板，如图07所示。

05 06 07

04 ▶ 圆角矩形添加效果 将该图层的“图层样式”面板打开，分别选择“描边”“投影”“内阴影”“渐变叠加”“图案叠加”，进行参数的调节，如图08～12所示，为圆角矩形框添加效果，如图13所示。

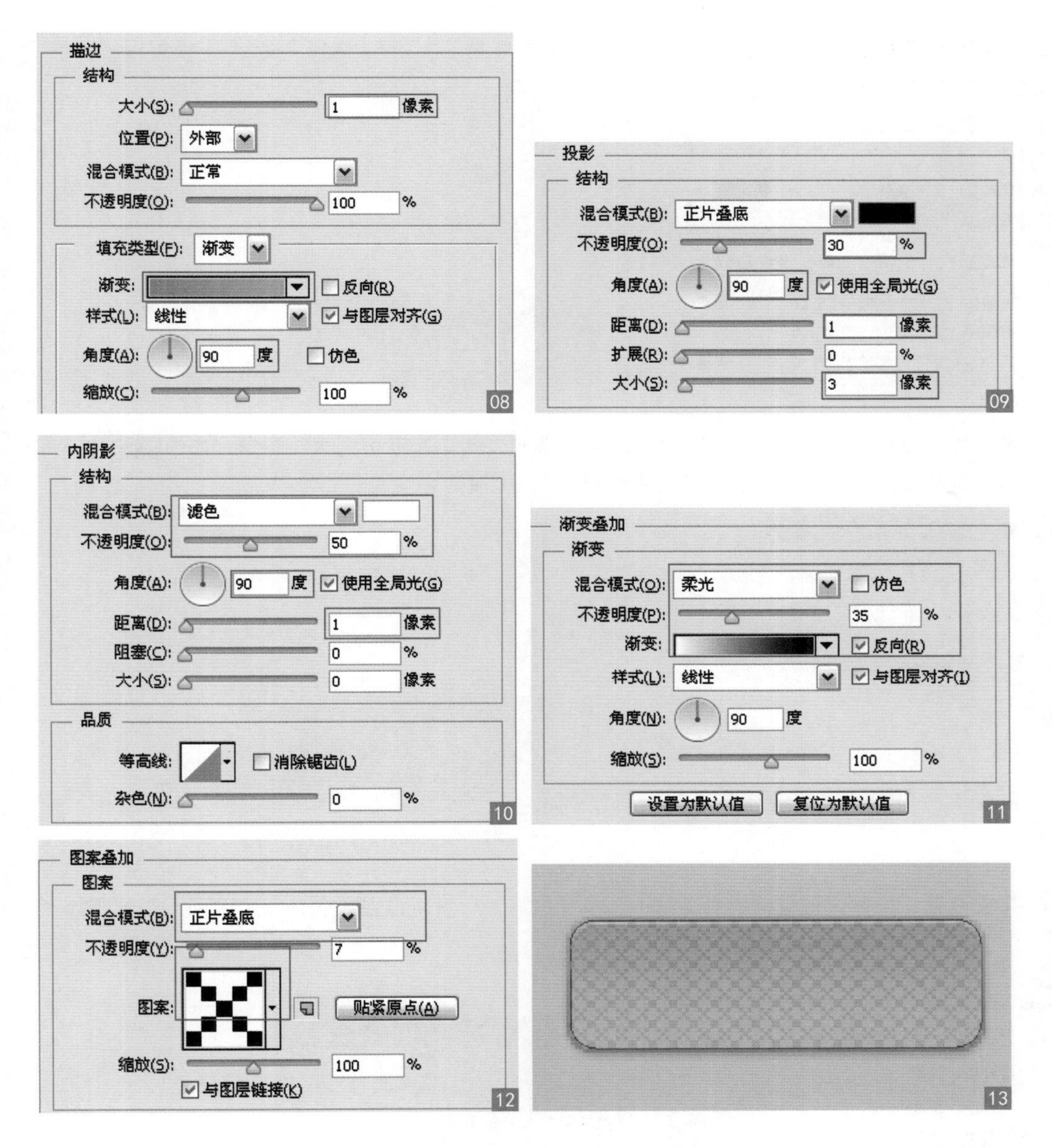

08 09 10 11 12 13

05 ▶ 输入文字 选择工具箱中的“横排文字工具”，在图像上单击并输入文字，调整文字的位置在圆角矩形框的中央位置，如图14所示，“图层”面板，如图15所示。

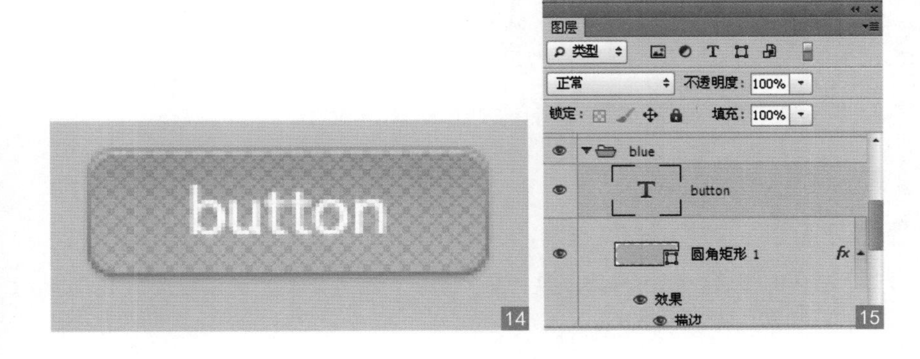

14 15

06 ▶ 文字添加投影效果　打开文字所在图层的“图层样式”对话框，选择“投影”，设置相应参数，如图16所示，为文字添加投影效果，如图17所示。

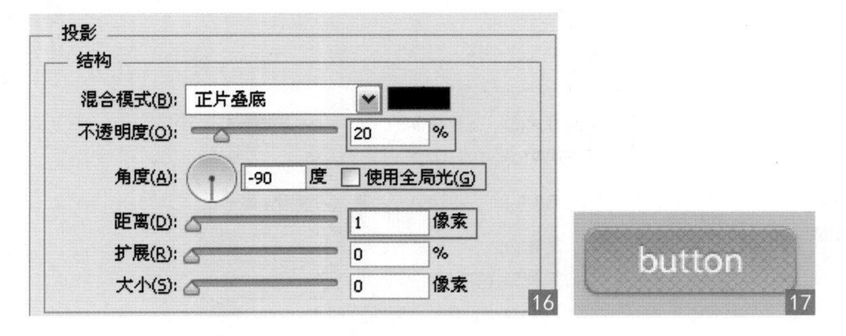

07 ▶ 橙色按钮制作　复制“圆角矩形 1”图层，得到“圆角矩形 1 副本”图层，如图17所示，移动复制后的圆角矩形框的位置，改变颜色为橘黄色，如图18所示。

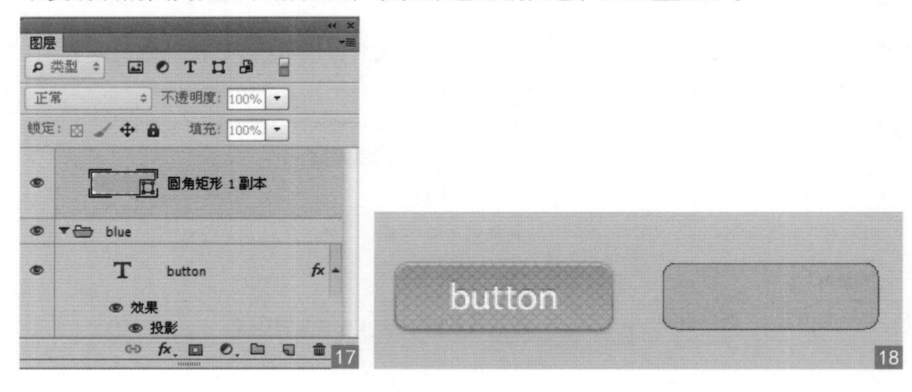

08 ▶ 样式设置　打开该图层样式对话框，选择“描边”，重新设置参数，如图19所示，效果如图20所示，“图层”面板，如图21所示。

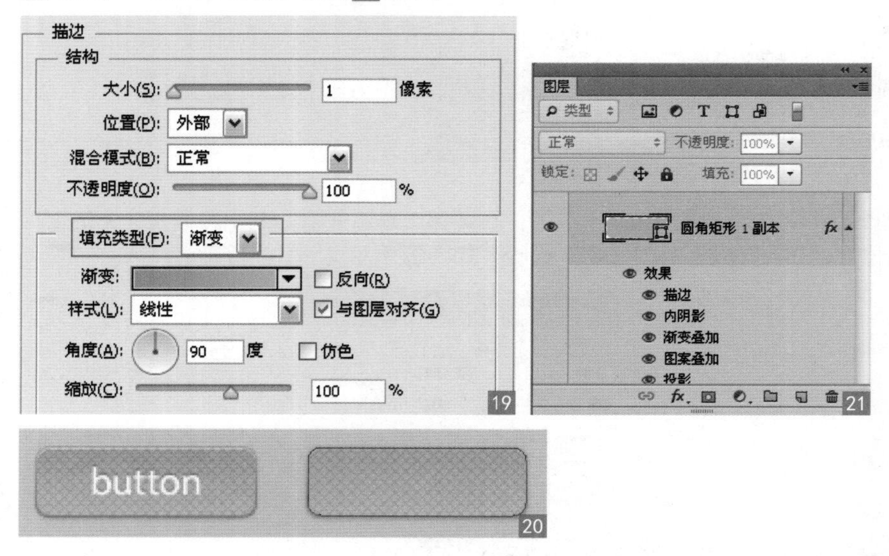

09 ▶ 文字制作　复制文字所在的图层，使用移动工具将文字选中，将其移动到橘黄色按钮中央的位置，如图22所示，“图层”面板，如图23所示。

22

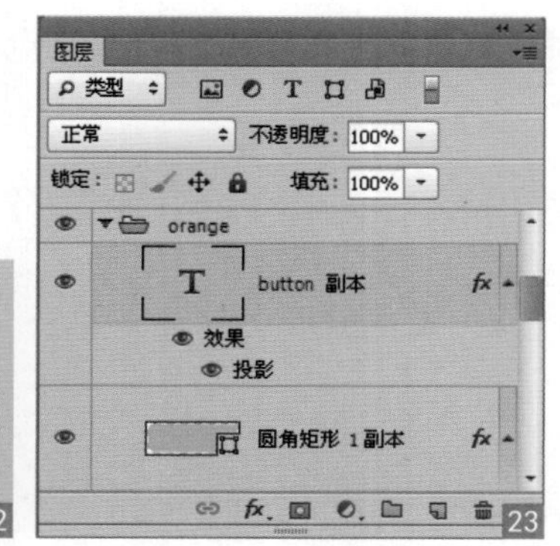

23

10 ▶ **粉色按钮制作**　复制“圆角矩形 1”图层，得到“圆角矩形 1 副本 2”图层，移动位置，改变颜色为粉红色，如图24所示。

24

11 ▶ **样式设置**　打开“图层样式”对话框，选择“描边”，重新设置参数，如图25所示，效果如图26所示，“图层”面板，如图27所示。

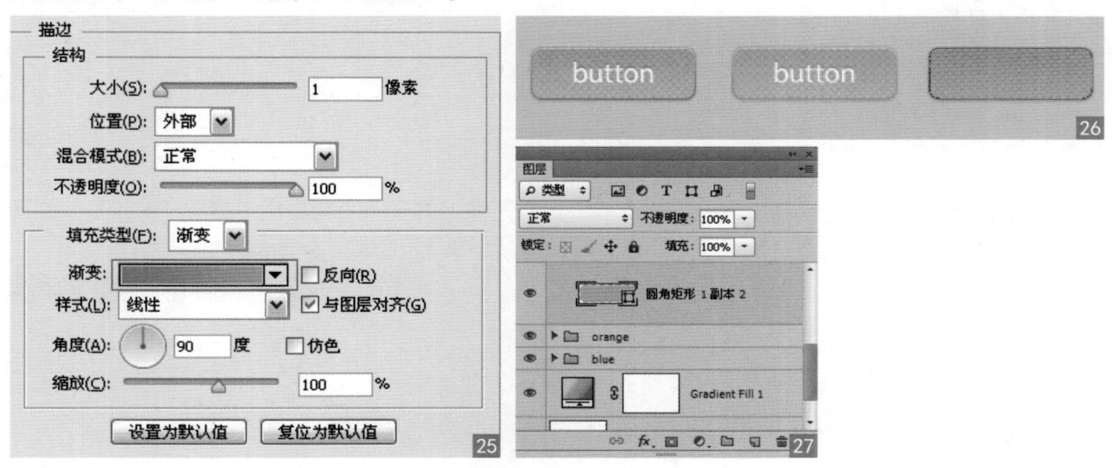

25　26　27

12 ▶ **文字制作**　两次复制文字所在的图层，使用移动工具移动文字到粉红色按钮的中央位置，如图28所示，“图层”面板，如图29所示。

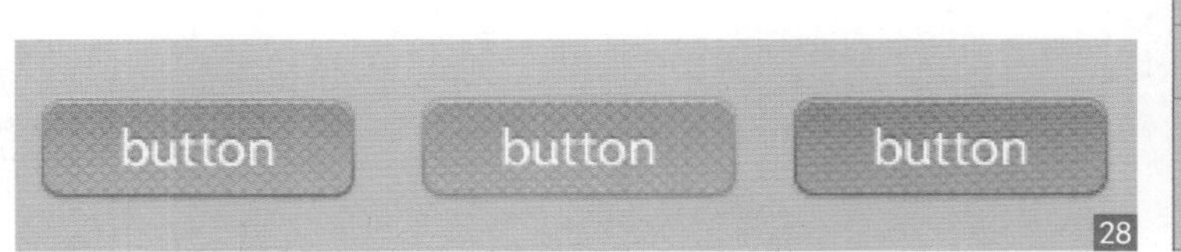

28

29

13 ▸ 修改按钮颜色 采用同样的方法复制圆角矩形框，将颜色改变为绿色，如图30所示，“图层”面板，如图31所示。

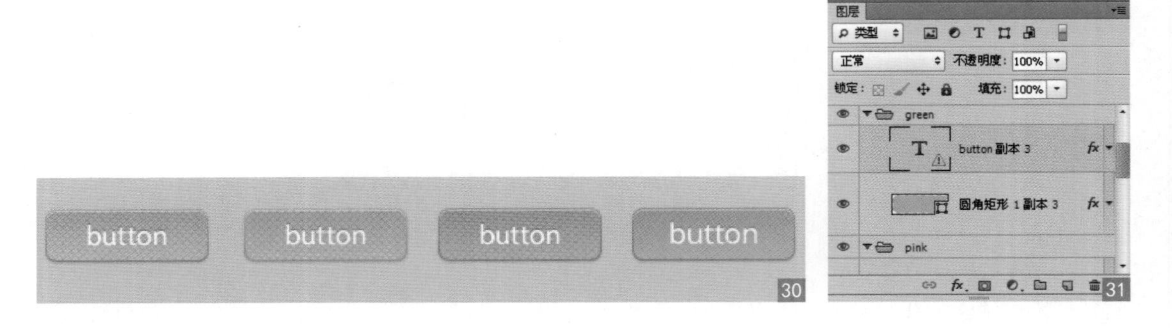

14 ▸ 蓝色图标制作 将“blue组”拖曳到“图层”面板下方的“创建新图层”按钮上，将其进行复制，如图32所示，将文字删除，按下快捷键 Ctrl+T，改变圆角矩形框的大小，如图33所示。

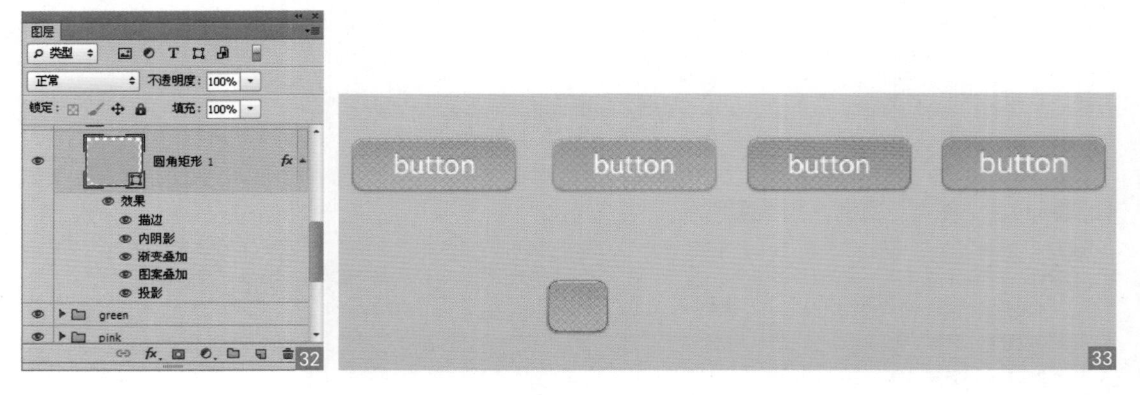

15 ▸ 绘制 logo 选择工具箱中的“钢笔工具”，在图像上方显示的选项栏中选择“形状”，在图像上绘制形状，如图34所示，在“图层”中自动生成“形状 1”图层，如图35所示。

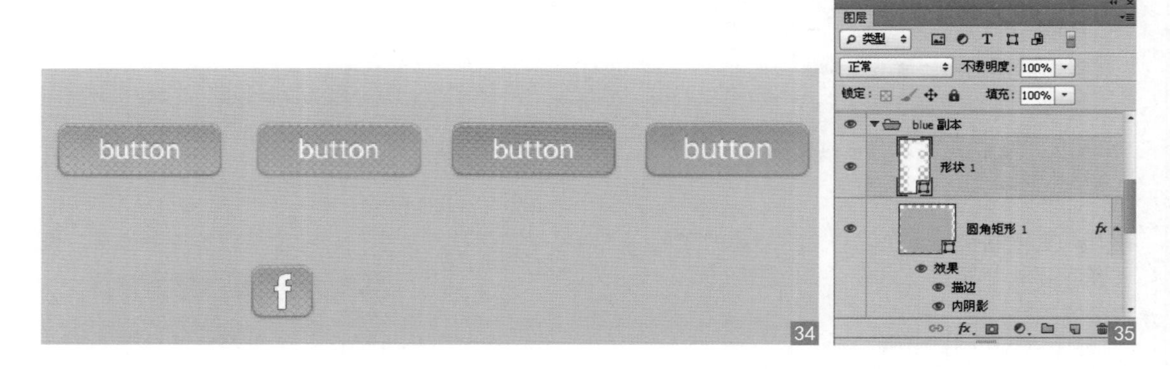

16 ▶ 设置样式 打开该形状所在的图层样式对话框，选择“投影”，设置相应参数，如图36所示，为形状添加投影效果，如图37所示。

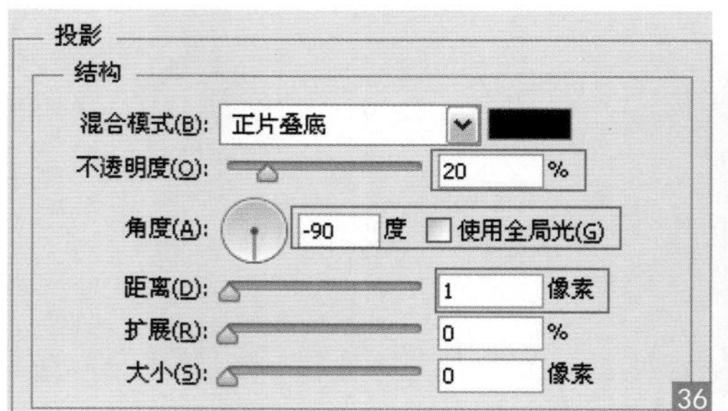

36

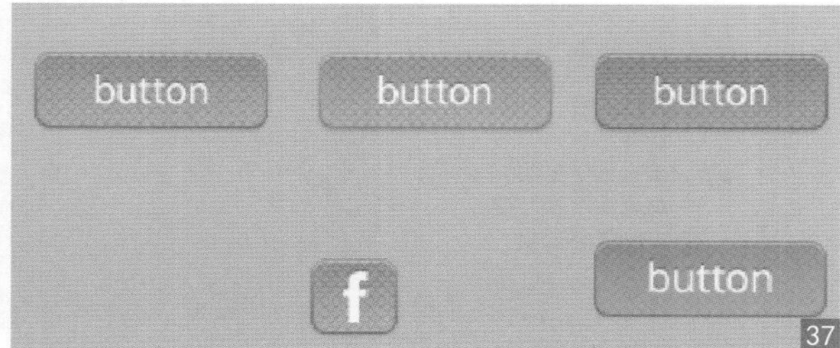

37

17 ▶ 橙色图标制作 按下快捷键 Ctrl+R，打开“标尺工具”，从左边和上边的刻度尺中拉出辅助线，如图38所示。

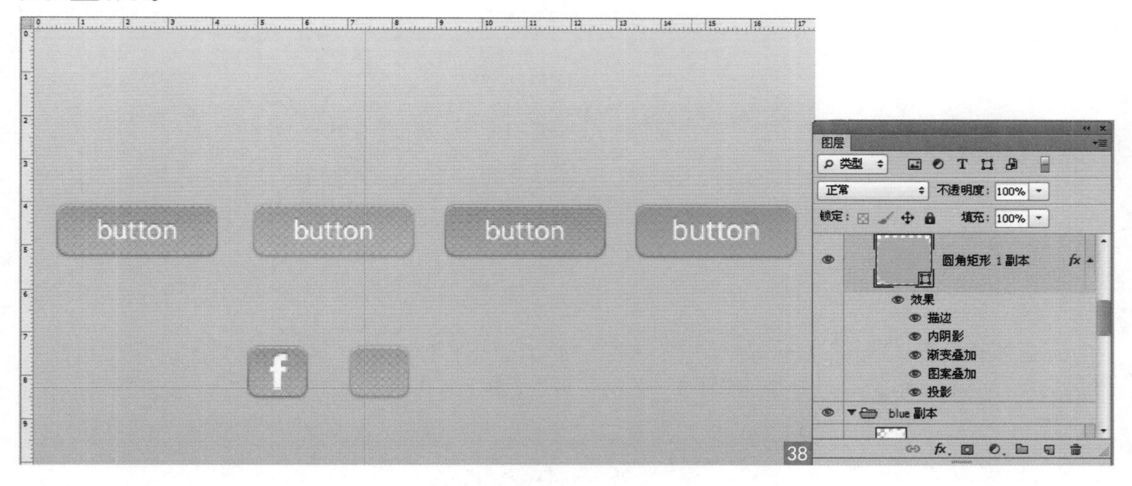

38

18 ▶ 圆形绘制 选择工具箱中的“椭圆工具”，在图像上方显示的选项栏中设置“形状”选项，按住快捷键 Alt+Shift 在图像上绘制椭圆形状，如图39所示，“图层”面板，如图40所示。

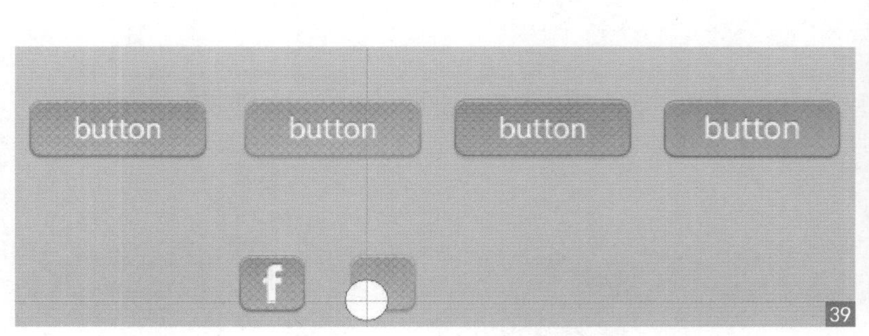

39

40

19 ▶ 同心圆绘制 在椭圆工具的选项中选择“减去顶层形状”，如图41所示，按住快捷键Alt+Shift绘制同心圆，绘制完成后，将自动减去重叠区域，如图42所示。

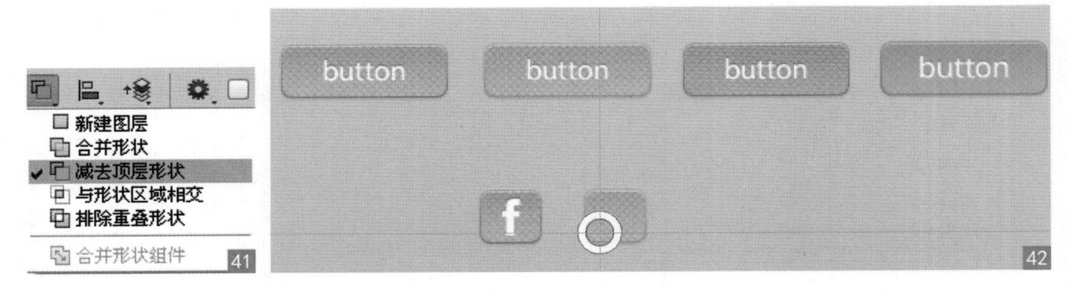

41 42

20 ▶ 形状制作 采用同样的方法进行绘制，完成后，使用矩形选框工具，在选项栏中选择“减去顶层形状”，沿着辅助线绘制矩形选框，可将多余的一部分减去，得到无线网络图标效果，如图43所示。

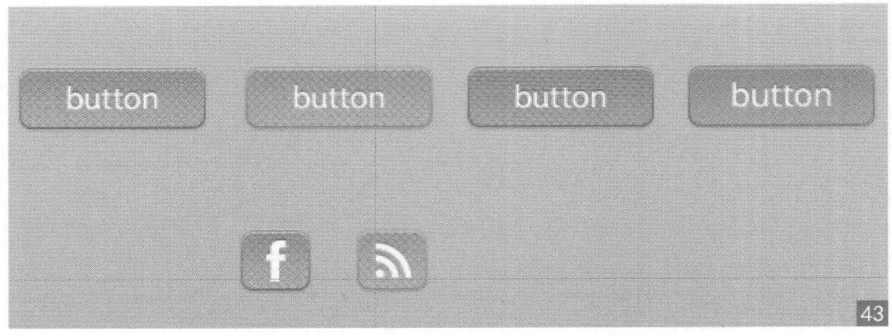

43

21 ▶ 立体感设置 选择“button 组副本”中的“形状 1”图层，右击，执行“拷贝图层样式”命令，然后选择“orange 组副本”中的“椭圆 1”图层，右击，执行“粘贴图层样式”命令，复制投影效果，如图44所示。

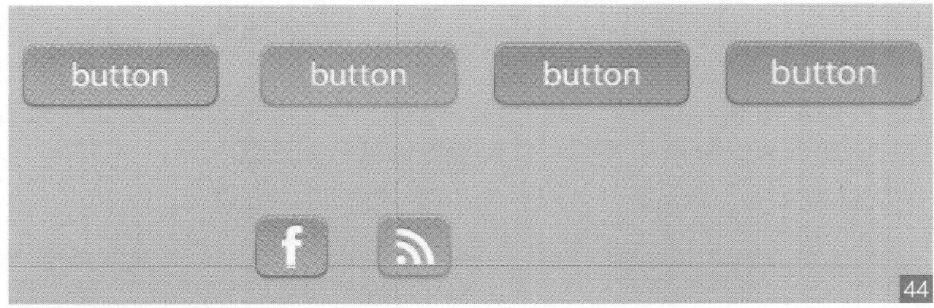

44

22 ▶ 粉红色图标制作 采用同样的方法复制 pink 组，改变大小和位置，选择“自定义形状工具”，如图45所示，在图像上绘制心形，然后在选项栏中选择“减去顶层形状”，继续进行绘制，得到空心的心形形状，如图46所示。

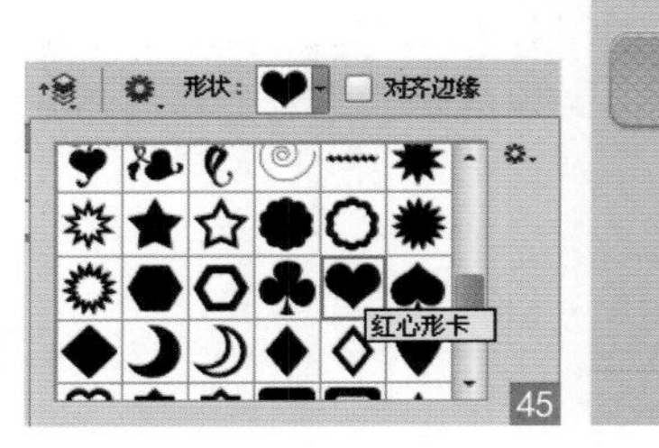

45

46

23 ▶ 心形制作 采用同样的方法，为心形形状粘贴“投影”的图层样式效果，如图47所示，为其添加投影效果，如图48所示。

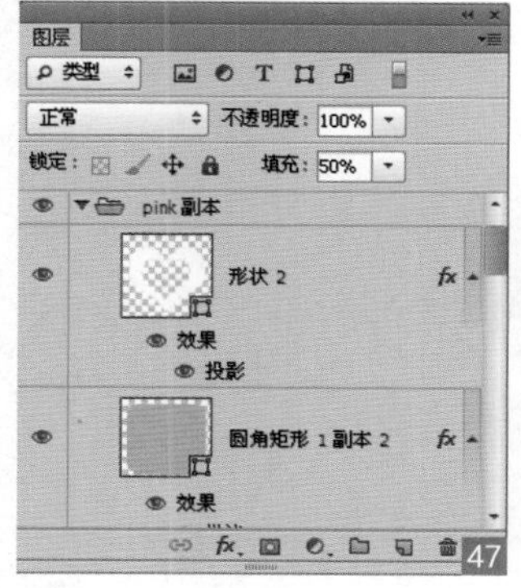

47

48

24 ▶ 绘制箭头图标 复制 green 组，得到“green 组副本”，改变大小和位置，选择“自定义形状工具”，选择“箭头 9”，如图49所示，在图像上绘制箭头形状，如图50所示。

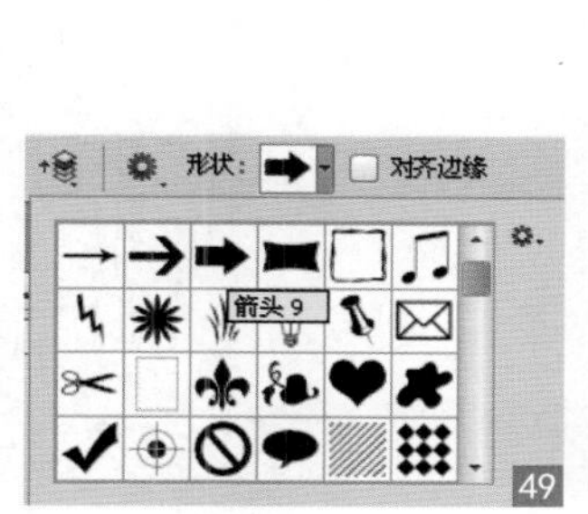

49

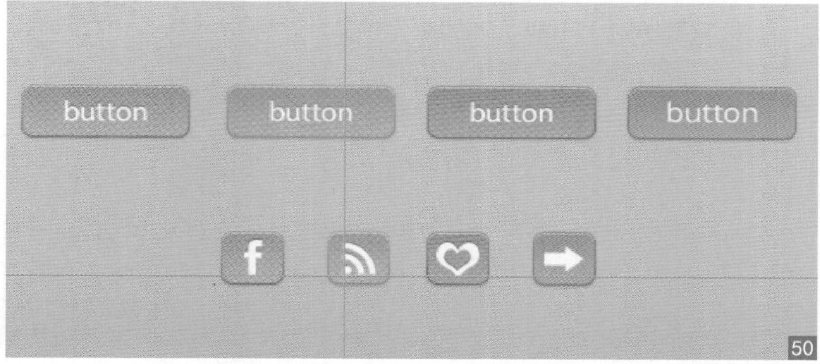

50

25 ▶ 箭头投影设置 为箭头形状粘贴“投影”图层样式效果，如图51所示，为其添加效果，如图52所示。

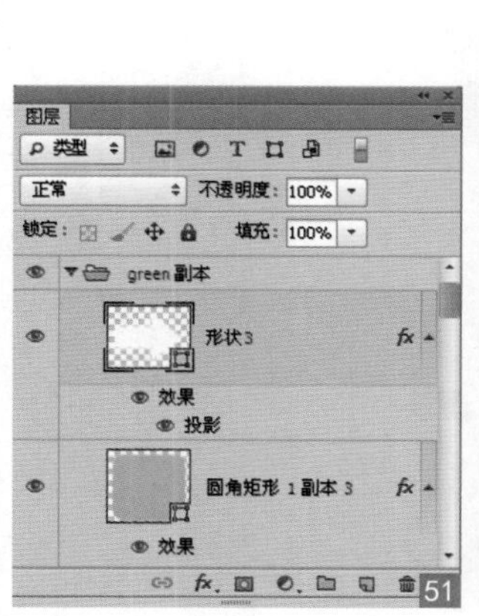

51

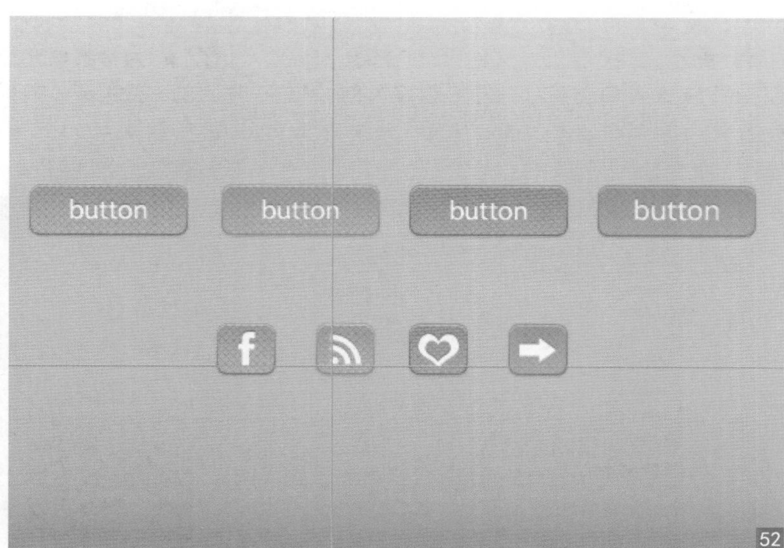

52

选项按钮

Version：CS4 CS5 CS6 CC

Keyword：圆角矩形工具、图层样式

本例我们将制作一系列具有清新风格的选项按钮，这是一整组 UI 设计中的若干选项按钮，尺寸略有不同，造型也有变化（凹凸方向不同）。

设计构思

灰色底子给人干净整洁的视觉效果，上面有嫩绿和浅蓝色作为开关按钮的激活标识色，表现出一种清新典雅的视觉美感，如右图所示。

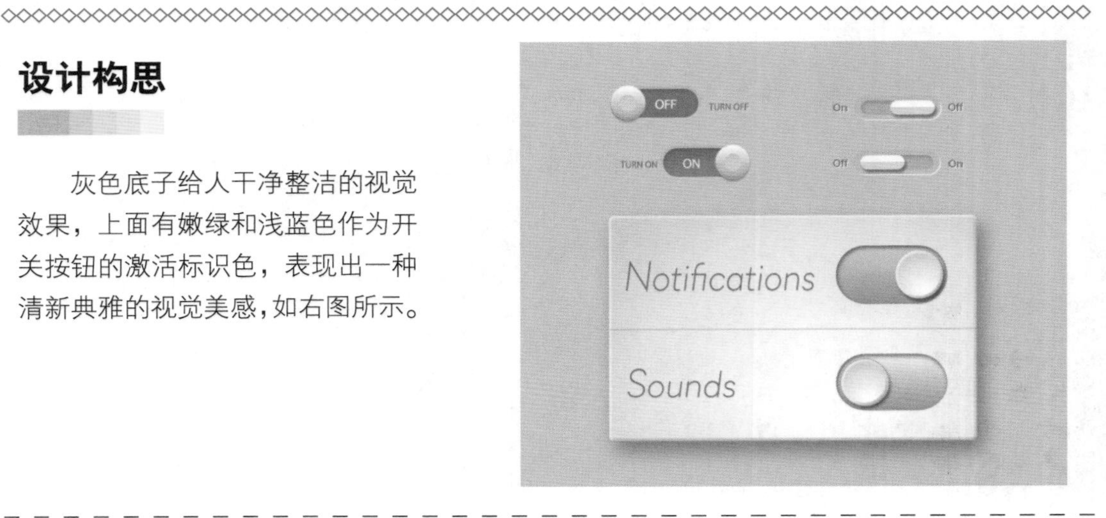

01 ▸ 新建文档 执行“文件”→“新建”命令，或按下快捷键 Ctrl+N，打开“新建”对话框，设置大小为 700 像素 ×500 像素，分辨率为 72 像素，如图01所示。

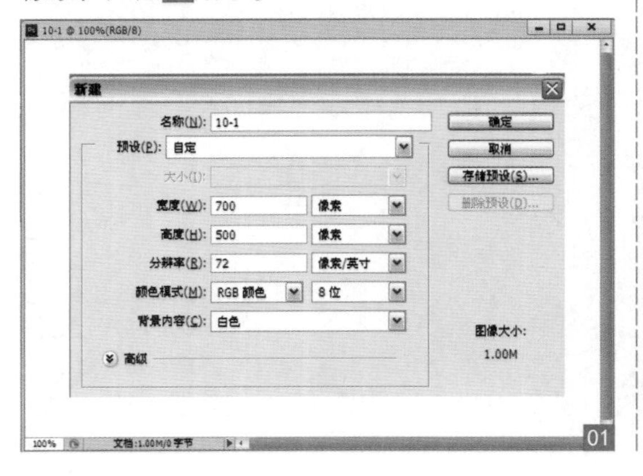

02 ▸ 为背景填充颜色 单击前景色图标，在弹出的“拾色器（前景色）”对话框中设置参数，改变前景色，按下快捷键 Alt+Delete 为背景填充前景色，如图02所示。

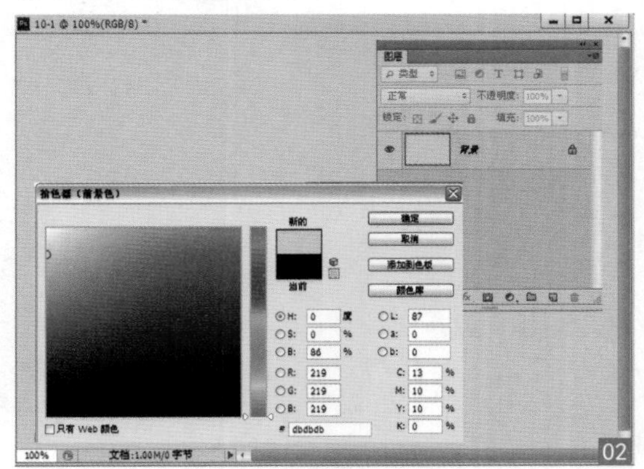

03 ▶ 绘制圆角矩形 选择“圆角矩形工具”，在选项栏中设置半径为 10 像素，在图像上绘制圆角矩形，得到“圆角矩形 1”图层，打开“图层样式”对话框，分别选择“斜面和浮雕”“渐变叠加”“投影”，设置相应参数，添加效果。

用圆角矩形工具绘制形状，如图03所示。

03

选择“渐变叠加”，设置渐变条，颜色由左到右依次是 R:223; G:223; B:223，R:255; G:255; B:255，样式为“径向”，角度为 32°，如图04所示。

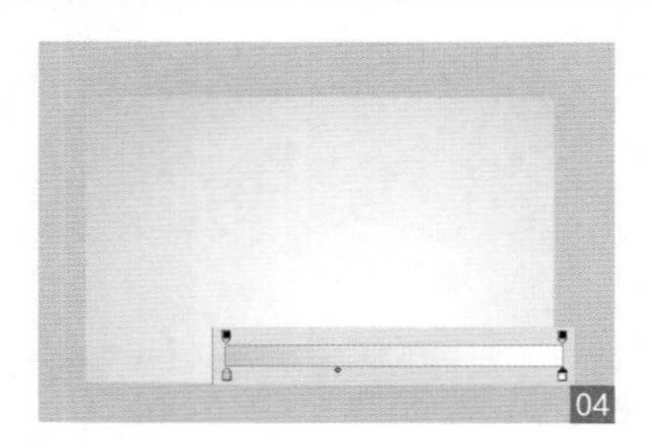
04

选择“斜面和浮雕”，设置方法为“雕刻清晰”，深度为 205%，大小为 2 像素，角度为 131°，不选中“使用全局光”，高度为 42°，高光模式为“正常”，颜色为 R:168; G:168; B:168，不透明度为 63%，阴影模式为“正常”，不透明度为 100%，如图05所示。

05

选择“投影”选项，设置不透明度为 31%、距离为 11 像素、大小为 21 像素，如图06所示。

06

04 ▶ 添加分界线和文字 选择“矩形工具”，设置前景色的颜色为 R:220；G:220；B:220，在圆角矩形的中央位置绘制矩形形状，然后选择“横排文字工具”，设置文字的大小、颜色、字体等属性，输入文字。

用矩形工具绘制分割线，如图07所示。

07

用横排文字工具输入文字，如图08所示。

08

05 ▶ 绘制按钮 选择“圆角矩形工具”，在选项栏中设置半径为 100 像素，在图像上绘制按钮，如图09所示。

09

06 ▶ 表现按钮立体感 打开“圆角矩形 2”图层的“图层样式”对话框，分别选择“颜色叠加”“内阴影”“渐变叠加”，设置相应参数，为按钮添加立体感。

选择“颜色叠加”，设置颜色为 R:167；G:244；B:236，不透明度为 57%，如图10所示。

10

选择“内阴影”，设置不透明度为 53%，距离为 2 像素，大小为 5 像素，如图11所示。

11

选择“渐变叠加”，设置渐变条，从左到右颜色依次为 R:195; G:195; B:195，R:255; G:255; B:255，缩放为 134%，如图12所示。

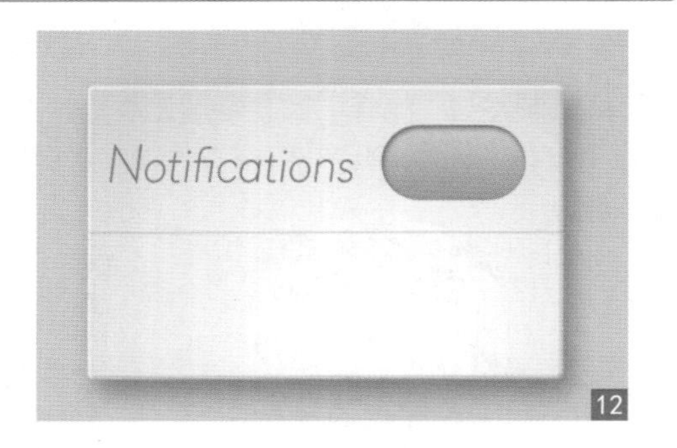

12

07 ▶ 制作按钮开关 选择“椭圆工具”，在按钮上绘制正圆，打开该图层的“图层样式”对话框，在左侧列表中分别选择“渐变叠加”“斜面和浮雕”“投影”等选项，设置相应参数，为椭圆开关添加效果。

选择“椭圆工具”绘制按钮开光，如图13所示。

13

设置渐变条，从左到右颜色依次为 R:223；G:223；B:223，R:255；G:255；B:255，样式为“径向”，角度为 32°，如图14所示。

14

选择“斜面和浮雕”，方法为“雕刻清晰”，深度为 205%，大小为 2 像素，角度为 131°，不选中“使用全局光”，高度为 42°，高光模式为“正常”，颜色为 R:168；G:168；B:168，不透明度为 63%，阴影模式为“正常”，不透明度为 100%，如图15所示。

15

选择“投影”选项，设置不透明度为 31%、距离为 11 像素、大小为 21 像素，如图16所示。

16

08 ▶ 输入文字 选择“横排文字工具”，在图像上输入文字，如图17所示。

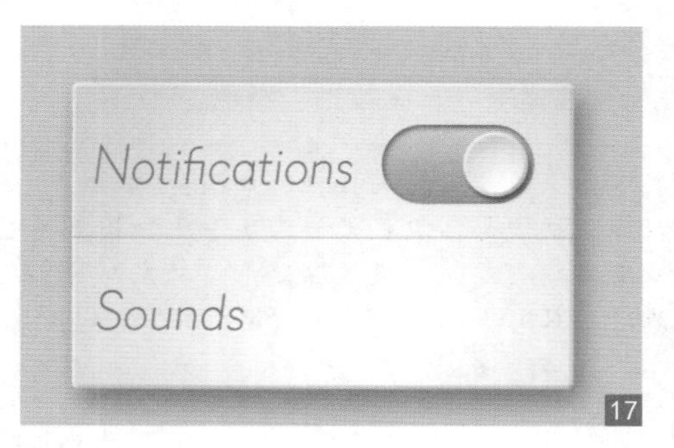

17

Tips:

输入文字前，可以在选项栏中设置好文字的属性，然后在图像上单击，输入文字，也可以将文字输入完成后，将其选中，打开“字符”面板设置文字属性。

09 ▶ 制作关闭按钮 复制“圆角矩形 2”图层，得到“圆角矩形 2 副本 ”图层，执行“清除图层样式”命令，打开“图层样式”对话框，分别选择“渐变叠加”“内阴影”，设置相应参数，添加效果。

选择“内阴影”，设置混合模式为“正片叠底”，不透明度为 53%，角度为 120°，距离为 2 像素，大小为 5 像素，如图18所示。

18

选择“渐变叠加”，设置渐变条，从左到右颜色依次为 R:176；G:176；B:176，R:255；G:255；B:255，缩放为 134%，其他参数设置，如图19所示。

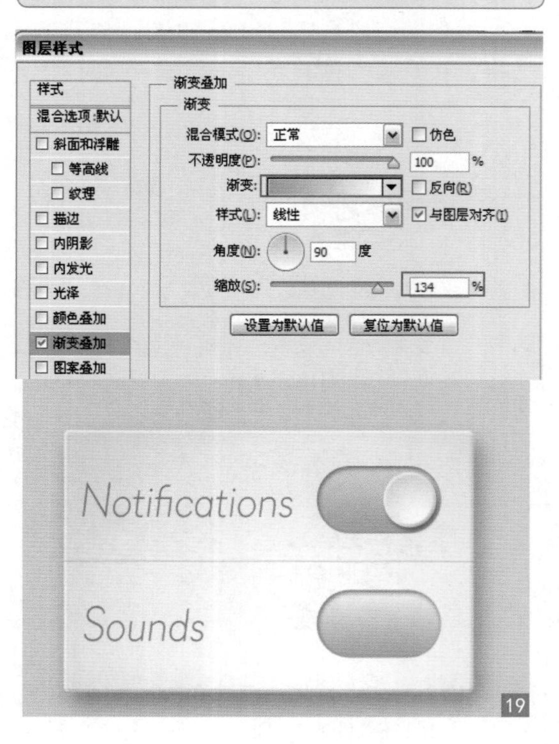

19

10 ▶ 新建组 将“椭圆 1”图层进行复制，得到“椭圆 1 副本”图层，移动位置到刚才绘制的按钮上，新建“组 1”，将绘制的图层移动到“组 1”中，完成效果，如图20所示。

20

11 ▶ 绘制按钮外形 设置前景色为 R:156；G:186；B:63，选择“圆角矩形工具”，在选项栏中设置半径为 100 像素，在图像上绘制按钮外形，打开“图层样式”对话框，分别选择“描边”“内阴影”“渐变叠加”，设置相应参数。

使用圆角矩形工具绘制外形，如图21所示。
选择“描边”，设置大小为3像素、不透明度为15%，填充类型为“渐变”，设置渐变条，从左到右颜色依次为R:153；G:153；B:153，R:255；G:255；B:255，如图22所示。

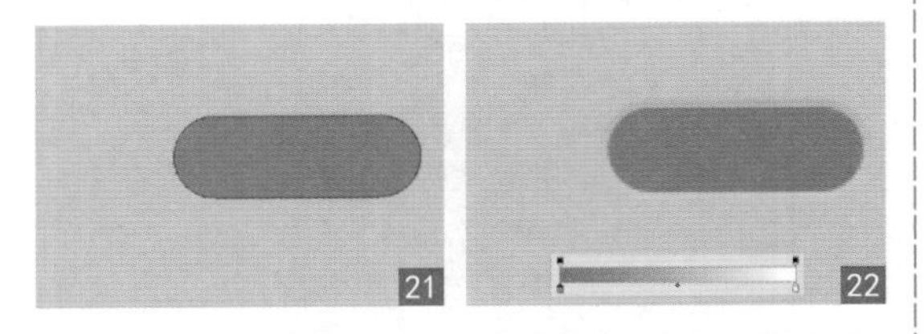
21　22

选择“渐变叠加”，设置混合模式为“柔光”，不透明度为25%，勾选“反向”，如图23所示。
为按钮外形添加立体感，如图24所示。

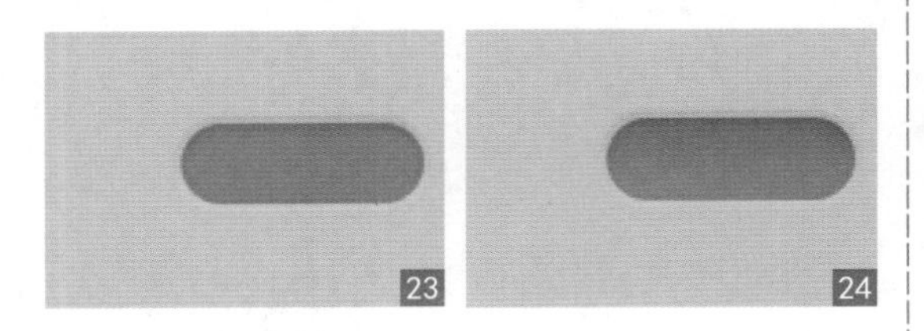
23　24

12 ▶ 输入文字 选择“横排文字工具”，设置前景色为R:175；G:175；B:175，在按钮左侧输入文字，打开“图层样式”对话框，分别选择“内阴影”“投影”，设置相应参数，为文字添加效果。

用“横排文字工具”输入文字，如图25所示。
选择“内阴影”，设置混合模式为“正常”，不透明度为15%，距离为1像素，如图26所示。

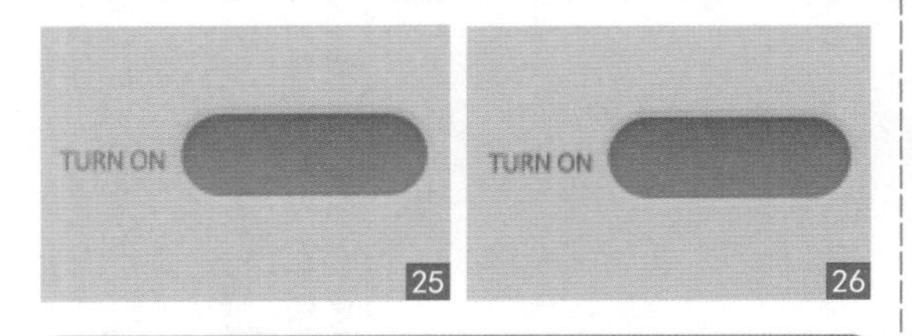

25　26

选择“投影”，设置混合模式为“正常”，颜色为“白色”，不透明度为50%、距离为1像素，大小为1像素，如图27所示。

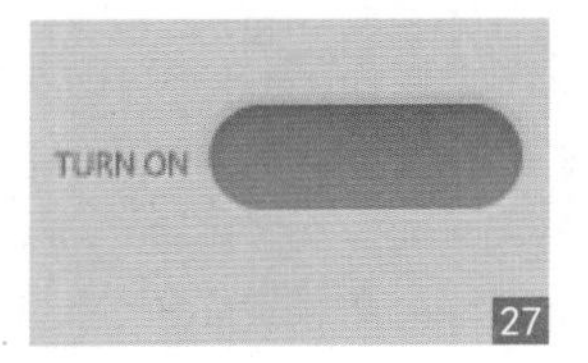

27

13 ▶ 输入“ON”文字 再次使用“横排文字工具”输入文字，改变文字的颜色为“白色”，如图28所示。

28

14 ▶ 绘制开关按钮 选择“椭圆工具”，设置前景色为白色，打开“图层样式”对话框，分别选择“描边”“内阴影”“渐变叠加”“内发光”“投影”，设置相应参数。

用椭圆工具绘制开关按钮，如图29所示。
选择“描边”，设置大小为1像素，填充类型依次为“渐变”，设置渐变条，从左到右颜色依次为R:153；G:153；B:153，R:255；G:255；B:255，如图30所示。

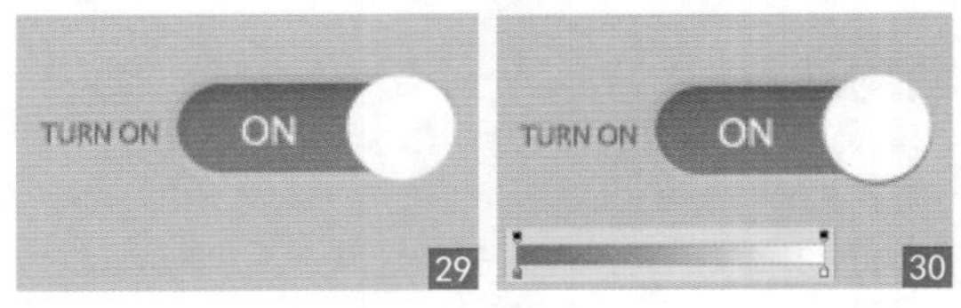

29　30

选择“内阴影”，设置混合模式为“正常”，不透明度为10%，角度为-90°，不勾选“使用全局光”，距离为3像素，大小为1像素。
选择“渐变叠加”，设置不透明度为20%，设置渐变条，从左到右颜色依次为R:0；G:0；B:0，R:85；G:85；B:85，R:255；G:255；B:255，如图31所示。
选择“内发光”，设置混合模式为“正常”，不透明度为40%，颜色为“白色”、阻塞为50%，大小为1像素，如图32所示。

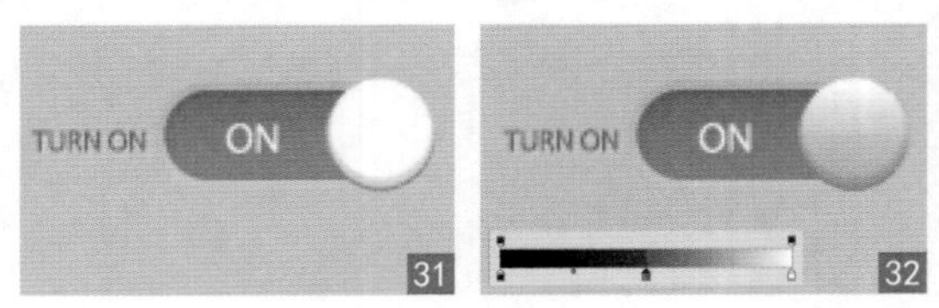

31　32

选择“投影”，设置混合模式为“正常”，不透明度为10%，角度为90°，不勾选“使用全局光”，距离为3像素，如图33所示，为开关按钮添加立体效果，如图34所示。

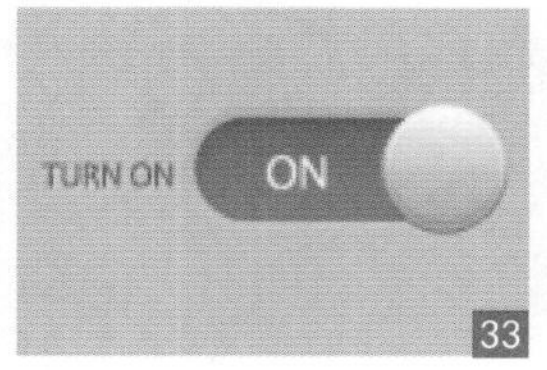

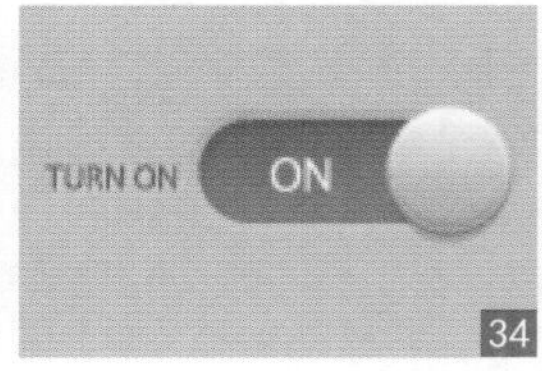

15 ▸ 添加质感 再次使用“椭圆工具”，设置前景色为 R:221；G:221；B:221，在开关按钮上绘制正圆，打开“图层样式”对话框，分别选择“内阴影”“渐变叠加”，设置相应参数，为开关按钮添加质感，如图35～37所示。

16 ▸ 复制组 新建“组 2”，将刚才绘制的图层拖入到组 2 中，复制“组 2”，得到“组 2 副本”，移动按钮的位置，改变文字。

> 新建组，复制组，移动图像位置，如图38所示。
> 改变按钮中的文字，如图39所示。

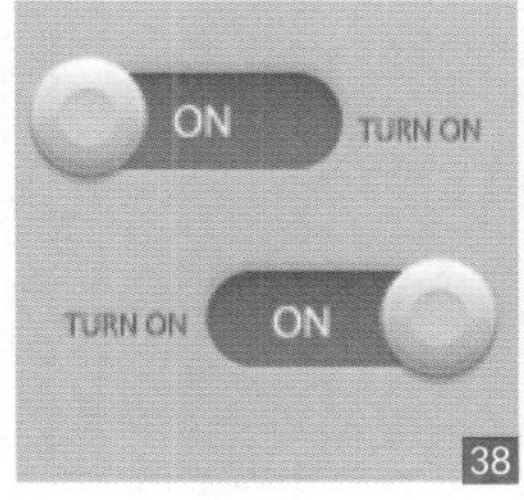

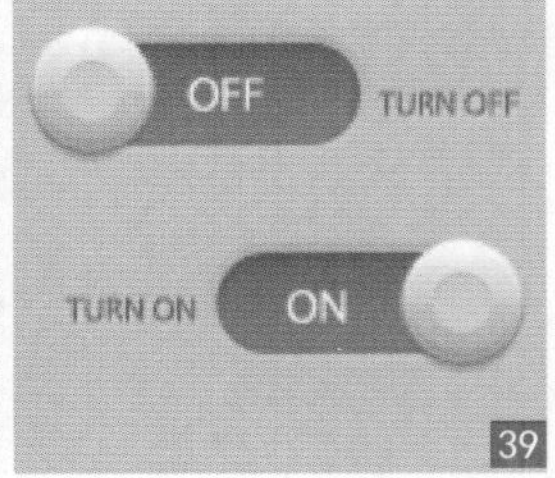

17 ▸ 重置图层样式效果 将“OFF”所在的按钮选中，执行“清除图层样式”命令，改变其颜色为 R:153；G:153；B:153，打开“图层样式”对话框，分别选择“描边”“内阴影”，设置相应参数，添加效果。

> 清除图层样式，改变颜色，如图40所示。
> 选择“描边”，设置大小为 3 像素，不透明度为 15%，填充类型为“渐变”，设置渐变条，从左到右颜色依次为 R:153；G:153；B:153，R:255；G:255；B:255，如图41所示。

> 选择“内阴影”，设置混合模式为“正常”，不透明度为 15%，角度为 90°，不勾选“使用全局光”，距离为 2 像素，大小为 5 像素，如图42所示。

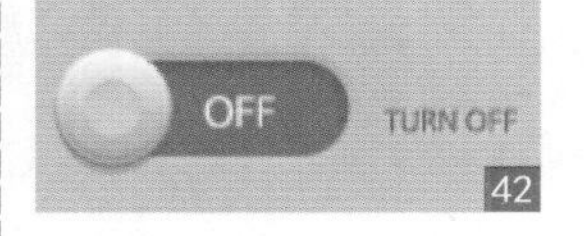

18 ▸ 绘制基本形 选择“圆角矩形工具”，在选项栏中设置半径为 100 像素，在图像上绘制圆角矩形，得到“圆角矩形 1”图层，将该图层的填充降低为 0%。

> 绘制圆角矩形，如图43所示。
> 降低填充为 0%，如图44所示。

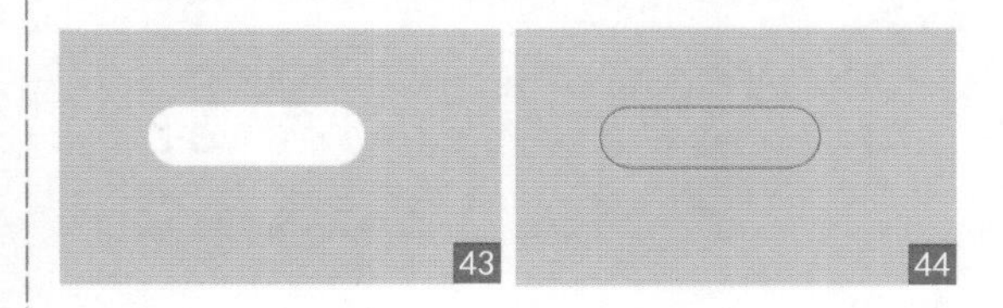

19 ▸ 添加效果 打开“椭圆 1”图层“图层样式”对话框，分别选择“描边”“颜色叠加”“图案叠加”“投影”，设置相应参数，为椭圆形状添加效果。

> 选择“内阴影”，设置颜色为 R:103；G:89；B:82，不透明度为 5%，距离为 10 像素，大小为 20 像素，如图45所示。
> 选择“投影”，设置混合模式为“正常”，颜色为“白色”，距离为 1 像素，如图46所示。

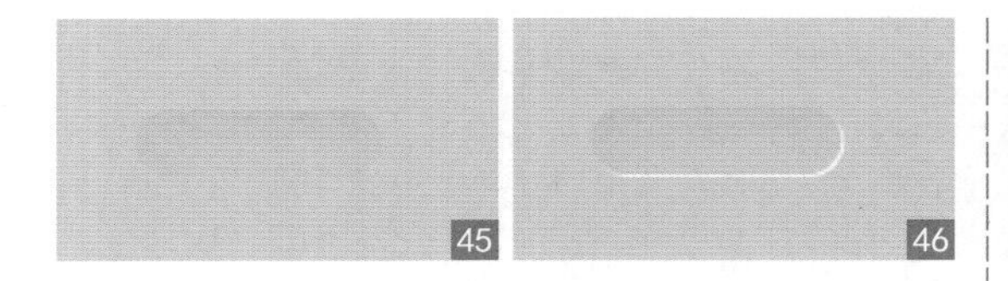

20 ▶ 添加效果 选择“圆角矩形工具”，设置颜色为 R:203; G:203; B:203，绘制形状，打开“图层样式”对话框，选择“内阴影”，设置相应参数，添加效果。

再次使用圆角矩形工具绘制按钮内部，如图47所示。
选择“内阴影”，设置颜色为 R:61；G:56；B:54，不透明度为 20%，距离为 2 像素，大小为 4 像素，如图48所示。

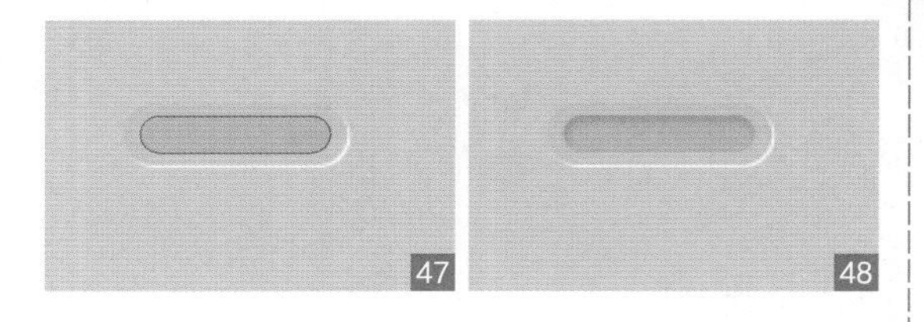

21 ▶ 绘制按钮开关 选择“圆角矩形工具”，绘制按钮开关外形，打开“图层样式”对话框，分别选择“颜色叠加”“投影”，设置相应参数，增加按钮立体感，然后使用“钢笔工具”绘制形状。

使用圆角矩形工具绘制按钮开关，如图49所示。
选择“颜色叠加”，设置颜色为 R:237；G:232；B:230，如图50所示。

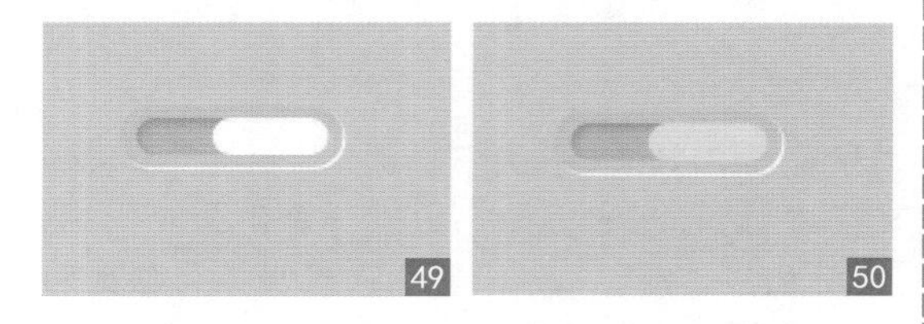

选择“投影”，设置混合模式为“正常”，颜色为 R:76；G:76；B:76，不透明度为 47%，距离为 4 像素，大小为 3 像素，如图51所示。
选择钢笔工具绘制按钮开关上面的形状，如图52所示。

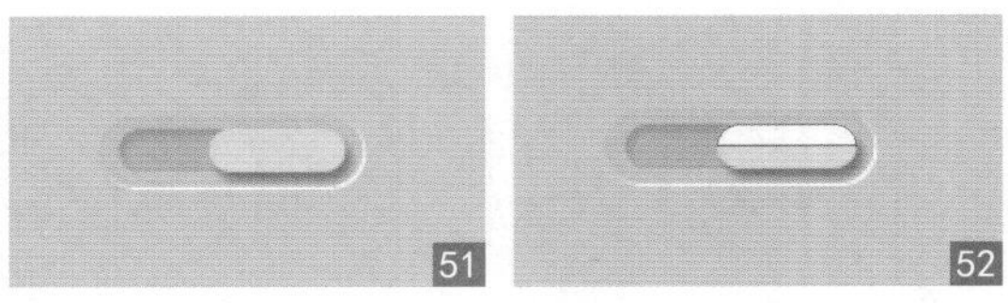

22 ▶ 输入文字 选择“横排文字工具”，按钮左右两侧输入文字，新建“组 3”，如图53所示。

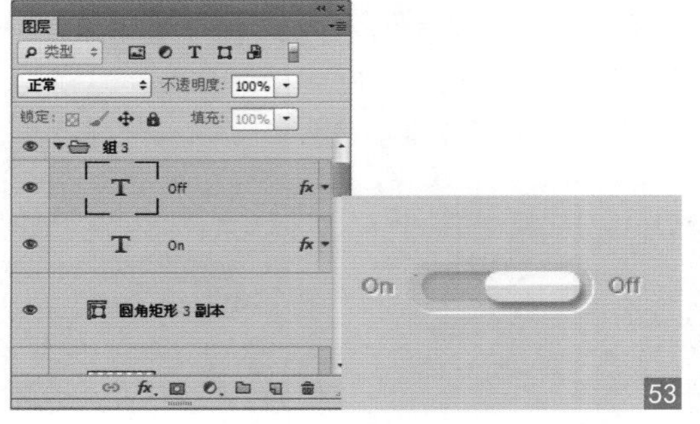

23 ▶ 复制组 复制“组 3”，得到“组 3 副本”，移动组中按钮及文字的位置，完成效果。

复制组，移动按钮、文字的位置，如图54所示。

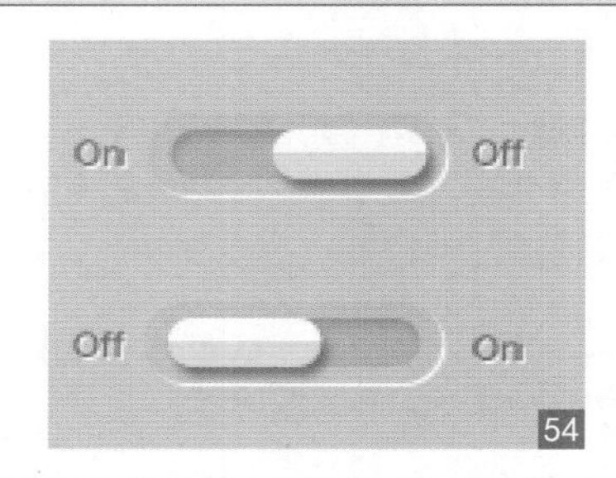

完成效果，如图55所示。

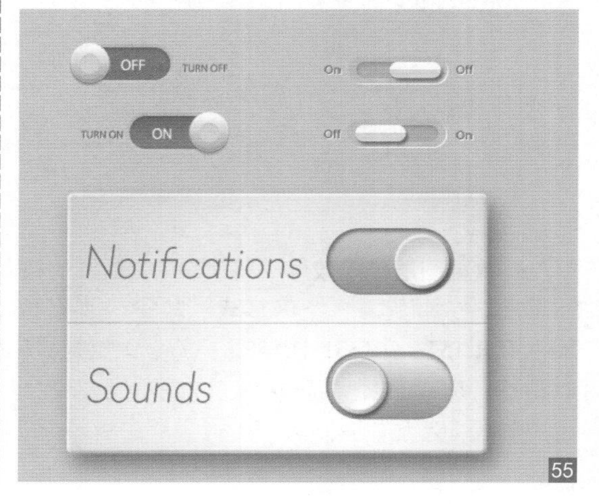

Chapter 10

智能手机UI整体界面制作

本章主要收录了几个不同风格的综合示例手机界面，包括安卓手机、苹果 iOS 手机等，有极致精简风格的界面，也有时尚个性的风格界面。通过对本章综合示例的学习，不仅能对综合示例有一个整体的了解，还能学习到更高级的技术。

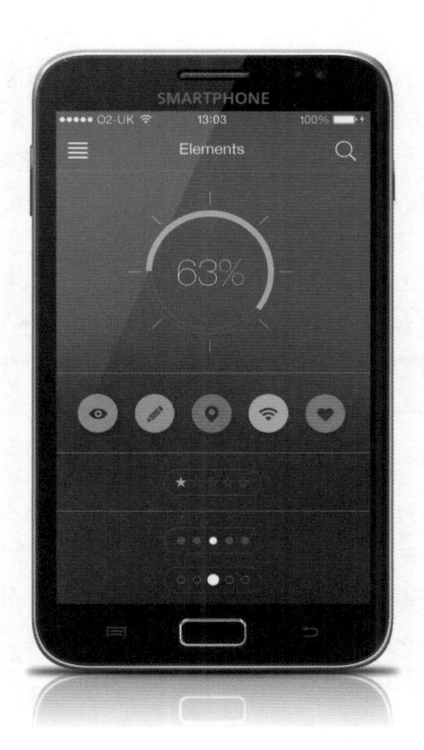

10.1 完整 App UI 界面的设计流程

Version：CS4 CS5 CS6 CC

随着人类社会逐步向非物质社会迈进，互联网信息产业已经走进我们的生活。在这样一个非物质社会中，手机软件这些非物质产品再也不像过去那样仅仅靠技术就能处于不败之地。工业设计开始关注非物质产品。但是在国内依然普遍存在这样一个称呼——美工。有人认为“美工”的意思就是没有思想紧紧靠体力工作的人。这是一个很愚昧的认识，愚昧在于称呼职员美工的企业没有意识到界面与交互设计能给他们带来的巨大经济效益，愚昧的另一方面在于被称为美工的人不知道自己应该做什么，以为自己的工作就是每天给界面与网站勾边描图。

在这里为大家讲述一套比较科学的设计流程。App UI 界面设计属于工业设计的范畴，它是一个科学的设计过程，理性的商业运作模式，而不是单纯的美术描边。

UI 即 user interface，也就是用户与界面的关系，包括交互设计、用户研究、界面设计 3 个部分，这里我们主要讲述用户研究与界面设计的过程。

一个通用消费类软件界面的设计大体可分为需求阶段、分析设计阶段、调研验证阶段、方案改进阶段、用户验证反馈阶段。

10.1.1 需求阶段

软件产品依然属于工业产品的范畴。依然离不开 3W（Who,where,why）的考虑，也就是使用者、使用环境、使用方式的需求分析。所以在设计一个软件产品之前我们应该明确什么人用（用户的年龄、性别、爱好、收入、教育程度等），什么地方用（在办公室、家庭、厂房车间、公共场所等），如何用（鼠标键盘、遥控器、触摸屏）。上面的任何一个元素改变其结果都会有相应的改变。

除此之外在需求阶段同类竞争产品也是我们必须了解的。同类产品比我们提前问世，我们只有比他做得更好才有存在的价值。那么单纯地从界面美学角度考虑说哪个好哪个不好是没有一个很客观的评价标准的，我们只能说哪个更合适，更合适于我们的最终用户的就是最好的。如何判定怎样最合适于用户呢？后面会介绍用户调研。

10.1.2 分析设计阶段

通过分析上面的需求，我们进入设计阶段，也就是方案形成阶段。我们设计出几套不同风格的界面用于被选。首先应该制作一个体现用户定位的词语坐标，例如为 25 岁左右的白领男性制作家居娱乐软件。对于这类用户我们分析得到的词汇有、品质、精美、高档、高雅、男性、时尚、cool、个性、亲和、放松等，分析这些词汇时会发现有些词是必须体现的，例如品质、精美、高档、时尚，但有些词是相互矛盾的，必须放弃一些，例如亲和、放松与 cool、个性等。所以我们画出一个坐标，上面是必须用的品质、精美、高档、时尚。左边是贴近用户心理的词汇：亲和、放松、人性化；右边是体现用户外在形象的词汇：cool、个性、工业化。然后开始搜集相应的图片，放在坐标的不同点上。这样根据不同坐标点的风格，可以设计出数套不同风格的界面。

10.1.3　调研验证阶段

几套风格必须保证在同等的设计制作水平上，不能明显看出差异，这样才能得到用户客观的反馈。

例如：测试阶段开始之前，我们应该对测试的具体细节进行清楚的分析描述。

（1）数据收集方式：厅堂测试 / 模拟家居 / 办公室。

（2）测试时间：× 年 × 月 × 日。

（3）测试区域：北京 / 广州 / 天津。

（4）测试对象：某消费软件界定的市场用户。主要特征为：

- 对电脑的硬件配置以及相关的性能指标比较了解，电脑应用水平较高。
- 电脑使用经历一年以上。
- 家庭购买电脑时品牌和机型的主要决策者。
- 年龄：×-× 岁。
- 年龄在 × 岁以上的被访者文化程度为大专及以上。
- 个人月收入 × 以上或家庭月收入 × 元及以上。

（5）样品：五套软件界面。

样本量：× 个，实际完成 × 个。

调研阶段需要从以下几个问题出发：

- 用户对各套方案的第一印象。
- 用户对各套方案的综合印象。
- 用户对各套方案的单独评价。
- 选出最喜欢的。
- 选出其次喜欢的。
- 对各方案的色彩、文字、图形等分别打分。

结论出来以后请所有用户说出最受欢迎方案的优缺点。所有这些都需要用图形表达出来，直观科学。

10.1.4　方案改进阶段

经过用户调研，我们得到目标用户最喜欢的方案。而且了解到用户为什么喜欢，还有什么遗憾等，这样就可以进行下一步修改了。这时候可以把精力投入到一个方案上（这里指不能换皮肤的应用软件或游戏的界面），将方案做到细致精美。

10.1.5 用户验证反馈阶段

改正以后的方案，我们可以将它推向市场。但是设计并没有结束。我们还需要用户反馈，好的设计师应该在产品上市以后去站柜台，零距离接触最终用户，看看用户真正使用时的感想。为以后的升级版本积累经验资料。

经过上面设计过程的描述，可以清楚地发现，界面 UI 设计是一个非常科学的推导过程，它有设计师对艺术的理解感悟，但绝对不是仅仅表现设计师个人的绘画。所以我们一再强调这个工作过程是设计过程，UI 界面设计不存在美工。

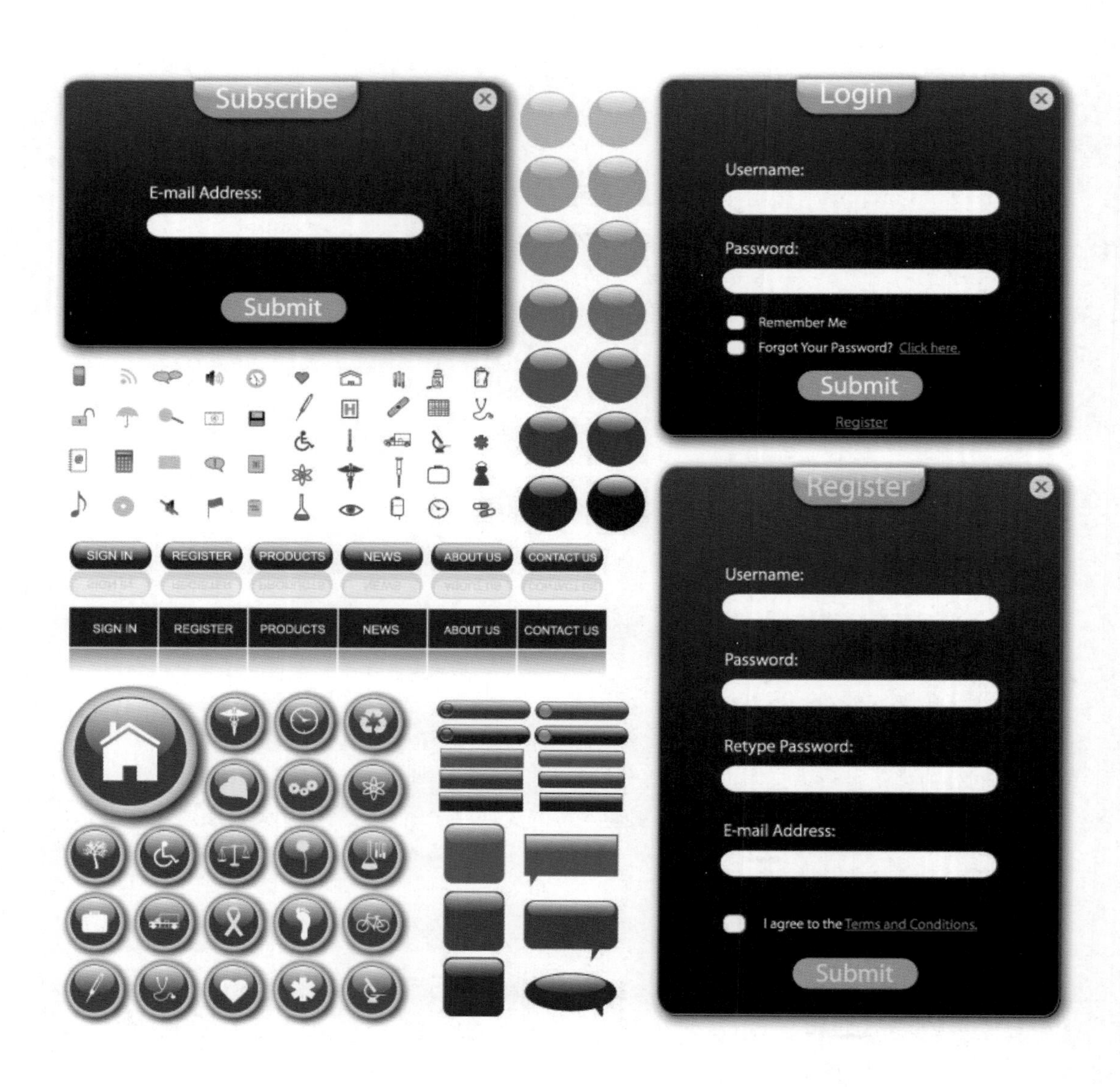

Android 界面时尚风格设计

Version：CS4 CS5 CS6 CC

Keyword：文字工具、图层样式

Android 手机 UI 的特点是界面细腻精致，3D 视觉效果强，精准的拖曳操控让手机的使用更简单、更直观。本例我们将制作一款简约的蓝灰色手机界面。

设计构思

蓝灰色的表现方式给人以时尚、高端的感觉，本例的手机界面就体现了这一点，如右图所示。

10.2.1 制作锁屏界面

01 ▸ 新建文件 执行“文件”→“新建”命令，或按下快捷键 Ctrl+N，在“新建”对话框中，设置大小为 640 像素 ×1136 像素，分辨率为 326 像素，完成后单击“确定”按钮，新建一个空白文档，如图01所示。

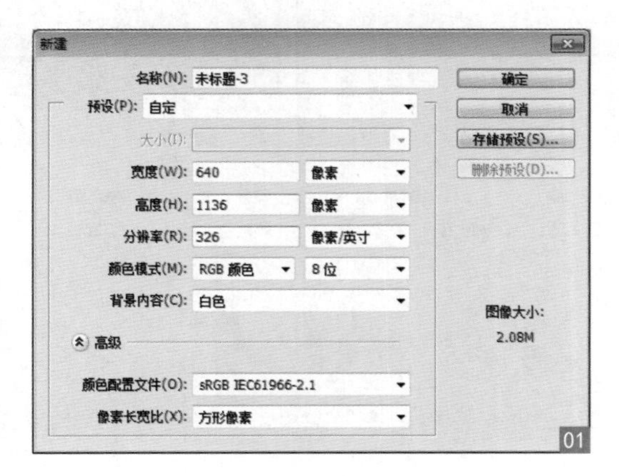

01

02 ▶ 填充背景颜色 在工具栏中设置前景色为 R38；G38；B38，如图02所示，按下 Alt+Delete 快捷键为背景图层添加颜色，如图03所示。

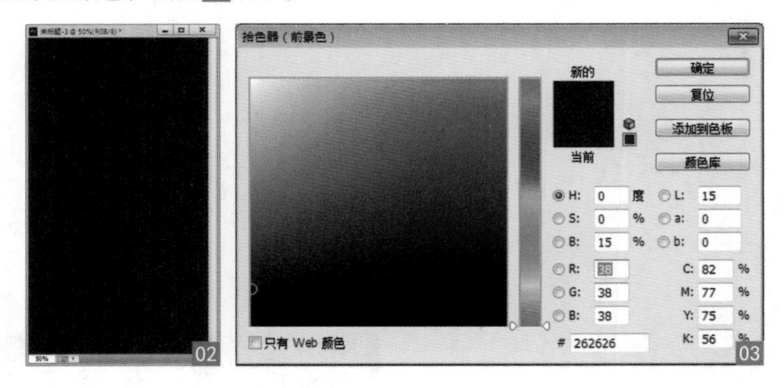

03 ▶ 导入素材 将下载的对应素材文件拖曳至场景文件中，对图层进行调整。新建图层，填充颜色，设置图层的不透明度，调整所有图层位置。在工具栏中选择“矩形工具”，在状态栏中设置相应参数，在画面中绘制直线。

执行“文件”→“打开”命令，将素材文件拖曳至场景文件中，如图04所示。
选素材文件图层，在图层面板中设置图层的图层样式为“滤色”，如图05所示。
在工具栏中设置前景色为黑色，新建图层，将图层 1 放在素材文件图层下，按下 Alt+Delete 快捷键，为图层 1 填充黑色，设置图层 1 的填充为 50%，如图06所示。
在工具栏中选择“矩形工具”，在状态栏中设置模式为“形状”，颜色填充为 R:119；G:168；B:209，在画面中绘制直线，如图07所示。

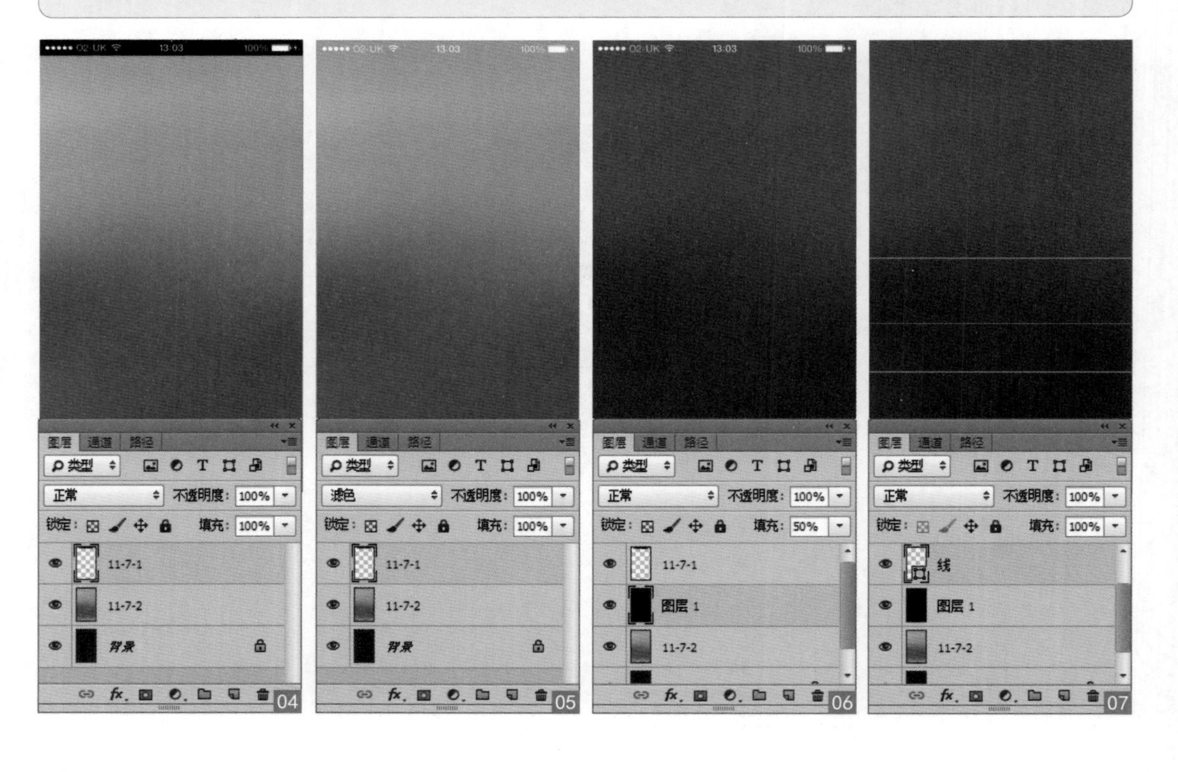

04 ▶ 制作圆环 在工具栏中选择“椭圆工具”，在状态栏中设置参数，在画面中绘制空心圆环。新建图层，选择“椭圆工具”，在状态栏中设置相应参数，在画面中绘制圆环，在状态栏中选择“钢笔工具”，在状态栏中设置相应参数，在画面中绘制形状。

在工具栏中选择“椭圆工具”，在状态栏中设置模式为“形状”，无填充，描边为0.3点，颜色为R:250；G:204；B:61，按下Shift键在画面中绘制正圆，如图08所示。
选择“椭圆工具”，在状态栏中设置叠加模式为“减去顶层形状”，在画面中绘制同心圆，如图09所示。
新建图层，在工具栏中选择“椭圆工具”，在状态栏中设置模式为“形状”，填充颜色为R:250；G:204；B:61，无描边，按下Shift键在画面中绘制正圆，如图10所示。

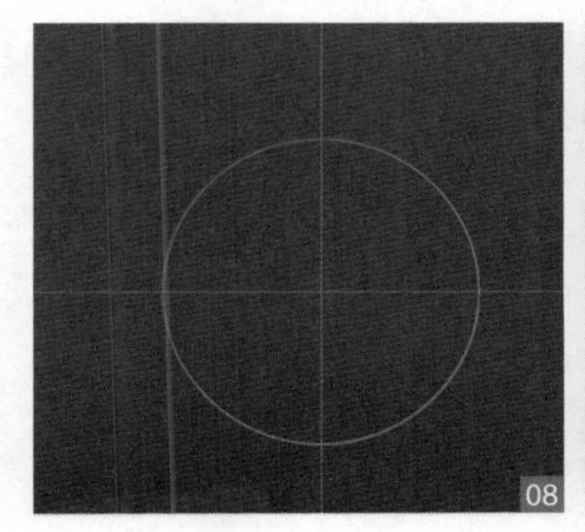
08

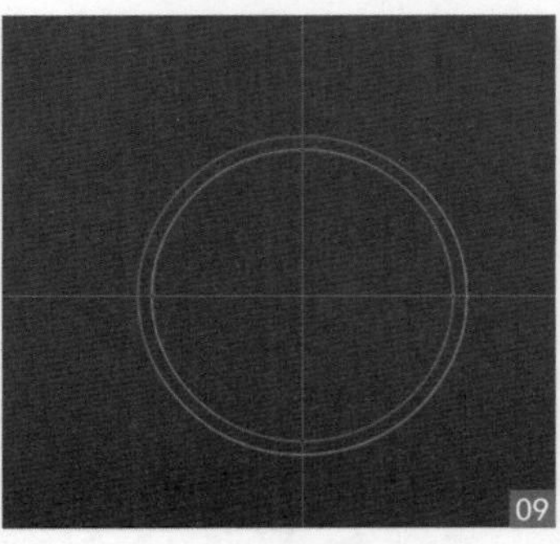
09

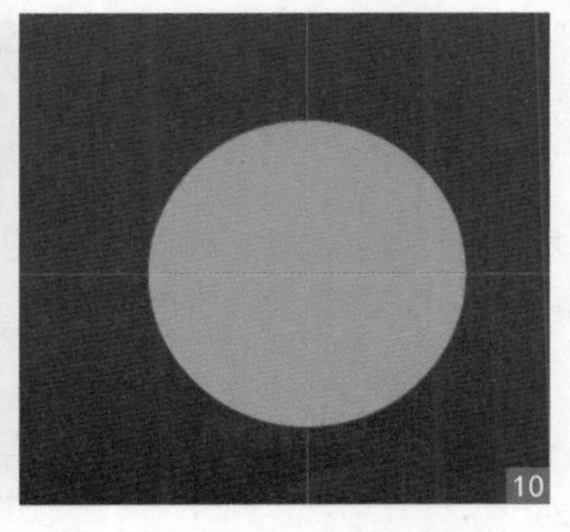
10

选择“椭圆工具”，在状态栏中设置叠加模式为“减去顶层形状”，在画面中绘制同心圆，如图11所示。
选择“钢笔工具”，在状态栏中设置叠加模式为“减去顶层形状”，在画面中绘制形状，如图12所示。

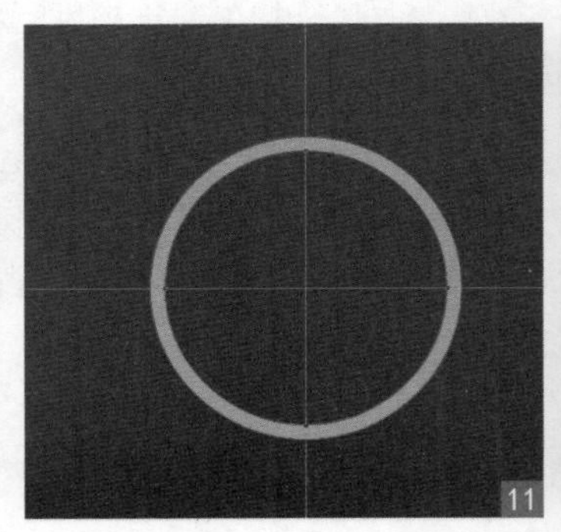
11

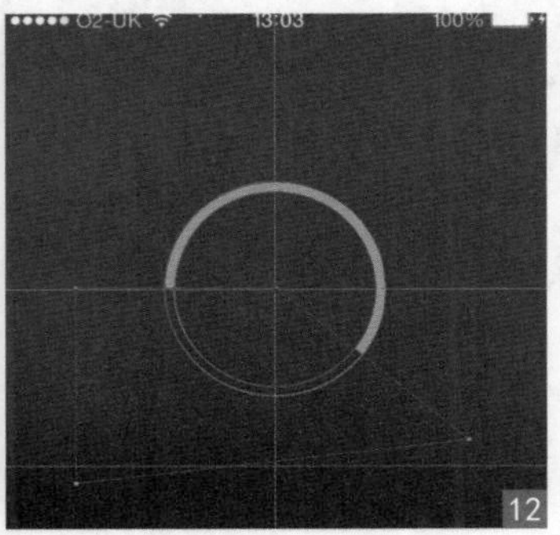

12

05 ▶ 绘制刻度 在工具栏中选择“矩形工具”，在状态栏中设置相应参数，在画面中绘制直线。选择“路径选择工具”，选中直线，复制直线，移动直线位置，同时选中两条直线进行复制旋转，制作大刻度。用同样的方法制作小刻度，在图层面板中设置小刻度的不透明度。选择“横版文字工具”，在状态栏中设置参数，在界面中单击输入文字。

选择“矩形工具”，在状态栏中设置模式为“形状”，颜色填充为“白色”，在界面中绘制竖线，如图13所示。
选择“路径选择工具”，选中直线，按下Ctrl+C、Ctrl+V快捷键复制直线，按下Shift键将直线移动到对应位置，如图14所示。
按下Shift键，同时选中两条直线，按下Ctrl+C、Ctrl+V快捷键复制直线，按下Ctrl+T快捷键，自由变换旋转45°，按下Enter键结束，如图15所示。
按下Shift+Ctrl+Alt+T快捷键，将直线复制并旋转。利用同样方法制作小刻度，在图层面板中设置图层的填充为20%，如图16所示。

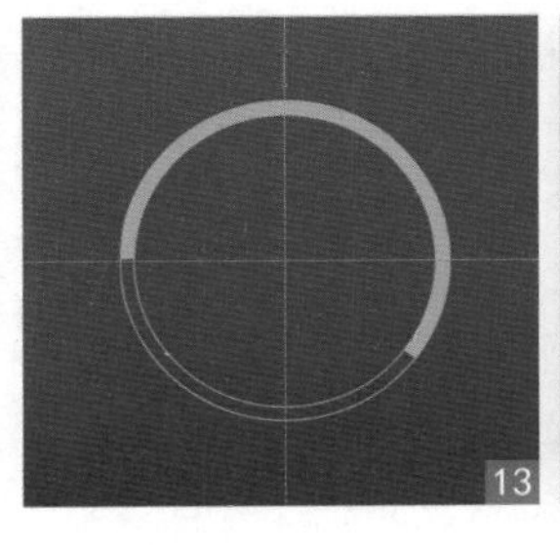
13

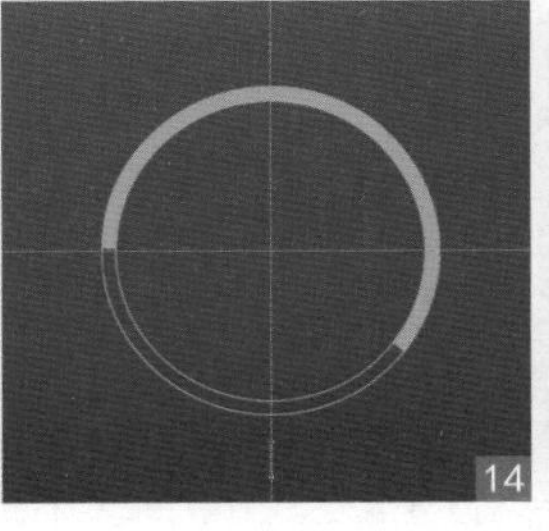
14

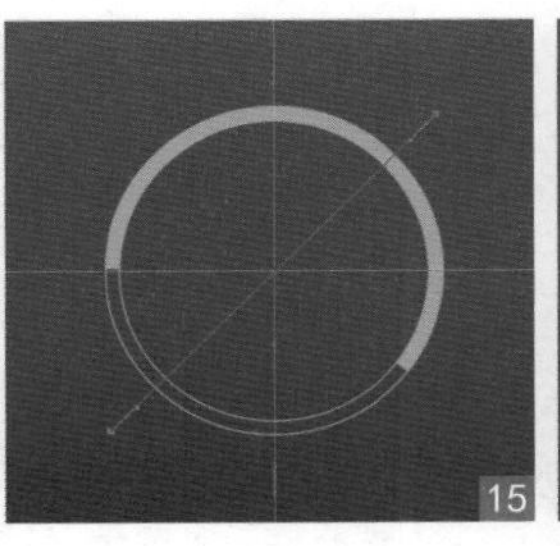
15

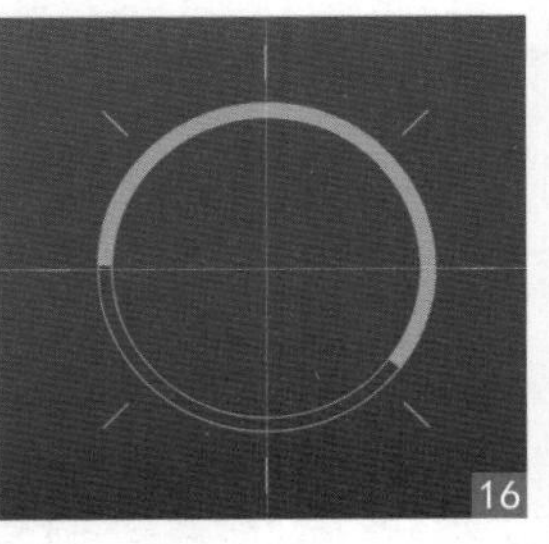
16

06 ▶ 制作图标 在工具栏中选择“椭圆工具”，在状态栏中设置相应参数，在画面中绘制正圆。选择“钢笔工具”，在状态栏中设置参数，在画面中绘制形状，选择“椭圆工具”，在状态栏中设置相应参数，在画面中绘制正圆。双击椭圆图层，添加图层样式。

在工具栏中选择“椭圆工具”，在状态栏中设置模式为“形状”，无填充，描边为 0.3 点，颜色为 R:0；G:201；B:115，按下 Shift 键在画面中绘制正圆，如图 17 所示。
取消选中椭圆形状，选择“钢笔工具”，在状态栏中设置叠加模式为“减去顶层形状”，在画面中绘制形状，如图 18 所示。
在工具栏中选择“椭圆工具”，在状态栏中设置叠加模式为“合并形状”，在画面中绘制同心圆，如图 19 所示。
选择“椭圆工具”，在状态栏中设置叠加模式为“减去顶层形状”，在画面中绘制同心圆，如图 20 所示。

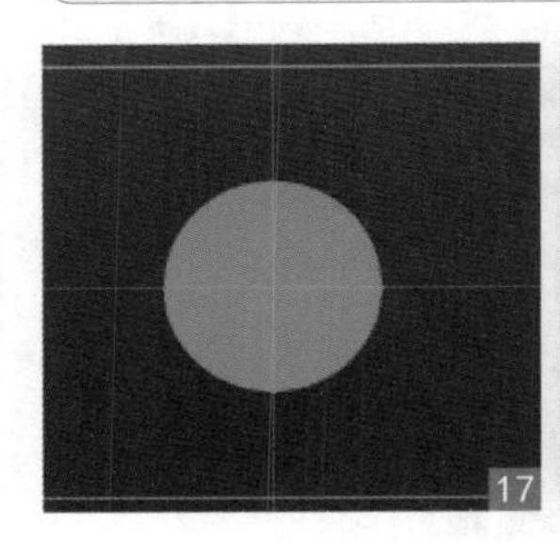
17

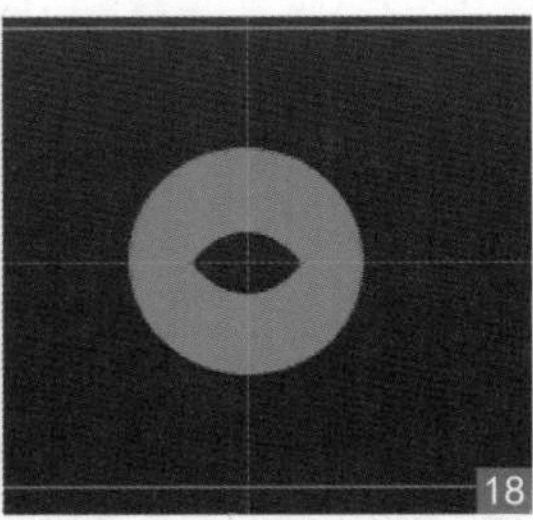
18

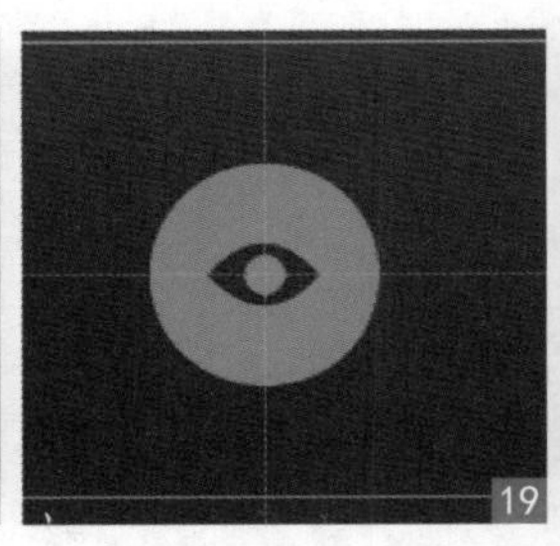
19

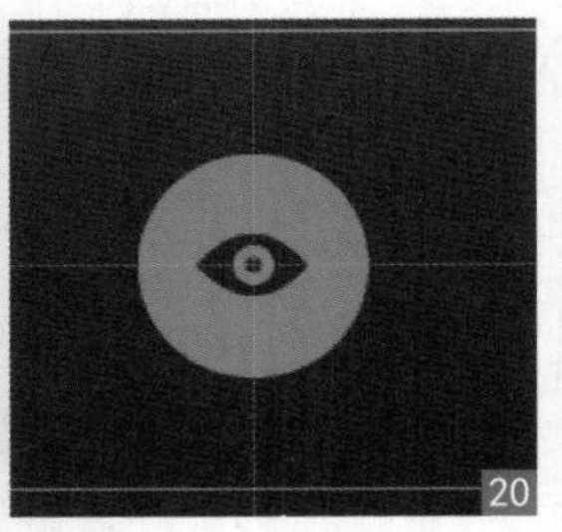
20

选择“内阴影”，设置混合模式为“线性减淡（添加）”，颜色为“白色”，不透明度为 16%，角度为 120°，距离为 1 像素，大小为 0，如图 21 所示。
选择“投影”，设置混合模式为“正片叠底”，颜色为“黑色”，不透明度为 10%，角度为 120°，距离为 9 像素，大小为 12 像素，如图 22 所示。

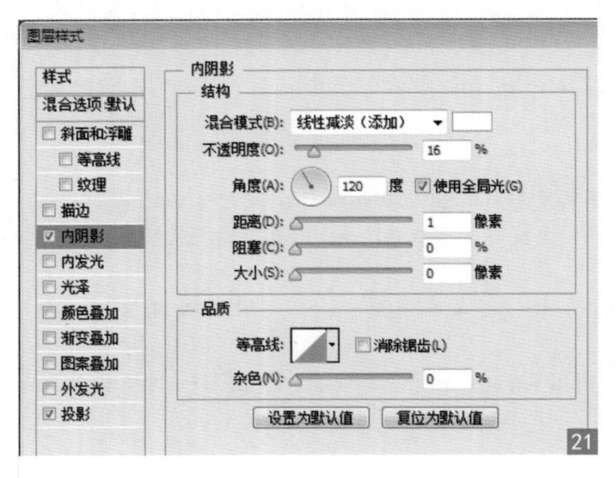

21

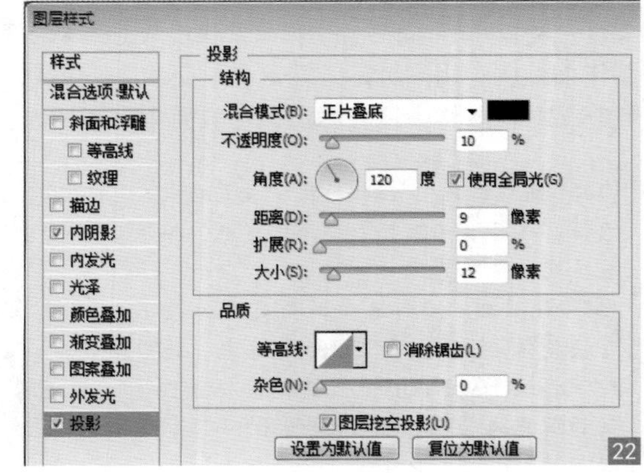

22

07 ▶ 制作更多图标 用类似方法，绘制更多图标，如图23所示。

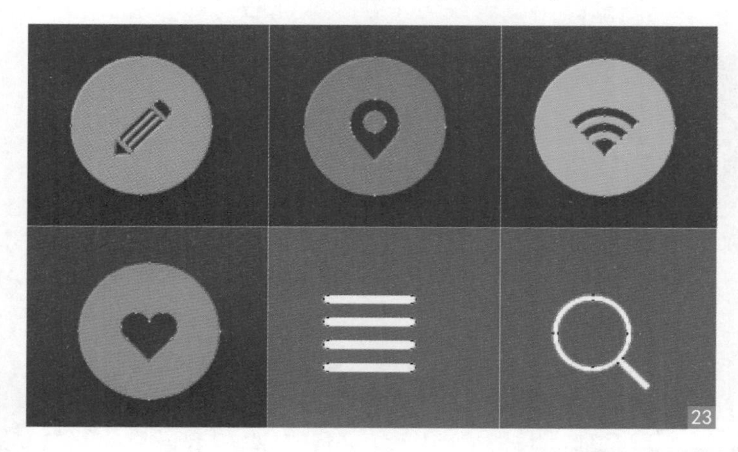

08 ▶ 制作星形 在工具栏中选择“圆角矩形工具”，在状态栏中设置参数，在画面中绘制圆角矩形。选择“多边形工具”，在状态栏中设置相应参数，在画面中绘制五角星，设置圆角矩形图层的填充参数。新建图层，选择“多边形工具”，在状态栏中设置参数，在画面中绘制五角星。

在工具栏中选择“圆角矩形工具”，在状态栏中设置模式为“形状”，无填充，描边为0.3点，颜色为“白色”，在画面中绘制圆角矩形，如图24所示。
取消选中“圆角矩形形状”，选择“多边形工具”，在状态栏中设置叠加模式为“减去顶层形状”，勾选“星形”，边为3，在画面中绘制五角星，如图25所示。
设置圆角矩形图层填充为20%，如图26所示。
新建图层，在工具栏中选择“多边形工具”，在状态栏中设置模式为“形状”，颜色填充为R:250; G:204; B:61，在画面中绘制五角星，如图27所示。

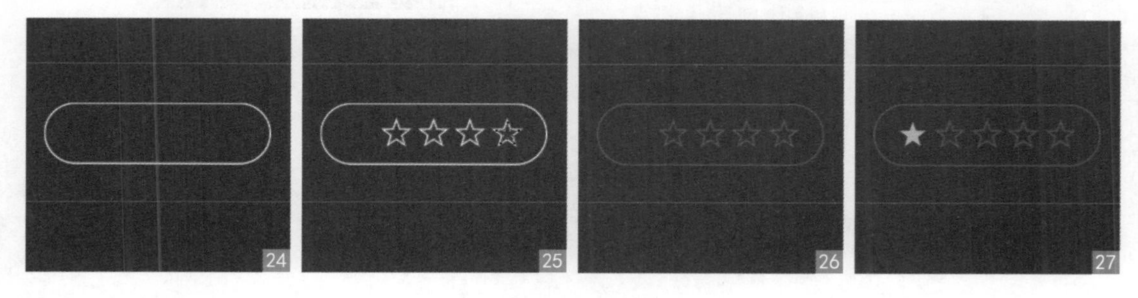

09 ▶ 制作更多形状 利用相似方法制作更多形状，如图28所示。

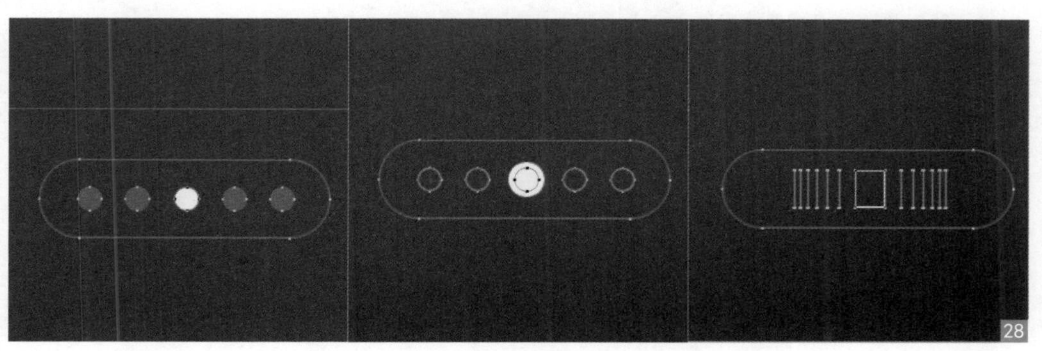

10.2.2 制作日程安排界面

01 ▶ 打开文件 执行“文件”→“打开”命令，或按下快捷键 Ctrl+O，在“打开”对话框中，选择下载的对应素材文件，并将其打开，如图01所示。

01

02 ▶ 绘制矩形 在工具栏中选择“矩形工具”，在状态栏中设置参数，在画面中绘制矩形。选择“矩形工具”，在状态栏中设置参数，在画面中绘制直线。

在工具栏中选择“矩形工具”，在状态栏中设置模式为“形状”，颜色填充为“白色”，在画面中绘制矩形，如图02所示。
选择“矩形工具”，在状态栏中设置叠加模式为“减去顶层形状”，在画面中绘制直线，如图03所示。

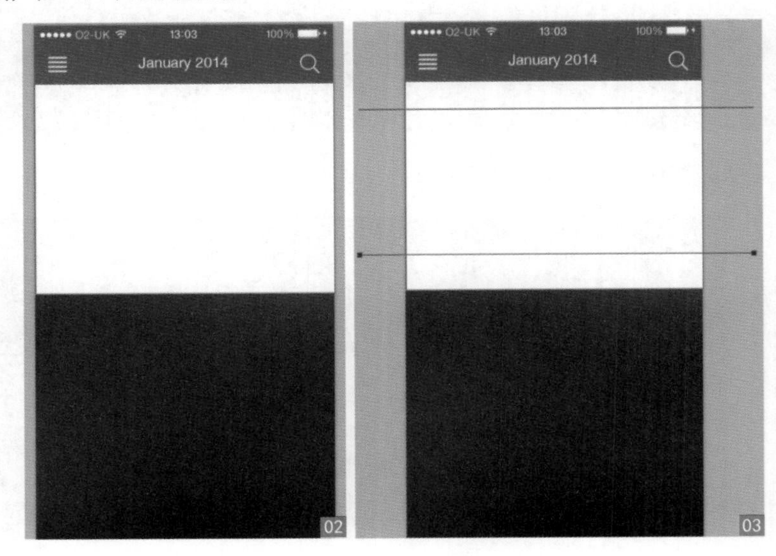

02 03

03 ▶ 制作日历 在工具栏中选择“横版文字工具”，在状态栏中设置参数，在画面单击输入文字。选择“椭圆工具”，在状态栏中设置参数，在画面中绘制圆形。利用相似方法制作其他椭圆，调整图层位置。

在工具栏中选择“横版文字工具”，在状态栏中设置字体为 Helvetica Neue（TT），字号为 5.3 点，在画面中单击输入文字，如图04所示。
选择“椭圆工具”，在状态栏中设置模式为“形状”，颜色填充为 R:157；G:97；B:181，无描边，按下 Shift 键在画面中绘制正圆，将所有图层移动到文字图层下方，如图05所示。
利用相似方法制作其他椭圆效果，如图06所示。

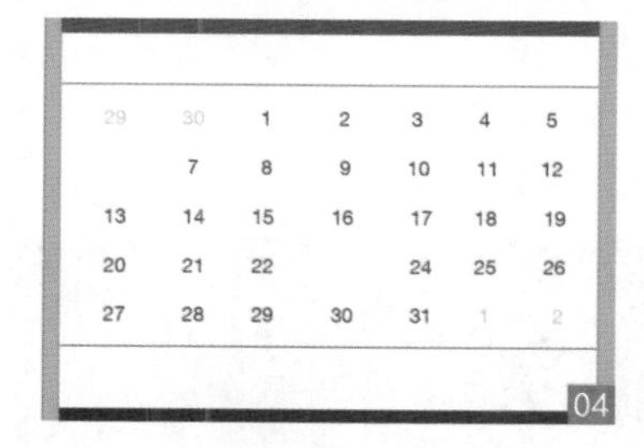

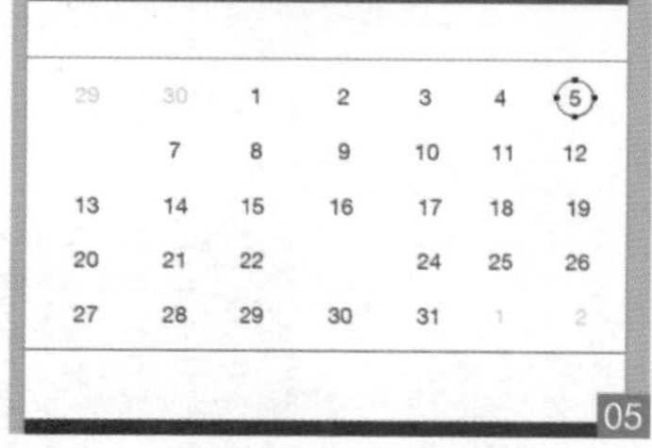

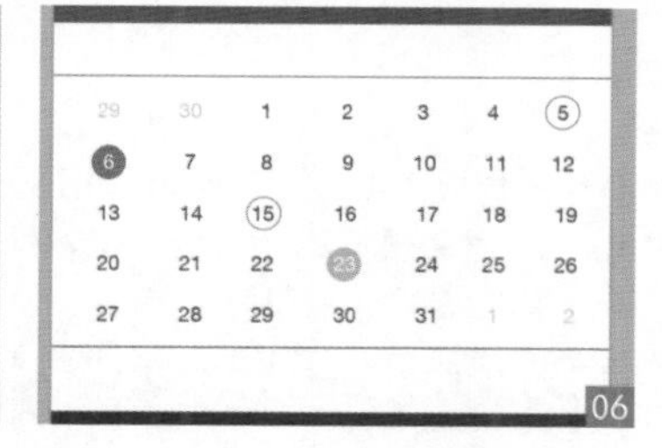

04 ▶ 制作翻页按钮 在工具栏中选择“矩形工具”，在状态栏中设置相应参数，在画面绘制矩形，自由变换旋转，复制矩形，垂直翻转。复制图层，水平翻转按钮，移动到合适位置。选择“横版文字工具”，在状态栏中设置参数，在画面中单击输入文字。

选择“矩形工具”，在状态栏中设置模式为“形状”，颜色填充为 R:24；G:73；B:114，在画面中绘制矩形，按下 Ctrl+T 快捷键旋转，按下 Enter 键结束，如图07所示。
按下 Ctrl+C、Ctrl+V 快捷键复制矩形，再按下 Ctrl+T 快捷键，在画面中右击，选择“垂直翻转”，移动到合适位置，如图08所示。
将矩形图层复制一层，同时选中同一图层中的两个矩形，按下 Ctrl+T 快捷键，在画面中右击，选择“水平翻转”，将按钮移动到合适位置，如图09所示。
选择“横版文字工具”，在状态栏中设置字体为 Helvetica Neue（TT），字号为 6.85 点，颜色为 R:24；G:73；B:114，在画面中单击输入文字，如图10所示。

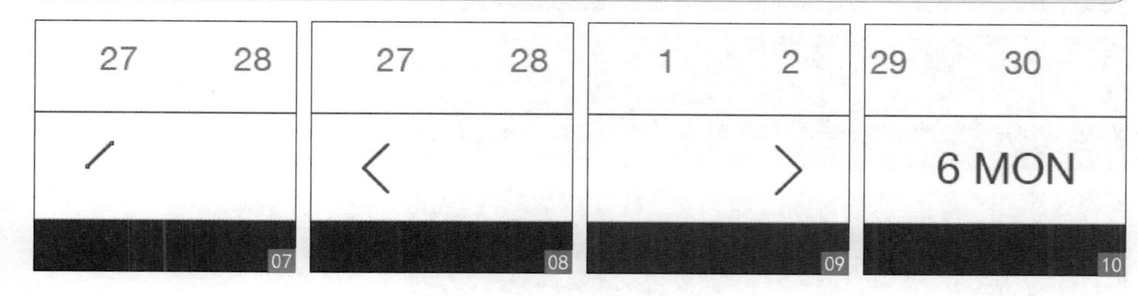

05 ▶ 绘制备注栏 在工具栏中选择“椭圆工具”，在状态栏中设置相应参数，在画面中绘制正圆。选择“横版文字工具”，在状态栏中设置参数，在画面中单击，输入文字。选择“矩形工具”，在状态栏中设置相应参数，在画面中绘制直线，设置直线图层填充值，后面我们可以利用相同方法制作更多效果。

选择“椭圆工具”，在状态栏中设置模式为“形状”，颜色填充为R:157；G:94；B:181，在画面中绘制椭圆，如图11所示。
选择“横版文字工具”，在状态栏中设置字体为Helvetica Neue（TT），字号为6.4点，颜色为“白色”，在画面中单击输入文字，如图12所示。
新建图层，在状态栏中设置字体为Helvetica Neue(TT)，字号为3.98点，颜色为R:125；G:154；B:178，在画面中单击，输入文字，如图13所示。
选择“矩形工具”，在状态栏中设置模式为“形状”，颜色填充为“白色”，在画面中绘制矩形，在图层面板中设置图层的填充为30%，如图14所示。

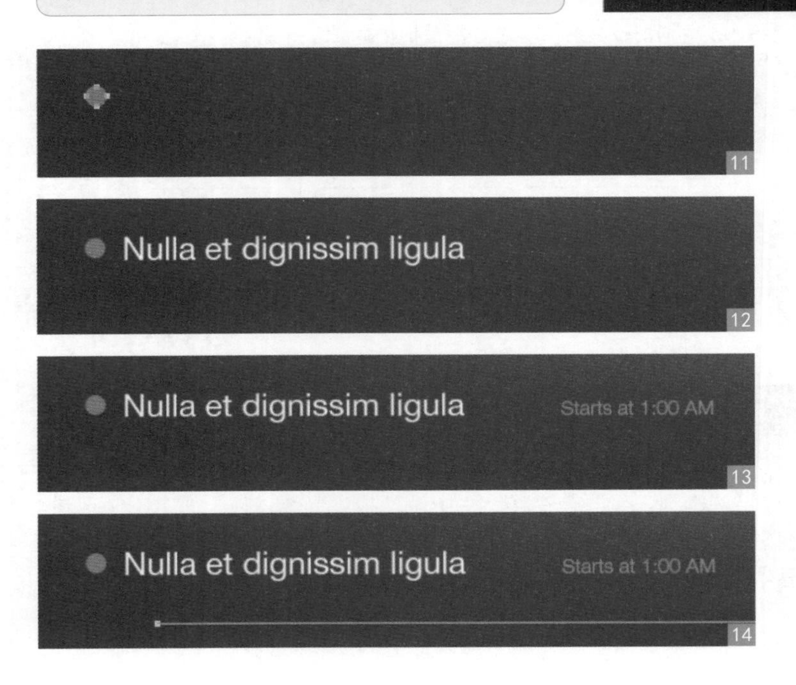

10.2.3 制作相册界面

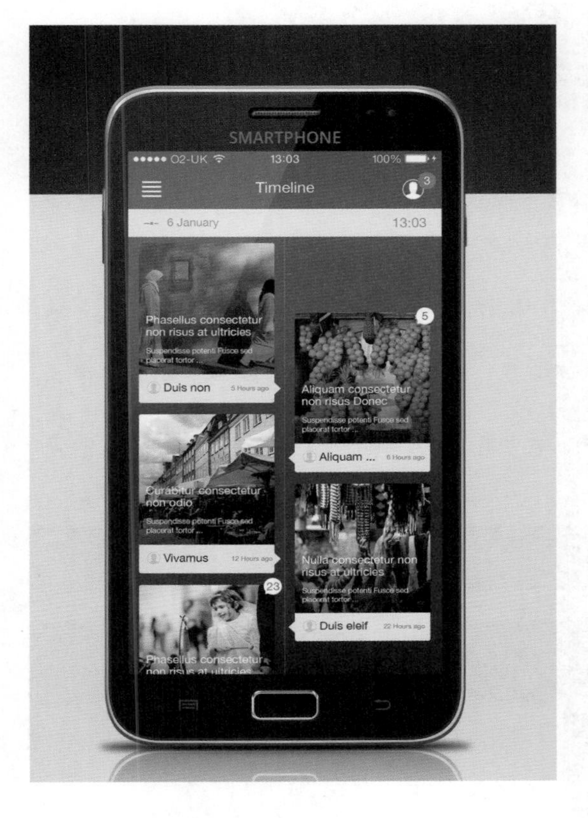

01 ▶ 打开文件 执行“文件”→“打开”命令，或按下快捷键 Ctrl+O，在“打开”对话框中，选择对应下载的素材文件，并将其打开，如图01所示。

01

02 ▶ 绘制矩形 在工具栏中选择“矩形工具”，在状态栏中设置相应参数，在画面中绘制矩形。新建图层，选择“矩形工具”，重新设置状态栏参数，在画面中绘制形状。选择“横版文字工具”，在状态栏中设置相应参数，在画面中单击，输入文字。

选择“矩形工具”，在状态栏中设置模式为“形状”，颜色填充为 R:236；G:240；B:241，在画面中绘制矩形，如图02所示。
新建图层，选择“矩形工具”，在状态栏中设置模式为“形状”，颜色填充为 R:151；G:159；B:165，在画面中绘制矩形，如图03所示。

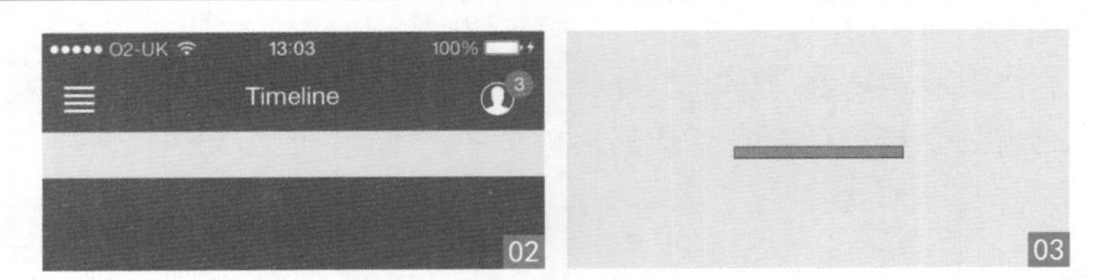

02 03

单击“矩形工具”，在状态栏中设置叠加模式为“减去顶层形状”，在画面中绘制矩形。单击“矩形工具”，在状态栏中设置叠加模式为“合并形状”，在画面中绘制矩形，如图04所示。
选择“横版文字工具”，在状态栏中设置字体为 Helvetica Neue (TT)，字号为 5.3 点，颜色为 R:151; G:159; B165，在画面中单击，输入文字。新建图层，重新设置字号为 6.18 点，在画面中单击，输入文字，如图05所示。

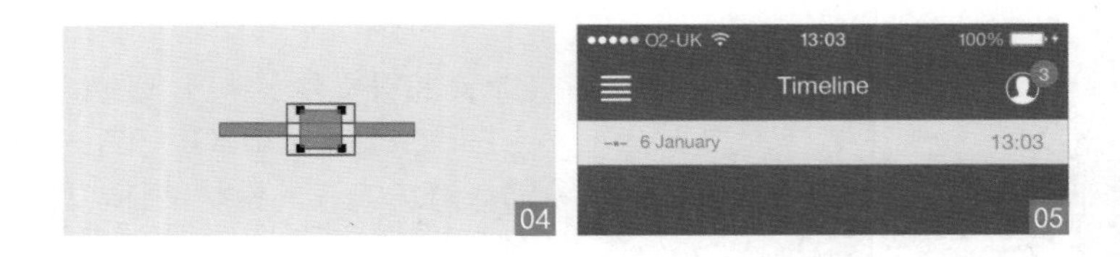

03 ▶ 绘制对话框 在工具栏中选择“矩形工具”，在状态栏中设置相应参数，在画面中绘制直线，设置直线图层填充值。选择“圆角矩形工具”，在状态栏中设置相应参数，在画面中绘制圆角矩形，选择“多边形工具”，在状态栏中设置相应参数，在画面中绘制三角形。

> 选择“矩形工具”，在状态栏中设置模式为“形状”，颜色填充为“白色”，在画面中绘制直线，设置直线图层填充为 30%，如图06所示。
> 选择“圆角矩形工具”，在状态栏中设置模式为“形状”，颜色填充为 R:236；G:240；B:241，半径为 5 像素，在画面中绘制圆角矩形，如图07所示。
> 选择“多边形工具”，在状态栏中设置叠加模式为“合并形状”，取消勾选“星形”，边为 3，在画面中绘制三角形，如图08所示。

06

07

08

04 ▶ 导入素材 在工具栏中选择“钢笔工具”，在状态栏中设置相应参数，在画面中绘制形状，双击图层，为图层添加图层样式。打开下载的素材文件，将其拖曳至场景文件中，自由变化大小、位置，使素材图层只作用于形状图层。

> 选择“钢笔工具”，在状态栏中设置模式为“形状”，在画面中绘制形状，如图09所示。
> 双击形状图层，选择“渐变叠加”，设置混合模式为“正常”，不透明度为 63%，由黑色到透明的渐变，样式为“线性”，角度为 90°，缩放 77%，如图10所示。
> 执行“文件”→“打开”命令，选择下载的素材文件，并将其打开，将其拖曳至场景文件中，按下 Ctrl+T 快捷键，自由变换大小、位置，按下 Alt 键，在素材图层和形状图层单击，使素材图层只作用于形状图层，如图11所示。

09

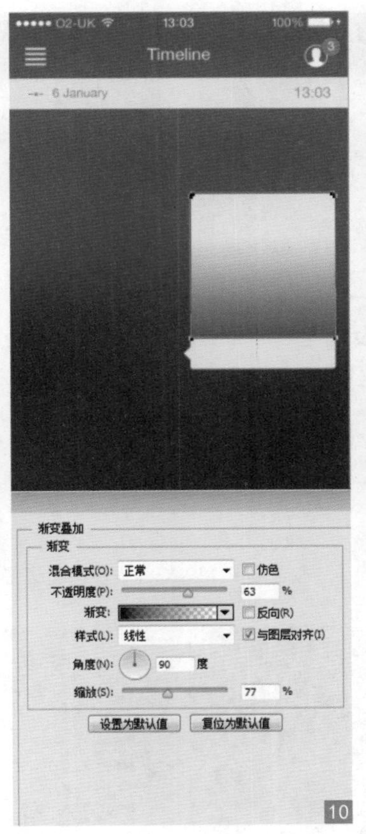

10

11

05 ▶ 绘制形状 选择“椭圆工具”，在状态栏中设置相应参数，在画面中绘制正圆，选择“钢笔工具”，在状态栏中设置相应参数，在画面中绘制形状。选择“自定义形状工具”，在状态栏中设置相应参数，在画面中绘制形状，选择“横版文字工具”，在状态栏中设置相应参数，在画面中单击，输入文字。

选择“椭圆工具”，在状态栏中设置模式为“形状”，颜色填充为 R:211；G:211；B:211，在画面中绘制正圆，重新设置状态栏中的叠加模式为“减去顶层形状”，在画面中绘制同心圆，如图12所示。选择“钢笔工具”，在状态栏中设置模式为“合并形状”，在画面中绘制形状，如图13所示。

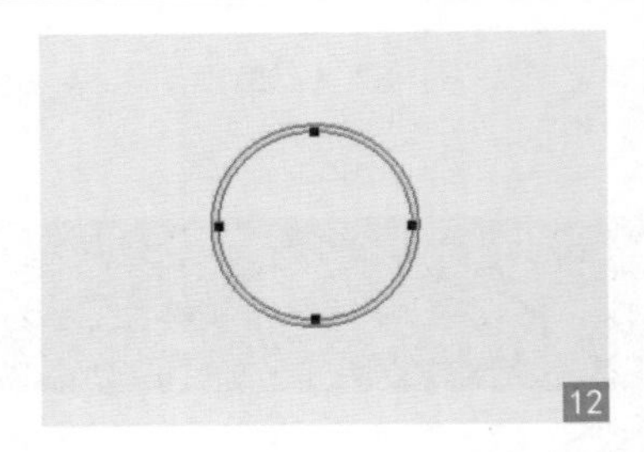
12

13

选择“自定义形状工具”，在状态栏中设置模式为“形状”，颜色填充为“白色”，选择形状，在画面中绘制形状，如图14所示。
选择“横版文字工具”，在状态栏中设置字体为 Helvetica Neue（TT），字号为 5.3 点，颜色为 R:136；G:136；B:132，在画面中单击，输入文字，如图15所示。

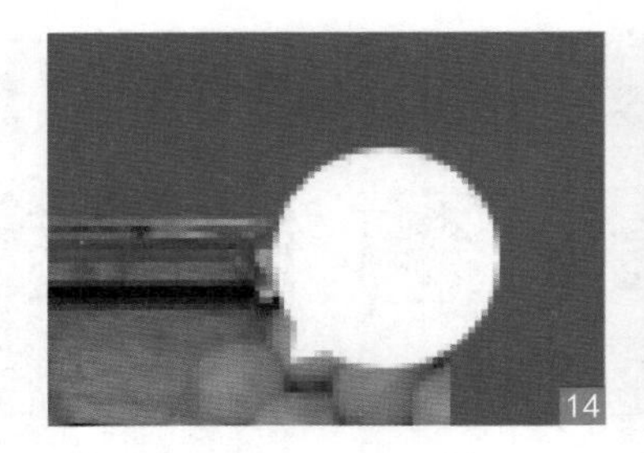
14

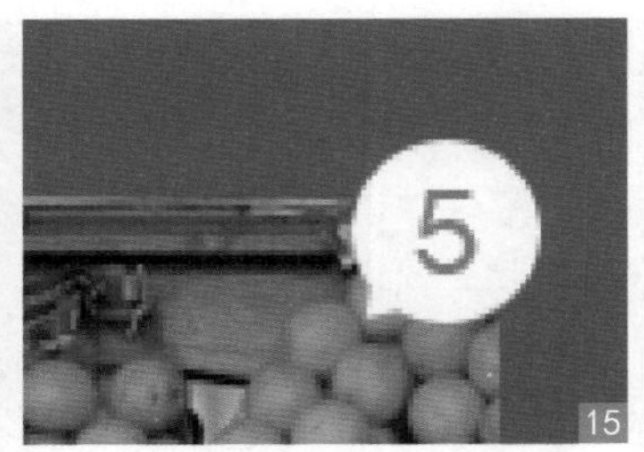

15

06▶ 添加文字 选择“横版文字工具”，在状态栏中设置相应参数，在画面中单击输入文字，然后利用相同方法制作完整时间轴。

选择“横版文字工具”，在状态栏中设置字体为 Helvetica Neue（TT），字号为 5.3 点，颜色为“白色”，在画面中单击，输入文字，如图16所示。
新建图层，在状态栏中设置字号 3.53 点，颜色为“白色”，在画面中单击，输入文字，如图17所示。
新建图层，在状态栏中设置字号 5.3 点，颜色为 R:27; G:40; B:50，在画面中单击输入文字，如图18所示。
新建图层，在状态栏中设置字号 3.09 点，颜色为 R:139; G:43; B:146，在画面中单击，输入文字，如图19所示。

16

17

18

19

07▶ 绘制刷新界面 选择“矩形工具”，在状态栏中设置相应参数，在画面中绘制矩形。选择“钢笔工具”，在状态栏中设置相应参数，在画面中绘制形状。

选择“矩形工具”，在状态栏中设置模式为“形状”，颜色填充为“黑色”，在画面中绘制矩形，如图20所示。
选择“钢笔工具”，在状态栏中设置模式为“形状”，颜色填充为 R:82; G:93; B:101，在画面中绘制形状，如图21所示。

20

21

选择“钢笔工具”，在状态栏中设置叠加模式为“减去顶层形状”，在画面中绘制形状，如图22所示。

22

10.2.4 制作列表界面

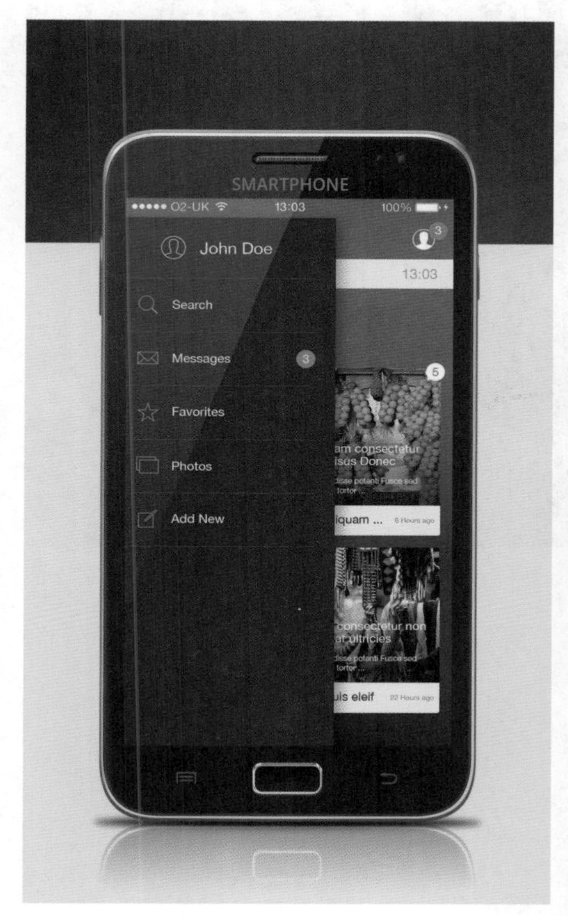

01 ▶ 打开文件 执行“文件”→“打开”命令，或按下快捷键 Ctrl+O，在“打开”对话框中，选择下载的对应素材文件，并将其打开，如图01所示。

01

02 ▶ 绘制背景 选择“矩形工具”，在状态栏中设置相应参数，在画面中绘制矩形。重新在状态栏中设置相应参数，在画面中绘制直线。

> 选择“矩形工具”，在状态栏中设置模式为“形状”，颜色填充为 R:38；G:41；B:45，在画面中绘制矩形，如图02所示。
> 选择“矩形工具”，在状态栏中设置模式为“形状”，颜色填充为 R:68；G:78；B:73，在画面中绘制直线，如图03所示。
> 选择“矩形工具”，在状态栏中设置叠加模式为“合并形状”，在画面中绘制直线，如图04所示。

03 ▶ 绘制用户图标 选择“椭圆工具”，在状态栏中设置相应参数，在画面中绘制椭圆。选择“钢笔工具”，在状态栏中设置相应参数，在画面中绘制形状。选择“横版文字工具”，在状态栏中设置相应参数，在画面中单击输入文字。

> 选择“椭圆工具”，在状态栏中设置模式为“形状”，无填充，描边为 0.4 点，颜色为 R:241；G:196；B:15，按下 Shift 键在画面中绘制正圆，如图05所示。
> 选择“钢笔工具”，在状态栏中设置叠加模式为“合并形状”，在画面中绘制形状，如图06所示。
> 选择“横版文字工具”，在状态栏中设置字体为 Helvetica Neue（TT），字号为 7.3 点，颜色为“白色”，在画面中单击，输入文字，如图07所示。

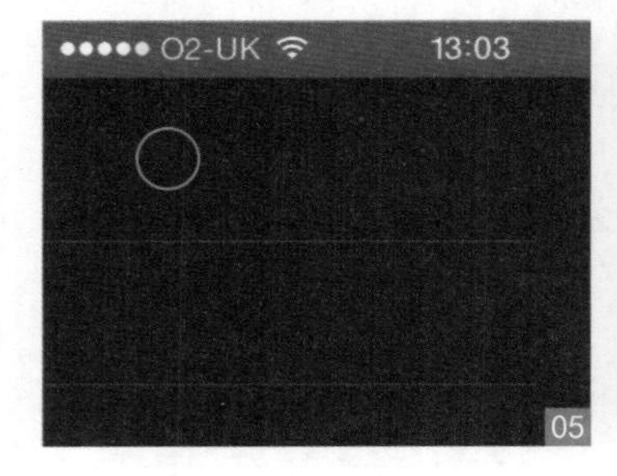

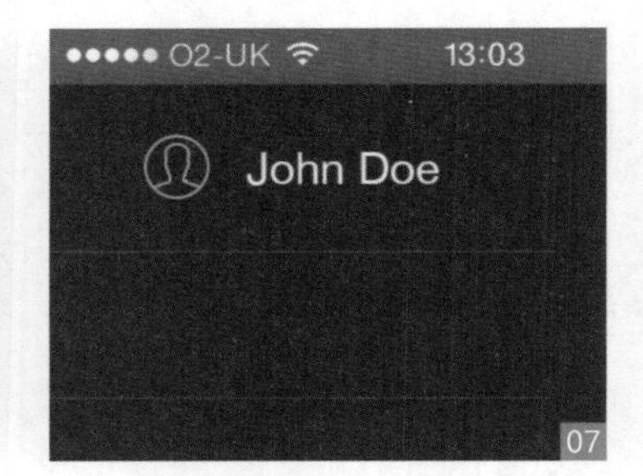

04 ▶ 绘制图标 选择“钢笔工具”，在状态栏中设置相应参数，在画面中绘制形状。选择“横版文字工具”，在状态栏中设置相应参数，在画面中单击输入文字。

> 选择“钢笔工具”，在状态栏中设置模式为“形状”，无填充，描边为 0.4 点，颜色为 R:111；G:119；B:126，在画面中绘制形状，如图08所示。
> 选择“横版文字工具”，在状态栏中设置字体 Helvetica Neue（TT），字号为 5.52 点，颜色为“白色”，在画面中单击，输入文字，如图09所示。

05 ▶ **绘制更多图标** 利用相似方法制作更多图标，如图10所示，界面展示示意图，如图11所示。

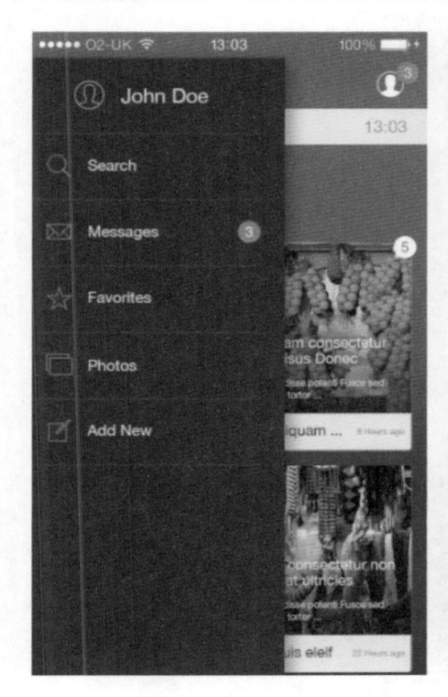

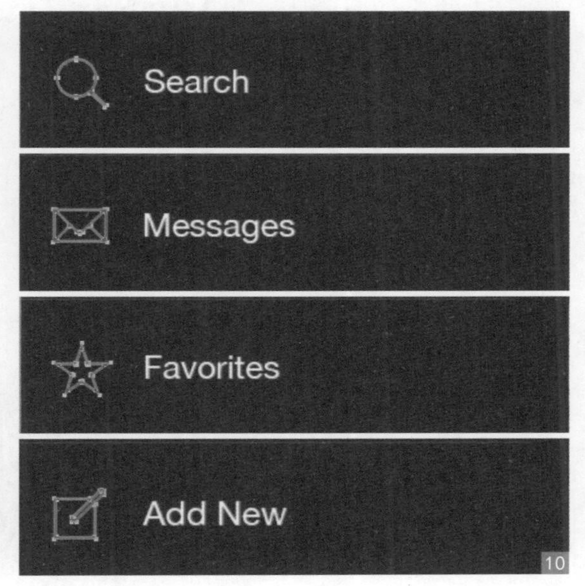

10

11

iOS 界面扁平化风格设计

Ps Version：CS4 CS5 CS6 CC

Keyword：文字工具、图层样式

本例我们将学习制作一组 iOS 系统的扁平化风格界面，这里我们选择了一个电影网站作为制作的示例。

设计构思

深灰色和土黄色搭配可以产生华丽的金色幻觉，这种搭配经常应用于影视游戏网站，如右图所示。

10.3.1 制作登录界面

01 ▶ 打开文件 执行“文件”→“打开”命令，或按下快捷键 Ctrl+O，在“打开”对话框中，选择下载的素材文件，将其打开，如图01所示。

02 ▶ 绘制矩形 在工具栏中选择“矩形工具”，在状态栏中设置模式为“形状”，颜色填充为 R:25；G:23；B:17，在画面中绘制矩形，如图02所示。

01

02

03 ▶ 绘制图标 选择“椭圆工具”“矩形工具”“圆角矩形工具”，绘制搜索、菜单图标，选择“横版文字工具”，在状态栏设置合适字体、字号，单击画面，输入文字。

选择“椭圆工具”，在状态栏中设置模式为“形状”，颜色填充为 R:224；G:186；B:103，按下 Shift 键在画面中绘制正圆，如图03所示。
在工具栏中选择“矩形工具”，在状态栏中设置模式形状、合并形状，在界面中绘制矩形，按下 Ctrl+T 快捷键将矩形自由变化到合适位置，如图04所示。
在工具栏中选择“椭圆工具”，在状态栏中设置模式形状、减去顶层形状，在画面中绘制正圆，如图05所示。

03

04

05

选择“圆角矩形工具”，在状态栏中设置模式为“形状”，颜色填充为 R:250；G:207；B:114，半径为 10 像素，在画面中绘制圆角矩形，选择“直接选择工具”，如图06所示。
选择直接选择工具，按下 Alt 键，将圆角矩形复制两个，放到合适位置，如图07所示。

06

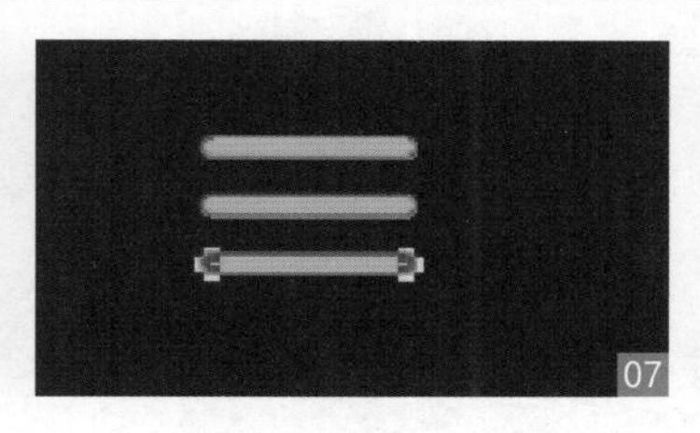
07

04 ▶ 绘制图标 选择“圆角矩形工具”，在状态栏中设置相应参数，在画面中绘制圆角矩形。选择矩形工具在状态栏中设置相应参数，在画面中绘制矩形。选择“横版文字工具”，在状态栏设置合适字体、字号，单击画面输入文字。

选择“圆角矩形工具”，在状态栏中设置模式为“形状”，颜色填充为 R:58；G:59；B:45，在画面中绘制圆角矩形，如图08所示。
选择“矩形工具”，在状态栏设置减去顶层形状，在圆角矩形上绘制矩形，如图09所示。
将圆角矩形图层复制一层，在工具栏中设置前景色为 R:250；G:207；B:114，按下 Alt+Delete 快捷键填充颜色，如图10所示。
选择“矩形工具”，在状态栏设置与形状区域相交，在圆角矩形上绘制矩形，如图11所示。

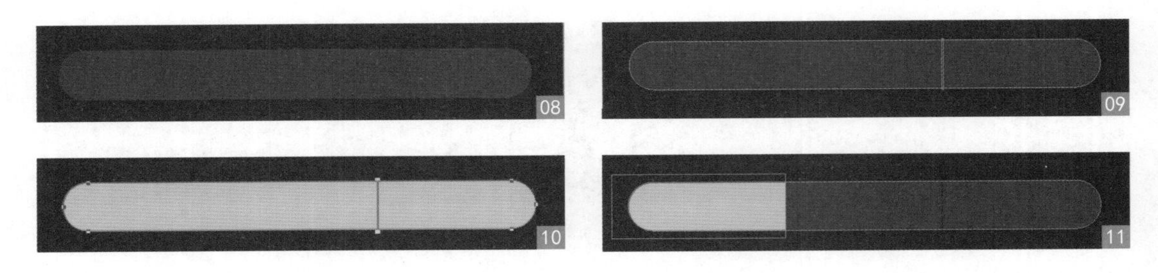

05 ▶ 绘制直线 新建图层，选择“矩形工具”，在状态栏中设置模式为“形状”，颜色填充为 R:58；G:55；B:59，在画面中绘制矩形，如图12所示。

10.3.2 制作主界面

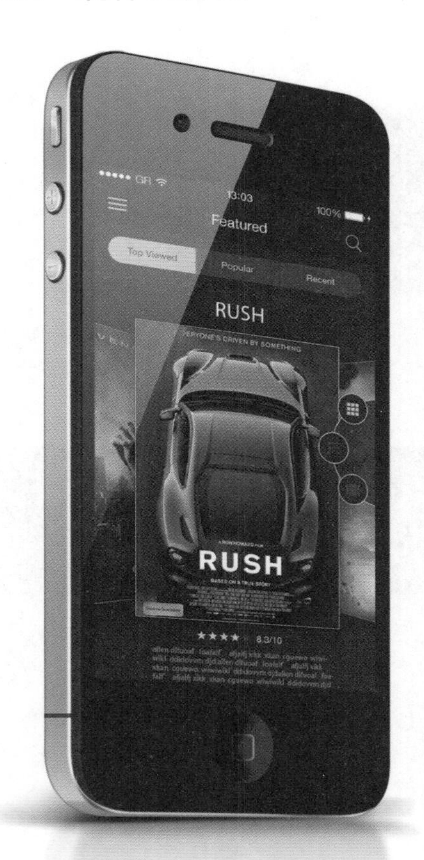

01 ▶ 打开文件 执行“文件”→“打开”命令，或按下快捷键 Ctrl+O，在“打开”对话框中，选择下载的素材文件，并将其打开，如图01所示。

02 ▶ 绘制图标 选择“矩形工具”，在状态栏中设置相应参数，在画面中绘制矩形。双击矩形图层，添加图层样式，分别选择“描边”“内阴影”“投影”，设置相应参数。

选择“矩形工具”，在状态栏中设置模式为“形状”，颜色为“黑色”，在画面中绘制矩形，如图02所示。
选择“描边”，设置大小为1像素，位置为内部，混合模式为“正常”，不透明度为100%，填充类型为“渐变”，渐变两边为R:250；G:207；B:114，中间为“白色”，如图03所示。

02

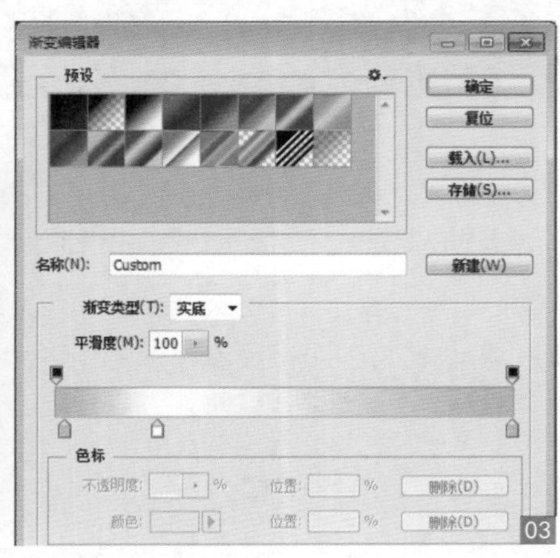

03

选择“内阴影”，设置混合模式为“正片叠底”，颜色为“黑色”，不透明度为44%，角度为90°，距离为0像素，阻塞为100%，大小为2像素，如图04所示。
选择“投影”，设置混合模式为“正片叠底”，不透明度为49%，角度为90°，距离为0像素，大小为54像素，如图05所示。

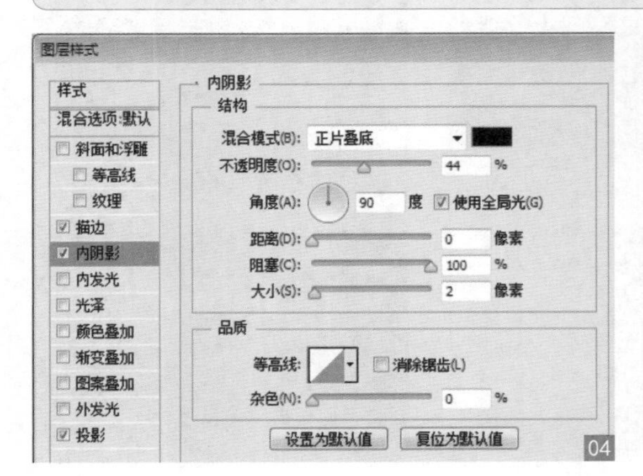

04

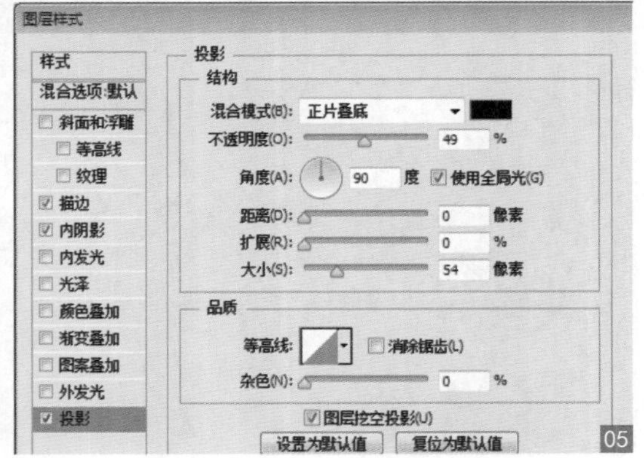

05

03 ▶ 透视效果 将矩形图层复制一层，放在矩形图层下面，自由变化位置、大小、透视。将矩形拷贝图层复制一层，垂直翻转，移动到到对应位置。

选中矩形图层，按下Ctrl+J快捷键复制一层，将复制的矩形图层放在矩形图层下方，按下Ctrl+T快捷键，变换位置、大小，如图06所示。
在画面中右击，选择透视，将一条边制作成透视效果，按下Enter键结束，如图07所示。
将矩形拷贝图层复制一层，按下Ctrl+T快捷键，右击界面，选择“垂直翻转”，移动到对应位置，按下Enter键结束，如图08所示。

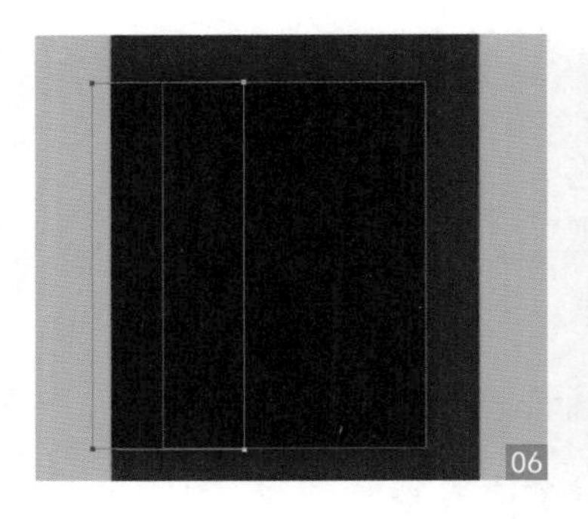
06

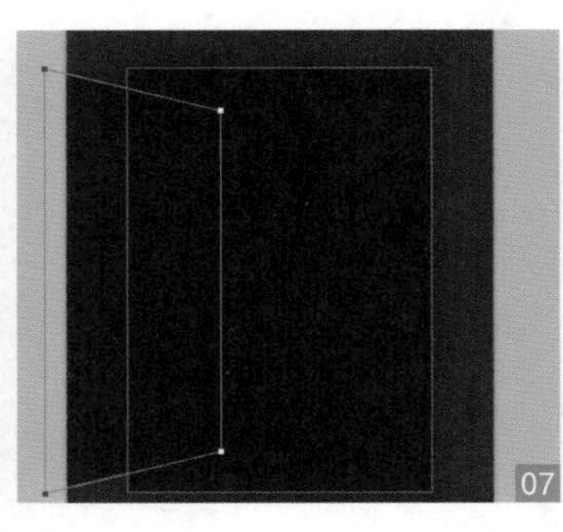
07

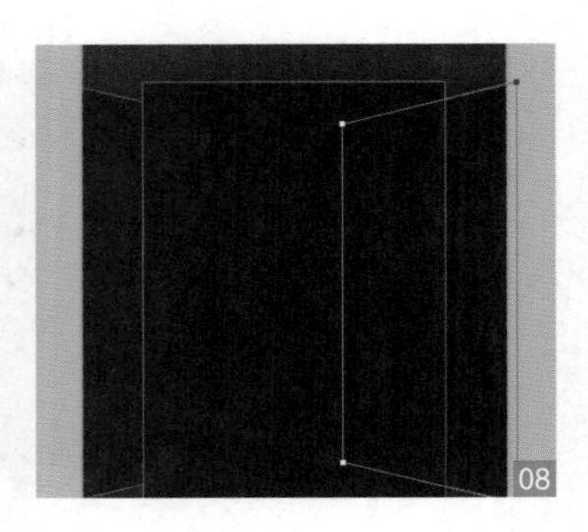
08

04 ▶ 添加海报　打开下载的对应素材，将其拖曳至场景文件中，自由变换到合适的大小。将素材图层放在矩形图层上，让素材图层只作用于矩形图层。下面用同样的方法添加海报。

执行“文件”→“打开”命令，在“打开”对话框中选择对应素材并打开，将其拖曳至场景文件中，按下 Ctrl+T 快捷键，自由变换到合适的大小，按下 Enter 键结束，如图09所示。
将素材图层移动到矩形图层上，按下 Alt 键在两个图层间单击，使素材图层只作用于矩形图层，如图10所示。
用同样的方法制作海报，如图11所示。

09

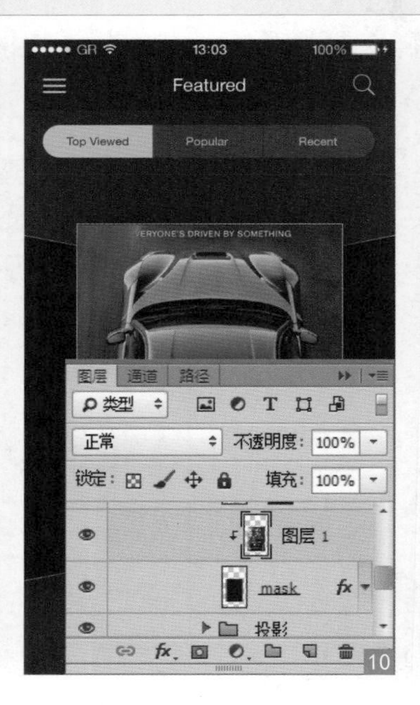

10

11

05 ▶ 绘制浮动菜单　选择“椭圆工具”，在状态栏中设置相应参数，在画面中绘制正圆。双击图层添加图层样式，分别选择“描边”“投影”，设置相应参数。在图层面板中设置图层填充，将画面中正圆移动到合适位置。

选择“椭圆工具”，在状态栏中设置模式为“形状”，填充为“黑色”，按下 Shift 键在画面中绘制正圆，如图12所示。
选择“描边”，设置大小为 2 像素，位置为外部，混合模式为“正常”，不透明度为 100%，颜色为 R:250；G:207；B:114，如图13所示。

12

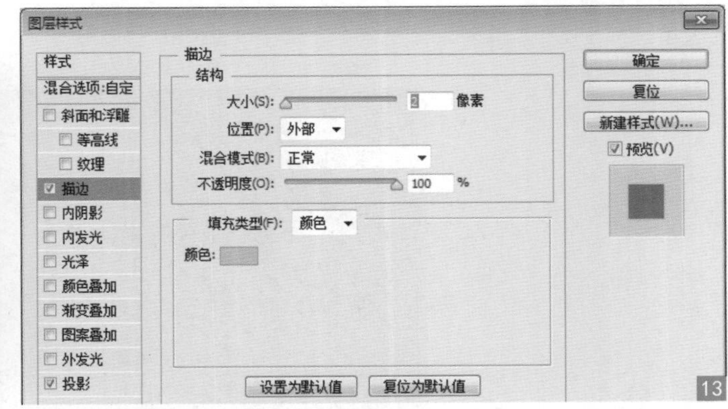

13

选择“投影”，设置混合模式为“正片叠底”，不透明度为12%，距离为4像素，大小为8像素，单击“确定”按钮结束，如图14所示。
在“图层”面板上方设置填充为80%，在画面中将正圆移动到合适位置，如图15所示。

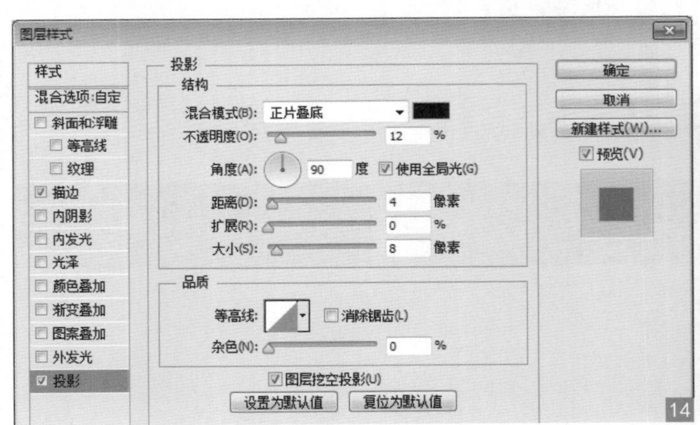

14

15

06 ▶ 绘制浮动图标 将椭圆图层复制一层，更改填充为100%，自由变化合适位置、大小。选择“矩形工具”，在状态栏中设置相应参数，在画面中绘制图标。下面利用相似方法制作其他图标。

选择椭圆图层，更改填充为100%，按下Ctrl+J快捷键复制一层，按下Ctrl+T快捷键自由变换到合适位置，调整大小，按下Enter键结束，如图16所示。
选择“矩形工具”，在状态栏中设置模式为“形状”，颜色填充为R:250；G:207；B:114，在画面中绘制矩形，如图17所示。

16

17

选择“直接选择工具”，选中矩形，按下 Shift+Alt 快捷键复制矩形，如图18所示。

18

07 ▶ 绘制五角星 选择“多边形工具”，在状态栏中设置相应参数，在画面中绘制五角星。复制五角星图层，制作更多五角星。选择“横版文字工具”，在状态栏中设置参数，单击画面输入文字。

选择“多边形工具”，在状态栏中设置模式为“形状”，颜色填充为 R:250；G:207；B:114，勾选“星形”，边为 5，在画面中绘制五角星，如图19所示。
复制五角星图层，制作更多五角星，如图20所示。
选择“横版文字工具”，设置合适字体、字号，在画面中单击输入文字，如图21所示。

19

20

21

10.3.3 制作日程安排界面

01 ▶ 打开文件 执行“文件”→“打开”命令，或按下快捷键 Ctrl+O，在“打开”对话框中选择下载的对应素材文件并将其打开，如图01所示。

01

02▶ 绘制圆点 选择“椭圆工具”，在状态栏中设置相应参数，在画面中绘制正圆，将正圆复制一层，放在相应位置。选择“横版文字工具”，在状态栏设置合适字体、字号，单击画面输入文字。

选择“椭圆工具”，在状态栏中设置模式为“形状”，颜色填充为R:250；G:207；B:114，按下Shift键在画面中绘制正圆，将正圆图层复制一层，放在对应位置，如图02所示。
选择“横版文字工具”，在状态栏设置合适字体、字号，在画面中单击，输入文字如图03所示。

02 03

03▶ 绘制直线 选择“矩形工具”，在状态栏中设置相应参数，在画面中绘制直线。复制直线图层，自由变换到合适位置并调整大小。

选择“椭圆工具”，在状态栏中设置模式为“形状”，颜色填充为R:58；G:55；B:49，在画面中绘制直线，如图04所示。
将直线图层复制多层，放到相应位置，自由变换到合适位置并调整大小，如图05所示。

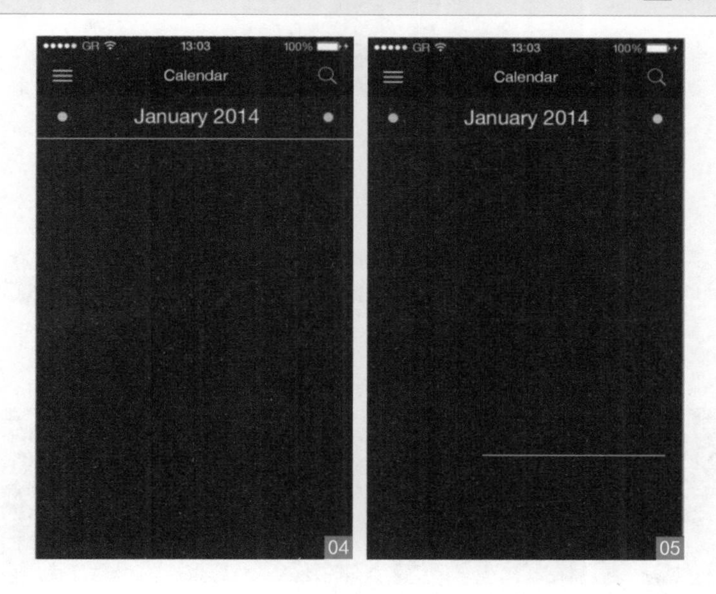

04 05

04▶ 制作日历 选择“横版文字工具”，在状态栏设置相应参数，在画面中单击输入文字。新建图层，重新设置状态栏参数，在画面中单击输入文字。选择“椭圆工具”，在状态栏设置相应参数，在画面中绘制正圆，调整图层顺序。

选择“横版文字工具”，在状态栏中设置字体为Helvetica Neue，字号为4.86点，填充为R:106；G:98；B:83，在画面中单击输入文字，如图06所示。
新建图层，选择“横版文字工具”，在画面中单击输入数字，更改数字29、30、1、2颜色为R:58；G:55；B:49，数字10颜色为背景色，其余数字颜色为R:250；G:207；B:114，如图07所示。
选择“椭圆工具”，在状态栏中设置模式为“形状”，颜色填充为R:250；G:207；B:114，按下Shift键在画面中数字10上方绘制正圆，将正圆图层移动到数字图层下方，如图08所示。

06

07

08

05 ▶ 制作图标 将正圆图层复制一层，设置填充为 0，双击图层添加图层样式，选择“描边”，设置相应参数，将复制的正圆图层移动到对应位置上。选择“矩形工具”，在状态栏设置相应参数，在画面中绘制矩形。选择“椭圆工具”，在状态栏中设置相应参数，在画面中绘制圆形，然后用相同方法制作其他图标。

> 选择正圆图层，按下 Ctrl+J 快捷键将正圆图层复制一层，在“图层”面板中设置填充为 0。双击图层，选择“描边”，设置大小为 1 像素，位置为“外部”，混合模式为“正常”，不透明度为 100%，颜色为 R:250；G:207；B:114，单击“确定”按钮结束，将复制正圆图层移动到对应位置上，如图09所示。
> 选择“矩形工具”，在状态栏中设置模式为“形状”，颜色填充为 R:155；G:89；B:182，在画面中绘制矩形，如图10所示。

09

10

> 将矩形图层复制多层，放在相应位置上，如图11所示。
> 选择“椭圆工具”，在状态栏中设置模式为“形状”，颜色填充为“白色”，在画面中绘制圆形，如图12所示。

11

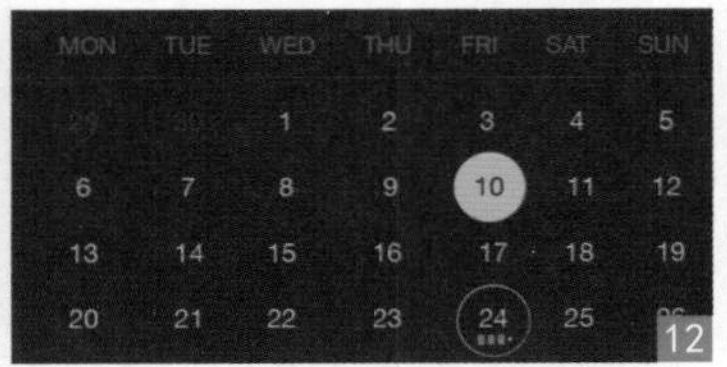
12

06 ▶ 制作海报简介 利用上面的示例方法制作海报简介，如图13所示。

13

10.3.4 制作提示栏界面

01 ▶ 打开文件 执行“文件”→“打开”命令，或按下快捷键 Ctrl+O，在“打开”对话框中选择下载的对应素材文件并将其打开，如图01所示。

01

02 ▶ 绘制侧拉菜单背景 选择“矩形工具”，在状态栏中设置相应参数，在画面中绘制矩形背景。重新设置状态栏参数，在矩形背景上绘制直线。

> 选择“矩形工具”，在状态栏中设置模式为“形状”，颜色填充为“黑色”，在画面中绘制矩形，如图02所示。
> 选择“矩形工具”，在状态栏中设置模式为“形状”，颜色填充为 R:58；G:55；B:49，在画面中绘制直线，如图03所示。
> 将直线图层复制多层，放在相应位置上，如图04所示。

02

03

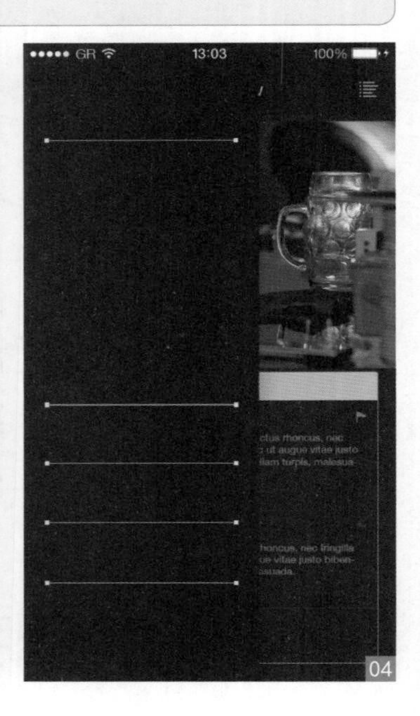

04

03 ▶ 绘制图标 选择“椭圆工具”，在状态栏中设置相应参数，在画面中绘制正圆。复制正圆，自由变换大小，在状态栏中重新设置选项模式。

> 选择“椭圆工具”，在状态栏中设置模式为“形状”，颜色填充为 R:155；G:89；B:182，按下 Shift 键在画面中绘制正圆，如图05所示。
> 按下 Ctrl+C、Ctrl+V 快捷键，将正圆复制一层，按下 Ctrl+T 快捷键，再按下 Shift+Alt 快捷键向圆心等比例缩放正圆，在状态栏中更改选项模式为“减去顶层形状”，如图06所示。
> 利用相似方法绘制完整图标，如图07所示。

05

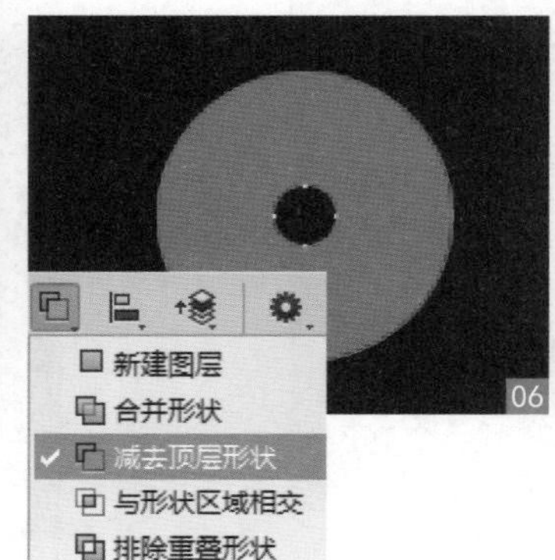

06

07

04 ▶ **绘制更多图标** 利用相似方法，绘制更多图标，如图08所示。

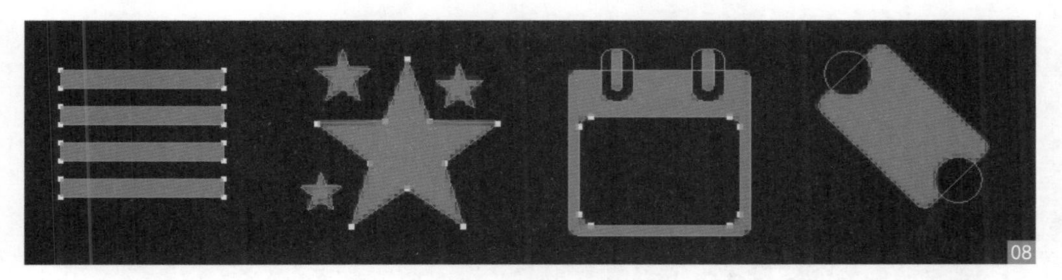

08

05 ▶ **添加文字** 选择“横版文字工具”，在状态栏中设置合适的字体、字号、颜色，在画面中单击输入文字，如图09所示。

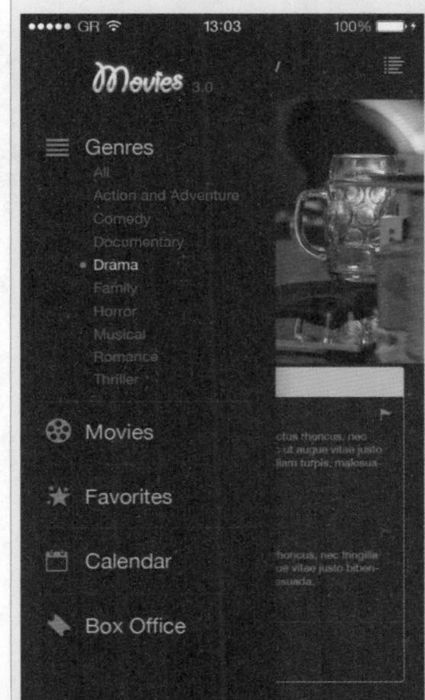

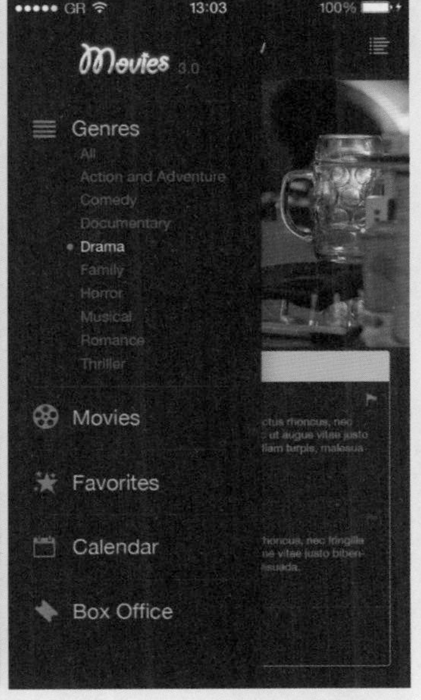

09

13:03
100%
Calendar
January 2014
aboluo dia
7.6/10
dest openen
8.1/10
Back
Playing Now
Comments
Sed auctor
Praesent rutrum
Featured
Top Viewed
Popular
Recent
RUSH
RUSH
8.3/10

▲ 界面展示示意图